建筑工程施工质量问答丛书

建筑装饰装修工程施工质量问答

李爱新　主编

中国建筑工业出版社

图书在版编目(CIP)数据

建筑装饰装修工程施工质量问答/李爱新主编.—北京:中国建筑工业出版社,2004
(建筑工程施工质量问答丛书)
ISBN 7-112-06245-4

Ⅰ.建… Ⅱ.李… Ⅲ.建筑装饰-工程施工-质量控制-问答 Ⅳ.TU767-44

中国版本图书馆 CIP 数据核字(2003)第 115602 号

建筑工程施工质量问答丛书
建筑装饰装修工程施工质量问答
李爱新 主编
*
中国建筑工业出版社出版、发行(北京西郊百万庄)
新 华 书 店 经 销
北京市彩桥印刷有限责任公司印刷
*
开本:850×1168 毫米 1/32 印张:17¼ 字数:462 千字
2004 年 4 月第一版 2006 年 7 月第二次印刷
印数:5 001—6 500 册 定价:**32.00** 元
ISBN 7-112-06245-4
TU·5507(12259)

(邮政编码 100037)
本社网址:http://www.cabp.com.cn
网上书店:http://www.china-building.com.cn

本书是根据近年来国家及行业有关建筑装饰装修工程质量控制及验收标准、规范的要求，结合建筑装饰装修工程成熟的施工技术、新型材料以及新工艺，突出建筑装饰装修工程在安全、环保、卫生、防火以及观感方面的施工质量控制及要求，用一问一答的形式回答一些常见的问题，力求通俗、实用、先进。

本书可供建筑装饰装修施工技术人员、管理人员学习参考。

*　　*　　*

责任编辑　胡永旭　郦锁林
责任设计　崔兰萍
责任校对　刘玉英

《建筑工程施工质量问答丛书》编委会

《建筑装饰装修工程施工质量问答》编写人员

主　编　李爱新

参　编　王　楠　朱震坤　施林铁

　　　　姜荣涛　侯海药　芦　明

　　　　吴明凤

审　阅　孟小平　张元勃

序

建筑装饰装修工程是建筑工程中重要的分部工程。长期以来，人们认为装饰装修工程的质量，主要体现在其外观装饰效果上，在很大程度上忽视了其对建筑使用功能、安全、环境保护等方面的影响。因此，对于建筑装饰装修工程质量的施工与验收，也多是从观感、装饰效果等方面进行检查和评价。

近年来，随着建筑技术的发展和社会进步，人们对居住、办公环境质量日益重视，建筑装饰装修工程质量所具有的广泛内涵逐步被人们认识。2002 年 3 月 1 日，新版国家标准《建筑装饰装修工程质量验收规范》(GB 50210—2001)开始实施，与之配套的室内装饰装修材料有害物质限量标准、室内环境污染控制规范等也相继出台。这意味着我国对建筑装饰装修工程质量的综合要求提高到了一个新的水平。

正确理解和熟练掌握《建筑装饰装修工程质量验收规范》(GB 50210—2001)，在设计、施工中切实贯彻上述国家标准中的各项要求，是保证建筑装饰装修工程质量达到合格的基础，是摆在参与建筑装饰装修工程建设活动各方面前的一个紧迫问题，是如何深入学习、正确理解和熟练掌握建筑装饰装修工程的质量要求。这本《建筑装饰装修工程施工质量问答》密切结合新版质量验收规范的主要规定，针对装饰装修施工的基本知识、施工要领和施工中经常遇到的一些问题，采用比较通俗易懂的语言，以问答方式作出了简要叙述。本书的主编及参与审阅修改的同志均为《建筑装饰装修工程质量验收规范》(GB 50210—2001)的主要编写人，使得本书具有较高的权威性和实用性，既可以作为装饰装修工程专业基础知识普及用书，又可作为现场施工及管理人员学习国家新版质量验收规范的培训教材。

出版说明

为了认真贯彻实施《建设工程质量管理条例》、《工程建设标准强制性条文》、《建筑工程施工质量验收统一标准》等有关工程质量法规体系，加强建设行业管理人员和施工技术人员建筑工程质量意识和知识的普及，提高工程建设施工质量，由我社组织有关质检专家、研究人员、高级工程标准化技术专家和教授等编写《建筑工程施工质量问答丛书》。丛书共分11册，它们分别是:《建筑工程施工质量总论问答》、《地基与基础工程施工质量问答》、《混凝土结构工程施工质量问答》、《钢结构工程施工质量问答》、《砌体工程施工质量问答》、《建筑装饰装修工程施工质量问答》、《建筑防水工程施工质量问答》、《建筑给水排水与采暖工程施工质量问答》、《通风与空调工程施工质量问答》、《建筑电气工程施工质量问答》、《智能建筑工程施工质量问答》。

1. 本丛书是首次推出的有关建筑工程质量方面的一套普及性读物，它以一问一答的形式，针对建筑工程施工质量中一些基本知识和常遇到的问题，用科学和通俗的语言来解答。将建筑工程重要的技术法规、新的技术用通俗浅显的语言表达出来。充分体现出丛书的权威性、科学性、针对性、实用性，同时要反映我国建筑施工质量管理水平和国家有关政策、法规要求。

2. 近年来，我国先后对建筑材料、建筑结构设计、建筑工程施工质量验收等标准、规范进行了全面修订并实施，丛书内容紧密结合相应规范，符合新规范要求，既可作为解决建筑工程施工中质量问题的可操作性强的普及型用书，也可作为建筑工程施工质量验收规范实施的培训参考用书。

3. 丛书反映了建设部重点推广的新技术、新工艺、新材料的质量标准、施工质量验收要求，尽量使其与施工质量管理的质量监督、质量保证和质量评价相呼应。

丛书主要以建筑分部工程划分，重点介绍地基与基础工程、混凝土结构工程、钢结构工程、砌体工程、建筑装饰装修工程、建筑防水工程、建筑给水排水与采暖工程、通风与空调工程、建筑电气工程(含电梯工程)、和智能建筑各分部工程施工中的质量问题，主要内容包括：工程质量管理基础知识、项目具体划分、各分项工程施工原材料质量要求、施工质量控制要点、质量控制措施要求、检验批质量检验的抽样方案要求、涉及建筑工程安全和主要使用功能的见证取样及抽样检测要求、工程质量控制资料要求、施工质量验收要求，同时介绍经常出现的质量问题和正确的处理方法。

丛书以问答的形式，先提出问题，再用科学道理和通俗的语言来解答，使基层工程技术人员和质量管理人员，既知道应该如何控制施工质量，又懂得为什么要控制质量、如何确保工程质量的道理。丛书可供建筑工程施工技术人员、质量管理人员、质检站质量监督人员及建设监理人员参考使用。

前　言

随着国民经济的快速发展、社会的进步和人民生活水平的提高，对建筑工程的实用功能、环保、卫生、节能以及建筑空间环境的文化内涵等的要求愈来愈高，建筑工程将是一个包含了材料、设备、文化、艺术、技术等自然科学和社会科学学科的复杂产品。建筑工程质量的综合评价涵盖了其实体质量、环境质量及思想内涵，建筑装饰装修工程在这样一个社会需求下，以其完善建筑使用功能、美化建筑空间环境及表现建筑文化主题而日益凸现其重要性。

《建筑装饰装修工程施工质量问答》的编写根据近年来国家及行业有关建筑装饰装修工程质量控制及验收标准、规范的要求，结合建筑装饰装修工程成熟的施工技术、新型材料以及新工艺，突出建筑装饰装修工程在安全、环保、卫生、防火以及观感方面的施工质量控制及要求，以施工管理人员、技术人员为对象，用问答的形式回答一些常见的问题，力求通俗、实用、先进。

本书共16章，全部由在建筑装饰装修施工管理一线的工程管理人员参与编写。在编写过程中，得到了中国建筑科学研究院孟小平、北京市建筑工程质量监督总站张元勃等有关专家的大力支持，在此一并致谢。

限于自身的知识结构和学识水平，书中错误恐难避免，敬请读者批评指正，共同致力行业进步。

目　　录

1　建筑装饰装修工程概述

1.1　建筑装饰装修的定义是什么?

建筑是人类改造自然以适应自己物质生活及精神需求的环境,从原始人的山崖洞穴到现代人的摩天大厦。建筑凝刻着人类社会发展的历史,记载着人类社会与自然奋斗的辉煌。建筑装饰装修始终受到社会经济、文化、制度、民俗、气候、材料、技术等多种因素的影响。

建筑的装饰装修是融合了建筑装饰和建筑装修二者的功能。建筑装饰是采用各种材料、绘画、雕刻、色彩、光照和饰物进行不同的组合,去渲染和烘托建筑环境的文化主题,更多地体现建筑艺术的特性;建筑装修则是为保护建筑主体结构、完善建筑的使用功能和美化建筑环境而采取的施工工艺过程,更多地体现施工技术的特性。实际上,今天的建筑工程其装饰和装修已经趋于相互融合,相互渗透,是相辅相成的。建筑装饰装修作为建筑环境艺术工程已经成为建筑工程的重要组成部分。

因此说,建筑装饰装修的目的就是通过采用装饰装修材料或饰物,对建筑物的内外表面和空间进行各种处理,以实现保护建筑物的主体结构、完善建筑物的使用功能和美化建筑物的目的,使建筑环境最大的优化。

1.2　建筑装饰装修的发展前景怎样?

建筑装饰装修快速的发展,是与我们国家改革开放 20 多年来,国民经济的飞速发展,人民生活水平的提高,建材行业的技术进步同步发展起来的。建筑装饰装修美化着我们的建筑环境,装点着城市的色彩，为我们的生活创造物质和精神的享受。

进入新世纪，我国加入 WTO 和主办 2008 年奥运会，国际交往越来越多。我国将新建大量的公共建筑和居住建筑，将对大量既有建筑进行装饰装修改造，我国还将进一步加快城乡建设和旧城区的改造，建筑装饰装修面临一个前所未有的巨大市场机遇。

建筑装饰装修应用的范围极其广泛，无论什么样的结构形式，新建建筑、既有建筑、公共建筑、居住建筑、一些轻工业厂房甚至一些构筑物的室内或室外都要进行不同档次的装饰装修。

建筑装饰装修行业的快速发展，能够带动相关建材产业的繁荣，成为新的经济热点。目前，我国每年建筑装饰装修业的产值均在 1000 亿元以上。仅以北京市为例，据市统计局统计：2000 年北京市用于建筑装饰装修的费用达 190 亿元，占固定资产投资总额的 14.6%。我国建筑装饰装修的从业人员已达 500 万人。建筑装饰装修已成为一个重要的新兴行业。

从发达国家的经验分析：国家进入一定的发展阶段，大型新建工程会随着供需平衡而逐渐趋于饱和，新建工程的规模会逐渐缩小，于是，建筑业将更多地从事建筑的翻建、改建、扩建或装饰装修工程。我国建筑业的发展前景也将符合这一规律。

一幢建筑的合理使用寿命可能是 50 年、100 年甚至更长时间，在这个合理使用寿命期限里，可能会进行若干次建筑室内或者室外的装饰装修，建筑装饰装修相对建筑主体结构来说，是一个多次投资、多次施工的专业。

建筑装饰装修在整个建筑工程中一次投资所占的投资比例也越来越高。装饰装修工程的造价一般占建筑物总造价的 30%左右，一些装饰装修要求较高的工程占建筑物总造价的 50%以上，有些公共建筑的装饰装修造价甚至高出土建造价的几倍。

综上所述，建筑装饰装修是一个具有非常广阔发展前景的朝阳产业。

1.3 建筑装饰装修工程有哪些主要特点？

如果从建筑装饰装修工程质量控制的角度去分析，有以下几个主要特点：

1. 是一个重要的分部工程

建筑装饰装修是建筑工程中一个重要的分部工程，共含几十个分项工程。一幢建筑的地基基础、主体结构、设备安装以及屋面等分部工程完成之后，室内室外相当多的工作内容都属于装饰装修的施工范围。对于一些既有建筑装饰装修改造工程，仅有装饰装修分部工程进行施工，从工程的报建、报验的程序来说，可以作为一个单位工程。

装饰装修施工是建筑工程在交付使用前的最后一道工序。装饰装修工程质量代表一个单位工程最后的观感质量。

2. 能够突出体现建筑材料、建造技术和建筑艺术三者的关系

建筑装饰装修工程的目的之一就是美化建筑空间环境，因此，装饰装修工程突出体现了建筑材料、建造技术和建筑艺术相互融合、相互制约、相互促进的关系，工程呈现多样化和艺术性。

建筑环境的艺术感染力是通过建筑材料和施工手段去实现的。这种特点决定了装饰装修工程质量的评判除了有形的、定量的质量评判以外，有些是无形的、定性的或者是估量的评判，例如涂饰、花饰以及装饰艺术效果等观感质量的评判。

3. 包含涉及安全的多种因素

建筑装饰装修工程与防火、环境污染、装饰层坠落等涉及人身安全和健康的多种因素有直接和密切的关系。装饰装修工程的质量问题，往往不仅影响装饰效果，而且影响安全。建筑装饰装修工程常常依附于建筑主体结构或围护结构，例如抹灰、轻质隔墙、吊顶、门窗、幕墙、涂饰、细部等，这些部位部件的固定或装饰层粘结，必须与主体结构或围护结构连接牢固，以保证安全。

在施工过程中，建筑装饰装修工程尤其是既有建筑装饰装修工程中，常常会由于使用功能的变化对建筑主体结构或围护结构

作一些改动；也可能由于装饰装修档次的提高，在原建筑楼板上铺一些垫层（如石材）或在围护结构上挂板材，从而给原结构增加了荷载。在这种情况下，建筑装饰装修工程应当首先保证主体结构的安全，对结构的安全性进行核验。

4. 对满足和完善使用功能有重要作用

建筑装饰装修工程一个重要的特性就是要满足建筑使用功能。例如轻质隔墙的隔声和防火功能；门窗和幕墙的保温节能、防风、防雨、防空气渗透等功能；护角、涂饰的防碰撞、防菌、防霉、耐擦洗等功能；楼梯栏板、扶手的安全、防护功能等。建筑装饰装修首先要满足其特有使用功能，同时美化建筑空间环境。

建筑装饰装修工程也常常会有一些特殊的功能要求，例如利用不同的装饰装修材料、不同的构造方式或不同的形体对不同的声频进行反射或吸收，以满足不同的建筑声学的功能要求；建筑装饰装修工程中也常常会利用各种不同特性的材料或构造，来满足超净、防辐射、保温、屏蔽、绝缘、防潮等等特殊的使用功能。

5. 与多种专业工程交叉配合施工

建筑装饰装修工程的施工从始至终与设备安装专业交叉配合。设备安装专业的照明、通讯、消防、自控、空调等管线安装与装饰装修的隐蔽工程常常同步施工，质量因素相互影响。现代建筑的设备安装专业也是日趋复杂化，很多隐蔽工程是与装饰装修隐蔽工程交叉作业、相互配合，设备终端几乎都是安装在建筑装饰装修的墙、顶、地的饰面板上。因此，施工工序的安排往往是多专业、多工种的统筹安排，避免相互影响以求得最大的效益。

6. 直接影响室内空气质量

由于建筑装饰装修工程过去使用了大量有害物质超标的材料，引发了大量建筑室内空气污染的问题，例如：人造木板、涂料、胶粘剂、化纤地毯、壁纸、花岗石等等。因此，现代建筑装饰装修工程必须从设计、材料选用、施工以及工程验收几个环节对室内空气的污染进行有效控制，保证符合国家现行标准《民用建筑工程室内环境污染控制规范》GB 50325 的规定。

7. 与建筑防火功能有密切联系

由于建筑装饰装修工程使用大量可燃、易燃以及在燃烧时能产生大量浓烟和毒气的材料，例如木板、人造板材、纺织品、油漆、化纤地毯、塑料制品、橡胶制品等等，加大了建筑的火灾荷载。很多建筑装饰装修工程使用燃烧性能等级不符合国家标准的材料或者对可燃、易燃材料不进行阻燃处理，一旦有火源容易迅速蔓延，很多火灾事故造成人员伤亡和财产损失，与装饰装修工程的一些因素有关。因此，防火监控是装饰装修工程的一个非常重要的方面。装饰装修工程必须符合国家现行标准《建筑内部装修设计防火规范》GB 50222 及有关标准规范的要求。

8. 具有鲜明的施工特点

建筑装饰装修工程有其鲜明的施工特点。主要是手工作业多，操作的精细程度要求高，对成品保护要求严等。

一个优秀的建筑装饰装修工程不仅应当是功能与形式完美和谐的统一，也应该是做工精良的艺术品，装饰装修工程施工是对建筑艺术的深度创作，施工大多手工作业，可谓“精雕细琢”。

建筑装饰装修工程由于材料性能等要求，施工中要求对环境温度、环境的相对湿度、风力以及涂饰时的环境清洁度等等进行控制。

9. 容易产生较多的质量通病

建筑装饰装修工程含有几十个分项工程，包括新建、改建、扩建的民用建筑和居住建筑，各种质量通病时有发生。而这些质量通病又常常在工程交付使用后，逐渐显现并暴露在装饰装修层表面，因此，可能会更多的面临用户对工程质量投诉。为了更好地保证工程质量，满足要求，装饰装修工程必须是从预控、施工、验收的全过程进行质量控制。装饰装修企业要积极寻求技术进步，努力攻克质量通病，以保证工程质量、提高企业市场竞争能力。

1.4 建筑装饰装修工程有哪些基本构造型式？

建筑装饰装修构造是指装饰装修饰面材料或构件能够安全、

合理的附着于建筑主体结构或围护结构的方式。建筑装饰装修构造是体现结构、材料、技术、艺术和经济等学科可行性、先进性和适宜性的综合学科。

建筑装饰装修工程的构造主要有以下几种方式：

1. 配件安装

配件安装的构造方式是将饰面材料用机械配件连接的方式附着于主体结构或围护结构上。例如墙面石材干挂、门窗安装、活动隔墙、幕墙安装等都是采用配件安装的构造方式。吊柜、壁柜、护角、护栏等也常采用配件安装的构造方式。

装饰装修材料或装饰构件吊挂在主体结构或围护结构上的安装方式也属于配件安装的方式，例如吊顶、花饰等。

2. 粘贴

粘贴的构造方式是利用粘结材料将饰面材料紧密附着于主体结构或围护结构的表面。例如各种饰面砖、瓷砖、陶瓷锦砖等就是采用粘贴的构造方式。一些墙面和地面的饰面板材，如橡胶板、塑料板等也常常采用粘贴的构造方式。粘贴方法可以是满粘法或者是点粘法。

裱糊也是利用粘结材料将饰面材料紧密附着于主体结构或围护结构的表面，也属于粘贴的构造方式。裱糊的饰面材料大多是软质材料，例如各类壁纸、墙布、锦缎等。

一般抹灰是利用材料自有特性使其粘结并与装饰性能合二为一，装饰抹灰如干粘石、水刷石等的饰面层是石子与水泥砂浆粘结的混合体。其构造方式也属于粘贴的构造方式。

3. 涂刷

涂刷是一种直接将饰面材料刷、喷或刮抹在主体结构、围护结构或其他基材表面的构造方式，很多时候涂刷是多层作业。

4. 混合式

建筑装饰装修的构造也可以是一种集配件安装、粘贴、涂刷、软包、镶嵌等构造方法的混合方式。

建筑装饰装修构造是实现工程安全、适用、经济、美观的手段，所谓构造方法是指某一分项工程的某一工序或者是主要的工序。构造方式必然随着材料的进步和施工工艺水平的提高而不断推陈出新。

1.5 建筑装饰装修分部工程中含有哪些子分部工程？

建筑装饰装修工程含有10个子分部工程，子分部工程与分项工程的划分如表1-1：

子分部工程及其分项工程的划分 **表1-1**

项次	子分部工程	分项工程
1	抹灰工程	一般抹灰、装饰抹灰、清水砌体勾缝
2	门窗工程	木门窗制作与安装、金属门窗安装、塑料门窗安装、特种门安装、门窗玻璃安装
3	吊顶工程	暗龙骨吊顶、明龙骨吊顶
4	轻质隔墙工程	板材隔墙、骨架隔墙、活动隔墙、玻璃隔墙
5	饰面板（砖）工程	饰面板安装、饰面砖粘贴
6	幕墙工程	玻璃幕墙、金属幕墙、石材幕墙
7	涂饰工程	水性涂料涂饰、溶剂型涂料涂饰、美术涂饰
8	裱糊与软包工程	裱糊、软包
9	细部工程	橱柜制作与安装、窗帘盒窗台板和散热器罩制作与安装、门窗套制作与安装、护栏和扶手制作与安装、花饰制作与安装
10	建筑地面工程	基　　层：基土、灰土垫层、砂垫层和砂石垫层、碎石垫层和碎砖垫层、三合土垫层、炉渣垫层、水泥混凝土垫层、找平层、隔离层、填充层 整体面层：水泥混凝土面层、水泥砂浆面层、水磨石面层、水泥钢（铁）屑面层、防油渗面层、不发火（防爆）面层 板块面层：砖面层、大理石面层、预制板块面层、料石面层、塑料板面层、活动地板面层、地毯面层 竹木面层：实木地板面层、实木复合地板面层、中密度（强化）复合地板面层、竹地板面层

其中前9个子分部工程的质量验收依据《建筑装饰装修工程质量验收规范》GB 50210，地面工程质量验收依据《建筑地面工程施工质量验收规范》GB 50209。

1.6 建筑装饰装修工程质量验收的最低要求是哪本标准规定的？

建筑装饰装修工程质量验收的最低要求是《建筑装饰装修工程质量验收规范》GB 50210标准中规定的。该规范规定在工程验收时只作合格验收，不去评定质量等级，建筑装饰装修工程质量达到这本规范的要求意味着工程质量合格，可以通过验收。否则就是不合格，而不合格的工程是不准使用的，所以说，《建筑装饰装修工程质量验收规范》GB 50210是建筑装饰装修工程质量验收的最低要求。

1.7 《建筑装饰装修工程质量验收规范》的适用范围是什么？

该规范适用于新建、扩建、改建和既有建筑的装饰装修工程，包括住宅建筑装饰装修工程的质量验收，但是不包括古建筑和保护性建筑装饰装修工程质量验收。不包括古建筑的原因，是古建筑的施工工艺和质量要求与现代建筑有很大差别；不包括保护性建筑，则是保护性建筑需要体现各自特殊的意义，应当"修旧如旧"，不能按照普通装饰装修工程质量标准去验收。

1.8 《建筑装饰装修工程质量验收规范》应当和哪本标准配套使用？

《建筑装饰装修工程质量验收规范》GB 50210应当和《建筑工程施工质量验收统一标准》GB 50300配套使用，在验收的程序和组织以及验收表格的使用等方面都要符合《建筑工程施工质量验收统一标准》GB 50300的要求。

1.9 建筑装饰装修工程质量验收是否只需要符合《建筑装饰装修工程质量验收规范》标准的规定？

建筑装饰装修工程的质量验收应该符合标准、设计和合同的要求。在符合标准方面，除应执行《建筑装饰装修工程质量验收规范》GB 50210 外，尚应符合国家现行有关标准的规定。这些标准主要有四类：

1. 有关设计标准。例如：

(1)《住宅设计规范》GB 50096

(2)《民用建筑修缮工程勘察与设计规程》JGJ 117

(3)《民用建筑隔声设计规范》GBJ 118

(4)《建筑防雷设计规范》GB 50057

(5)《建筑内部装修设计防火规范》GB 50222

(6)《建筑设计防火规范》GBJ 16

(7)《高层民用建筑设计防火规范》GB 50045 等。

2. 有关工程技术标准。例如：

(1)《玻璃幕墙工程技术规范》JGJ 102；

(2)《金属与石材幕墙工程技术规范》JGJ 133；

(3)《民用建筑工程室内环境污染控制规范》GB 50325；

(4)《塑料门窗安装及验收规程》JGJ 103；

(5)《外墙饰面砖工程施工及验收规程》JGJ 126；

(6)《建筑玻璃应用技术规程》JGJ 133 等。

3. 有关材料产品标准。例如：

(1)《硅酸盐水泥、普通硅酸盐水泥》GB 175；

(2)《合成树脂乳液内墙涂料》GB/T 9756；

(3)《合成树脂乳液外墙涂料》GB/T 9755；

(4)《溶剂型外墙涂料》GB/T 9757；

(5)《外墙无机建筑涂料》GB 10222；

(6)《建筑用硅酮结构密封胶》GB 16776；

(7)《建筑用墙地砖胶粘剂》JC/T 547；

(8)《PVC 塑料门》JG/T 3017；

(9)《PVC 塑料窗》JG/T 3018；

(10)《普通平板玻璃》GB 4871；

(11)《夹层玻璃》GB 9962；

(12)《钢化玻璃》GB/T 9963；

(13)《中空玻璃》GB 11944；

(14)《干压陶瓷砖》GB/T 4100.1；

(15)《室内装饰装修材料人造板及其制品中甲醛释放限量》GB 18580；

(16)《室内装饰装修材料溶剂型木器涂料中有害物质限量》GB 18581；

(17)《室内装饰装修材料内墙涂料中有害物质限量》GB 18582；

(18)《室内装饰装修材料胶粘剂中有害物质限量》GB 18583；

(19)《室内装饰装修材料木家具中有害物质限量》GB 18584；

(20)《室内装饰装修材料壁纸中有害物质限量》GB 18585；

(21)《室内装饰装修材料聚氯乙烯卷材地板中有害物质限量》GB 18586；

(22)《室内装饰装修材料地毯、地毯衬垫及地毯胶粘剂有害物质释放限量》GB 18587；

(23)《建筑材料放射性核素限量》GB 6566；

(24)《混凝土外加剂中释放氨的限量》GB 1858 等。

4. 有关检验方法标准。例如：

(1)《玻璃幕墙安装质量检验方法标准》JGJ 139

(2)《建筑工程饰面砖粘结强度检验标准》JGJ 110 等。

1.10 建筑装饰装修工程法定质量保修期是几年？

根据国务院颁布的《建设工程质量管理条例》第四十条的规定，在正常使用条件下，装修工程的质量保修期最短为两年。

1.11 施工企业的质量验收标准能否可作为装饰装修工程施工质量验收的依据？

按照国际惯例以及我国标准化法的规定，企业标准的水平和严格程度应当不低于它的上级标准。一种产品如果执行企业标准，意味着其质量要求严于国家标准的要求。所以在国际上，企业标准往往是最严格的标准，代表国家先进水平的最严格的标准应该是企业标准。这与我国传统思维方式形成的认识刚好相反。

《中华人民共和国标准化法实施条例》第十七条规定：对已有国家标准、行业标准或者地方标准的，鼓励企业制定严于国家标准、行业标准或者地方标准的企业标准，在企业内部适用。如果执行企业标准写入工程承包合同，就具有了法律效应，可以作为装饰装修工程质量验收的依据。

1.12　合同约定的条款比国家标准严格时，可否按国家标准执行而不必执行合同条款？

《建筑装饰装修工程质量验收规范》GB 50210 第 1.0.3 条规定：建筑装饰装修工程的承包合同、设计文件及其他技术文件对工程质量验收的要求不得低于本规范的规定。也就是说，合同约定的条款如果严于国家标准，根据《中华人民共和国合同法》的规定，条款写入合同中就必须严格执行。

1.13　建筑装饰装修设计的原则是什么？

建筑装饰装修设计的原则应该是安全、适用、经济和美观。

建筑装饰装修设计首先应当保证构造安全，工程的防火、卫生等性能符合国家标准的规定；装饰装修设计要满足建筑使用功能需求，力求布局合理、实用；装饰装修设计方案实现所需投入的人力、物力和工期是衡量其经济性的指标，应通过合理的设计取得较好的经济性；装饰装修设计应该利用各种材料、饰物和构造努力渲染和烘托建筑空间的文化内涵，以实现建筑环境的美化。

建筑装饰装修设计应符合城市规划、消防、环保、节能等有关规定。

建筑装饰装修工程的防火、防雷和抗震设计应符合现行国家标准的规定。

1.14 为什么装饰装修工程必须进行设计，并要求出具完整的施工图设计文件？

工程设计是使工程施工满足国家标准规范要求和业主对使用功能要求的计划指导性文件，建筑装饰装修设计应该属于工程设计的范畴。

按照《建设工程质量管理条例》的有关规定，设计文件应当符合国家规定的设计深度要求并注明工程的合理使用年限。设计单位在设计文件中选用的建筑材料、建筑构配件和设备应当注明规格、型号、性能等技术指标，其质量要求必须符合国家规定的标准。建设单位应当将施工图设计文件报县级以上人民政府建设行政主管部门或者其他有关部门审查，未经审查批准的，不得使用。设计单位应当就审查合格的施工图设计文件向施工单位做出详细说明。

虽然有上述规定，但在实际执行中，仍有相当多的装饰装修工程存在着重视装饰效果，轻视质量安全的问题。有些工程只做方案设计，没有进行深入的扩初设计和施工图设计；有些工程仅用几张效果图和现场徒手草图就指导施工；少数工程甚至不做设计。由于设计深度不够或不做设计，致使许多应当由设计确定并承担责任的重要内容实际上是由施工单位自行处理的。施工过程中，在装饰装修材料的选择、细部构造的处理等方面存在的随意性，导致装饰装修工程所涉及的结构安全、防火、卫生、环保等国家标准得不到很好的贯彻执行，给工程带来许多安全隐患。由于设计深度不够，还导致对工程质量进行监督时缺少设计依据；当工程质量或装饰效果达不到建设单位预期要求时，常常发生质量责任纠纷。

因此，建筑装饰装修工程必须进行设计并应经过审查，其设计深度应能指导施工，以满足国家标准中有关结构安全、防火、卫生、环保等方面的要求，同时满足建筑环境装饰装修效果的要求。

1.15　建筑装饰装修设计单位应具备什么资质条件？

建筑装饰装修设计单位应该具备国家规定的装饰装修工程设计资质，按照相应资质等级的设计范围承担相应规模的工程设计，不得无资质或越级承担设计。设计单位应建立质量管理体系，建立严格的施工图审查制度。由于设计原因造成的质量问题应由设计单位负责。

1.16　在装饰装修工程设计中，涉及到主体结构和承重结构改动或增加荷载时，应该如何处理？

在建筑装饰装修工程中，尤其是既有建筑的装饰装修工程，常常由于建筑使用功能的改变而需要进行新的空间调整与组合，因此，可能涉及到对主体结构和承重结构的改动；同时由于装饰装修档次的提高而使用如石材一类的装饰装修材料做地面、墙面等部位的装饰装修，给原建筑结构增加一定的荷载。对于这种情况，装饰装修工程的设计首先必须保证建筑物的结构安全和主要使用功能。当涉及主体和承重结构改动或增加较大荷载时，必须由原结构设计单位或具备相应资质的设计单位核查有关原始资料，对既有建筑结构的安全性进行核验、确认。

我们知道，施工图审查制度是国务院《建设工程质量管理条例》颁布实施后的一项重要改革。施工图审查的重点是有关国家房屋建筑工程标准规范的贯彻落实情况，尤其是强制性条文的执行情况。建筑装饰装修工程设计当中，如果对主体结构和承重结构改动或增加荷载，都关系到主体结构的安全，应该是施工图审核的重点。这种结构安全的计算审核应由原结构设计单位进行并出具确认文件。一些建造使用了几十年的既有建筑工程，可能会由于图纸丢失或原结构设计单位已不存在，可以请有相应资质的设计单位对其结构安全进行核验和确认。这是建筑装饰装修工程设计中非常重要、必须认真贯彻执行的要求。

承担建筑装饰装修工程设计的单位应对建筑物进行必要的了

解和实地勘察，设计深度应满足施工要求。

1.17 建筑装饰装修材料有哪些基本性能？

建筑装饰装修材料是实现建筑装饰装修目的的重要物质基础，要正确选择和合理使用装饰装修材料，必须了解常用建筑装饰装修材料的基本性能：

1. 材料的力学性能

材料的强度：指材料抵御外力或应力破坏时的最大应力值。无机非金属材料如石材、石膏板、混凝土制品、新型墙体材料等的强度通常以抗压强度、抗折强度表示；金属及有机材料如橡胶制品、塑料制品、壁纸和纺织品等通常以抗拉强度表示。

材料的硬度：主要指材料表面的耐磨损能力，材料的硬度与耐磨损能力成正比。建筑装饰装修工程的地面以及护角等部位就需要选用硬度高、耐磨损性能好的材料。

2. 材料的耐水性和抗冻性

材料的耐水性：指材料在水的作用下保持原有性质的能力。不同材料其耐水性的表示方法也不同，例如建筑涂料的耐水性常以涂层是否起泡、脱层或掉皮来表示；石材、磁砖等材料的耐水性常用材料在吸水饱和状态下的抗压强度与材料在干燥状态下的抗压强度之比来表示。

材料的抗冻性：指材料在循环冻融环境下保持原有性质的能力。很多建筑装饰装修材料是胶凝性多孔材料，孔隙中吸入的水分受冻结冰后会产生体积膨胀，膨胀对孔壁产生的拉应力大于材料本身的抗拉强度极限时，材料就会产生裂缝，在循环冻融作用下，这种裂缝会不断扩展，导致材料的破坏。抗冻性是寒冷地区外装修选用多孔材料的重要指标。

3. 材料的含水率

材料的含水率是指材料在干燥状态下质量与含水状态下所含水分质量之比。材料的含水率过高可以使材料内部结构发生变化，导致强度下降、变形、热工性能降低并引起材料颜色光泽等变化。

4. 材料的热工性能

材料的导热性是其热工性能的重要指标，导热是由温度不同的质点在热运动中引起热能传递的过程。材料的导热能力用导热系数 λ 来表示。其物理意义是当材料厚度为 1m，两侧表面温度差为 1℃时，在 1h 内通过 $1m^2$ 截面积的导热量。材料的导热系数 λ 越小，则绝热保温性能越好。

材料的蓄热性是指材料在谐波热作用下，直接受到热作用的一侧表面，对谐波热作用的敏感程度，用蓄热特性系数 S 来表示。如果在同样的谐波热作用下，材料的蓄热特性系数越大，则材料表面温度波动越小，对室内温度变化的影响越小。

5. 材料的声学性能

声音在传播过程中遇到材料或构件，声能的一部分将被反射，另一部分被吸收，最后一部分透过材料或构件传到另一空间去。因此，材料或构件具有对声能的反射、吸收和透射的性能。在建筑装饰装修工程中，很多时候涉及到声波在一个封闭的空间内如何传播的问题，例如报告厅、影剧院、播音室等。

材料的界面对声源发出的球面声波都具有一定的反射能力。

材料的吸声性能是指声能传播进入材料孔壁中，经内部摩擦滞粘而消耗掉的能力，用吸声系数 α 来表示。多孔性材料例如木丝板、岩棉板、纺织纤维材料等具有很好的吸声性能。

材料的隔声性能是指材料或构件具有阻隔空气声和受到撞击后振动向四周辐射声能的特性。前者叫隔空气声，用隔声量 R 来表示；后者叫隔撞击声或隔固体声，用标准撞击声级 L_n 来表示。一般来说，材料或构件的单位面积越大或者材料体积密度越大，隔空气声效果越好。而用一些弹性材料如木地板、地毯、橡胶板、塑料板等做面层，可以取得较好的隔撞击声的效果。

6. 材料的燃烧性能

材料燃烧性能是指材料遇到火源时抵御燃烧的特征及保持其

原有特性的能力，燃烧性能分为耐燃性和耐火性。

材料的耐燃性是根据材料的燃烧特征分为 A、B_1、B_2 和 B_3 四个等级。A 级为不燃材料，指在空气中受到火烧或高温作用下不起火、不燃烧、不炭化的材料，如金属材料及无机矿物材料等；B_1 级为难燃材料，指在空气中受到火烧或高温作用下难起火、难燃烧、难炭化，当离开火源后，燃烧或微燃立即停止的材料，如沥青混凝土、水泥刨花板、难燃胶合板、阻燃模压木质复合板等；B_2 级为可燃材料，指在空气中受到火烧或高温作用下立即起火或微燃，离开火源后仍继续燃烧或微燃的材料，如木材、竹板、塑料板、壁纸、墙布等；B_3 级为易燃材料，指在空气中受到火烧或高温作用下立即起火并迅速燃烧，离开火源后仍继续迅速燃烧的材料，如部分未经处理过的塑料、纤维织物等。

材料的耐火性以耐火极限来表示，是指材料在受到火的作用直到材料失去强度被完全破坏的时间，以 h 或 min 计。例如金属材料、玻璃等材料虽然属于不燃材料，但是在一定时间内受高温作用，会产生变形或融化，因此属于不耐火的材料。

7. 材料的有害物质限量

很多建筑装饰装修材料含有对人体有害的物质，例如无机非金属材料的砂、石、水泥、花岗岩、石膏板、工业废料制成的新型墙体材料等，在常温下能释放出对人体构成内、外照射危害的放射性污染物；工程中常用的人造板材、涂料、胶粘剂、混凝土外加剂等含有的甲醛、苯、氨以及一些挥发性有机化合物。材料有害物质超出标准，会造成室内空气的污染。材料有害物质含量是材料卫生性能的重要指标。

我国 2002 年 1 月 1 日颁布了 10 个室内装饰装修材料和建筑材料有害物质限量的国家标准，成为材料有害物质限量的法律依据。

8. 材料的耐腐蚀性能

材料的耐腐蚀性能是指材料抵御各种腐蚀介质的侵蚀，保持原有性能的能力。建筑装饰装修工程在使用中，常常由于各种腐蚀性液体或气体、细菌、昆虫、风化对材料进行腐蚀、氧化、虫蛀等作用,使材料发生化学变化或生物变化而降低原有性能。材料的耐腐蚀性通常是根据使用条件和要求,对材料进行化学试验或经长期实践检验来判断。

1.18 当设计对材料的品种、规格和质量未提出要求时,这些材料应符合什么标准?

如果设计文件对工程使用材料的品种、规格和质量未提出明确要求的时候,这些材料应符合国家现行有关材料标准的规定。严禁使用国家明令淘汰的材料。

1.19 装饰装修材料进入施工现场,应对哪些内容进行验收?

装饰装修材料进入施工现场,应在三方面进行验收并做好材料进场验收记录:

1. 材料的品种、规格、外观和尺寸应符合要求。材料包装应完好。

2. 材料应有产品合格证书、中文说明书及相关性能的检测报告。

3. 进口产品应按规定进行商品检验,具有相应证书。

1.20 什么是产品合格证书?产品合格证书和产品性能检测报告都要同时具备吗?

产品合格证书是产品生产厂家证明自己产品合格的法定文件。它有二个功能:一是证明所对应的产品是合格品;二是表明本厂家对该证书对应的产品质量负责。

如果设计、标准或合同中没有特别注明,产品合格证书和产品性能检测报告可以不必同时具备,一般只具备产品合格证书就可以了。但是如果设计、标准或合同中注明,要求某种产品应同时具备产品合格证书和产品性能检测报告,则应该按照要求具备。对于重要产品或进场需要复试的产品,了解产品性能检测数据可以进一步掌握产品质量与性能，并且可以与复试结果对比。

如果上述产品合格证书和产品性能检测报告不是原件而是复印件，一般应由复印单位或个人在复印件上盖章或签字，表示对复印件的真实性负责。

1.21 在什么情况下，需要对装饰装修材料作见证检测？

在三种情况下，需要对装饰装修材料作见证检测：

1. 国家规定应进行见证检测的材料。
2. 合同约定应进行见证检测的材料。
3. 现场对材料质量发生争议时。

1.22 装饰装修工程有哪些材料要求进场复验？

装饰装修工程材料进场后需要进行复验的材料种类及项目应符合《建筑装饰装修工程质量验收规范》GB 50210各子分部工程的规定，可参见表1-2：

建筑装饰装修工程材料复验种类及项目　　表1-2

序号	子分部工程名称	材料(构件)名称	试验项目	执行标准
1	抹灰工程	水泥	凝结时间、安定性	GB 175 GB 1344 GB 12958 GB 12573
2	门窗工程	人造木板(及其制品)	甲醛含量	GB 18580
		建筑外墙的金属窗、塑料窗	抗风压性能、空气渗透性能和雨水渗漏性能	GB 7106 GB 7107 GB 7108
3	吊顶工程	人造木板(及其制品)	甲醛含量	GB 18580

续表

序号	子分部工程名称	材料(构件)名称	试验项目	执行标准
4	轻质隔墙工程	人造木板(及其制品)	甲醛含量	GB 18580
5	饰面板(砖)工程	人造木板(及其制品)	甲醛含量	GB 18580
		水泥(粘贴用)	凝结时间、安定性和抗压强度	GB 175 GB 1344 GB 12958 GB 12573
		花岗石(室内)	放射性	GB 6566
		陶瓷面砖(外墙)	吸水率	GB/T 3810.3
		陶瓷面砖(寒冷地区外墙)	抗冻性	GB/T 3810.12
6	幕墙工程	铝塑复合板	剥离强度	GB/T 17748 GB/T 2790
		石材	弯曲强度	GB 9966.2—88
		石材(寒冷地区)	耐冻融性	GB 9966.1—88
		花岗石(室内)	放射性	GB 6566
		玻璃幕墙用结构胶	邵氏硬度、标准条件拉伸粘结强度、相容性试验	GB 16776
		石材幕墙用结构胶	粘结强度	
		石材幕墙用密封胶	污染性	GB/T 12954
7	裱糊与软包工程	人造木板(及其制品)	甲醛含量	GB 18580
8	细部工程	人造木板(及其制品)	甲醛含量	GB 18580

1.23 装饰装修材料做进场复验时,依据什么原则进行样品抽取?

装饰装修材料进场复验的品种和试验项目不同,但是材料复验抽样的原则是相同的，即同一厂家生产的同一品种、同一类型的进场材料至少抽取一组样品进行复验，当合同另有约定时，应按合同执行。

1.24 承担进场材料复验的单位，其资格有何要求？

承担建筑装饰装修材料复验检测的单位应具备相应的资质。

1.25 现场配制的材料如砂浆或胶粘剂等，有何配制要求？

装饰装修工程施工现场很多材料需要现场配制，如砂浆、涂料或胶粘剂等。这些需要现场配制的材料，应严格按设计说明或产品说明书配制，不能凭经验配制或不计量配制。

1.26 室内装饰装修材料有害物质限量标准有哪些要求？

我国在 2001 年 12 月新颁布了 10 个建筑室内装饰装修材料有害物质限量标准，对各种材料中的有害物质限量要求如下：

1. 人造板及其制品中甲醛释放限量

人造板及其制品中甲醛释放限量，见表 1-3。

人造板及其制品中甲醛释放量试验方法及限量值　　表 1-3

<table>
<tr><th>产品名称</th><th>试验方法</th><th>限量值</th><th>使用范围</th><th>限量标志[b]</th></tr>
<tr><td rowspan="2">中密度纤维板、高密度纤维板、刨花板、定向刨花板等</td><td rowspan="2">穿孔萃取法</td><td>≤9mg/100g</td><td>可直接用于室内</td><td>E_1</td></tr>
<tr><td>≤30mg/100g</td><td>必须饰面处理后可允许用于室内</td><td>E_2</td></tr>
<tr><td rowspan="2">胶合板、装饰单板贴面胶合板、细木工板等</td><td rowspan="2">干燥器法</td><td>≤1.5mg/L</td><td>可直接用于室内</td><td>E_1</td></tr>
<tr><td>≤5.0mg/L</td><td>必须饰面处理后可允许用于室内</td><td>E_2</td></tr>
<tr><td rowspan="2">饰面人造板(包括浸渍层压木质地板、实木复合地板、竹地板、浸渍胶膜纸、饰面人造板等)</td><td>气候箱法</td><td>≤0.12mg/m³</td><td rowspan="2">可直接用于室内</td><td rowspan="2">E_1</td></tr>
<tr><td>干燥器法</td><td>≤1.5mg/L</td></tr>
</table>

注：1. 仲裁时采用气候箱法。

2. E_1 为可直接用于室内的人造板，E_2 为必须饰面处理后允许用于室内的人造板。

2. 溶剂型木器涂料中有害物质限量

溶剂型木器涂料中有害物质限量，见表 1-4。

溶剂型木器涂料中有害物质限量　　表 1-4

<table>
<tr><th colspan="3" rowspan="2">项　　目</th><th colspan="3">限 量 值</th></tr>
<tr><th>硝基漆类</th><th>聚氨酯漆类</th><th>醇酸漆类</th></tr>
<tr><td colspan="2">挥发性有机化合物(VOC)[a] (g/L)</td><td>≤</td><td>750</td><td>光泽(60°)≥80,600
光泽(60°)<80,700</td><td>550</td></tr>
<tr><td colspan="2">苯(%)</td><td>≤</td><td colspan="3">0.5</td></tr>
<tr><td colspan="2">甲苯和二甲苯总和(%)</td><td>≤</td><td>45</td><td>40</td><td>10</td></tr>
<tr><td colspan="2">游离甲苯二异氰酸酯(TDI)(%)</td><td>≤</td><td>—</td><td>0.7</td><td>—</td></tr>
<tr><td rowspan="4">重金属(限色漆)(mg/kg)</td><td rowspan="4">≤</td><td>可溶性铅</td><td colspan="3">90</td></tr>
<tr><td>可溶性镉</td><td colspan="3">75</td></tr>
<tr><td>可溶性铬</td><td colspan="3">60</td></tr>
<tr><td>可溶性汞</td><td colspan="3">60</td></tr>
</table>

注：1. 按产品规定的配比和稀释比例混合后测定。如稀释剂的使用量为某一范围时，应按照推荐的最大稀释量稀释后进行测定。

2. 如产品规定了稀释比例或产品由双组分或多组分组成时，应分别测定稀释剂和各组分中的含量，再按照产品规定的配比计算混合后涂料中的总量。如稀释剂的使用量为某一范围时，应按照推荐的最大稀释量进行计算。

3. 如聚氨酯类漆规定了稀释比例或有双组分或多组分组成时，应先测定固化剂(含甲苯二异氰酸酯预聚物)中的含量，再按产品规定的配比计算混合后涂料中的含量。如稀释剂的使用量为某一范围时，应按照推荐的最小稀释量进行计算。

3. 内墙涂料中有害物质限量

内墙涂料中有害物质限量，见表 1-5。

内墙涂料中有害物质限量　　表 1-5

项　　目		限 量 值
挥发性有机化合物(VOC)(g/L)	≤	200
游离甲醛(g/kg)	≤	0.1

续表

项目			限量值
重金属(mg/kg)	可溶性铅	≤	90
	可溶性镉	≤	75
	可溶性铬	≤	60
	可溶性汞	≤	60

4. 胶粘剂中有害物质限量

胶粘剂中有害物质限量,见表 1-6 和表 1-7。

溶剂型胶粘剂中有害物质限量值　　表 1-6

项目		指标		
		橡胶胶粘剂	聚氨酯类胶粘剂	其他胶粘剂
游离甲醛(g/kg)	≤	0.5	—	—
苯(g/kg)	≤	5		
甲苯+二甲苯(g/kg)	≤	200		
甲苯二异氰酯(g/kg)	≤	—	10	—
总挥发性有机物(g/L)	≤	750		

注:苯不能作为溶剂使用,作为杂质其最高含量不得大于表中规定。

水基型胶粘剂中有害物质限量值　　表 1-7

项目		指标				
		缩甲醛类胶粘剂	聚乙酸乙烯酯胶粘剂	橡胶类胶粘剂	聚氨酯类胶粘剂	其他胶粘剂
游离甲醛(g/kg)	≤	1	1	1	—	1
苯(g/kg)	≤	0.2				
甲苯+二甲苯(g/kg)	≤	10				
总挥发性有机物(g/L)	≤	50				

5. 木家具产品中有害物质限量

木家具产品中有害物质限量,见表 1-8。

木家具产品中有害物质限量　　表1-8

项目		限量值
甲醛释放量(mg/L)		≤1.5
重金属含量(限色漆)(mg/kg)	可溶性铅	≤90
	可溶性镉	≤75
	可溶性铬	≤60
	可溶性汞	≤60

6. 壁纸中有害物质限量

壁纸中有害物质限量,见表1-9。

壁纸中的有害物质限量值　　表1-9

有害物质名称		限量值(mg/kg)
重金属(或其他)元素	钡	≤1000
	镉	≤25
	铬	≤60
	铅	≤90
	砷	≤8
	汞	≤20
	硒	≤165
	锑	≤20
氯乙烯单体		≤1.0
甲醛		≤120

7. 聚氯乙烯卷材地板中有害物质限量

(1) 聚氯乙烯单体限量

卷材地板聚氯乙烯层中聚氯乙烯单体含量应不大于5mg/kg。

(2) 可溶性重金属限量

卷材地板中不得使用铅盐助剂;作为杂质,卷材地板中可溶性铅含量应不大于 $20mg/m^2$。

卷材地板中可溶性镉含量应不大于 20mg/m²。

(3) 挥发物的限量

卷材地板中挥发物的限量，见表 1-10。

挥发物的限量 表 1-10

发泡类卷材地板中挥发物的限量(g/m²)		非发泡类卷材地板中挥发物的限量(g/m²)	
玻璃纤维基材	其他基材	玻璃纤维基材	其他基材
≤75	≤35	≤40	≤10

8. 地毯、地毯衬垫及地毯胶粘剂中有害物质限量

地毯及地毯衬垫及地毯胶粘剂有害物质释放限量应分别符合表 1-11、表 1-12、表 1-13 的规定。A 级为环保型产品，B 级为有害物质释放限量合格产品。

地毯有害物质释放限量 表 1-11

序号	有害物质测试项目	限量 (mg/m²·h)	
		A 级	B 级
1	总挥发性有机化合物(TVOC)	≤0.500	≤0.600
2	甲醛(Formaldehyde)	≤0.050	≤0.050
3	苯乙烯(Styrene)	≤0.400	≤0.500
4	4-苯基环已烯(4-Phenylcyclohexene)	≤0.050	≤0.050

地毯衬垫有害物质释放限量 表 1-12

序号	有害物质测试项目	限量 (mg/m²·h)	
		A 级	B 级
1	总挥发性有机化合物(TVOC)	≤1.000	≤1.200
2	甲醛(Formaldehyde)	≤0.050	≤0.050
3	丁基羟基甲苯 (BHT-butylated hydroxytoluene)	≤0.030	≤0.030
4	4-苯基环已烯(4-Phenylcyclohexene)	≤0.050	≤0.050

地毯胶粘剂有害物质释放限量　　表 1-13

序号	有害物质测试项目	限　量 (mg/m²·h)	
		A　级	B　级
1	总挥发性有机化合物(TVOC)	≤10.000	≤12.000
2	甲醛(Formaldehyde)	≤0.050	≤0.050
3	2-乙基已醇(2-ethyl-1-hexanol)	≤3.000	≤3.500

9. 混凝土外加剂中释放氨的限量

混凝土外加剂中释放氨的限量≤0.10%(质量分数)。

10. 建筑材料放射性核素限量

(1) 建筑主体材料

当建筑主体材料中天然放射性核素镭-226、钍-232、钾-40 的放射性比活度同时满足 I_{Ra}≤1.0 和 I_{γ}≤1.0 时,其产销与使用范围不受限制。

对于空心率大于 25%的建筑主体材料,其天然放射性核素镭-226、钍-232、钾-40 的放射性比活度同时满足 I_{Ra}≤1.0 和 I_{γ}≤1.3 时,其产销与使用范围不受限制。

(2) 装修材料

根据装修材料放射性水平大小,划分为以下三类:

A 类装修材料:

装修材料中天然放射性核素镭-226、钍-232、钾-40 的放射性比活度同时满足 I_{Ra}≤1.0 和 I_{γ}≤1.3 时要求的为 A 类装修材料。A 类装修材料产销与使用范围不受限制。

B 类装修材料:

不满足 A 类装修材料要求但同时满足 I_{Ra}≤1.3 和 I_{γ}≤1.9 时要求的为 B 类装修材料。B 类装修材料不可用于Ⅰ类民用建筑的内饰面,但可用于Ⅰ类民用建筑的外饰面及其他一切建筑物的内、外饰面。

C 类装修材料:

不满足 A、B 类装修材料要求但满足 I_{γ}≤2.8 要求的为 C 类装修材料。C 类装修材料只可用于建筑物的外饰面及室外其他用途。

$I_{\gamma} \leqslant 2.8$ 的花岗石只可用于碑石、海堤、桥墩等人类很少涉及到的地方。

1.27 装饰装修材料进行防火、防腐和防虫处理的主要方法是什么?

建筑装饰装修工程所使用的材料进场后,应按设计要求进行防火、防腐和防虫处理。这是提高材料燃烧性能和耐久性能重要的处理工序。对装饰装修材料进行处理的方法主要有涂覆、浸渍和添加阻燃剂的方法,可以针对使用目的分别进行防火、防腐或防虫处理,也可综合处理以满足防火、防水、防腐、防虫、耐磨等多个功能要求。

以防火处理为例:

1)涂覆处理的方法是将防火涂料涂覆于可燃材料表面,用以降低材料表面燃烧特性,阻滞火势的迅速蔓延,或者涂覆于金属、玻璃等不燃材料的表面,提高材料的耐火极限。

防火涂料按防火机理分为非膨胀型防火涂料和膨胀型防火涂料。非膨胀型防火涂料遇火受热时,在基材表面生成一种玻璃釉状物,起到隔绝空气的作用,使基材不燃或难燃,燃烧的速度难以扩展。膨胀型防火涂料遇火受热时,表面涂层会融化、起泡、隆起,形成海绵状隔热层,并释放出惰性气体,充满在海绵状隔热层中,其厚度可以是原有涂层的 10 多倍甚至上百倍,具有显著的隔热性能。涂覆的处理方法适于施工现场操作。

2)浸渍处理的方法是将可燃材料浸渍在水性阻燃处理剂溶液中,使阻燃处理剂溶液渗入到材料表面组织中,经干燥后水分蒸发,阻燃剂留在材料的浅表层中,增强材料的阻燃性能。浸渍处理又分为常压浸渍处理和高压浸渍处理两种,对阻燃要求高的材料,应进行高压浸渍处理。

3)添加阻燃剂的方法是将阻燃剂添加在高聚物材料中,与高聚物混合在一起制成防火材料。添加阻燃剂的方法使用方便,应用非常广泛。

1.28 装饰装修材料选用的原则是什么?

装饰装修材料的选择的原则应是实用、经济、美观。实用是指材料的品质、性能应满足建筑空间环境实用功能要求;经济是指材料花费的资金投入经过综合比较应该是合理的;美观是指材料的质感、颜色、图案、光泽等应满足建筑空间环境装饰效果的要求。

1.29 装饰装修材料在运输、储存和施工过程中应注意什么?

很多装饰装修材料如果损坏不易修补,如面层的装饰板材、壁纸、纤维织物等,运输过程应注意包装完好、轻拿轻放。很多有机装饰装修材料是可燃、易爆材料,在储存保管中应注意防火防爆。还有很多材料如水泥、涂料、胶粘剂、密封胶等在储存过程中应防止变质或污染环境。

1.30 装饰装修工程对施工单位有什么要求?

装饰装修工程对装饰装修施工企业的要求主要是:

1. 承担装饰装修工程的施工企业首先应该具备相应的施工资质。

按照建设部关于企业资质管理规定,建筑装饰装修工程专业承包企业资质分为三个等级。其中,一级企业可承担各类建筑室内、室外装饰装修工程的施工;二级企业可承担单位工程造价1200万元及以下建筑室内、室外装饰装修工程的施工;三级企业可承担工程造价60万元及以下建筑室内、室外装饰装修工程的施工。无论企业是什么等级,承担建筑幕墙的施工都需要有建筑幕墙的施工资质。

企业资质等级是建设行政主管部门在对企业进行严格的执法状况、管理水平、技术配备、资产以及业绩等进行综合考核后核发的,资质等级代表一个企业的综合实力。有些装饰装修施工单位越级或无资质等级承担工程,给工程带来很多安全隐患和质量问题。因此,装饰装修工程施工单位具备相应资质是满足工程质量和社会公众利益的重要保证。

2. 施工单位应编制施工组织设计或施工方案并经审查批准。

施工组织设计是对施工项目全过程中各项技术、经济和组织实行科学管理的计划性指导文件。企业在项目实施前，通过施工组织设计的编制，根据工程的施工条件，从人力、物力、机具和空间等要素着手，进行施工方法、施工顺序、进度计划、劳动组织以及技术经济等全面规划，科学组织施工，确保实现项目质量、工期、经济、安全、环保等各项目标。

装饰装修工程是建筑工程中重要的分部工程，具有分项工程多、施工方法多、施工范围大、专业交叉作业多、施工工期短、材料品种多等特点。施工企业应根据工程规模大小或复杂程度编制好施工组织设计或单项施工方案，并经过企业有关部门审查批准，

3. 施工单位应建立质量管理体系，对工程进行全过程的质量控制。

1.31 施工单位的质量责任是什么？

施工单位是建筑工程的直接缔造者，承担着非常重要的质量责任。施工单位为了实现合同工程质量目标，满足社会综合利益并追求企业最大的经济效益，应建立质量管理体系、质量管理标准和质量管理制度。

我国目前在建设领域普遍实行以项目为单位组织建设的方式，工程勘察、设计、监理及施工也相应地按项目进行组织实施。因此，关注工程质量，首先必须关注建设项目的质量管理。参与建设活动的各方，特别是施工单位，首先必须加强施工项目管理，对项目工程的施工质量进行严格有效的控制，才能从根本上提高质量。

质量管理人员的责任，简单地说，就是按照国家标准，抓好工程质量。但这是最低要求，不是最高标准。根据现代质量观，最高标准应当是最大限度满足用户明确的和隐含的需要，使用户满意。所以，质量管理人员的心中，必须有“用户”的概念，质量管理人员

必须从满足用户需要，使用户满意的高度，承担起自己的质量责任。

为了确保工程质量，项目的质量管理责任首先要有分工和检查。

项目施工的质量责任，应该由项目全体人员来共同承担。有的施工企业用通俗语言说成是："千斤重担大家挑，每人肩上有指标"。意思是说，质量责任必须分解到每个人的肩上，不能只靠几个人去承担。这是很正确、很重要的。当然，在共同承担质量责任的前提下，质量管理人员有更重要的责任。

为了履行好工程施工中的质量责任，项目部对质量责任必须有明确分工。比如，项目经理和项目技术负责人，对项目工程质量负有总责任，而工长、质量检查员按照自己的岗位责任分头负责。要注意的是，这种分工，必须有非常具体的内容，该负责几条就分几条，不能笼统和抽象，不能只讲些宏观责任。尤其对于项目经理和总工程师，必须亲自履行抓质量的职责，不能仅仅"过问"一下，或者委托别人代替自己去抓。换句话说，质量责任必须亲自去履行，不能委托他人代理。

要管好质量，仅有分工还不够，还必须有检查落实。即检查各岗位的质量责任是否落实，检查工程实体质量是否达到规范要求；检查各种不符合质量要求的问题是否得到妥善处理。目前，许多工程项目部在施工中存在违反规定的操作行为。只要认真检查，并不难发现。但我们有些质量管理人员，却置若罔闻，视而不见。这是一种不严格履行质量责任的错误行为，也是质量意识和职业道德薄弱的表现，必须引起重视。

1.32 质量管理人员应该具备什么素质？

要管好工程项目质量，质量管理人员本身必须具有良好的职业道德和专业素质。就质量管理而言，至少需要具备以下三个方面的基本素质。

1. 有较高的质量意识，熟悉质量法规（有意识、懂法规）

质量意识是抓好工程质量的原动力。质量管理人员必须有较高的质量意识，有紧迫感，同时又熟悉国家的质量法规，知道目前工程质量方面存在的主要问题，了解改革发展的方向和趋势，明确自己的岗位职责，才能主动地去关心质量、去抓质量。所以必须千方百计地增强各级人员的质量意识，质量意识高了，意识支配行动，在行动上才能发挥主动性，认真负责地进行项目质量管理，使工程质量合格。

质量管理人员不仅要有较高的质量意识，心中还必须有“用户”的概念。质量管理人员必须时刻从满足用户需要的高度，履行自己的岗位职责。

质量管理人员必须接受质量意识和质量法规教育。宣讲工程质量形势，介绍一些重要案例，学习国家质量法规，使自己具有强烈的质量意识，并且懂得国家的质量法规。

2. 懂质量管理基本理论和科学管理方法（学理论，会方法）

掌握质量管理理论基本知识和科学的质量管理方法，可以帮助管理人员抓住重点，进而采取有效的管理措施，达到事半功倍的效果，对于管好工程质量至关重要。

随着对建筑工程施工质量要求的提高，对质量管理的要求也越来越高。靠原始的、人工的、自发的管理方式，已经远远不能满足要求。工程施工千头万绪，稍有差错，就会影响工程质量。只有懂得现代质量管理理论，掌握科学的质量管理方法，才能采取正确的管理措施，抓住重点，预防事故，有效提高工程质量。正如同我们要用“法制”而不能用“人治”来管理社会一样，要用“管理理论和科学方法”而不能用“人治”来管理工程质量。所以，要求质量管理人员，必须学习掌握一定的管理理论，了解科学有效的管理方法。

3. 掌握规范标准要求，特别是应该熟练掌握《强制性条文》的要求（懂标准，知要求）

对项目上的质量管理人员来说，只有懂得质量标准，熟练掌握国家强制性标准对工程施工的各项质量要求，才能具有良好的质量管理与监控能力。每一位质量管理人员都应该清楚:工程必须达到什么样的质量标准才符合要求?怎样才能确保工程安全?常见质量通病有哪些?采取哪些措施加强质量管理,才能提高工程质量?

因此,质量管理人员还要花费相当大的精力,认真学习质量验收标准规范与《强制性条文》。

以上 3 项要求,是对项目上各级施工质量管理人员素质最基本要求。

提高质量管理人员素质别无他径,惟一途径就是:培训,学习,实践。培训之外需要个人大量刻苦的自觉学习。学法规,学管理,学规范,学技术。再之就是实践,实践出真知,出经验,长能力。培训、学习再经过实践,是提高素质的惟一途径。对项目经理,对总监,对质量检查员,对任何其他岗位,均不例外。

1.33 工程施工的质量检查工作有哪些?

工程施工的质量检查工作是项目质量管理的基础工作之一。质量检查工作是项目质量管理的重要组成部分。要提高工程质量,必须重视并作好项目施工中的质量检查工作。

可以辨证地说:虽然提高工程质量,不能全靠质量检查,但没有严格的质量检查,却肯定不能提高工程质量。一位外国总统曾经说过:“没有监督,天使也会变成魔鬼。”从这句话中,不难看出监督的重要性。而项目上的质量检查工作,其任务就是在施工第一线和最基层,对工程质量进行检查监督。

对项目施工质量检查工作的最重要的要求,就是不放过任何不符合质量标准的缺陷,准确评定工程质量。质量检查工作必须对工程质量严格把关,并将质量情况及时上报。通过质量检查,使各个分项、子分部、分部及单位工程的施工质量达到规定的标准。

施工过程中的质量检查工作,应该建立健全和落实“挂牌制”、“三检制”和“样板制”,严格按照标准、规范、规程以及设计要求、合同约定对工程质量进行检查把关。

施工质量检查员是施工单位派驻一线的“质量卫士”，是从事质量检查工作的专职人员。关于质量检查员的具体岗位职责，目前尚无统一明确的规定。经对一些施工单位的调查，质量检查员主要岗位职责基本一致，大体有如下 10 条：

(1) 参与工程图纸会审、设计交底和重要设计变更、工程洽商的审查或会签。

(2) 参与施工组织设计的编制工作，参与制定质量目标或计划。

(3) 负责检查或抽查进场的材料、成品、半成品的质量，凡发现不合格的，严禁使用在工程上。

(4) 参加所有分项、子分部、分部、单位工程的质量评定。重点是分项工程和重要工序的质量检查。

(5) 参加隐检、预检工作。对不合格的工序或分项工程，拒绝签认，提出返工，不准进入下道工序施工。

(6) 负责抽查施工记录和试验报告。

(7) 对返修、返工的工程部位重新检查核验。

(8) 参加工程质量事故的调查、分析、处理。

(9) 参加质量分析会，提出质量问题处理的合理建议，督促落实质量措施。及时向领导报告质量状况。

(10) 从质量角度签认施工任务单。

应该明确，质量检查并不仅仅是质量检查员的事。各级管理人员都应该负有质量监督检查的职责。

1.34 质量管理体系与质量管理责任制有哪些?

什么是质量管理体系？简单地说，质量管理体系就是“人”加“制度”。具体说就是若干质量管理岗位加上若干质量管理制度。我们把质量管理制度又叫“质量管理责任制”。仅仅有“人”和“制度”还不行，还必须使这个体系有效地运行。

建立和健全质量管理体系，确保一个比较健全的质量管理体系在项目上有效地运行，这是保证项目施工质量最重要、最基本的方法。也是质量预控的第一个要点。

与此相对的是,如果没有一个比较健全的质量体系在项目上有效地运行,没有比较健全的制度和岗位责任,仅靠一两个人或一部分人的临时指挥,应对性决定,突击式会战,或者仅靠早来晚走,吃苦受累,是搞不好工程质量的。

建立质量体系,首先要明确项目经理和各级管理人员的质量责任。

明确质量责任制,应当从项目最高领导人——项目经理开始。首先要明确:项目经理是企业法人在工程项目上的代表。按照规定,必须对项目经理实行培训、考核、定级、持证上岗等管理制度,明确项目经理的质量责任,这种责任是终身责任。

其次,项目经理必须亲自抓质量,不允许仅形式上挂个名,实际上将质量管理交给他人代替管理。我们反复强调质量意识与质量责任,就是要求项目经理必须亲自过问质量。如果质量出现问题,项目经理负有直接责任,是第一责任人。

此外,除了项目经理之外,项目上的各级管理人员,也必须建立起明确、严格的责任制。做到人人有责任,人人负责任。责任制要落实,对负有责任的人员要奖罚分明。当今的大型工程施工,首先要靠严格的责任制进行管理,而不能靠个人感情用事。要强制落实责任制。

在项目施工中,已经通过质量体系认证的企业,应建立项目质量管理手册。项目质量管理手册应该认真落实企业质量目标和质量计划。

使质量体系有效运转的另一个重要方面是:在项目质量管理中,必须严格工序管理。工序管理是质量管理的最重要的基础,也是各级管理人员一项最重要的管理职能。要坚持上道工序达不到合格标准,不得进入下道工序施工。必须明确:对工序质量的控制是项目管理最基础的控制。目前施工单位对工序控制的方式一般是:按规范操作,进行自检、互检、交接检,达到质量目标。

建立和健全质量管理体系,重点是落实15项质量管理责任制，建设部1996年9月18日，专门颁发建建字(1996)42号文件，印发了《工程项目施工质量管理责任制》。这15项质量责任制是建国50年来，我国建筑行业宝贵经验的总结，是大家智慧的结晶。

15项质量管理责任制是：

1. 工程报建制度

建设单位在工程开工前要按有关规定办理报建手续，即《建设工程质量管理条例》中规定的必须获得“施工许可证”。没有履行报建手续的不能开工。建设单位应根据工程特点和技术要求，通过招标选择相应资质等级的勘察、设计、施工、监理单位。施工前要组织设计和施工单位进行交底和图纸会审，施工中要按照现行的国家标准、规范和设计文件等对工程质量进行检查，竣工后要组织有关单位进行竣工验收。因建设单位不履行上述义务，造成工程质量不合格或发生重大工程质量事故的，应由建设单位及有关人员负责任。

2. 投标前评审制度

施工企业在投标或签订合同以前，经营部门应会同技术部门对标书或合同的条款进行评审，以确保本企业的施工技术、组织管理和建设资金能满足合同中对质量和工期的要求。这是一项施工单位内部重要的合同管理预控措施，同时与工程质量密切有关。

3. 工程项目质量总承包负责制度

总承包单位对承建工程的所有分部、子分部、分项工程质量向建设单位负责。按有关规定进行工程分包的，总包单位对分包工程进行全面质量控制，分包单位应对其分包工程施工质量向总包单位负责。上述总包与分包方的具体质量责任和履行责任的方式方法，应该通过分包合同明确规定。

4. 技术交底制度

施工企业应坚持以技术进步来保证施工质量的原则，技术部门应编制有针对性的施工组织设计，积极采用新工艺、新技术、新材料；针对特殊工序、施工难点要编制有针对性的作业指导书。每个工种、每道工序施工前要组织进行各级技术交底，包括项目工程师对工长的技术交底、工长对班组长的技术交底、班组长对作业班组的技术交底。

技术交底是质量预控的一项重要措施。

5. 材料进场检验制度

材料进场必须按照规范和有关规定进行严格的验收和检验。必须对材料的外观、尺寸、包装及物理性状等进行检查。对材料合格证和试验报告进行检查。对重要材料，应该根据规范标准的要求和有关规定进行抽样复试。所有用于工程的材料、设备和构件，都必须符合规范标准和设计以及合同的要求。不合格的不得使用在工程上。施工企业应建立合格材料供应商的档案，并从列入档案的供应商中采购材料。施工企业对其采购的建筑材料、构配件和设备的质量承担相应的责任。按照国家标准规范中见证取样送检的规定，重要材料的取样、送检和试验，必须由建设或监理人员到场见证，并送到有资格的单位进行试验。

6. 样板引路制度

为确保工程质量，施工操作要注重工序的优化、工艺的改进和工序的标准化操作。通过样板施工，来探索、积累必要的管理和操作经验，提高工序的操作水平，明确质量目标，确保成品质量。对于每个分项工程或工种（特别是工作量大的分项工程）都要在开始大面积操作前做出示范样板，包括样板墙、样板间、样板件等，统一操作要求，明确质量目标，以及向用户作出承诺。

7. 施工挂牌制度

对于主要工种或施工的重要环节，如饰面板安装、饰面砖粘贴、幕墙安装、抹灰、吊顶等，要在现场实行挂牌制或标示制，明确管理者、操作者、施工日期等，有的还应做出相应的图文记录，作为重要的施工档案保存。施工挂牌制度是追溯质量责任，提高有关人员的责任心一种好方法，也是严格管理的重要措施。这一制度将质量责任落实到个人，效果显著。因现场不按规范、规程施工而造成质量事故的，要追究有关人员的责任。

8. 过程三检制度

工序控制是最基本、最重要的质量控制之一。过程三检制度，即在每道工序坚持实行自检、互检、交接检制度。自检要做文字记录。隐蔽工程要由工长组织，质量检查员、班组长等参加检查，并做出结论明确、内容详细的文字记录。重要的工序和隐蔽工程，项目技术负责人应该参加检查。

9. 质量否决制度

对于不合格的分项、分部和单位工程，必须进行返工。决不允许不合格分项工程流入下道工序，否则要追究班组长的责任；不合格分部工程流入下道工序要追究工长和项目经理的责任；不合格工程流入社会要追究公司经理和项目经理的责任。

10. 成品保护制度

应当像重视工序的操作一样重视成品的保护。项目管理人员应合理安排施工工序，减少工序的交叉作业。上下工序之间应做好交接工作，并做好记录。如下道工序的施工可能对上道工序的成品造成影响时，应征得上道工序操作人员及管理人员的同意，并尽量避免破坏和污染。否则，造成的损失由下道工序操作者及管理人员负责。

11. 质量文件记录制度

质量记录是质量责任追溯的依据，应力求真实和详尽，以符合国家标准规范要求。各类现场操作记录及材料试验记录、质量检验记录等要妥善保管，特别是各类工序接口的处理，应详细记录当时的情况，理清各方责任。这一项要求应该和 ISO 9000 质量管理标准的要求有机地结合起来执行。

12. 工程质量验收制度

"工程质量验收制度"应该按照《建设工程质量管理条例》和建设部 142 号文件的要求，由建设单位组织参与工程建设各方对竣工工程进行质量验收，按国家有关标准、规范进行质量验收，质量监督站到场进行监督。验收完成后，建设单位要在 15d 内，向建设行政主管部门备案。

13. 工程竣工服务承诺制度

工程竣工后，施工单位必须对所承建的工程进行保修。要向建设单位提供"两书"：《质量保修书》和《使用说明书》。应该按照

《建设工程质量管理条例》关于质量保修的规定，对工程不同部位，按照不同期限，依法承担保修的责任。施工单位应该认识到，应该竭尽全力做好这种竣工服务承诺，因为其意义不仅是依法对所承建的工程履行保修职责，更重要的是树立企业形象，提高企业信誉的重要窗口。

为了更好地对竣工后的服务承诺进行社会监督，建设部规定，应在建筑物醒目位置镶嵌标牌，注明建设单位、设计单位、施工单位、监理单位以及开竣工的日期。这既是一种纪念，更是一种承诺。是一种向社会昭示的公开承诺。因此，施工单位要积极主动地做好用户回访、质量保修等工作。许多施工单位认识到了竣工服务承诺的意义和重要性，成立专门机构来从事这项工作。

14. 培训上岗制度

工程项目所有管理及操作人员应经过业务知识和技能培训，并持证上岗位。不具备岗位技能的人，不能在该岗位工作，这是确保施工质量的重要因素。因无证指挥、无证操作造成工程质量不合格或出现质量事故的，除要追究直接责任者外，还要追究企业主管领导的责任。培训和持证上岗问题也是质量预控的重要措施。

15. 工程质量事故报告及调查制度

工程发生质量事故，施工单位要马上向当地质量监督机构和建设行政主管部门报告，并做好事故现场抢险及保护工作，建设行政主管部门要根据事故等级在规定的时限内逐级上报，同时按照“三不放过”的原则，负责事故的调查及处理工作。对事故上报不及时，或隐瞒不报的要追究有关人员的责任。

片面考虑企业或局部利益，对质量事故隐瞒不报，造成很坏影响。这是一种严重违法的行为。

大量施工实践证明，上述15项质量管理责任制涵盖了项目质量管理的大部分内容。除第一项外，其他14项都主要由施工单位来做。一个项目如果真正落实了上述15项质量管理责任制，项目上的质量管理体系就可以有效运行，工程质量就有了可靠保证。

1.35 装饰装修工程对施工人员有什么要求？

承担建筑装饰装修工程施工的人员应有相应岗位的资格证书。国家已经制定了装饰装修工程主要工种的岗位考核标准(分为初级工、中级工、高级工、技师、高级技师5个等级)，在这些岗位施工的人员应通过考试或考核，获得相应岗位的资格证书。其他岗位的人员，也应经过必要的岗位培训才能上岗。

1.36 既有建筑装饰装修改造工程中，施工单位对主体结构和设备管线的拆改应严格控制什么？

建筑装饰装修工程施工中，施工单位严禁违反设计文件擅自改动建筑主体、承重结构或主要使用功能；严禁未经设计确认和有关部门批准擅自拆改水、暖、电、燃气、通讯等配套设施。

1.37 装饰装修工程施工中对环境保护的要求是什么？

环境保护是一个世界性的问题，工程施工过程引起周边环境的污染一直是城市建设环境治理的重点。装饰装修工程施工的范围很广泛，新建建筑、既有建筑、住宅等都常常在建筑正常使用情况下进行局部的施工，又由于装饰装修工程使用了大量的有机化工材料，对环境的污染和影响就更为突出，因此，装饰装修工程施工过程的环境保护是施工企业一个非常重要的管理内容。

装饰装修工程施工过程的主要环境因素：

(1) 噪声。包括机械噪声、施工噪声等；

(2) 废水、废液。包括生产用水、生活用水、稀释剂等；

(3) 废气。包括稀释剂的挥发等；

(4) 粉尘。包括水泥、大白粉、滑石粉、灰尘等；

(5) 固体废弃物。包括废料、废渣、废包装物等；

(6) 能源。包括生产用水和用电、生活用水和用电、柴油、机油、蒸汽、压缩空气等；

(7) 泄漏、爆炸。包括化学品、油漆、可燃气体等。

施工企业在施工过程中，应当严格遵守有关环境保护的法律法规，对每个施工项目都要制定切实可行的环境管理方案，对施工作业人员进行环境保护的作业指导，对环境因素进行识别和监控，做好易燃易爆和化学物品的管理，采取有效措施控制施工现场的各种粉尘、废气、废水、废弃物、噪声、振动等对周围环境造成污染和危害。

1.38 在装饰装修工程中，“基体”与“基层”有什么区别？

在建筑装饰装修工程中，“基体”和“基层”是两个相似而不同义的词。“基体”是指建筑物的主体结构或围护结构，例如混凝土梁、板、柱和一些砌体围护结构。“基层”是指直接承受装饰装修施工的面层。例如，对抹灰工程来说，如果在混凝土或围护结构表面进行抹灰，那么“基体”就是“基层”；而对于涂饰工程来说，如果在混凝土或围护结构表面进行涂饰，“基层”就是“基体”，但是如果在抹灰工程的表面、木材表面、金属材料表面或者其他基材的表面进行涂饰，那么“基层”就不是“基体”了。

1.39 装饰装修工程施工前，对基体、基层质量有什么要求？

装饰装修工程的施工质量与建筑物基体或基层的质量有非常直接的关系，如果在一个不合格的建筑基体或基层上直接进行装饰装修面层的施工，其质量往往难以保证。无论是新建建筑还是既有建筑，装饰装修工程施工前都要对基体或基层的质量进行检验，应在基体或基层的质量验收合格后再进行装饰装修施工。在既有建筑进行装饰装修前，应对基层进行处理并达到国家质量验收规范的要求。

1.40 “样板”在装饰装修工程施工中的作用是什么？“样板”通常要经哪几方面确认？

《建筑装饰装修工程质量验收规范》GB 50210 第 3.3.8 条规定：建筑装饰装修工程施工前应有主要材料的样板或做样板间

(件),并应经有关各方确认。这是装饰装修工程中非常重要质量预控要求之一。

1.“样板”的作用

主要材料的样板或做样板间(件)的作用,一是对工程质量、材料品质、施工工艺、装饰效果、空气质量等进行预控,发现问题,及时改进;二是作为验收依据,避免争议。

2.“样板”的操作

对于宾馆客房、住宅、写字楼办公室等具有多间重复装饰装修房间的工程宜做样板间。

对于装饰抹灰、美术涂饰或某一特殊构造等可以在墙体上作样板件。如果在建筑外墙上粘贴饰面砖应在相同基体上作样板件并对粘结强度进行检验。

对于诸如天然石材、装饰板材、壁纸、壁布、瓷砖等涉及到颜色、光泽、图案、花纹、质感等评判因素的装饰装修材料,应有材料样板。

3.“样板”的确认

不管采用那种方式,都应由建设方或监理方、设计方进行确认,以此作为工程质量验收的评判依据。

1.41 装饰装修工程与设备安装专业常常配合交叉作业,应如何进行工序协调?

装饰装修工程无论是墙体、吊顶还是地面都会有设备安装的管线或者设备终端口,施工过程中经常会与设备安装专业配合交叉作业,质量因素相互影响,因此,不同专业之间施工工序的安排对于保证工程质量和工期是非常重要的。

装饰装修专业与设备安装专业交叉作业的工序安排,最好是管道、设备等隐蔽工程施工及调试在建筑装饰装修工程施工前完成,最大限度避免交叉作业;如果建筑装饰专业和设备安装专业必须同步进行作业时,应该在装饰装修饰面层施工前完成管道、设备等隐蔽工程施工及调试工作,避免由于管道、设备等隐蔽工程施工及调试对装饰装修面层带来破坏。装饰装修工程不得影响管道、设备等的使用和维修，应该留置必要的检修口。涉及燃气管道的建筑装饰装修工程必须符合有关安全管理的规定。

1.42 装饰装修工程施工的环境温度要求是什么？如果采取措施可否不受此限？

装饰装修工程常常使用很多水溶性或溶剂型的化工材料，这些材料从涂饰到成膜都有时间和环境温度的要求；装饰装修工程的施工大多手工操作，要求做工精良，过低的环境温度不利于施工，很难保证工程质量。因此，装饰装修工程施工的室内外环境条件应满足施工工艺的要求，施工环境温度不应低于5℃。当然，随着材料性能的不断进步和施工水平的提高，施工环境温度的要求也不是绝对的。如果施工中采取了保证工程质量的有效措施，也可以在低于5℃气温下施工。

1.43 装饰装修施工单位在施工现场，应建立哪些最重要的管理制度？

装饰装修施工单位在施工现场，应按照国家有关施工安全、环境保护、劳动保护、防火、防盗、防毒等法律法规，建立相应的安全、环保、劳保防护、防火、防盗和防毒等方面的管理制度。并应配备必要的设备、器具和标识。

2 建筑装饰装修工程的施工组织

2.1 装饰装修工程施工组织设计的任务和作用是什么？

建筑装饰装修施工组织设计的任务是在施工前根据合同要求、工程特点及与之配套的专业施工要求，对人力、资金、材料、机具、施工方法、施工作业环境等主要因素，运用科学的方法和手段进行科学的计划、合理的组织和有效的控制，从而在保证完成合同约定的工程质量、施工进度、环境保护等目标的基础上，最大限度的降低工程成本和消耗，让业主满意，以谋求企业的最大利润。

建筑装饰装修工程施工组织设计是规划和指导整个装饰装修工程从施工准备到施工过程以及竣工交验全过程的一个综合性技术经济文件。它既要充分体现装饰装修工程的设计和使用功能要求、又要符合建筑装饰装修施工的客观规律，对施工的全过程起到战略部署和战术安排。装饰装修施工组织设计是施工准备工作的重要组成部分，是做好施工准备工作的主要依据和保证。

建筑装饰装修工程施工组织设计是编制施工预算和施工计划的主要依据，是装饰装修施工企业进行经济技术管理的重要组成部分。因此，编好建筑装饰装修工程施工组织设计，按科学规律组织施工，建立正常的施工程序，有计划地开展各项施工作业，保证劳动力和各项资源的正常供应；协调各施工队、组、各工种、各种资源之间以及空间安排布置与时间的相互关系等，完成合同目标，都将起到重要的、积极的作用。

2.2 建筑装饰装修工程施工组织设计的类型有哪些？

建筑装饰装修工程施工组织设计可以分为以下三种类型：

1. 装饰装修工程施工组织总设计

施工组织总设计是以群体工程即一家宾馆、一栋写字楼、一个高级公寓建筑小区或一条街道作为施工组织对象而编制的，当有了扩大初步设计或方案设计以后，一般以总承包单位为主，由设计和总承包单位参加共同编制。它是对整个建设（改建）项目总的施工部署，并作为修建整个施工现场大型临设工程、编制年（季）度施工计划和编制单位装饰装修工程施工组织设计的依据。也有人将这种施工组织总设计称之为“施工组织规划”。

2. 单位装饰装修工程施工组织设计

单位工程施工组织设计是以单位装饰装修工程即一个施工合同内所含全部装饰装修项目作为施工组织对象而编制的。单位装饰装修工程施工组织设计应由直接组织施工的单位编制，用于指导该装饰装修工程的施工并作为编制月、旬施工计划的依据。

单位装饰装修工程（或一栋建筑装饰装修工程中的各分包商）必须根据建筑装饰装修工程施工组织设计的要求，应由总承包单位与编制单位共同研究编制或由总承包单位对其进度、质量、现场管理等进行审核协调。

单位装饰装修工程施工组织设计编制内容的广度和深度，应视工程规模大小、技术复杂程度和现场工作条件而定，一般有以下两种情况。

(1) 单位装饰装修工程施工组织设计要求编写内容全面，一般装饰装修工程内容均需编写，而且还应包括既有建筑的结构改造、水、暖、电、卫、风的设备安装等全部内容。如装饰装修施工单位仅承包装饰装修项目，没有水、暖、电、卫、风等专业施工能力而必须与其他专业分包单位或总包单位协作，则要根据具体的工程分工情况与总包方协商，合作完成单位装饰装修工程的施工组织设计的编制工作。

(2) 对于新建的工程规模较大、技术较复杂、施工难度大的工程，总承包方在编制单位工程施工组织设计之后，常常需编制某些主要子分部、分项工程的专项施工方案，作为装饰装修分包商编写的施工组织设计中只考虑所施工部分及与之相关的水、暖、电、卫、风等专业的施工配合。

3. 子分部或分项工程施工组织设计

由于建筑装饰装修工程所包含的施工内容多、材料和工艺更新快,对于那些技术含量高、施工难度大、环境复杂或者工程量大、工期紧等的子分部、分项工程,例如幕墙工程、复杂的吊顶工程等,应编制具体的子分部或分项工程施工组织设计(方案)。

既有建筑进行装饰装修改造时,装饰企业以总承包形式独立完成工程改造的全部施工任务,此时需要做出装饰装修工程施工组织总设计、单位装饰装修工程施工组织设计、子分部或分项装饰装修工程施工方案或作业指导书等多种类型。

2.3 装饰装修施工组织设计编制的原则和依据是什么?

编制建筑装饰装修工程施工组织设计,应根据具体施工项目的特点和以往施工积累的经验,并遵循以下原则:

1. 认真贯彻执行国家现行有关标准规范

在编制建筑装饰装修工程施工组织设计时,应充分了解国家有关装饰装修工程的标准规范,严格执行国家现行标准规范的规定,严格按基本建设程序办事,严格执行施工组织设计审批制度。

2. 严格遵守施工合同

对工程规模大、施工工期长的工程,应根据业主使用要求和合同规定,合理安排分期分段进行施工,以期早日发挥投资的经济效益,最大限度减少可能因装饰装修施工对业主经营活动的影响。

在确定分期分段施工计划时,应注意每期交工的项目可以独立地发挥效用。

3. 合理安排施工顺序

建筑装饰装修工程所含的子分部工程和分项工程多,室外立面、附属工程以及室内墙、顶、地及细部等都需装饰装修,因此作业的施工面大,但是,若干个分项工程都有其独立的施工工序及环境要求。在同一场地上进行多项作业，施工工序科学、合理的安排对于质量、工期目标实现就非常重要。装饰装修施工顺序应按照装饰装修施工的客观规律要求，合理安排，避免不必要的重复、返工和人力物力的浪费，加快施工速度，缩短工期。

4. 积极采用先进施工技术，科学合理确定施工方案

装饰装修工程施工中，采用先进的施工技术是提高劳动生产率、提高工程质量、加快施工进度、降低工程成本的重要途径。在选择施工方案时，要积极采用新材料、新设备、新工艺、新技术。在采用“四新”的同时应注意结合工程特点，满足装饰设计效果，符合施工验收规范、操作规程要求，遵守有关防火、环卫及施工安全要求，同时应符合现场实际，使施工技术具有先进性、适用性、经济性。

5. 采用流水施工和网络计划技术，安排进度计划

在编制施工进度计划时，应从工程实际出发，采取流水施工方法，组织均衡施工；减少各项资源的浪费，保证施工连续、均衡有节奏地进行；合理地使用人力、物力、财力。在编制建筑装饰装修工程施工进度计划时，可选用横道图或利用网络技术，合理安排工序搭接和必要的技术间隙，作好人力、物力的综合平衡。

对于那些受季节影响较大的装饰装修施工项目，如冬期施工、雨期施工，应编制和落实季节性施工措施，以增加全年的施工天数，提高施工的连续性和均衡性。

6. 合理安排布置施工场地

尽量利用原有或就近已有设施，以减少各种临时设施。合理安排现场加工场地，特别是既有建筑的装饰装修改造工程的施工现场加工场地、易燃易爆材料管理等，应注意尽量减少噪声、振动、粉尘、垃圾、废气、废水等对其他正常工作、生活层的影响。电气焊加工现场应注意消防要求，合理安排材料堆放场地，应有利于装饰装修材料的储存、保护，防火防爆应作为重点控制项目。

7. 努力提高装饰装修工程装配化程度

建筑装饰装修工程中，部分材料、项目可适应选择工厂化生产

或集中加工成半成品后运往现场，如木线制做可利用专业厂家加工；木门窗、木柜、壁柜、窗帘盒、窗台板及部分隔断板，可采取专业厂家根据设计图制成半成品，或与集中加工相结合，现场安装，以提高建筑装饰装修施工装配化、工业化程度。

8. 充分利用先进机械设备及工具

现代装饰装修施工应充分利用先进的装饰装修施工机具、手持电动工具，是加快施工速度、提高施工质量的重要途径。在选择施工机具时，除正确选用先进的施工机具外，尚应注意选择与之配套的辅件，如云石机的切片有干作业用的和湿作业用的，风车锯应根据不同的切割对象选择适当的锯片，以达到省工、省料、高质量的目标。

9. 注意降低工程成本，提高经济效益

装饰装修施工要实现美观的效果，要求选材讲究、做工精细。材料费约占工程总造价的 60%～70%，在施工中应注意合理选材、合理用材，防止浪费。如胶合板一般规格尺寸为 1220mm×2440mm，如果墙裙设计高度为 1200mm 左右，其材料的利用率就很高，如设计成 1500mm 左右高，则材料利用率低，浪费大。

10. 注重施工环境保护、安全消防管理

建筑装饰装修工程施工中，环境保护、安全消防是重要的施工管理内容，应按国家现行有关施工环境管理及安全消防的要求，从人、机、料、法规、环境等方面制定保证措施，预防和控制影响施工环境和安全消防的各种因素，建立健全各项环保与安全管理制度。

编制建筑装饰装修工程施工组织设计的主要依据有：

(1) 施工合同中建设单位对工程质量、施工进度以及现场管理等要求。

(2) 施工图设计文件、设计说明、设计变更洽商以及设计会审纪录等。

(3) 国家有关建筑装饰装修工程设计、材料、施工以及质量验收的法律法规和标准。

(4) 单位工程施工组织总设计。

在新建建筑施工中，装饰装修工程是整个建设项目中的一个分部工程，应把单位工程施工组织设计中的总体施工部署以及对装饰装修分部工程施工的有关施工计划、质量等要求，作为装饰装修施工组织设计编制依据。

(5) 装饰装修工程预算文件及有关定额。

根据预算文件中详细的分部、子分部和分项工程的工程量，必要时应有分层分段或分部位的工作量，作为工程用工用料计划编制的依据。

(6) 建设单位对工程施工可能提供的条件。

如施工场地的临时供水、供电、交通运输情况，临时办公、仓库、加工用房场地的提供等。

(7) 施工现场的勘察资料。

新建工程的结构施工尺寸情况与设计图是否相符；既有建筑装修改造工程实际尺寸及构造与设计图纸是否一致；水源、电源位置；水平、垂直运输情况；拆除物、垃圾堆放位置及运输时间要求等。

(8) 工程的施工条件。

公司所能配备的各工种劳动力的情况；工程所在地装饰材料供应情况；施工机具配备及生产能力情况等。

(9) 有关参考资料。

2.4 建筑装饰装修工程施工有哪些特点？

建筑装饰装修工程除具有一般建筑工程施工的特点外，还有着不同于其他专业施工的特殊性。

(1) 装饰装修工程一般施工工期很短，很多人形容装饰装修工程为“短、平、快”工程；

(2) 装饰装修工程要呈现其建筑艺术的特性，因此质量要求往往很严格，要求做工精良；

(3) 建筑装饰装修工程的分项工程多、工序繁杂；

(4) 材料品种丰富，有些属易燃易爆材料，因此，施工现场的防火安全管理非常重要；

(5) 与其他专业如强电、弱电、采暖、空调、消防、楼宇自控等立体交叉作业多;

(6) 施工中常常产生废水、废气、垃圾、粉尘、噪声以及振动等,必须满足环境保护要求。尤其是在既有建筑中进行局部装修施工,更应采取有效措施控制这些环境因素,不对周围环境造成污染和危害;

(7) 建筑装饰装修工程施工往往要求施工环境温度、环境的相对湿度、风力、光照度以及清洁度等满足其材料、工艺、质量等的要求。

施工组织必须很好把握这些施工特点和其特有的规律。

2.5 建筑装饰装修工程施工组织设计的两个阶段是什么?

建筑装饰施工组织设计主要分为投标阶段的施工组织设计和施工阶段的施工组织设计。

投标阶段的施工组织设计是定量评标中的一项主要内容,是建设方对投标企业组织施工全过程进行了解的技术文件,是建设方选择施工企业的重要依据之一。因此,投标阶段的施工组织设计的编制质量是企业中标的重要环节。它的编制首先要积极响应招标书的要求,特别是对标书提出的质量和工期的承诺,以及实现承诺的措施和方法。一般评定投标阶段的施工组织设计的要求包括:施工方案是否先进合理;进度计划及保证措施是否合理可靠;质量措施和安全措施是否严谨、有针对性;主要劳力、材料、设备计划是否合理;项目主要管理人员的资历和数量是否满足施工需要等。其中以先进的施工方案占主导成分,强调施工方案的针对性和可行性,不可与工程实际脱节,具有操作性。

施工阶段的施工组织设计是投标阶段施工组织设计的进一步深化,起到对工程施工全过程进行综合规划的目的,达到有效地指导和控制整个工程施工全过程的作用,通过施工组织设计,规范有序地指导工程全面的展开,保证优质高效地完成装饰装修任务。

编制施工组织设计必须在充分研究工程的客观情况和施工特点的基础上,结合施工企业的技术、管理力量和装备水平,从人力、财力、材料、机具和施工方法等五个环节着手，进行合理安排、统筹规划、科学组织，充分利用有限的作业时间和空间，建立正常的生产秩序，用最经济的投入取得质量好、成本低、工期短、效益好、业主满意的建筑装饰装修产品，这是施工组织设计编制的意义所在。

无论是投标阶段还是施工阶段，编制装饰工程施工组织设计都应做到：

(1) 编制的依据先进可靠，符合规定。譬如，工期上是否先进，技术上是否可靠，施工顺序是否合理，是否考虑了装饰装修施工合理的技术停歇时间，施工是否符合有关政策法规和技术规范的要求。

(2) 编制的内容繁简适度，切实可行。编制内容的简化是一个方向，施工组织设计不能面面俱到，对于已经掌握，大家十分熟悉的施工，不必用冗长的文字去阐述，而对那些高、新、尖的新技术、新材料、新工艺则应较详细地编写技术措施，做到简详并举、因需制宜。

(3) 编制要突出重点，抓住关键。对工程上的技术难点，质量进度的关键部位，企业施工管理的薄弱环节，应该编制得详尽一些，做到有的放矢，注重实效。

2.6 建筑装饰装修工程施工组织设计编制应注意哪些问题？

在编制和实施装饰装修工程施工组织设计过程中，应该注意的问题，主要有：

(1) 业主为缩短工期，往往要求早出施工方案、早进场，装饰装修施工企业这时可能来不及对图纸及现场条件进行细致的调研、了解和分析，缺少编制装饰装修施工组织设计所必需的准备时间。

(2) 缺乏对工程实际调查的依据，大量抄袭，或闭门造车，全凭个人发挥或抄袭类似项目的施工方案，施工组织设计没有针对性。

(3) 设计深度不够、图纸不全、变更多，施工组织设计对项目存在的隐含问题又缺少前瞻性，造成指导性和预见性不强。

(4) 有些投标阶段的施工组织设计对招标书响应程度不够，只注重形式的奢华、外表的美观、哗众取宠。而不注重内在的品质，编制的施工组织设计没有实际指导作用和控制能力，给组织施工活动带来难度。

(5) 仓促编写，审批手续不全，方案得不到优化等。

同时，也要看到装饰施工组织设计制度很多时候不能得以顺利实施的一个现实问题：不正当竞争、压价、垫资、拖欠工程款、不合理的压缩工期等等。另外。目前装饰装修工程在施工组织实施环节上存在的问题也十分严重：方案变化大，设计变更多，施工图专业会审不够，专业之间矛盾多，施工中计划赶不上变化，频繁的变更造成材料的积压和人员的窝工，加上其他专业配合的影响，造成施工的不均衡性，窝工、抢工时有发生；装饰装修材料质量参差不齐，材料供货渠道多样；有些管理人员和工人技术素质不高，工艺水平、施工质量差异非常大等。这些问题的存在，都影响到施工组织设计的实施，导致工程质量存在诸多问题。

很多实践证明，施工组织设计无论编制得如何完善，一成不变地付诸实施的几乎没有。影响进度和组织管理的因素非常多，这就要求施工企业：

(1) 要不断提高施工组织设计编制的质量，不但要控制好“不变因素”，还要有预见性地掌握好“可变因素”，并及时根据实际情况进行调整。

(2) 用于投标阶段的施工组织设计与施工阶段的施工组织设计，在内容和形式上各有侧重，详略有别，分段分步组织编写实施，以赢得时间。

(3) 提倡施工组织设计编制手段智能化，可以运用计算机网络和数据库以及一些工程管理专用软件等科学的方法和手段，编制建筑装饰装修工程施工组织设计文件。充分利用电子科技手段，实现最新标准资源共享。

2.7 建筑装饰装修工程施工组织设计的基本内容和编制程序有哪些？

建筑装饰装修工程施工组织设计的基本内容和编制程序，可以按施工组织总设计和单位工程施工组织设计分别归纳如下：

1. 建筑装饰装修工程施工组织总设计的基本内容

施工组织总设计的内容一般包括：工程概况、施工总体部署、组织框架、施工准备工作计划、施工总体（综合）进度计划、各项资源用量计划（劳动力、施工机械、主要材料等）、施工总体平面布置图、安全消防、环境保护等部分。

装饰装修工程施工组织总设计的编制程序，见图 2-1。

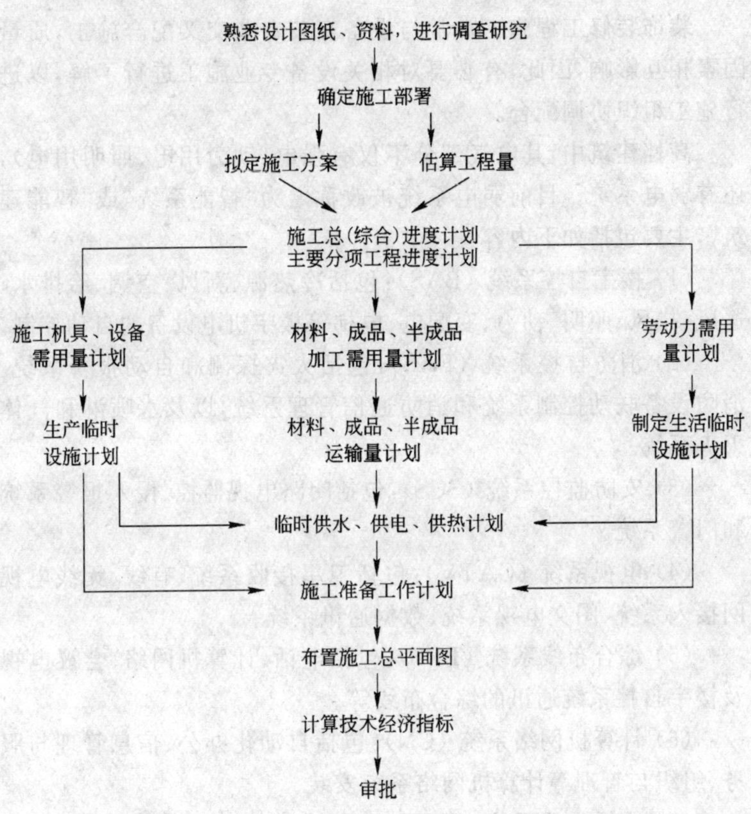

图 2-1 建筑装饰工程施工组织总设计编制程序

2. 单位装饰装修工程施工组织设计的基本内容

对新建工程来说建筑装饰装修施工仅属于整个单位工程的一个分部工程，但是，这个分部工程中含有10个子分部工程（抹灰、门窗、吊顶、轻质隔墙、饰面板与饰面砖、幕墙、涂饰、裱糊与软包、细部、楼地面），这些施工内容必须在单位工程施工组织设计中进行详细的部署。在很多建筑装饰装修工程中，还包括了建筑施工以外的一些项目，如家具陈设、餐厨用具及与之配套的水、暖、电、卫、空调工程等。

装饰装修工程施工常常与设备安装专业交叉配合施工，质量因素相互影响，因此，有必要对相关设备专业施工进行了解，以进行施工组织协调配合。

高档建筑中，其电气部分不仅有强电（动力用电、照明用电），还有弱电系统。目前弱电系统被改称之为“智能系统”或“智能建筑”，主要包括如下内容：

（1）楼宇自控系统（BAS）：包括冷热源、新风、空调、给排水、送风、排风、照明、动力、变配电、电梯等楼宇机电设备的自动控制。

（2）消防自控系统（FAS）：包括火灾探测和自动报警系统。消防设备联动控制系统和消防通信管理系统，以及水喷淋和气体灭火系统。

（3）安防监控系统（SCS）：包括闭路电视监控、侵入报警系统和门警系统。

（4）电视系统（CATV）：包括卫星接收系统、有线、无线电视网接入系统、图文电视系统、数据通讯系统。

（5）综合布线系统（PDS）：包括电话、计算机网络、会议电视及楼宇自控系统通讯的综合布线等。

（6）计算机网络系统（CN）：包括自动化办公、信息管理与服务、组织与管理等计算机网络系统安装。

（7）广播音响系统（BMS）：包括为厅堂、通道、客房提供背景音乐的系统和受消防控制中心管理的紧急广播系统，以及舞台音响系统。

(8) 车库管理系统（PCS）：包括出入管理、自动计费、车位指示等智能化车库管理系统。

弱电系统施工比较复杂、专业技术要求高、配合性强，在编制单位装饰装修工程单位施工组织设计时，应充分考虑这些项目与装饰装修施工的关系，合理安排工序，给设备安装留出时间，以免产生相互影响或交叉施工的破坏。

单位装饰装修工程施工组织设计的基本内容包括：工程概况、施工部署、施工准备、主要分项工程施工方法、施工平面布置图、施工进度计划、施工机具计划、主要材料计划、消防安全、环境保护、文明施工及施工技术质量保证措施、成品保护措施等。根据工程的复杂程度，有些项目可合并或简单编写。

单位装饰装修工程施工组织设计编写程序，见表 2-1。

施工组织设计编写程序 表 2-1

编写项目及顺序	编写内容
1	熟悉施工图纸和有关资料，进行现场查勘，分析图纸与现场情况是否相符
2	计算主要项目工程量
3	制定项目组织机构、职责
4	编制施工方案，确定施工顺序、流水段划分、主要项目施工方法
5	编制施工准备计划
6	编制劳动力、材料、半成品及成品、机械需用量计划
7	编制施工进度计划
8	绘制施工现场平面布置图
9	编制施工安全、消防、环保、文明施工、质量保证措施及成品保护措施
10	进行经济技术指标评价，审批

2.8 建筑装饰装修工程施工组织总设计的编制要点有哪些？

建筑装饰装修工程施工组织总设计的编制要点如下：

1. 工程概况

概括性的总结设计文件、现场条件、合同或业主要求等，进一步理清工程的内容以及施工中应遵守的各种规范、规程、地方行业管理部门的相关要求。主要包括以下内容：

(1) 建设项目，主要包括：装饰装修工程名称、地点、建筑面积、层数；建筑装饰装修标准；施工总工期及分期分批投入使用的项目和规模；主要建筑装饰装修材料及设备；属于国外订货的材料设备、数量；工程总投资、工作量、生产流程、工艺特点；

(2) 装饰装修工程内容，主要房间名称及材料作法、建筑装饰装修设计风格及特征；新技术、新材料、新工艺应用及技术复杂程度；建筑总平面图和各项单位工程（或厅、堂）工程设计交图日期及建筑装饰装修设计方案；主要工种工程量、本工程的特点等；

(3) 工程所在地区的特征，主要包括：气象、交通运输、地方材料供应、劳动力供应及生活设施情况、可作为施工现场临建使用的现有建筑，水、暖、电、卫设施情况等。

2. 施工方案

施工方案是施工组织设计的重要部分，包括施工任务的组织分工和安排，重点单位工程施工方案；主要子分部工程施工方案和施工现场规划，主要施工方法、施工机具的选择、劳动力的计划安排、材料的进场以及资金计划等，整体部署施工流向、施工顺序，充分考虑各分部(分项)工程之间甚至与其他专业(土建、机电工程等)之间在时间、空间上的交叉，通过方案比选、评价确定最优方案。

施工任务的组织分工和安排主要应建立并明确组织机构、明确职责，建立统一的工程指挥体系；确定综合或专业施工组织；划分各施工单位的任务项目和施工区域；明确穿插施工的项目及其施工期限。

要在研究分析合同和设计条件、确定工期、质量、成本、环境、安全等目标的前提下，明确提出该工程的主要特点、重点和难点，为施工组织设计文件提出应重点解决的问题。

明确重点工程的施工方案应根据设计方案或施工图，明确各单位工程中采用的新材料、新工艺、新技术及拟采用的施工方法。如大跨度结构的吊顶、高层玻璃幕墙安装、外墙干挂石材、复杂的设备、管线的安装、大型玻璃采光顶的安装、室内外大型装饰物安装等，并研究制定装饰装修施工工艺和质量标准。

3. 施工准备工作计划

施工准备工作计划主要内容有：原有建筑或结构的拆改项目及工程拆除改造的方案（包括拆除物的堆放、外运）；了解和掌握施工图设计的出图计划、设计意图和拟采用的新材料、新技术，并组织进行样板间（墙、顶）施工鉴定及确定鉴定时间；编制施工组织设计和研究施工组织设计中有关主要项目的施工技术措施；有关大型临时设施工程，施工用水、用电管线的敷设安排；进行有关技术培训工作；建筑装饰材料、构配件加工、成品半成品加工和施工机具的进场准备工作。

4. 施工总体(综合)进度计划

根据施工部署和施工方案，合理确定各主要单位工程的控制工期及相互搭接关系和时间。其编制要点主要是计算所有项目的工程量，填入工程量汇总表。项目的划分不宜过多，应突出主要项目，一些附属、辅助工程可以合并；确定总工期和各分包项目(部位)的工期；根据使用要求和施工能力，结合物资供应情况及施工准备工作条件，分期分批地组织施工；明确每个施工阶段的主要施工项目开竣工时间；

属于同一时间开工的项目不宜过多，以免人力、物力分散。同时，对于在生产(或使用)上有特殊要求、工程规模较大、施工难度较大、施工周期较长的项目及需要先期配套使用或可供施工使用的项目应尽先安排施工。

对于开工的项目力求作到均衡施工，在安排计划时应注意：

(1) 充分估计设计图纸的出图时间和材料、设备的到货情况(尤其是国外材料、设备的到货时间)，使每个施工项目的施工准备与设备安装合理衔接；

(2) 合理安排一些调剂项目，既能保证重点又能实现均衡施工；

(3) 使建筑装饰施工项目与设备安装施工项目实行流水作业，连续均衡施工，力争劳动力、机械、材料实现综合平衡；

(4) 合理安排施工顺序，一般采取先地下后地上、先干线后支线、先湿作业后干作业，饰面应先墙顶、后地面，同时要考虑冬雨季施工室外环境对装饰效果的影响。

5. 各项资源需用量计划

劳动力需用量计划应按照施工准备工作计划、施工总（综合）进度计划和主要分部分项工程进度计划，结合实物工作量套用概算定额或经验资料计算所需的劳动力人数，并编制主要劳动力需用计划，同时提出劳动力不足时的有关筹措措施，加强技术培训，加强调度管理等。装饰工程分工较细，工种复杂，工人技术水平要求高，应根据工程的具体项目选择合适的施工队伍。

主要材料和成品、半成品需用量进度计划应根据工程项目、档次，结合工程概算或经验资料，算出工程主要装饰材料的用量及施工技术措施用料，并据此编制主要材料需用量计划。根据成品、半成品和主要材料需用量计划及施工进度计划编制主要材料、成品、半成品进场计划，以便于组织运输和筹建、安排仓库。

主要材料、成品、半成品运输量计划应考虑采取空运、海运、铁路、公路等多种运输方式，运输总量中应适当考虑不可预见系数；垃圾运输量及时间，如果在大中城市繁华地区可能只有夜间方可外运。

高层建筑装饰工程还应考虑垂直运输量问题，根据材料的体积、长宽、重量及运输工具（提升架、电梯等）的性能合理安排垂直运输工作。

主要施工机具需用量计划应根据施工布署、施工方案、施工总（综合）进度计划、主要工种工程量和主要材料、成品、半成品运输量计划、选定垂直运输、水平运输设备并计算其需用量，编制主要施工机具设备需用量计划，提出解决的办法和进场日期。至于单位工程中装饰施工所用的中小型机具、手持电动机具由单位工程施工组织设计中考虑。计划中所用的机具、设备应注明电动机功率,以便决定供电的容量。

大型临时设施计划应本着尽量利用已有工程为施工服务的原则,按照施工布置、施工方案和各种材料、设备需用量计划考虑所需的一切生产和生活临时设施(包括生产、生活用房、临时道路、临时用水、用电和供热系统等)。

当建筑装饰工程与主体结构工程同时施工时,尽量考虑利用主体结构工程施工中的大临设施,如卷扬机、搅拌机、水泥库、各类材料仓库,以节省大临设施费用。

6. 施工总平面图

施工总平面图是用以解决建筑群施工所需的各项设施和永久建筑(拟建的和已有的)相互间的合理布局,按照施工布置、施工方案和施工总(综合)进度计划,将各项生产、生活设施在现场平面上进行周密规划和布置。

有的大型建设项目,由于施工期限较长或场地所限,必须几次周转,应按照几个阶段布置施工平面图,如主体结构施工阶段、装修装饰阶段等。

施工总平面图的内容应包括一切拟建和在建的永久性建筑物、地上地下管线、施工用的一切临时设施,如各类加工厂、建筑装饰材料、成品、半成品、水、暖、电、卫材料、设备等的仓库和堆场、行政管理和文化生活福利用房、临时给水、排水管线、供电线路、蒸汽、压缩空气管道、安全防火设施等。

临时设施的布置要不影响正式工程的施工,在改建、扩建工程中,还应考虑生产(经营)与工程施工互不妨碍,符合劳动保护、技术安全和防火要求。

7. 经济技术指标

主要技术经济指标是运用各种经济评价方法对确定的施工方案、施工进度计划、资源需用量计划和施工技术措施进行经济分析和评价,通过计算出的经济指标来证明施工组织设计在技术、经济上的可行性。要根据本工程各单位工程当前各项指标执行情况，本工程的特点对各项指标的影响和采取技术组织措施后的效果进行编制，作为考核的参考。

2.9 建筑装饰装修工程单位施工组织设计的编制要点有哪些？

单位装饰装修装修工程施工组织设计的编制，主要有以下几个方面：

1. 工程概况

工程概况是对拟装饰装修工程所作的一个简明扼要、突出重点的文字介绍，可以附图或采用辅助表格加以说明，应重点介绍工程的特点以及与项目总体工程的联系。

(1) 工程装饰装修概况。

包括工程的建设单位、工程名称、性质、用途；建筑物的高度、层数、拟装饰装修的建筑面积、本单位装饰装修工程的范围、装饰装修标准、主要装饰装修工作量、主要房间的饰面材料；设计单位、装饰装修设计风格；与之配套的水、电、风主要项目；开竣工时间等。

(2) 建筑地点的特征。

包括工程的位置、地形、环境、气温、冬雨季施工时间、主导风向、风力大小等。如本项目只是承接了该建筑的一部分装饰装修，则应注明拟装饰装修工程所在的层、段。

(3) 施工条件。

包括装饰装修现场条件，材料成品、半成品，施工机械、劳动力配备和企业管理等情况。

2. 施工部署（主要项目施工方法）

施工部署和主要项目施工方法的拟定要根据工期要求，材料、设备、机具和劳动力的供应情况，以及协作单位配合条件和其他现场条件进行周密的规划。建筑装饰装修工程施工有新建工程和既有建筑，施工方案应有所区别。

新建工程装饰装修施工有两种情况：

一是主体结构完成之后进行建筑装饰装修施工。在这种情况下进行装饰装修施工可以避免建筑装饰装修工程与土建结构工程施工之间的相互干扰，主体结构施工中的重点运输设备、外脚手架大临设施、临时供电、供水、供暖管道可以被装饰装修施工利用，有利于保证装饰装修工程的施工质量，但会延长工程建设工期。

二是主体结构施工阶段就插入建筑装饰装修施工。这种情况多发生在高层建筑中，一般宜在结构施工的楼层领先于建筑装饰装修施工部位相隔三层以上。建筑装饰装修施工可以自第二层开始逐层向上进行或自上往下逐层进行。这种施工部署能与结构施工立体交叉、平行流水，可以加快施工总进度。但这种方法会使结构施工与建筑装饰装修施工相互干扰，在管理上难度较大，而且必须采取可靠的安全技术措施才能进行装饰装修施工，设备安装专业的水、电、暖、卫的干管必须在结构施工阶段紧跟进行。

既有工程进行建筑装饰装修改造的情况就比较复杂，有些既有建筑只进行装饰装修改造，原有结构不动，但原有水、电、暖、卫设备管线可能有变动；有些既有建筑不仅改变原有装饰装修层，而且原有建筑结构也要做局部变动，使之更满足新的使用功能要求；有些既有建筑改变了原有建筑物的使用功能，如办公楼改公寓、饭店、娱乐中心或展览馆改为商场、饭店；原有住宅装饰装修改造等等。要依据不同的工程特点研究其施工部署方案。

建筑装饰装修工程的施工顺序一般有先室外后室内、先室内后室外及室内外同时进行三种情况。具体选择那种施工顺序可根据现场施工条件和气候条件以及合同工期要求来选定。通常，外装饰装修湿作业、涂料等项施工应尽可能避开冬雨期进行；干挂石材、玻璃幕墙、金属板幕墙等干作业施工一般受气候影响不大。外墙湿作业施工一般是自上而下（石材墙面除外），干作业施工一般采取自下而上进行。

室内装饰装修施工的主要内容有：顶棚、地面、墙面装饰装修；门窗安装和油漆；固定家具安装和油漆；以及配套的水、电、风口（板）安装、灯饰、洁具安装等，施工顺序根据具体条件不同而不同。

其基本原则是:“先湿作业、后干作业”;“先墙顶、后地面”;“先管线、后饰面”。

房间使用功能不同,作法不同,其施工顺序也不同。大厅施工顺序一般如下:

搭架子→墙内管线→石材墙、柱面→顶棚内管线→吊顶→线角安装→顶棚涂料→灯饰、风口、烟感、喷淋、广播、监控安装→拆架子→地面石材施工(配合安玻璃门地弹簧)→安门扇→墙、柱面电气插座、开关安装→地面清理打蜡→交验。

客房卫生间改造施工顺序一般如下:

原旧物拆除→改上下水管道→改电管线→地面找坡→安门框→防水→保护层→安浴缸→台板架安装→贴墙砖→安大理石台面板→顶内排风机、管线、镜前灯安装→吊顶板→安镜子→安门扇及压线→木面油漆→地面面层→安坐便器、洗面器→地漏箅子、浴帘杆、毛巾架、拉手、手纸盒等安装→安电盒→清洗、修补→交验。

客房改造施工顺序一般如下:

拆除旧物→改电器管线及通风→壁柜制作、窗帘盒安装→顶内管线→吊顶→安角线→窗台板、暖气罩、安门框→墙、地面修补→顶棚涂料→安踢脚板→墙面腻子→安门扇→木面油漆→贴墙纸→电气面板、风口安装→铺地毯→床头灯及过道灯安装→清理、修补→交验

建筑装饰装修工程主要项目施工方法的选择须注意其耐久性、可行性、经济性;新材料、新工艺的应用;技术难点问题的研究处理措施等。

3. 施工进度计划

编制施工进度计划时,应在满足工期要求的情况下,对选定的施工方案和施工方法;材料、构件和加工订货;成品、半成品的供应情况;能够投人的劳动力、机械数量及其效率、协作单位配合施工的能力和时间等因素进行综合研究。根据下述步骤确定各项因素,最后编制进度计划表。编制施工进度计划最好应用网络图来进行,以达到用最少的劳动力、材料、资金的消耗取得最大的经济

效益。

编制施工进度计划主要有以下步骤：

(1) 确定施工顺序；

(2) 划分施工项目；

(3) 流水段划分；

(4) 计算工程量；

(5) 计算劳动力需用量和机械数量；

(6) 确定各项目(或工序)施工作业时间；

(7) 计算有关参数并绘制施工进度计划表。

4. 施工准备

施工准备是完成单位工程施工任务的重要环节，也是单位工程施工组织设计中的一项重要内容。施工人员必须在工程开工之前，根据施工任务、开工日期和施工进度的需要，结合地区的规定和要求做好各方面的准备工作。施工准备工作不但在单位工程正式开工前需要，而且在开工后，随着工程施工的进展，在各阶段施工之前仍要为下阶段的施工做好准备。因此，施工准备工作是贯穿整个工程施工的始终的，施工准备工作计划包括：

(1) 技术准备；

(2) 现场准备；

(3) 劳动力、材料、机具和加工半成品的准备；

(4) 与分包协作单位配合工作的联系和落实等。

5. 各项资源需用量计划

包括材料、设备需用量计划，劳动力需用量计划，构件和成品、半成品需用量计划，施工机具设备需用量计划及运输计划。每项计划必须要有数量及供应时间。材料、设备需用量计划作为备料、供应数量、供应时间及确定仓库、堆场和组织运输的依据，可根据工程预算、预算定额和施工进度计划来编制；劳动力需用量计划作为劳动力平衡、调配和衡量劳动力耗用指标的依据；构件和加工成品、半成品需用量计划用于组织落实加工单位和货源进场，可根据施工图及施工计划来编制。装饰装修工程所用的物资品种多、花色繁杂，许多物资不是从市场可以直接采购到的，要由工厂按订货计划进行生产，这些工厂散布在全国各地，有的要向国外订货，必须强调供货的质量及供应到货的时间。

6. 施工平面图

施工平面图表明单位工程施工所需机械、加工占用场地，材料、成品、半成品堆场，临时道路，临时供水、供电、供热管网、消防和其他临时设施的合理布置场地位置。绘制施工平面图一般用1∶200～1∶500的比例。

对于工程量大、工期较长或场地狭小的工程，往往按基础、结构、装修分不同施工阶段绘制施工平面图。建筑装饰装修施工，要根据施工的具体情况灵活运用，可以单独绘制，也可与结构施工阶段的施工平面图结合一起，利用结构施工阶段的已有设施。

建筑装饰装修施工阶段一般属于工程施工的最后阶段，因此，建筑装饰装修施工平面图中规定的内容要因时、因需要，结合实际情况来决定。主要包括：

（1）地上、地下的一切建筑物、构筑物和管线位置；

（2）测量放线标桩、杂土及垃圾堆放场地；

（3）垂直运输设备的平面位置，脚手架、防护棚位置；

（4）材料、加工成品、半成品、施工机具设备的堆放场地；

（5）生产、生活用临时设施；

（6）安全、防火设施。

7. 质量、进度、安全、环保、成品保护等保证措施

质量保证措施应根据工程预计的质量目标，建立项目质量管理体系，尤其是重要工序、施工难点、隐蔽工程的质量管理具体措施。

在制定了总的工程进度计划之后，还应制定相应的进度保证措施。可以在总进度计划的指导下，编出阶段性或施工段的详细计划，分别制定施工计划控制措施。例如：进场前的各种施工准备，人、材、物的调配保障，合理的工序安排，交叉作业的原则及措施，技术措施保证等，从而保证总施工进度计划的实现。

施工安全保证措施应该在项目安全目标制定后，认真制定切实可行的安全管理制度，对施工作业人员的行为进行约束控制。例如：现场安全防护措施，临时用电安全措施，施工机械安全措施，室外或高空作业安全措施，消防保卫措施等。

施工现场环境保护愈来愈受到业主的重视，尤其是既有建筑装饰装修工程常常是在建筑局部作业，如何最大限度地减少工程噪声、振动、废气、废水、粉尘、垃圾等对周围环境的影响，是施工企业要认真解决的问题。施工企业应根据工程的环境因素，编制环境管理的方案并严格实施，要有具体措施保证环境因素符合法律法规的要求。

装饰装修工程是建筑工程最后的施工工序，成品保证尤为重要。因此，制定切实可行的成品保护措施，包括人员行为要求、装修面层防护要求等。

8. 技术经济指标

技术经济指标是编制单位工程施工组织设计能体现的技术经济效果，应在编制相应的技术措施计划的基础上进行计算。主要有以下几项指标：

(1) 工期指标（与一般类似工程作比较）；

(2) 劳动生产率指标（m^2/工或工/m^2）；

(3) 质量、安全指标；

(4) 降低成本率；

(5) 主要工种工程机械化施工程度；

(6) 主要原材料节约指标。

2.10 建筑装饰装修工程施工进度计划的作用和类型是什么？

施工计划管理是一项综合性的管理工作，对于建筑装饰装修施工企业，加强施工计划管理，把企业的各项生产活动有机地协调起来，以保证各项生产活动正常地、有序地进行。计划管理是企业各级领导对生产活动指挥、控制和协调的重要手段。

建筑装饰装修工程施工组织的全过程，也就是建筑装饰装修施工活动的计划、实施、调整的动态管理过程，包括装饰装修工程施工组织设计文件的编制（装饰施工组织计划），装饰装修施工组织设计的贯彻、执行，执行过程中的检查、调整等环节。一项工程计划的执行，往往涉及到施工总承包单位、分包单位、不同专业工种和企业各个职能部门的工作。因此，装饰装修施工组织是研究装饰装修施工过程中的系统管理和协调技术，解决施工全局中的纵向和横向协调一致的问题，从而使建筑装饰装修施工始终处于良好的管理和控制状态，以达到保证工期、质量和制造成本的总体目标。

建筑装饰装修施工活动不同于一般工业产品生产，具有自身显著的特点：装饰装修施工活动分项工程多、工艺多变、对象地点稳定、施工人员的流动性大、易受气候条件和地理条件的影响、施工周期较长等。所以，建筑装饰装修施工活动组织比一般的工业产品组织要复杂得多。建筑装饰装修企业的计划管理就是在充分挖掘生产潜力、积极提高劳动生产率和合理组织、综合平衡的基础上，制定贯彻和完成各项任务的计划，运用有效手段组织、监督和控制计划的实施，以确保实现一个工程项目的总目标。

装饰装修施工进度计划是控制工程施工进程和竣工期限等各项装饰装修施工活动的依据。它反映了从施工准备工作开始，直到工程竣工交付为止的全部装饰装修施工过程的施工顺序、施工持续时间以及相互衔接和穿插的情况；反映了安装工程与装饰装修工程的配合关系；装饰装修施工组织设计中的有关问题都要服从进度计划的要求；计划部门编制月、旬施工作业计划，劳资部门调配劳动力，材料部门调配材料，设备部门安排机械设备等，均需以装饰装修施工进度计划为基础。所以，装饰装修施工进度计划的编制有助于企业领导部门抓住关键，统筹全局，合理地布置人力、物力、财力，正确指导施工生产顺利进行；有利于职工明确工作任务和责任，更好地发挥创造精神；有利于各专业施工的及时配合、协调组织施工。

建筑装饰装修工程施工计划的类型：

1. 施工企业计划

企业计划可以分为中、长期企业规划；年、季度计划；装饰装修施工作业计划。

中长期企业规划是建筑装饰装修施工企业中、长期发展的目标和内容。对年、季度计划编制起指导性作用。

年度计划是建筑装饰装修企业计划管理的指导性文件。其作用是确定全年施工项目和各项主要技术经济指标，规定年度奋斗目标；根据各项指标要求对施工活动进行总体组织安排和综合平衡，并围绕年度施工任务对施工准备工作进行全面的安排。季度计划是对年度计划的补充，是在年度计划基础上，对每季度的施工活动作进一步的安排。年、季度计划包括生产、技术和经济等各方面，涉及面广，是多种计划的综合表现形式。它包括建筑装饰装修施工进度计划；机械化施工计划；劳动与工资计划；材料供应计划；技术组织措施计划；降低成本计划；财务计划等。

装饰装修施工作业进度计划是年、季度计划的核心部分。所确定的各项指标是编制其他各项计划指标的依据。如编制劳动力、机械设备、材料供应计划等，都是以建筑装饰装修工程施工进度计划中的实物工程量和工程施工进度为依据的。

机械化施工计划是反映建筑装饰装修施工企业在计划期内包括机械化施工水平和设备利用状况的计划。

劳动与工资计划是反映计划期内企业内部劳动生产率、职工人数及工资水平计划。

材料供应计划是计划期内完成工程任务所需的各种材料供应量计划。

技术组织措施计划是反映计划期内为完成工程施工任务所采取的技术革新、合理化建议和生产组织措施。

降低成本计划是指在计划期内降低成本的节约额与降低率的计划指标。

财务计划是根据建筑装饰装修施工进度计划、机械化施工计划、劳动力与工资计划、技术组织措施计划、材料供应计划和降低成本计划等而编制的企业经济计划。

装饰装修施工作业计划是年、季度计划的具体化。它将年、季度计划任务按较短时间安排的阶段性作业计划。它将施工任务具体分配到每个生产环节、施工企业的最基层的施工队(组)。装饰装修施工作业计划可分为月作业计划、旬作业计划和日作业计划等。

月作业计划是施工企业基层单位计划管理的中心环节。通常有以下内容:各项技术经济指标汇总;施工项目、开竣工日期、工程施工形象进度、主要实物工程量、建筑安装工作量;劳动力、机械设备、材料等的需要量;技术组织措施等。

旬作业计划是月作业计划的进一步具体化。

2. 以项目为中心的装饰装修施工计划

以工程项目为中心的装饰装修施工计划可分为装饰装修施工总进度计划和单位装饰装修工程施工进度计划或分部(分项)工程施工进度计划。

装饰装修施工总进度计划是根据施工部署中所决定的各项工程的开、竣工程序,施工方案及施工力量(包括人力和物力),通过计算或参照类似工程的工期,定出各主要工程项目的施工期限和各种工程之间的搭接时间、人力安排和物资需用计划,用横线图或网络图的方式表示。总进度计划是控制装饰装修施工进度的指导性文件,是装饰装修施工组织设计中的主要内容,是建筑装饰装修施工现场管理工作的中心。

单位装饰装修工程施工进度计划是以装饰装修施工方案为基础,根据规定的工期和物资供应条件,遵循各施工过程合理的工艺顺序和统筹安排各项施工活动的原则编制的。它的任务是为各施工过程指明一个确定的施工日期,并以此为依据确定施工作业所必须的劳动力和物资供应计划。它主要是通过确定工程项目及计算工程量,确定劳动量及机械台班数;确定各分部(分项)工程的工作日,并考虑工序的搭接,编排装饰装修施工进度计划。

装饰装修施工进度计划根据施工项目划分的粗细程度,分为控制性和指导性进度计划两类。控制性进度计划按分部工程划分施工项目，控制各分部工程的施工时间及相互搭接配合关系。指导性进度计划是按分项工程或施工过程划分施工项目，具体确定施工过程的施工时间及相互搭接配合关系。

2.11 建筑装饰装修工程施工进度计划编制的原则和依据是什么?

建筑装饰工程施工进度计划编制的原则应根据工程建设地区自然条件和技术经济条件，因地制宜地合理部署施工活动；合理地安排建筑装饰工程施工顺序，保证在劳动力、物资以及资金消耗量最少的情况下，使工程施工保持连续、均衡、有节奏地进行，按照既定工期高质量完成任务。

建筑装饰装修工程施工进度计划编制依据，有以下几个方面：

1. 装饰装修施工组织设计中的施工方案

任何一种施工进度的安排，都需要以一定的技术要求和组织安排为前提，施工方案提供了这个前提。例如：选用何种机械、以何种程序进行施工、施工段划分等。因而，装饰装修施工进度计划必须在施工方案设计完成后才能编制。

2. 资源供应情况

计算施工过程的持续时间，应以劳动力、材料、机械、构件及各种制品的供应为前提，因此，在编制计划前，通过调查、预测、企业内部平衡等方法，掌握可能提供资源的情况，作为编制装饰施工进度计划的依据。

3. 工期定额、合同工期、施工定额

装饰装修工程合同工期一般短于定额工期。当有合同工期时，应以合同工期为目标。如尚未签订合同就编制装饰装修施工进度计划，则应以工期定额中的定额指标为工期目标的最大限额。施工定额是编制装饰装修施工作业进度计划的依据。

4. 其他依据

诸如设计图纸、现场情况勘察、类似工程的进度计划实施结果、建设单位的意见、上级指令、监理单位意见、风险因素等都是编制装饰装修施工进度计划可用的依据。

2.12 建筑装饰装修工程施工进度计划编制程序是什么?

通常,进度计划的编制程序一般如下:

收集计划编制依据→划分施工段、施工顺序→计算工程量→套用施工定额→计算劳动用工量或机械台班用量→计算施工过程持续时间→编制初步施工进度计划方案→检查、协调施工计划方案→编制施工进度计划。

以一个单位工程施工进度计划编制为例,介绍其主要编制过程。

1. 收集建筑装饰工程施工进度计划编制依据及其应考虑的因素

编制装饰装修施工进度计划人员根据需要有针对性地收集有关依据,使计划建立在可靠的基础上。单位工程施工进度计划编制主要依据是:

(1) 经过审批的建筑总平面图;

(2) 有关设计图纸,如装饰设计施工图、相关专业施工图等;

(3) 施工合同文件中规定的开、竣工日期;

(4) 施工总进度计划对本工程的要求;

(5) 有关概(预)算文件、劳动定额等;

(6) 主要分部、分项工程的施工方案;

(7) 现场施工条件及可能提供的施工人数;

(8) 材料、预制加工品的数量和机械设备型号、数量以及运输能力。

编制单位工程施工进度计划时,应考虑的主要因素:

(1) 施工合同规定的工期;

(2) 外界自然条件的影响;

(3) 对专业施工分包项目的时间要求;

(4) 专业施工单位配合施工的能力;

(5) 材料、劳动力、机械设备的供应能力;

(6) 不同时期的资金供应能力；

(7) 施工进度安排的连续性、均衡性、协调性及经济性。

2. 划分施工过程并确定施工顺序

编制装饰装修施工进度计划时，首先要按照施工图纸和施工顺序把拟装饰装修工程的各个施工过程列出，并结合施工方法、施工条件、劳动组织等因素，加以整理后，列入装饰装修施工进度计划表中。

装饰装修施工过程划分粗细程度主要取决于客观需要。一般来说，在编制控制性施工进度计划时，项目可划分粗一些，如群体工程进度计划的项目划分可划分到单位工程乃至分部工程；单位工程进度计划的项目应明确到分项工程或工序。在编制实施性施工进度计划时，项目划分应细些，特别是其中的主导工程和主要分部工程应尽量做到详细，具体不漏项，便于掌握进度，指导施工。

确定各装饰装修施工过程的施工顺序应注意：

(1) 遵守装饰装修施工工艺要求。各种施工过程在客观上存在工艺顺序关系，这种关系是在技术规律约束下的各划分项目之间的先后顺序，只有充分尊重这种关系，才能保证工程质量和安全；

(2) 考虑施工组织的要求。施工组织是对劳动力、机械设备、材料等的组织和安排，而形成的各划分项目之间的先后顺序关系，这种关系是可变的，可以进行优化，以提高效率；

(3) 考虑装饰装修施工方法和施工机械的要求。划分施工过程、确定装饰装修施工顺序要紧密结合装饰装修施工方案。装饰装修施工方案的不同，不仅影响施工过程的名称、数量和内容，而且也影响施工顺序的安排；

(4) 考虑装饰装修施工工期的需要。不同的装饰装修施工顺序，会导致不同的施工工期。因此，要通过合理的排序，得到理想的工期；

(5) 考虑施工质量的要求。不同的装饰装修施工顺序，对施工质量有不同样程度的影响。因此，确定装饰装修施工顺序时，要充分考虑施工质量达到标准要求；

(6) 考虑气候条件的影响。不同地区、不同季节气候条件对装饰装修施工顺序和施工质量有较大影响。例如我国南方地区施工时，应考虑雨期施工特点；而北方地区则应考虑冬期施工的特点；

(7) 考虑施工安全技术的要求。合理的装饰装修施工顺序，必须保证使施工过程搭接而不致于引起安全事故。

3. 计算工程量

工程量计算要根据施工图和工程量计算规则进行。当编制施工进度计划时已有概算文件，并且它采用的定额和项目的划分与施工进度计划一致时，可直接利用概算文件中的工程量。计算工程量应注意：

各分部、分项工程的计量单位应与现行定额中规定一致，以便直接使用定额（劳动力、材料、机械台班定额等），不必换算。

要结合各分部、分项工程的施工方法和安全技术要求计算工程量。

结合施工组织要求，分区、分段、分层计算工程量。

4. 确定劳动量和机械台班数量

根据各分部、分项工程的工程量、施工方法和定额标准，并参照施工企业的实际情况，计算各分部、分项工程所需的劳动量和机械台班数量。一般可按下式计算：

$$P_i=\frac{q_i}{s_i}\text{或}\ P_i=q_i\cdot h_i$$

式中 P_i——第 i 分部分项工程所需要的劳动量或机械台班量；

q_i——第 i 分部分项工程的工程量；

s_i——第 i 分部分项工程采用的人工产量定额或机械台班产量定额；

h_i——第 i 分部分项工程采用的时间定额或机械时间定额。

使用定额时，常会遇到定额中所列项目内容，与编制施工进度计划所确定的项目内容不一致的情况，主要表现：

因定额中的项目过细，若按此编制施工进度计划，会使编制工作复杂化；反之，施工进度计划中确定的项目，在定额中未列入，在这种情况下，可将定额作适当扩大，使其适应施工进度计划的编制要求。例如将同一性质不同类型的项目合并，根据不同类型的项目的产量定额和工作量计算其扩大后的平均产量定额或平均时间定额。

某些新技术或特殊施工方法，在定额中未列入。此时，其定额可参照类似项目的定额与实践资料确定。

5. 计算各施工过程的持续时间和安排进度

计算各分部、分项工程施工持续时间有以下方法：

(1) 根据计划配备在该施工过程上的施工机械数量和各专业工人人数确定各施工过程的持续时间 t，按下式计算：

$$t_i=\frac{Q_i}{R_i \cdot S_i}$$

式中 t_i——完成第 i 施工过程的持续时间(d)；

Q_i——第 i 施工过程所需劳动量（工日）或机械台班数量（台班）；

R_i——每班在第 i 施工过程中的劳动人数或机械台数；

S_i——第 i 施工过程中每天工作班数。

(2) 根据工期要求倒排进度时，应先确定各施工过程的施工时间，其次确定相应的劳动量和机械台班量、每个工作班所需的工人人数或机械台数。由此，计算公式变为：

$$R_i=\frac{Q_i}{t_i \cdot s_i}$$

按该公式求得 R 值，如果每天所需要的人数或机械台数超过了施工单位现有人力、物力，除了寻找其他途径增加人力、物力外，应该主动地从技术和施工组织上采取积极措施。如增加工作台班数；最大限度的组织立体交叉平行流水施工等。这些措施要根据具体情况、具体条件，权衡得失后决定。这里值得一提的是装饰工程由于大量采用手动电动工具，目前实际工效比定额规定数高得多，在编制进度计划时应予以考虑，否则会造成窝工现象。

6. 装饰装修工程施工进度计划的安排

装饰工程施工进度计划图表是施工项目的组织形式。常用的表达方法有横道图和网络图两种形式。此时编制的装饰装修工程施工进度计划是初步拟定，有待调整、优化的计划。从形式上最好是编制成网络计划，方便调整和优化以及计算机应用。

7. 调整、优化进度计划

编制完成初步装饰工程施工进度计划后，一般要检查各装饰装修工程施工过程的施工时间和施工顺序的安排是否合理，要对计划进行时间和资源的判别，看是否符合预定的条件和要求。如工期是否符合规定要求；在施工顺序安排合理情况下，劳动力、材料、机械是否有较大不均衡现象；施工机械是否充分利用等。经检查，对不符合要求的部分应进行调整和优化（调整和优化方法待后叙述）。待调整达到要求后，编制正式的装饰装修施工进度计划。

2.13 建筑装饰装修工程应做好哪些施工前的准备工作？

建筑装饰装修工程施工准备工作，主要有以下几个方面：

1. 技术准备

（1）认真熟悉和审查图纸，充分理解和掌握设计要求，通过图纸会审明确图纸上的一些具体意图为编制施工组织设计和施工预算做好准备；

（2）组织工程管理人员认真学习国家有关标准规范，从技术上保证工程质量、安全等符合国家标准规范要求；

（3）编制施工组织设计；

（4）编制施工图预算。

2. 物资准备

按照施工组织设计文件中编制的施工机械和机具进场计划的

要求组织实施；按照施工组织设计文件中编制的材料进场计划以及其他工程物资进场计划要求组织实施。

3. 劳动力准备

按照施工组织设计文件中编制的劳动力计划，组织劳动力进场，安排好施工人员的生活，组织施工人员进行质量、安全、消防、环保及文明施工培训，建立各种工地管理制度。

4. 施工现场准备

按照施工组织设计文件中编制的施工现场平面布置方案，合理布置现场，布置水电临时设施，布置平面和竖向运输；组织搭建临时建筑，如，办公用房、生活用房、仓库、加工场地等；设置围挡，实施防噪、防尘等环境保护措施；建立现场各种标牌，做好 CI 标志等。

2.14 建筑装饰装修工程的基本施工程序是什么？

建筑装饰装修工程从工程投标、签约到竣工后保修共五个阶段：

1. 工程投标和签订工程施工承包合同阶段

按照业主或业主代理发出的招标文件的要求认真组织投标，一旦中标，即着手与业主签订工程施工承包合同。装饰装修工程的施工过程实际上就是工程承包人依据工程施工承包合同的履约过程，因此工程施工合同的管理是工程管理的重点，是装饰装修工程施工组织的最终依据。

2. 开工前的施工准备阶段

通常把签订工程施工承包合同后到工程正式开工前这段时间称为开工前的施工准备阶段。这一阶段将为工程开工创造必要条件，主要包括四项工作：技术准备、物资准备、劳动力准备和施工现场准备。

3. 工程施工阶段

工程实施阶段，是装饰装修工程施工组织的关键阶段，工程承包人应根据合同和设计要求，围绕质量、进度、经济等目标对各种资源进行组织、调配、控制和协调，为此，针对建筑装饰装修工程的特点，在这一阶段应注意以下几个环节：

(1) 工程施工组织要严格遵照合同条款、设计文件、强制性标准以及其他有关标准规范；严格按照施工组织设计文件组织施工，随着工程进度的进展和各种施工条件的变化，随时调整施工组织设计文件中的内容，保证工程的进展处于受控状态；

(2) 装饰装修工程需要与结构、给排水系统、暖气系统、通风空调系统、消防系统以及电气管线等专业交叉配合作业，各工序、工种和各专业不可避免的同时或先后使用同一工作面，因此要随时作好协调工作，加强配合，及时地、灵活地、小范围地调整各种资源，互相创造条件，使施工过程协调有序，保证工期、质量、经济目标的实现；

(3) 装饰装修工程材料多种多样且价格昂贵，新材料、新产品层出不穷，有些材料是易燃易爆产品如木材、油漆等，因此组织施工时应严格执行现场防火管理制度，必须做好材料管理工作，严格控制从材料选购、运输、进场、保管到领料各个环节；

(4) 装饰装修施工阶段，工种交叉繁多，对成品、半成品易造成二次污染、损坏和丢失，因此必须加强对半成品和成品的保护，加强交叉施工的成品保护制度。在各工种交接时，对上道工序的成品需进行检查并办理书面移交手续；

(5) 装饰装修工程施工易受多种因素的影响，装饰装修工程工序复杂，质量要求严格，施工易受其他专业以及气候等外界条件的干扰，因此控制装饰装修工程的进度是施工组织和管理的一个重点和难点，需要特别重视。

4. 竣工验收阶段

工程承包方完成合同约定的所有工程后，并且达到质量要求后，按照业主或监理要求整理竣工资料，向业主或有关单位申请竣工验收，所有工程项目验收合格后交付使用。

5. 工程保修阶段

在合同约定的保修期内，履行保修义务。

2.15 流水施工的特点是什么？什么样的工程适于组织流水施工？

流水施工是把施工内容大致相同且足够大的工作面划分成几个工程量大致相等的施工段，根据确定的施工顺序划分几个施工过程，针对每个施工过程分别组织施工队来实施。不同施工队在同一施工段，按照确定的施工顺序、时间间歇和搭接，完成不同施工过程，同一施工队依次在各个施工段连续、均衡地完成同一施工过程。流水施工提高了各施工过程的专业化程度，提高了施工人员的技术熟练程度，使各种资源得以均衡投入，从施工组织上有利于保证工程质量和安全，同时能提高了劳动生产率，降低施工成本。

首先，组织流水施工由于实现了连续、均衡地施工，有利于保证资源的均衡投入，避免工人窝工、工程抢工，有助于维持良好的工作秩序，从施工组织方面保证了工期、质量、经济、安全等目标的实现；其次，由于针对每个施工过程分别组织施工队来实施，提高了各施工过程的专业化程度，因此，组织流水施工有利于提高施工人员的技术熟练程度，提高劳动生产率；组织流水施工要求不同施工队在同一施工段尽可能搭接施工，有利于缩短工程工期。

装饰装修工程如果具备组织流水施工的条件，应认真进行流水施工组织，充分发挥流水施工的综合效益。

拟组织流水施工的工程的工作内容应大致相同，保证可以划分为几个具有相同施工顺序和施工过程的施工段，例如，一个高层饭店工程的普通客房部分或高层办公楼的各层装饰装修设计大致相同，就具备流水施工条件。

拟组织流水施工的工程的工作面和工程量要足够大，可以把工程划分成几个工程量大致相等的施工段（区），施工段的划分尽量在工程的自然分界处。

2.16 流水施工的主要参数有哪些？

组织流水施工首要先对工艺参数、时间参数和空间参数进行合理确定，充分分析三大参数之间的关系，才能组织好流水施工。

(1) 工艺参数主要包括施工过程和流水强度。

将对装饰工程施工有直接影响的施工内容划分为各个施工过程，可以把一个或几个工序作为一个施工过程，也可以把一个或几个分项(分部)工程作为一个施工过程，划分完施工过程后，必须找出对整个流水施工起决定性作用的装饰施工过程作为主导施工过程；

每个施工过程在单位时间完成的工程量，称为流水强度。

(2) 空间参数主要包括流水段数和工作面。

把工作内容大致相同且足够大的工作面划分成几个工程量大致相等的施工段，这个施工段称为流水施工段。合理地划分流水段是组织流水施工的关键，划分流水段时应注意流水段数与工作面之间的矛盾，应注意各流水段的工程量应大致相等。

(3) 时间参数主要包括流水节拍、流水步距和间歇时间。

流水节拍是指从事某个施工过程的施工队在一个施工段上施工作业的持续时间。流水节拍一般是根据工期要求和资源的投入来确定的。

流水步距是指在流水段中，在施工顺序上相邻的两个施工队先后投入施工的最小时间间隔，称为流水步距。

间歇时间分为技术间歇时间和组织间歇时间，在施工顺序上相邻的两个施工队先后投入施工时，根据施工工艺的要求需要考虑合理的工艺等待时间，这个时间称为技术间歇时间，由于施工检查或施工安排等原因造成的施工等待时间称为组织间歇时间。

2.17 怎样才能做到合理划分流水段?

要做到合理划分流水段，通常要注意以下几点：

(1) 划分的各施工流水段的工程量应大致相等，相差不宜大于15%；

(2) 划分施工段时，还要考虑工作面的大小是否能满足施工要求，是否能满足机械正常作业和机械作业能力的要求；

（3）分段的位置应尽量选在建筑物的自然分界线来划分，如楼层、房间等；

（4）施工段数与施工过程数（或施工队数）最好相等，这样既可以充分利用所有作业空间，也可以使施工队作业连续不致窝工，尤其注意避免施工队数大于施工段数的情况。

2.18 在确定流水节拍时需要注意些什么？

为了满足工期要求或者计划提前工期，往往缩短流水节拍以达到缩短工期的目的，但实际上确定流水节拍时还要受一些条件的限制，比如说可能投入的资源量、工作面的限制、机械的能力以及施工工艺的限制等等：

（1）流水节拍的确定，应充分考虑施工队组织管理方面的限制和要求；

（2）流水节拍的确定，应充分考虑工作条件的限制，比如说工作面、操作空间等，做到以现有的工作条件下充分发挥施工队能力为目的，确定合理的流水节拍；

（3）流水节拍的确定，应考虑施工机械的能力，做到合理利用施工机械；

（4）流水节拍的确定，应考虑到材料以及工程物资的供应能力；

（5）流水节拍的确定，应考虑施工工艺的限制，有些施工工艺对作业时间的长短和连续性都有限制和要求；

（6）流水节拍的确定，应首先确定主导施工过程的流水节拍，主导流水节拍是各施工过程流水节拍的最大值，根据主导流水节拍来确定其他施工过程的流水节拍。

2.19 组织流水施工有哪些方法？如何组织？

流水施工主要分两类：有节奏流水和无节奏流水，有节奏流水又分为等节拍流水和成倍节拍流水。

1. 等节拍流水

等节拍流水的特点是指各施工过程的流水节拍全部相等，组织步骤如下：

(1) 根据确定的施工方案划分施工过程，并确定实施各施工过程的施工队；

(2) 划分施工段；

(3) 确定主导施工过程的流水节拍，并作为所有施工过程的流水节拍，其他施工过程根据主导施工过程的流水节拍的要求组织资源；

(4) 确定技术间歇时间和组织间歇时间。

2. 成倍节拍流水

当确定主导施工过程的流水节拍后，由于某些条件不允许其他施工过程的流水节拍与主导施工过程的流水节拍相等，但可以是一个常数的倍数，在这样的情况下，往往可以组织成倍节拍流水，具体组织步骤如下：

(1) 根据确定的施工方案划分施工过程，并确定实施各施工过程的施工队；

(2) 划分施工段；

(3) 根据已有的施工条件，计算各施工过程的流水节拍；

(4) 调整计算出的流水节拍，使各施工过程的流水节拍为某一常数的倍数；

(5) 计算出各施工过程流水节拍的最大公约数，这就是成倍节拍流水施工的流水步距；

(6) 确定技术间歇时间和组织间歇时间。

3. 无节奏流水

把工程划分成几个施工段后，由于各施工段的同一施工过程的工程量、工程难度或完成施工过程的施工队的劳动生产率存在着不能调整的差异，而造成了计算出的流水节拍无法满足有节奏流水施工的条件。这样，只能使不同专业的施工队在同一施工段上最大限度的做到搭接施工，使不同专业的施工队在不同的施工段上最大限度的做到连续施工，这种流水施工的组织方式称为无节奏流水，其组织步骤如下：

(1) 根据确定的施工方案划分施工过程，并确定实施各施工过程的施工队；

(2) 划分施工段；

(3) 根据已有的施工条件，来计算各施工过程的流水节拍；

(4) 根据确定的流水节拍，用“错位相减取大值法”求出流水步距。

3 建筑装饰装修工程的防火

3.1 建筑火灾的特性及装饰装修材料对火灾的影响是什么?

火灾是一种失去控制的燃烧现象。人们防火意识的疏忽,电器故障,自然现象等均可导致材料着火燃烧。在空气量充足的条件下,这种燃烧会由于不受缺氧的限制而一直持续下去,燃烧放出的热量传到材料的未燃部分和附近的材料上并使其温度升高。根据材料的性质和化学结构,它们开始释放出一些挥发性热解气体,这些气体容易同火焰接触而燃烧,并因空间物体的方向、厚度、表面预热状况、材料的热值和热性能等,而产生不同程度的火焰蔓延。随着火的蔓延和发展,产生的总热量增大,热气层厚度增大,壁板的温度上升,使辐射交换达到一定的程度。此时房间中的所有可燃性装饰材料会因其热解产物在瞬时发生自燃,导致整个房间卷入大火之中,这就是人们常说的闪燃(轰燃)。应该说,装饰装修材料自身的对火反映特性,决定着闪燃出现的时间和发生状态。

火灾分为初期和盛期。初期火灾,火灾发生后10min内,是灭火、逃生等极重要的时间。盛期火灾是火灾发生后10min～3h内,火势旺盛燃烧。一旦达到内燃,温度即上升到最高值,室内人员难以生存。

火灾从起火到蔓延,期间隔约为7min,温度可达500～600℃。

火灾一般具有以下特性:

1. 火焰扩展特性

(1) 向垂直及水平(墙面、顶棚)扩展;

(2) 向上扩展的速度快于向水平扩展的速度;

(3) 向水平扩展的速度快于向下扩展的速度;

(4) 表面燃烧速度快于向下扩展的速度；

(5) 走廊火焰扩展集中于顶棚和墙面上。

2. 闪燃特性

(1) 室内温度变化达到最高点，一般在 700～1000℃；

(2) 顶棚下方积累的热气向下辐射；

(3) 顶棚温度高于地面温度约 340℃；

(4) 闪燃阶段热辐射 20～40kW/m^2，闪燃前阶段热辐射小于 20kW/m^2；

(5) 地面材料受强热辐射，易引燃、延烧。

闪燃，对于生命、财物安全具有重大而决定性影响。闪燃时间，为人员能够安全逃生的容许时间。

3. 流动性特性

(1) 烟气沿着表面流动，如墙面、顶棚；

(2) 热气上升，烟集中在顶棚附近，随着烟量蓄积，烟层下降，故人员逃生应保持低姿态，烟一般先进入走廊，在空间 1/3 上方处；

(3) 烟气温度可达 300℃；

(4) 烟气对人员生命的效应，包括生理毒害性、热(灼)伤、心理恐慌、视遮挡以及人员窒息等。

4. 烟气扩散速度

(1) 水平扩散

火灾初起时，水平扩散速度为 0.3m/s，燃烧猛烈时，热对流促使烟气水平扩散速度增加至 0.5～0.8m/s。

(2) 垂直扩散

烟气沿楼梯、管道井、电梯井上升，热气流促使烟气上延速度达 3～4m/s。如 100m 的高层建筑，烟气从底层扩散至顶层，一般只需要 25～33s。此谓“烟囱效应”。

5. 火势蔓延途径

火势蔓延途径有三种，即：飞火、热对流、热辐射。热对流有两种方式：水平扩散、垂直扩散。

从防火角度看，材料可分成防火材料和一般材料两大类。所谓一般材料是指没有任何防火性能的材料，它们在火灾中极易被点燃烧掉。而现在建筑装饰装修工程中使用的大部分材料都是对火十分敏感的一般材料。可燃性装饰装修材料，对于室内发生闪燃所需的热量将大幅降低；同时缩短了发生闪燃的时间，使得闪燃更容易提早发生。

具有防火性能的装饰装修材料在发生火灾时的作用：

(1) 如“火源”发生在材料的一侧，而装饰装修材料具有合格的防火性能，因火势缺乏易燃的“着火物”，故无法引起火焰燃烧或继续维持燃烧。

(2) 装饰装修材料附近有易燃物成为“着火物”时，若装饰装修材料具有合格的防火性能，则火焰无法经由装饰装修材料迅速扩展，燃烧可能会自行停止或受到相当程度的限制，能较容易地用灭火手段扑灭。

而且，使用防火的室内装饰装修材料，对室内发生闪燃所需的热量将大幅度升高；同时发生闪燃所需的燃烧时间增长，使闪燃延迟发生，有助于消防灭火和人员的逃生。另外，可燃烧性材料一旦受到高温即容易产生浓烟及有毒气体，造成人员伤亡和疏散困难，防火材料可以抵抗最初火势的攻击且不易产生浓烟和有毒气体。因此，一旦微小火源产生而造成建筑物室内火灾发生时，必须依赖室内装饰装修材料的耐燃性能，一是希望材料的燃烧速度十分缓慢；二是希望材料在高温下少产生浓烟和有毒气体，使人们有足够的时间和体能脱离火灾现场，到达安全的地方。

近年来对建筑火灾的调查统计表明，在一般正常情况下，多数建筑物火灾发生后，都是由室内装饰装修材料扩大蔓延的，因此室内装饰装修材料的燃烧性能已成为火灾能否发生、蔓延并造成严重人员伤亡与财产损失的最主要原因之一。

概括起来说，室内装饰装修材料对火灾的影响有四个方面：

(1) 影响火灾起火至燃烧的速度；

(2) 通过材料表面使火焰进一步传播；

(3) 加大了火灾荷载，助长了火灾的热强度；

(4) 释放的浓烟及有害气体，造成人员伤亡。

鉴于建筑内部装饰装修材料是十分重要的火灾引原体，为了避免室内空间火势迅速发展，影响人员的撤离和消防灭火，所以必须考虑装饰装修材料的燃烧性能。

当在一个封闭的空间起火时，首先是充满烟雾的热气体上升。热气在顶层下部形成了一个水平层并与部分墙体接触，随着烟气层逐渐的加厚，最后烟气充满整个空间。随着火势的扩大，火焰窜到附近的可燃家具陈设上，使表层装饰装修物着火燃烧，当火焰升高直扑吊顶后又会沿着水平方向四散，向四壁和下方辐射热量并加速火势扩大。如果室内顶棚、墙壁和地面材料都是可燃的，顶棚首先引燃；随后是墙壁，最后火势会席卷可燃的地面材料。可见，同一房间中的装饰装修材料，因其所处的位置不同，对火灾的反映程度也不同。所以，对顶棚的装饰装修材料要求具有最高的防火性能；其次是墙面、家具材料的防火性能；而地面装饰装修材料的防火性能要求可以最低。这样房间中的火灾危险程度是均衡的；即具有同一个安全水平。当然，这主要是指火灾发生初期阶段的情况，而这一阶段也恰恰是公众疏散最重要的一个阶段。

3.2 影响建筑材料耐火性能的因素有哪些？

影响建筑材料或建筑构件耐火性能的因素，主要取决于建筑材料的理化性质和环境因素。

(1) 导热性：建筑材料或构件的导热系数越大，热传导也就越快，因而也就越不耐火。反之，导热系数越小，热传导就越慢，也就越耐火。

(2) 热膨胀系数：建筑材料的热膨胀系数越大，在火灾高温下变形就越大，越容易使建筑结构破坏，因而也就越不耐火。

(3) 外部使用环境：在有些情况下，外部使用环境也会影响建筑材料或构件的性能。如木屋架在硝酸挥发气体的长期作用下会发生化学变化，木纤维变为硝化纤维，不仅构件强度大大降低，而且会导致构件更加易燃，使险性增大。因此，在建筑工程选材时，应研究其理化性质，尤其是材料在高温下的力学性能和化学变化。

3.3 耐火极限是什么？

耐火极限是指在标准耐火试验条件下，建筑材料、构件、配件或结构，从受到火的作用时起，到失去稳定性、完整性或隔热性时止的这段时间，以 h 表示。

(1) 失去稳定性，是指建筑承重构件或非承重构件失去承载能力或抗变形能力。

(2) 失去完整性，是指建筑分隔构件、配件(如楼板、门窗、隔墙等)一面受火作用时，出现穿透裂缝或穿火孔隙，失去阻止火焰或高温气体穿透或阻止其背火面出现火焰的性能，使背火面可燃物燃烧起火。

(3) 失去隔热性：是指分隔构件、配件失去隔绝过量热传导的性能。在试验中，试件背火面测点测得的平均温度升到 140℃，或背火面测温点任一测点温度达到 220℃时，均认为构件、配件失去隔热性。

3.4 判定材料或构件的耐火极限的条件是什么？

建筑材料或构件按其作用分为分隔、承重及具有承重和分隔双重作用。不同材料或构件达到耐火极限的条件是不同的，耐火极限的判定条件是根据材料或构件的作用确定的。

(1) 分隔构件：如隔墙、吊顶等，当失去完整性或隔热性时，就说明其达到了耐火极限。也就是说，此类构件的耐火极限是由完整性、隔热性两个条件共同控制的。

(2) 承重构件：如梁、柱、屋架等，不具备隔断火焰和隔绝过量热传导的功能，所以由是否失去稳定性这一个条件来判定承重构件是否达到耐火极限。

(3) 承重与分隔构件：如承重隔墙、楼板、屋面板等，具有承重兼分隔两种功能，所以当其失去稳定性、完整性或隔热性任何一条时，都认为其达到了耐火极限。

门窗等建筑配件也具有一定的分隔功能。对具有特殊防火要求的门窗，其耐火极限也是根据其失去完整性或隔热性的时间来判定的。

研究和了解建筑构件的耐火极限，能够保证正确地制定和贯彻执行建筑防火法规，在提高建筑物耐火性能和保证建筑物的耐火等级的基础上，降低防火投资。为减少火灾损失提供技术措施，也可以为火灾后建筑物的修复补强工作提供科学依据

3.5 建筑物构件的燃烧性能和耐火极限怎样?

建筑物构件的燃烧性能和耐火极限，见表 3-1。

建筑物构件的燃烧性能和耐火极限　　表 3-1

构件名称 \ 燃烧性能和耐火等级		耐火等级			
		一级	二级	三级	四级
墙	防火墙	不燃烧体 4.00	不燃烧体 4.00	不燃烧体 4.00	不燃烧体 4.00
墙	承重墙、楼梯间和电梯井墙	不燃烧体 3.00	不燃烧体 2.50	不燃烧体 2.50	难燃烧体 0.50
墙	非承重外墙、疏散走道两侧墙	不燃烧体 1.00	不燃烧体 1.00	不燃烧体 0.50	难燃烧体 0.25
墙	房间隔墙	不燃烧体 0.75	不燃烧体 0.50	难燃烧体 0.50	难燃烧体 0.25
柱	支承多层的柱	不燃烧体 3.00	不燃烧体 2.50	不燃烧体 2.50	难燃烧体 0.50
柱	支承单层的柱	不燃烧体 2.50	不燃烧体 2.00	不燃烧体 2.00	燃烧体
梁		不燃烧体 2.00	不燃烧体 1.50	不燃烧体 1.00	难燃烧体 0.50

续表

构件名称 \ 燃烧性能和耐火等级	耐火等级			
	一级	二级	三级	四级
楼板	不燃烧体 1.50	不燃烧体 1.00	不燃烧体 0.50	难燃烧体 0.25
屋顶承重构件	不燃烧体 1.50	不燃烧体 0.50	燃烧体	燃烧体
疏散楼梯	不燃烧体 1.50	不燃烧体 1.00	不燃烧体 1.00	燃烧体
吊顶（包括吊顶搁栅）	不燃烧体 0.25	难燃烧体 0.25	难燃烧体 0.15	燃烧体

注：1. 以木柱承重且以不燃烧材料作为墙体的建筑物，其耐火等级应按四级确定。

2. 高层工业建筑的预制钢筋混凝土装配式结构，其节点缝隙或金属承重构件节点的外露部位应做防火保护层，其耐火极限不应低于本表相应的构件。

3. 二级耐火等级的建筑物吊顶，如采用不燃烧体时，其耐火极限不限。

4. 在二级耐火等级的建筑中，面积不超过 100m^2 的房间隔墙，可采用耐火极限不低于 0.30h 的不燃烧体。

5. 一、二级耐火等级民用建筑疏散走道两侧的隔墙，可采用 0.75h 的不燃体。上人的二级耐火等级建筑的平屋顶，其屋面板的耐火极限不应低于 1.00h。

3.6 常用建筑材料的燃烧性能和耐火性能怎样？

常用建筑材料的燃烧性能和耐火性能如下：

1. 木材

木材在温度升高的同时会分解出可燃气体。不断地用明火加热，木材便会不断地分解可燃气体，当分解的可燃气体达到一定浓度时，遇明火便会发生起火或爆燃。而分解气体的浓度取决于木材受热达到的温度和周围空气流动的情况。在火焰与木材接触不到的条件下，靠火焰热辐射使周围的木材受热、分解、升温并达到木材起火自燃的温度时，便会自行起火燃烧。引发木材自燃的温度在 400～700℃之间，木材自燃点如表 3-2。

木材自燃点 表 3-2

木材名称	自燃点(℃)	木材名称	自燃点(℃)
红　松	430	美国黄松	445
桦　木	438	黄杨木	447
云　杉	437	赤　栎	441
栗　木	460	山毛榉	426
桂　木	456	山　樱	430

一般有机可燃物大多受热后会放热,并在达到某一温度以后,还会进一步提高放热的速度,使自身的温度不断上升。木材温度达到 210℃以后,停止外部加热,并把它维持 20～30min 左右,木材的放热速度同样也可以迅速提高。这就是说,温度虽然不高,仅仅有 210℃ 的木材,由于通风散热的条件不好,使木材在较低的温度条件下,也存在着发热起火的危险。

木材燃烧的速度,是用木材颜色的变黑,即单位时间内炭化扩展的深度来计算的。木材的燃烧速度受多种因素的影响,常见的因素主要有以下几种:

(1) 木材的密度和湿度

木材的密度大时,燃烧的速度缓慢;木材的湿度大时,燃烧的速度也缓慢。如干且质轻的木材燃烧速度平均为 0.8mm/min;湿且质重的木材燃烧速度平均为 0.4mm/min。

(2) 引燃温度和供氧条件

木材的引燃温度越高,而且通风供氧的条件越好,其燃烧速度也越快。根据实验,起火 20min 之后各种木材的燃烧深度为:杉木 341mm、松木 20mm、桧木 19mm,从而得到火灾初期木材的平均燃烧速度为:杉木为 1.7mm/min、松木为 1.0mm/min、桧木为 0.95mm/min。在火场上为了判断木结构燃烧后的炭化深度,可以用 lmm/min 左右的速度来估算。

2. 钢材

一般来说,温度升高,钢材的强度将会降低。但在 200℃以内时，可以认为钢材的强度基本不变；温度在 250℃左右时，强度会有所提高；当超过 300℃时，强度开始显著下降；达到 600℃时，将失去承载能力。所以，没有防火保护层的钢结构是不耐火的。

3. 混凝土和钢筋混凝土

（1）普通混凝土。

普通混凝土是由水泥、砂、石和水按一定比例混合，经养生硬化后制成的人工石材。混凝土在温度不超过 300℃时，强度变化不明显；温度在 600～700℃时，表面出现裂缝，强度下降较多；温度达 800～900℃时，混凝土构件酥裂破坏，强度几乎为零。混凝土的耐火性能主要取决于它的骨料和水泥，骨料与水泥之间由于受热形变不同，在高温作用下会使内部结构酥裂破坏而造成混凝土强度降低。实验表明：石灰石骨料比花岗石骨料混凝土耐火；水泥用量少的比水泥用量多的耐火；水泥强度高的比水泥强度低的耐火。

（2）钢筋混凝土。

普通混凝土的抗压性能较好，但抗拉性能较差，一般抗拉强度只有抗压强度的 1/10。

钢筋的抗拉性能极好，将钢筋放置到混凝土构件的受拉区，目的是使拉力由钢筋来承受，混凝土则主要承受压力，从而提高构件的抗压、抗拉能力，同时也发挥了材料各自的性能和特点。钢筋混凝土是比较耐火的，钢筋外包的混凝土起到了保护层的作用，不致在火灾时使钢筋很快达至危险温度。在受热温度低于 400℃时，钢筋与混凝土两者尚能共同工作。温度继续升高，表面混凝土酥裂，构件变形加大，两者的粘着力受到破坏，钢筋失去保护层，会使构件承载能力下降，甚至坍塌。

4. 塑料

塑料是以合成树脂为主要原料，加入填充剂、增塑剂、润滑剂、颜料等制成的一种高分子有机物，它具有可塑性、质轻、强度大、耐油浸、耐腐蚀、不透水、易加工等优点。塑料制品在建筑装饰装修工程上的应用越来越广泛，但其耐火性能较低。塑料种类很多，其燃烧性能也不一样，在火焰作用下（作用 10s）可出现三种不同情况：一是立即燃烧起火，当将火移走后燃烧仍可继续进行，如赛璐珞、尼龙树脂等；二是可以缓慢燃烧，但将火移走后燃烧随之停止，如聚氯乙烯；三是不燃烧、不炭化，但有的塑料受热后变形，如氟化树脂；也有不变形的，如尿素树脂等。塑料的燃烧性能还具有以下特点：

(1) 烟雾多且有毒。

塑料着火一般烟雾都较大，产生最多的物质是一氧化碳、二氧化碳，还有少量的氯化氢、氨气等。这些产物都具有强烈刺激性、腐蚀性和毒性，对人体、设备、建筑物都是有害的。烟雾与毒气不仅影响人们的安全疏散，对人员带来极大的伤害，同时对灭火也有一定负面影响。

(2) 在密闭条件下，燃烧物可能发生爆炸。

受热分解的可燃气体与空气混合达到爆炸浓度时，遇到火源，就会发生爆炸(或爆燃)，这种情况在密闭条件下比较多见。

(3) 燃烧速度有差异。

塑料的燃烧速度差异很大，有的极易燃烧，燃烧速度很快；有的不易燃烧，燃烧速度很慢。如赛璐珞在空气充足的条件下燃烧比相应数量的纸张快5倍，火焰强而高。

(4) 多数塑料发热量较大。

木材的发热量一般为3500kcal/kg，而塑料的发热量超过木材发热量的1～2倍。由于塑料燃烧时发热量大，火场温度高，热辐射强，很容易促使火势蔓延。有些塑料在燃烧过程中有熔融滴落现象，融滴落到可燃物上极易引起新的起火点，还容易伤人。

5. 玻璃

玻璃在700～800℃时开始软化，900～950℃时熔化。在火灾条件下，玻璃由于受热膨胀变形，又受到外框的限制，在250℃左右便开裂破碎，用水灭火时激冷作用也会导致玻璃破碎。有火灾危险或经常受高温作用的场所，可使用夹丝玻璃，以提高其耐火性能。

6. 石棉

石棉是一种良好的隔热、耐高温材料。石棉与水泥混合压制成石棉水泥板(瓦)后，在均匀加热时能耐200～750℃的高温，但高温时遇水冷却便会立即破坏。

7. 天然石材

在建筑装饰装修工程中常用的天然石材有花岗石和石灰石。花岗石是由不同材质的岩石构成的石材，遇高热容易开裂，遇水冷却容易炸裂破碎；石灰石等是单一材质构成的石材，可耐800～900℃的高温。

8. 普通黏土砖

普通黏土砖在800～900℃高温的作用下不会受到显著破坏，遇水冷却也不会受到多大影响。

9. 石膏板、块

石膏板、块在高温下能大量吸热，是良好的隔热材料，但在高温下遇水易开裂、破坏。

10. 胶合板

胶合板常用阔叶树薄板纵横胶结压成，有3层、5层、7层之分。其燃烧性能与胶粘剂有关：使用酚醛树脂、三聚氰胺树脂作胶粘剂的，耐火性好，不易燃烧；使用尿素树脂作胶粘剂的，因其中掺有面粉，所以耐火性差，易于燃烧。

难燃胶合板，是用磷酸氨、硼酸和氯化亚铅等防火剂浸过的薄板制成的。

11. 纤维板、复合板

纤维板的燃烧性能取决于胶粘剂，若使用无机胶粘剂，则得到难燃的纤维板；复合板是由板芯材和板面材组成的，板芯材为有机纤维、泡沫塑料或无机纤维等材料，板面材可根据强度及硬度的要求选用金属板、石棉水泥板、塑料板等，从防火要求来讲，面材应选用耐火、难燃及导热性差的板材，芯材最好选用难燃、耐热的材料。

12. 木丝板、刨花板

木丝板、刨花板是木丝或刨花与水泥混合、压制而成的，是对易燃材料的难燃处理。木质材料被水泥包裹后，热分解及燃烧都受到一定的限制。到270℃左右，木质材料开始炭化，大约在400℃便化成灰烬。

3.7 室内装饰装修材料如何分类、分级？

室内装饰装修材料根据其使用部位和功能，可划分为顶棚材料、墙面材料、地面材料、隔断材料、固定家具、装饰织物、其他装饰材料等七类。其中装饰织物系指窗帘、帷幕、床罩、家具包布等；其他装饰装修材料系指楼梯扶手、挂镜线、踢脚板、窗帘盒、暖气罩等。从理论上讲，同一栋建筑中各部位使用功能不同，火灾危险性也不同，选用的装饰装修材料燃烧性能等级也不应相同。因此根据建筑物的类别、使用功能、规模等来确定室内各部位装修材料的燃烧性等级。

《建筑内部装修设计防火规范》GB 50222 中，将装饰装修材料按其燃烧性能分为四级，即不燃性材料、难燃烧性材料、可燃性材料、易燃性材料四级，并分别用 A、B_1、B_2、B_3、表示。装修材料燃烧性能等级见表 3-3。

装修材料燃烧性能等级 **表 3-3**

等级符号	燃烧性能	检验方法标准
A	不燃性建筑材料	GB 5464—85
B_1	难燃性建筑材料	GB 8625—88
B_2	可燃性建筑材料	GB 8626—88
B_3	易燃性建筑材料	不检验

为了便于参考使用，特将一些已被试验验证的各种装修材料的阻燃性能分级情况，做一归纳，见表 3-4。

装修材料燃烧性能分级举例 **表 3-4**

材料类别	级别	监测方法及指标	材料举例
各类材料	A	GB 5464—85	花岗石、大理石、水磨石、水泥制品、混凝土制品、石膏板、石灰制品、黏土制品、玻璃、瓷砖、陶瓷锦砖、火山灰制品、粉煤灰制品、石棉制品、蛭石制品、岩棉制品、玻璃棉制品、菱苦土制品、钢铁、铝、铜合金等

续表

材料类别	级别	监测方法及指标	材料举例
顶棚材料	B_1	GB 8625—88 (厚度>5mm 的软质材料及硬制材料)	纸面石膏板、纤维石膏板、铝箔玻璃钢复合材料、水泥刨花板、矿棉装饰吸声板、难燃酚醛胶合板、岩棉装饰板、玻璃棉装饰吸声板、仿瓷面吊顶板、难燃木材、珍珠岩装饰吸声板、大漆建筑装饰板、经阻燃处理的胶合板、中密度纤维板等
		按《厚度≤5mm 软质材料燃烧性能试验方法》检测 炭化长度≤50mm 残焰 0s 残烬≤60s	玻璃纤维印花装饰布、铝箔复合材料等
墙面材料	B_1	GB 8625—88 (厚度>5mm 的软质材料及硬制材料)	难燃双面刨花板、多彩涂料、防火装饰板、仿花岗石装饰板、氯氧镁水泥装配式墙板、难燃玻璃钢平板、防火塑料装饰板材、玻璃钢层压板、PVC 塑料护墙板、轻质高强复合墙板、纸面石膏板、阻燃模压木质复合材料、彩色阻燃人造板、阻燃玻璃钢、水泥木屑板、防火刨花板、马尾松阻燃木材、纤维石膏板、水泥刨花板、矿棉板、玻璃棉板、珍珠岩板、大漆建筑装饰板、合成石装饰板、经阻燃处理的胶合板、中密度纤维板
		按《厚度≤5mm 软质材料燃烧性能试验方法》检测 炭化长度≤50mm 残焰 0s 残烬≤60s	阻燃处理的壁纸、墙布等
	B_2	GB 8625—88 (厚度>5mm 的软质材料及硬制材料)	各类天然材料、木质人造板、竹材、纸制装饰板、装饰微薄木贴面板、印刷木纹人造板、塑料贴面人造板、聚酯装饰板、复塑装饰板、塑纤板、胶合板等

续表

材料类别	级别	监测方法及指标	材 料 举 例
墙面材料	B_2	按《厚度≤5mm软质材料燃烧性能试验方法》检测 炭化长度≤50mm 残焰≤5s 残烬≤60s	塑料壁纸，无纺贴墙布、墙布、复合壁纸、天然材料壁纸、人造革等
地面材料	B_1	GB 11785 热辐射通量≥0.45W/cm^2	羊毛地毯、硬PVC塑料地板、水泥刨花板、水泥木丝板、复合木地板、氯丁橡胶地板等
	B_2	GB 11785 热辐射通量≥0.22W/cm^2	半硬质PVC塑料地板、木地板、PVC卷材地板、木地板、氯纶地毯等
装饰织物	B_1	GB 5455 损毁长度≤150mm 燃烧时间≤5s 阻燃时间≤5s	经阻燃处理的各类织物
	B_2	GB 5455 损毁长度≤200mm 燃烧时间≤15s 阻燃时间≤10s	纯毛装饰布、纯麻装饰布、经阻燃处理的其他织物
其他装饰材料	B_1	GB 2406—80 氧指数≥32 GB 2408—80 Ⅰ级 FV-0级	聚氯乙烯塑料、酚醛塑料、聚碳酸酯塑料、聚四氟乙烯塑料、三聚氰胺、脲醛塑料、硅树脂、塑料装饰型材
		GB 5455—85 损毁长度≤150mm 燃烧时间≤5s 阻燃时间≤5s	见装饰织物类
		GB 8625—88	见顶棚材料和墙面材料类

续表

材料类别	级别	监测方法及指标	材料举例
其他装饰材料	B_2	GB 2406—80 氧指数≥27 GB 2408—80 Ⅰ级 GB 4609—84 FV-1级	经阻燃处理的聚乙烯、聚丙烯、聚氨酯、聚苯乙烯、玻璃钢等
		GB 5455—85 损毁长度≤200mm 燃烧时间≤5s 阻燃时间≤10s	化纤织物等
		GB 8624—88	木制品等

3.8 建筑装饰装修哪些材料有防火要求?

建筑装饰装修对所有用于吊顶、墙面、地面及其他部位的装饰装修材料都有防火性能要求,不论这些材料用于结构构件上,还是用于设备终端装饰处理、绝缘、屏蔽、装饰、装修等用途上。

根据国家现行标准《建筑内部装修设计防火规范》GB 50222的规定,对下列装饰装修材料提出了具体的防火性能要求。

(1) 饰面材料。

饰面材料包括在房间和通道墙壁上的各种贴面材料;房间和通道上部的吊顶材料;嵌入吊顶中的导光材料;地面的饰面材料以及楼梯、电梯上的饰面材料。另外还包括用于绝缘的饰面材料等。

(2) 装饰件。

它们包括固定或悬吊在墙上的装饰画、雕刻装饰板、突起造型图案、窗帘盒、暖气罩等。

(3) 悬挂物件。

它包括布置在房间、走道或舞台、讲台部位的挂毯、窗布、幕布等。

(4) 活动隔断。

活动隔断是指可伸缩滑动和自由拆装的非到顶隔断。到顶的固定隔断视为与墙面等同。

(5) 大型家具。

是指体量较大、较重的家具,这些家具一般是固定的,或因其重而一经安放便轻易不再移动,如钱柜、酒吧柜台等。另外,有一些布置在建筑内的轻板结构,如货架、档案柜、展台、讲台等也应属于大型家具。

(6) 装饰织物。

包括窗帘、床罩、家具包布等

对建筑结构和构件,人们用耐火强度和耐火极限时间(h)去标定,即考察它们在火灾高温作用下自身强度和刚度的变化情况,以及保证在多长时间内不致失去正常的结构功能。对建筑材料而言,则应用燃烧性能来标定,可用对火反应的概念进行标定。因为大多数材料在火的作用下都要发生明显的物、化性变,而这些变化又是时间和温度的函数,因此建材的防火问题实质上是它的自身对火反应的问题。

3.9 建筑装饰装修防火的基本原则是什么?

基本原则是:

(1) 对重要的建筑比一般的建筑要求严,对地下建筑比地上建筑要求严;对高度 100m 以上的建筑,比一般高层建筑要求严。

(2) 对建筑物防火的重要部位,如公共活动区、楼梯、走廊、危险物多的区域等,其要求比一般建筑部位要严。

(3) 对顶棚的要求严于墙面,对墙面的要求严于地面。对悬挂物(如窗帘、幕布等)的要求严于粘贴在基材上的物件(壁纸、墙布等)。

(4) 建筑物的防火安全性是由各有关专业和相应的设备共同保证的,装饰选材只是安全系统中的一环。从整体安全角度出发,选择装饰材料必须综合考虑其他防火系统介入所带来的影响。因此，对一部分附加了其他消防设备的建筑物，室内装饰装修防火等级可适当降低。

3.10 建筑装饰装修防火存在的主要问题是什么？

一般来说，建筑装饰装修工程中防火主要存在以下问题：

(1) 美观性和安全性的矛盾。

要做到室内空间环境美观、高雅、多造型，就难免选用大量可烘托出设计效果的可燃和易燃材料。而从防火安全角度看，则希望大量使用不燃和难燃材料，这两者间的矛盾是显而易见的，要做到统筹兼顾是很不容易的。

(2) 室内装饰装修改造的问题。

大型公共建筑最初的防火验收中是包括检查室内装饰装修工程防火项目的，但是，在建筑验收投入使用后，随着时间的推移，许多建筑会进行局部的装饰装修改造，原有的装饰装修材料和布置都发生了很大的变化，新用材料不进行阻燃处理，一些最初施工经过阻燃处理的材料，其阻燃性也逐渐丧失。因此，既有建筑频繁进行局部装饰装修改造，而不进行二次防火验收，存在很多安全隐患。

另外，时常看到一些建筑装饰装修改造工程中把消防栓封闭起来，把灭火器隐藏起来，把走廊、通道合理的安全疏散宽度任意缩小，把紧急安全出口封死等等，都需进行监督纠正。

(3) 装饰装修材料本身的问题。

装饰装修材料的品种丰富，材料市场存在很多不规范的问题。很多新材料没有规范对它的防火等级作出要求，生产企业不注意产品的阻燃性能，设计则无章可循，防火监督部门则无法可依，管理上随意性较大。

(4) 居住建筑防火问题

与很多大型公共建筑不同的是，一般的居住建筑内部装饰装修工程的随意性很大，材料防火性能要求经常得不到贯彻实施。

3.11　建筑装饰装修工程防火设计的原则是什么?

作为一般的原则,室内装饰装修设计和选材在防火方面应注意以下几个问题:

(1) 设计中要求耐火程度高低的顺序应依次是:顶棚、墙、室内家具、地面铺设材料;

(2) 在用于人员撤离和避难部位的装修材料,应是不燃或难燃材料,并且发烟量要小;

(3) 在公众聚集的较大空间中,应采用经过阻燃处理的窗帘、幕布、座套等;

(4) 当隔声、隔热或其他绝燃材料直接与空气接触时,这种绝燃材料应当是难燃的;

(5) 从装饰效果需要而必须较大面积使用可燃材料时,一定要设置自动灭火系统;

(6) 应禁止在重要通道上设置一些横挂的挂毯、幕布、门窗等。

3.12　建筑装饰装修工程施工应符合哪些防火要求?

装饰装修施工应注意以下几点:

(1) 墙面至少 1.2m 以上部分(火场调研统计,顶棚及墙壁上方烧毁程度最严重,而浓烟熏焦的痕迹大致距地面 1m 左右)材料的燃烧性能应严格控制;

(2) 墙面应将耐热性较好装饰材料置于外层。若壁纸贴在石膏板上,装饰层厚度不要超过 1mm;

(3) 室内压条、护角、踢脚板、扶手、栏杆等,若用木材、塑胶等可燃材料,其用量最好不超过顶棚、墙面面积的 1/10;

(4) 壁纸粘贴施工,应将原有壁纸铲除;

(5) 墙面宜避免使用泡沫塑胶及织物材料;

(6) 应选择材料厚度较厚、难燃性能较优的装饰材料;

(7) 隔墙或墙面装饰若加垫条、衬木等,其内衬或表面材料最好使用不燃材料,如玻璃棉等填充;

(8) 木板材应用防火涂料处理；

(9) 用防火粘合材料；

(10) 尽量避免使用易燃纤维制成的地毯或易燃地面块材，尤其不可用于走廊及通往逃生出口通道的地面；

(11) 对室内装饰装修材料和设施，应建立经常性的检查制度，以便可以对那些防火性能失效的材料及时进行更换。

3.13 阻燃织物和阻燃剂产品是什么？

纤维织物在建筑装饰装修工程中大量使用，建筑防火对纤维织物提出了相应的阻燃要求，阻燃织物应具有以下性能：

(1) 降低材料的可燃性；

(2) 改变燃烧反应方向，增加不燃产物；

(3) 产生不燃气体，稀释基材表面上的氧气；

(4) 降低燃烧区的温度；

(5) 在基材阻燃表面上生成不挥发炭质薄层，以阻断氧气和降低热传导。

织物经阻燃处理后，除了应具有阻碍火焰的蔓延及燃烧的性能外，同时还应具有耐久的洗涤性、可穿性、可用性，并能体现织物的风格特征，符合卫生要求。

阻燃剂本身并不是建筑必用材料，其作用是添加于其他材料中，以改进这些材料的防火性能。不同用途材料，对阻燃剂的性能要求各不相同。一般来说，阻燃剂必须满足的基本要求是：

(1) 即能阻止有焰燃烧，又能抑制无焰燃烧；

(2) 阻燃剂本身无毒，燃烧时至少不增加烟雾；

(3) 对纤维的原有性能不降低或少降低，不损害原材料的物理和绝缘性能；

(4) 材料增加温度下不分解；

(5) 具有较好的耐久性，不因热、光、洗等外部作用发生阻燃性急剧下降的现象；

(6) 使用简便，且工艺条件和价格均能接受。

事实上，一种阻燃剂不可能完全满足上述的要求，常需要几种阻燃剂复合在一起，才有可能达到一个综合的效果。

阻燃剂分为添加型和反应型两大类，其中添加型阻燃剂的产量占阻燃剂总量的90%左右，并多用于热塑性塑料；反应型阻燃剂则多用于热固体性材料。

按化学元素和结构分，阻燃剂可分为：

无机阻燃剂：三氧化二锑，氢氧化铝，氢氧化镁，硼化物，氯化锑，磷酸锌，磷酸氢二氨等。

有机阻燃剂：溴系阻燃剂（十溴联苯醚等），氯系阻燃剂（氯化磷脂等），磷系阻燃剂（四氢甲基氢氧化磷等）。

通常，无机阻燃剂比有机阻燃剂稳定，不易挥发，并且烟气毒性少，成本较低。

3.14 建筑物的耐火等级和保护类别有哪些？

建筑物的耐火等级和保护类别，国家根据民用建筑物的性质、重要程度、人员密集程度，对被保护建筑物、构筑物分为以下四类。

1. 重要公共建筑物

(1) 地市级及以上的党政机关办公楼；

(2) 高峰使用人数或座位数超过1500人（座）的体育馆、会堂、会议中心、电影院、剧场、室内娱乐场所、车站和客运站等公众聚会场所；

(3) 藏书量超过50万册的图书馆；地市级及以上的文物古迹、博物馆、展览馆、档案馆等建筑物；

(4) 省级及以上的邮政楼、电信楼等通信、指挥调度建筑物；

(5) 省级及以上的银行等金融机构办公楼；

(6) 高峰使用人数超过5000人的露天体育场、露天游泳场和其他露天公众聚会娱乐场所。

(7) 使用人数超过500人的中、小学校；使用人数超过200人的幼儿园、托儿所、残疾人员康复设施；1500床位及以上的养老院、疗养院、医院的门诊楼和住院楼等医疗、卫生、教育建筑物（有围墙者，从围墙边算起）；

(8) 建筑面积超过 15000m² 的其他公共建筑物；

(9) 地铁出入口、隧道出入口。

2. 一类保护物

除重要公共建筑物以外的下列建筑物属于一类保护物：

(1) 县级党政机关办公楼；

(2) 高峰使用人数或座位数超过 800 人（座）的体育馆、会堂、会议中心、电影院、剧场、室内娱乐场所、车站和客运站等公众聚会场所；

(3) 文物古迹、博物馆、展览馆、档案馆和藏书量超过 10 万册的图书馆等建筑物；

(4) 县级及以上的邮政楼、电信楼等通信、指挥调度建筑；支行级及以上的银行等金融机构办公楼；

(5) 高峰使用人数超过 1000 人的露天体育场、露天游泳场和其他露天公众聚集娱乐场所；

(6) 中小学校、幼儿园、托儿所、残疾人员康复设施、养老院、疗养院、医院的门诊楼和住院楼等医疗、卫生、教育建筑物（有围墙者，从围墙边算起）；

(7) 总建筑面积超过 3000m² 的商场、综合楼、证券交易所；总建筑面积越过 1000m² 的地下商店（商业街）及总建筑面积超过 5000m² 的菜市场等商业营业场所；

(8) 总建筑面积超过 5000m² 的办公楼、写字楼等办公建筑物；

(9) 总建筑面积超过 5000m² 的居住建筑（含宿舍）、商住楼；

(10) 高层民用建筑物；

(11) 总建筑面积超过 6000m² 的其他建筑物；

(12) 车位超过 50 个的汽车库和车位超过 150 个的停车场；

(13) 城市主干道的桥梁、高架路等。

3. 二类保护物

除重要公共建筑物和一类保护物以外的下列建筑物属于二类保护物：

(1) 体育馆、会堂、电影院、剧场、室内娱乐场所，车站、客运站、体育场、露天游泳场和其他露天娱乐场所等室内外公众聚会场所；

(2) 地下商店（商业街）、总建筑面积超过 $1000m^2$ 的商店（商场）、综合楼、证券交易所以及总建筑面积超过 $1500m^2$ 的菜市场等商业营业场所；

(3) 总建筑面积超过 $1000m^2$ 的办公楼、写字楼等办公类建筑物；

(4) 总建筑面积超过 $1000m^2$ 的居住建筑（含宿舍）或居住建筑群；

(5) 总建筑面积超过 $2000m^2$ 的其他建筑物；

(6) 车位超过 20 个的汽车库和车位超过 50 个的停车场；

(7) 除一类保护物以外的桥梁、高架路等。

4. 三类保护物

除重要公共建筑物、一类和二类保护物以外的建筑物。

3.15 如何进行建筑内部装饰装修材料燃烧性能等级的选用？

单层、多层民用建筑内部各部位装饰装修材料燃烧性能等级的选用，见表 3-5。

单层、多层民用建筑内部各部位装饰装修材料燃烧性能等级 表 3-5

建筑物及场所	建筑规模、性质	装修材料的燃烧性能等级							
		顶棚	墙面	地面	隔断	固定家具	装饰织物		其他装饰材料
							窗帘	帷幕	
候机楼的候机大厅、餐厅、贵宾候机室、售票厅等	建筑面积 $10000m^2$ 以上的候机楼	A	A	B_1	B_1	B_1	B_1	—	B_1
	建筑面积 $10000m^2$ 以下（含）的候机楼	A	B_1	B_1	B_1	B_2	B_2	—	B_2

续表

建筑物及场所	建筑规模、性质	装修材料的燃烧性能等级							
		顶棚	墙面	地面	隔断	固定家具	装饰织物		其他装饰材料
							窗帘	帷幕	
汽车站、火车站、轮船客运站的候车(船)室、餐厅、商场等	建筑面积 10000m^2 以上的车站、码头	A	A	B_1	B_1	B_2	B_2	—	B_1
	建筑面积 10000m^2 以下(含)车站、码头	B_1	B_1	B_1	B_2	B_2	B_2	—	B_2
影院、会堂、礼堂、剧院、音乐厅	800 座以上	A	A	B_1	B_1	B_1	B_1	B_1	B_1
	800 座以下(含)	A	B_1	B_1	B_1	B_2	B_1	B_1	B_2
体育馆	3000 座以上	A	A	B_1	B_1	B_1	B_1	B_1	B_2
	3000 座以下(含)	A	B_1	B_1	B_1	B_2	B_2	B_1	B_2
商场营业	每层建筑面积 3000m^2 以上或总建筑 9000m^2 以上的营业厅	A	B_1	A	A	B_1	B_1	—	B_2
	每层建筑面积 1000～3000m^2 以上或总建筑面积为 3000～9000m^2 以上的营业厅	A	B_1	B_1	B_1	B_2	B_1	—	—
	每层建筑面积 1000m^2 以下或建筑面积 3000m^2 以下的营业	B_1	B_1	B_1	B_2	B_2	B_2	—	—
饭店、旅馆的客房及公共活动用	设有中央空调系统的饭店、旅馆	A	B_1	B_1	B_1	B_2	B_2	—	B_2
	其他饭店、旅馆	B_1	B_1	B_2	B_2	B_2	B_2	—	—

续表

建筑物及场所	建筑规模、性质	装修材料的燃烧性能等级							
		顶棚	墙面	地面	隔断	固定家具	装饰织物		其他装饰材料
							窗帘	帷幕	
歌舞厅、餐馆等娱乐、餐饮建筑	营业面积 100m^2 以上	A	B_1	B_1	B_1	B_2	B_1	—	B_2
	营业面积 100m^2 以下(含)	B_1	B_1	B_1	B_2	B_2	B_2	—	B_2
幼儿园、托儿所、医院病房楼、疗养院、养老院		A	B_1	B_1	B_1	B_2	B_1	—	B_2
纪念馆、展览馆、博物馆、图书馆、档案馆、资料馆等	国家级、省级	A	B_1	B_1	B_1	B_2	B_1	—	B_2
	省级以下	B_1	B_1	B_2	B_2	B_2	B_2	—	B_2
办公楼	设有中央空调系统的办公楼、综合楼	A	B_1	B_1	B_1	B_2	B_2	—	B_2
	其他办公楼、综合楼	B_1	B_1	B_2	B_2	B_2	—	—	—
住宅	高级住宅	B_1	B_1	B_1	B_1	B_2	B_2	—	B_2
	普通住宅	B_1	B_2	B_2	B_2	B_2	—	—	—

4 抹灰工程

4.1 抹灰层的组成及作用是什么？

抹灰层一般由底层灰、中层灰和面层灰组成。各抹灰层的组成及作用见表4-1。

抹灰层的组成及作用　表4-1

抹灰层	作　用	基层材料	一 般 做 法
底层灰	与基层粘结作用和初步找平作用	砖墙基层	1. 内墙一般采用石灰砂浆、水泥砂浆、混合砂浆等打底 2. 外墙及室内有防水防潮要求，应采用水泥砂浆打底
		混凝土或加气混凝土基层	1. 宜先涂刷一层界面剂、采用水泥砂浆或混合砂浆等打底 2. 混凝土顶棚的高级抹灰宜用聚合物水泥砂浆打底
		钢丝网、木板条基层	1. 宜用混合砂浆或麻刀灰等打底 2. 须将灰浆挤入基层的缝隙内及增强拉结
中层灰	找平作用	底层灰	1. 所用材料基本与底层相同 2. 根据施工质量要求，可一次抹成或多次抹成
面层灰	装饰作用	中层灰	1. 室内一般麻刀石灰、纸筋石灰、石膏灰等 2. 室外一般常采用水泥砂浆、干粘石、水刷石、斩假石等

4.2 抹灰工程怎样分类？

抹灰工程就总体而言分为三大类，即：①一般抹灰；②装饰抹灰；③清水墙勾缝。其中以一般抹灰应用最为广泛。

对于一般抹灰，有三种分类方法：

1. 按砂浆组成材料分

(1) 水泥砂浆抹灰。

由水泥和砂按照一定配合比例，再加水混合而成。根据工程需要，也可以填加少量的外加剂，以改善其和易性等工作性能。

(2) 水泥混合砂浆抹灰。

由水泥、石灰和砂按照一定配合比例，再加水混合而成。有时也可掺加一些外加剂。

(3) 石灰砂浆抹灰。

由石灰和砂按照一定配合比例加水混合而成。

(4) 石灰膏抹灰。

以石灰膏为主，加少量石膏混合而成。用于高级抹灰、顶棚抹灰。

(5) 纸筋灰抹灰。

在石灰膏中加入一定量的纸筋混合而成。加入纸筋是为了提高石灰膏的抗裂性。

(6) 聚合物水泥砂浆抹灰。

在水泥砂浆中掺加一定比例的聚合物胶，以提高水泥砂浆的粘结性能。

2. 按抹灰部位分

按照抹灰的部位，一般抹灰可以内外墙抹灰、楼地面抹灰和顶棚抹灰。

内外墙抹灰包括内墙、外墙、墙裙、屋檐、女儿墙、窗楣、窗台、腰线、勒脚等。

楼地面抹灰包括地面、楼面、散水、台阶、阳台、雨棚、楼梯等。

顶棚抹灰主要指室内顶棚抹灰。

3. 按施工要求分

按照施工要求可分为高级抹灰和普通抹灰。

对于装饰抹灰，可分为水刷石、斩假石、干粘石、假面砖等种类。

对于清水墙勾缝，可分为砂浆勾缝和原浆勾缝等种类。

4.3 抹灰工程中分项工程的划分及适用范围是什么？

抹灰工程作为装饰装修工程中一个子分部工程，含有三个分项工程，分别是一般抹灰、装饰抹灰和清水砌体勾缝。

一般抹灰适用于石灰砂浆、水泥砂浆、水泥混合砂浆、聚合物水泥砂浆和麻刀石灰、纸筋石灰、石膏灰等一般抹灰工程。一般抹灰工程又分为普通抹灰和高级抹灰，当设计无要求时，按普通抹灰验收。一般抹灰的适用范围，见表 4-2。

一般抹灰适用范围　　表 4-2

级　别	适　用　范　围	操　作　要　求
高级抹灰	大型公共建筑物、纪念性建筑以及有特殊要求的高级建筑，高档住宅	一层底、数中层和一面层。多遍成活
普通抹灰	一般居住建筑、公用和工业房屋高级建筑中的附属用房 建筑物的地下室、储藏间等	一层底、一中层和一面层。三遍成活 一层底和一面层。两遍成活

装饰抹灰适用于水刷石、斩假石、干粘石、假面砖等装饰抹灰工程。主要应用于建筑外墙饰面工程。

清水砌体勾缝适用于清水砌体砂浆勾缝和原浆勾缝工程。

4.4 抹灰工程要求对什么材料及其性能进行复验？

按照《建筑装饰装修工程质量验收规范》GB 50210 的规定，抹灰工程应对水泥的凝结时间和安定性进行进场复验。

4.5 抹灰工程常用水泥的选用和质量要求有哪些？

抹灰工程用胶凝材料有水泥、石灰、石膏等，其中水泥是应用最多的材料。抹灰工程常用水泥的选用和质量要求，见表4-3。

抹灰工程常用水泥的选用和质量要求 **表 4-3**

水泥名称	特性		优先使用	不得使用	质量要求
	优点	缺点			
普通硅盐酸水泥（普通水泥）	快硬、早强、抗冻、耐磨、不透水性好	水化热高，抗硫酸盐，侵蚀性差	1 冬季、干燥环境抹灰 2 抗渗、耐磨砂浆	有硫酸盐侵蚀的工程	1 水泥品种、强度等级应符合设计要求 2 应存放在有屋盖和有木地板的仓库内 3 出厂三个月后的水泥应经试验后方能使用 4 受潮结块的水泥应过筛试验后使用
火山灰质硅盐酸水泥（火山灰水泥）	保水性好、水化热低，耐蚀性好	干缩大、早强低、抗冻性差	1 抗渗砂浆 2 远距离运输砂浆	1 有耐磨要求 2 干燥环境	
矿渣硅盐酸水泥（矿渣水泥）	保水性好、水化热低，耐蚀性好	干缩大、早强低、保水性差、抗冻性差	高墙或水下环境	有抗渗的建筑	
白色硅盐酸水泥（白水泥）	同普通水泥	同普通水泥	装饰抹灰	同普通水泥	
硅盐酸膨胀水泥（膨胀水泥）	微膨胀，防水性能好，快硬、早强	抗硫酸盐腐蚀性差	1 抗渗防水砂浆 2 接缝修补	同普通水泥	

注：除膨胀水泥的初凝时间≥45min、终凝时间≤6h 外，上述其他水泥的初凝时间≥45min，终凝时间≤12h。

4.6 抹灰工程用石膏有哪些特性及用途?

抹灰工程用建筑石膏的特性及用途,见表 4-4。

建筑装饰石膏分类、特性及用途　　表 4-4

分类	建筑石膏	模型石膏	高强度石膏
特性	与水调和后凝固很快并在空气中硬化,硬化时体积不收缩	凝结较快,调成浆后在数分钟至 10 余分钟内即可凝固	凝固很慢,但硬化后强度高达 25～30MPa,色白、能磨光、质地坚硬且不透水
用途	制配石膏抹面灰浆、制作石膏板、建筑装饰及吸声、防火制品	模型塑像、石膏花饰、室内装饰及粉刷	制作人造大理石、石膏板、人造石用于湿度较高的室内抹灰及地面

注:建筑石膏的凝结时间规定如下:初凝不得早于 4min,终凝不得早于 6min,不迟于 30min。

4.7 石灰的选用及质量要求有哪些?

抹灰工程用石灰的品种以及质量要求,见表 4-5。

石灰的品种、选用及质量要求　　表 4-5

品种	块灰(生石灰)	磨细生石灰(生石灰粉)	熟石灰(消石灰)	石灰膏
用途	用于配置生石灰粉、熟石灰粉、石灰膏	用于配置熟石灰粉、石灰膏	用于配置混合砂浆、石灰砂浆、纸筋灰	用于配制抹灰砂浆
质量要求	块灰中的灰分含量愈少,质量愈高,通常说的三七灰,即指三成灰粉,七成块灰	成品需经 4900 孔/cm^2 的筛子过筛	1　熟化时间常温下不少于 15d,用于罩面不少于 30d 2　需经 3mm 的筛孔过滤 3　不含有未熟化的颗粒	1　细腻洁白,不含未熟化的颗粒 2　沉淀池中的石灰膏要防止干燥、冻结、污染,冻结、干燥、风化的石灰膏不得使用

4.8 抹灰工程加强材料的种类、作用及质量要求是什么?

抹灰工程加强材料的种类、作用及质量要求,见表 4-6。

加强材料的种类、作用及质量要求　　表 4-6

种　类	作　用	质量要求及制作
麻　刀	在抹灰层中起拉结作用,提高抹灰层的抗拉强度,增加抹灰层的弹性和耐火性,使抹灰层不易裂缝脱落	1　以均匀、坚韧、干燥不含杂质为宜 2　使用时将其剪成 2～3cm 长,随用随敲打松散 3　每 100kg 石灰膏约掺 1kg 麻刀
纸　筋		1　在淋石灰时,先将纸筋撕碎,除去尘土,用清水浸泡,捣烂、搓绒,漂去黄水,做到洁净,细腻 2　按 100kg 石膏灰掺 2.75kg 的比例掺入淋灰池 3　使用时需用小钢磨搅拌、打细,并用 3mm 孔筛过滤成纸筋灰
稻　草		1　切成不长于 5cm 短节,并经石灰水浸泡 15d 后使用 2　也可用石灰(或火碱)浸泡软化后轧磨成纤维质当纸筋使用
玻璃纤维		1　将玻璃丝切成 1cm 长左右,每 10kg 石灰膏掺入 200～300g 搅拌均匀成玻璃丝灰 2　操作时须防止玻璃丝刺激皮肤,注意劳动保护

4.9 一般抹灰砂浆的配合比及应用范围有哪些?

一般抹灰砂浆常用配合比及应用范围,见表 4-7。

一般抹灰砂浆参考配合比及应用范围　　表 4-7

砂浆名称	配合比(体积比)	应用范围
水泥砂浆 (水泥∶细砂)	1∶2.5～1∶3 1∶1.5～1∶2 1∶0.5～1∶1	用于浴厕间等潮湿房间墙裙、勒脚或地面基层 用于地面、顶棚、墙面面层 用于混凝土地面随打随抹光
石灰砂浆 (石灰膏∶砂)	1∶2～1∶3	用于砖石墙面层(潮湿房间不宜)
水泥混合砂浆 (水泥∶石灰∶砂)	1∶0.3∶3～1∶1∶6 1∶0.5∶1～1∶1∶4 1∶0.5∶4～1∶3∶9 1∶0.5∶4.5～1∶1∶6	墙面打底 混凝土顶棚打底 板条顶棚抹灰 檐口、勒脚、女儿墙及较潮湿处抹灰

续表

砂浆名称	配合比(体积比)	应用范围
混合砂浆 (水泥∶石膏∶ 砂∶锯末)	1∶1∶3∶5	用于吸声粉刷
麻刀石灰 (白灰膏∶麻刀筋)	100∶1.3(质量比)	板条顶棚罩面
纸筋石灰 (白灰膏∶纸筋)	100∶3.8 3.6kg∶1m³	板条顶棚罩面 较高级墙面、顶棚

4.10 抹灰砂浆的稠度和骨料粒径有什么要求?

抹灰砂浆在施工时必须具有良好的和易性,即砂浆稠度。抹灰砂浆的稠度和骨料最大粒径,主要根据抹灰种类和气候条件等实际情况确定。表4-8可以作为参考。

抹灰砂浆的稠度和骨料粒径　　表4-8

抹灰层	稠度(cm)	砂的最大粒径(mm)
底层	10～12	2.8
中层	7～9	2.6
面层	7～8	1.2

4.11 各种砂浆材料用料配合比有哪些?

1. 一般抹灰工程用水泥砂浆用料参考配合比,见表4-9。

常用水泥砂浆用料配合比　　表4-9

配合比(体积比)		1∶1	1∶2	1∶2.5	1∶3	1∶3.5	1∶4
名称	单位	每1m³水泥砂浆数量					
32.5水泥	kg	812	517	438	379	335	300
天然砂	m³	0.81	1.05	1.12	1.17	1.21	1.24
天然净砂	kg	999	1305	1387	1448	1494	1530
水	kg	360	350	350	350	340	340

2. 一般抹灰工程常用石灰砂浆用料参考配合比，见表 4-10。

常用石灰砂浆用料配合比　　　　表 4-10

配合比（体积比）		1∶1	1∶2	1∶2.5	1∶3	1∶3.5
名　称	单　位	每 1m³ 水泥砂浆数量				
生石灰	kg	399	274	235	207	184
石灰膏	m^3	0.64	0.44	0.38	0.33	0.30
天然砂	m^3	0.85	1.01	1.05	1.09	1.10
天然净砂	kg	1047	1247	1305	1351	1363
水	kg	460	380	360	350	360

3. 一般抹灰工程常用水泥石灰混合砂浆用料参考配合比，见表 4-11。

常用混合砂浆用料配合比　　　　表 4-11

配合比（体积比）		1∶0.3∶3	1∶0.5∶4	1∶1∶2	1∶1∶4	1∶1∶6	1∶3∶9
名　称	单　位	每 1m³ 混合砂浆数量					
32.5 水泥	kg	361	282	397	261	195	121
生石灰	kg	56	74	208	136	140	190
石灰膏	m^2	0.09	0.12	0.33	0.22	0.16	0.30
天然砂	m^2	1.03	1.08	0.84	1.03	1.03	1.10
天然净砂	kg	1270	1331	1039	1275	1275	1362
水	kg	350	350	390	360	340	360

4. 一般抹灰工程常用的其他灰浆用料参考配合比，见表 4-12。

常用其他灰浆用料参考配合比　　　　表 4-12

项　目		素水泥浆	麻刀灰浆	麻刀混合灰	纸筋灰浆
名　称	单　位	每 1m³ 用料数量			
32.5 水泥	kg	1888	—	60	—
生石灰	kg	—	634	639	554
纸　筋	kg	—	—	—	153
麻　刀	kg	—	10.23	10.23	—
水	kg	390	700	700	610

5. 掺粉煤灰水泥砂浆的配合比

使用磨细粉煤灰作为掺合料拌合抹灰砂浆，可以节约部分水泥，是推行节约水泥技术措施的有效方法之一。在我国，粉煤灰资源丰富，它的主要成分是硅铝氧化物，在有水分存在的情况下能与 $Ca(OH)_2$ 发生化学反应，生成具有水硬胶凝性能的化合物。因此，掺入水泥后，恰好与水泥水化析出的游离 $Ca(OH)_2$ 化合成水化硅酸钙和水化铝酸钙，能增强制品的密实性和强度，又能改善拌合物的和易性，从而减少制品的收缩和开裂。

抹灰水泥砂浆中掺粉煤灰的参考配合比及节约效果，见表4-13。

抹灰水泥砂浆掺粉煤灰的配合比　　表 4-13

抹灰项目	原配比(体积比)		现配比(体积比)			节约效果
	水泥	砂子	水泥	粉煤灰	砂子	水泥(kg/m³)
内墙抹底层	1 (395)	3 (1450)	1 (200)	1 (100)	6 (1450)	195
内墙抹面层	1 (452)	2.5 (1450)	1 (240)	1 (120)	5 (1450)	212
外墙抹底层	1 (395)	3 (1450)	1 (200)	1 (100)	6 (1450)	195

注：括号内为每 $1m^3$ 砂浆材料用量，水泥强度等级为 32.5。

4.12　国家验收规范中，对抹灰工程的隐蔽工程验收有哪些内容？

抹灰工程应对下列隐蔽工程项目进行验收：

(1) 抹灰总厚度大于或等于 35mm 时的加强措施。

(2) 不同材料基体交接处的加强措施。

国家验收规范规定：抹灰总厚度应该符合设计要求。抹灰的施工操作应该符合相应工艺标准的规定。而为了保证工程质量，抹灰工程的基本工艺，要求抹灰应分层进行。国家验收规范规定：当抹灰总厚度大于或等于 35mm 时，应采取加强措施，如使用树脂砂浆、纤维布或金属网等。另外，无论抹灰层厚度是多少，当基体材料不同时，如果在不同基体材料交接处表面的抹灰，应采取防止开裂的加强措施。当采用加强网时，加强网与各基体的搭接宽度不应小于 100mm。

4.13 外墙抹灰工程施工前应做哪些准备工作？

在外墙抹灰工程施工前，首先应完成墙体上门窗框、箱闸盒、护栏等的安装。并应将墙上的所有施工孔洞堵塞密实。抹灰前应将墙面的尘土、污垢、油渍清理干净，并应浇水湿润。

4.14 室内抹灰中，墙面、柱面和门洞口的阳角做法有什么规定？

室内墙面、柱面和门洞口的阳角做法首先应符合设计要求。当设计无要求时，国家验收规范规定，应采用 1∶2 水泥砂浆做暗护角，其高度不应低于 2m，每侧宽度不应小于 50mm。

在施工中还应当注意：设计对阳角抹灰的要求不能低于国家标准的上述要求。

4.15 当要求抹灰层可能遇到潮湿环境时，对抹灰砂浆有何要求？

当抹灰层可能在潮湿环境下时，抹灰砂浆应使用具有防水、防潮功能的防水砂浆。

4.16 各种砂浆抹灰层在施工完成后，应采取哪些保护措施？是否需要养护？

各种砂浆抹灰层在凝结前，应防止快干、水冲、撞击、振动和受冻；在凝结后，应采取措施防止沾污和损坏。水泥砂浆抹灰层应在湿润条件下养护。

4.17 对外墙和顶棚的抹灰，有何特殊要求？为什么这样要求？

国家验收规范对外墙和顶棚的抹灰，要求必须与基层之间粘结牢固；各抹灰层之间也必须粘结牢固。这项要求被作为强制性条文，必须严格执行。

之所以这样要求，是因为外墙和顶棚抹灰如果粘结不牢，将有可能导致脱落伤人。这样的质量事故在我国曾多次发生。北京市为解决混凝土顶棚基体表面抹灰层脱落的质量问题，规定各建筑施工单位，不得在混凝土顶棚基体表面抹灰，用腻子找平即可，这一规定取得了较好的效果。但由于各地情况不同，目前尚难在全国范围内统一规定顶棚不准抹灰，故国家验收规范规定，当外墙和顶棚必须抹灰时，应采取有效技术措施，严格进行基层处理，保证抹灰层与基体及各抹灰层之间粘结牢固。

抹灰工程质量的关键是粘结牢固，无开裂、空鼓与脱落。如果粘结不牢，出现空鼓、开裂、脱落等缺陷，不仅影响装饰效果，而且会降低对墙体保护作用。经调研分析，抹灰层之所以出现开裂、空鼓和脱落等质量问题，主要原因是基体表面清理不干净，如：基体表面有尘埃及疏松物、脱模剂和油渍等影响抹灰粘结牢固的物质，未彻底清除干净；基体表面光滑，抹灰前未作毛化处理；抹灰前基体表面浇水不透，抹灰后砂浆中的水分很快被基体吸收，使砂浆中的水泥未充分水化生成水泥石，影响砂浆粘结力；砂浆质量不好，使用不当；一次抹灰过厚，干缩率较大等，都会影响抹灰层与基体的粘结牢固。

抹灰厚度过大时，容易产生起鼓、脱落等质量问题；不同材料基体交接处，由于吸水和收缩性不一致，接缝处表面的抹灰层容易开裂，上述情况均应采取加强措施，以切实保证抹灰工程的质量。

抹灰工程经常出现的质量问题是裂缝。裂缝的形成可分为三种情况：第一种情况是大墙面出现裂缝；第二种情况是不同墙体材料交接处的表面或抹灰层与门窗框、墙裙、踢脚线等部件交接处出现裂缝；第三种情况是沿建筑结构缝处形成裂缝。国家规范规定抹灰工程的面层应无裂缝。

4.18 内墙、墙裙抹灰施工操作要点是什么？

内墙、墙裙抹灰施工操作要点，见表 4-14。

常见内墙、墙裙分层施工操作要点　　表 4-14

<table>
<tr><th>部位</th><th>基层材料</th><th>分层做法</th><th>饰面层</th><th>厚
(mm)</th><th>操作要点</th></tr>
<tr><td rowspan="6">内墙</td><td>砖墙</td><td>1　10～13 厚石灰膏砂浆打底
2　6～8 厚石灰膏砂浆
3　2厚纸筋灰罩面</td><td>涂料</td><td>18～23</td><td rowspan="6">1　一般情况下，冲完筋约 2h 左右就可以抹底子灰，不宜过早或过迟
2　抹底子灰应分层装档，第一层应薄薄抹一层，然后逐步抹至冲筋带平，再用大杠刮平，木抹搓毛
3　混凝土墙基上应先刷一道素水泥（内可掺 5%胶）
4　底灰分层分遍与冲筋抹平每遍厚度宜 5～7mm
5　水泥砂浆罩面或混合砂浆罩面宜 2 遍成活，薄薄地刮第一道使其与底层抓牢，紧跟着抹第二遍用大杠刮平、找直、用铁抹压光</td></tr>
<tr><td></td><td>1　13厚 1：0.3：3 水泥石灰膏砂浆打底扫毛或划出纹道
2　5厚 1：03.：2.5 水泥石灰膏砂浆罩面，赶实压光</td><td>油漆</td><td>18</td></tr>
<tr><td>砖墙混凝土墙</td><td>1　13 厚 1：3 水泥砂浆打底扫毛或划出纹道
2　5 厚 1：2.5 水泥砂浆罩面赶实压光</td><td>涂料</td><td>18</td></tr>
<tr><td rowspan="3">混凝土墙</td><td>1　刷素水泥浆一道（内掺水重 3%～5%的胶）
2　12 厚 1：3：9 水泥石灰膏砂浆打底</td><td>涂料</td><td>14</td></tr>
<tr><td>1　刷素水泥一道（内可掺 5%胶）
2　7～11 厚 1：3：9 水泥石灰膏砂浆打底
3　7～8 厚 1：3 石灰膏砂浆
4　2 厚纸筋灰罩面</td><td>涂料</td><td>16～21</td></tr>
<tr><td>1　刷素水泥一道（内可掺 5%胶）
2　13厚 1：0.3：3 水泥石灰膏砂浆打底
3　5厚 1：0.3：2.5 水泥石灰膏砂浆罩面，赶实压光</td><td>油漆</td><td>18</td></tr>
</table>

续表

<table>
<tr><th>部位</th><th>基层材料</th><th>分层做法</th><th>饰面层</th><th>厚(mm)</th><th>操作要点</th></tr>
<tr><td rowspan="2">内墙</td><td rowspan="2">加气混凝土墙</td><td>1 刷界面剂一道
2 6厚2:1:8水泥石灰膏砂浆打底扫毛
3 5厚1:1:6水泥石灰膏砂浆扫毛
4 5厚1:2.5水泥石灰膏砂浆罩面，赶实压光</td><td>涂料</td><td>16</td><td>1 一般情况下，冲完筋约4h左右可以抹底灰
2 底子灰5～6成干时即可抹罩面灰
3 洞口、槽、盒边缘处理同砖墙、混凝土墙</td></tr>
<tr><td>1 刷界面剂一道
2 5厚2:1:8水泥石灰膏砂浆打底扫毛
3 6厚1:1:6水泥石灰膏砂浆
4 5厚1:0.3:2.5水泥石灰膏砂浆罩面，赶实压光</td><td>油漆</td><td>16</td><td>同前</td></tr>
<tr><td rowspan="3">内墙裙</td><td>砖墙</td><td>1 12厚1:3水泥砂浆打底扫毛或划出纹道
2 8厚1:3水泥砂浆扫毛
3 5厚1:2.5水泥石灰膏砂浆罩面赶实压光</td><td>1. 砂浆墙裙
2. 油漆乳胶气</td><td>25</td><td>同前</td></tr>
<tr><td>混凝土墙</td><td>1 刷素水泥一道(内掺5%胶)
2 10厚1:3水泥砂浆打底扫毛
3 8厚1:3水泥砂浆扫毛
4 5厚1:2.5水泥石灰膏砂浆罩面赶实压光</td><td>1. 砂浆墙裙
2. 油漆
3. 乳胶气</td><td>23</td><td>同前</td></tr>
<tr><td>加气混凝土墙</td><td>1 刷界面剂一道
2 5厚1:0.5:4水泥石灰膏打底扫毛
3 8厚1:1:6水泥石灰膏扫毛
4 5厚1:2.5水泥砂浆罩面赶实压光</td><td>1. 砂浆墙裙
2. 油漆
3. 乳胶气</td><td>18</td><td>同前</td></tr>
</table>

4.19 水刷石抹灰施工质量控制要点是什么？

水刷石是外墙装饰抹灰中常见的做法，施工操作要求控制见表 4-15。

水刷石分层做法及操作要点　　　　表 4-15

<table>
<tr><th>名称</th><th>基层</th><th>分层做法</th><th>厚度(mm)</th><th>操作要点</th></tr>
<tr><td rowspan="3">水刷石墙面</td><td>砖墙</td><td>1　12 厚 1：3 水泥砂浆打底、扫毛或划出纹道
2　刷素水泥砂浆一道（内掺水重 3%～5% 的胶）
3　8 厚 1：1.5 水泥石子（小八厘）或 10 厚 1：1.25 水泥石子（中八厘）罩面</td><td>20～22</td><td rowspan="3">1　抹底子灰前要做基层处理并清洁基层，其操作要点同一般抹灰
2　弹线分格要求横条大小均匀竖条对称一致，把用水浸透的木分格条用黏稠的素水泥浆粘在所弹的墨线上两侧抹成八字形，灰埂斜度为 45° 或 60°，要求粘牢
3　待底层灰硬化后，刷素水泥浆随着用钢抹子抹水泥石子浆，抹完一块后用靠尺检查，及时增补，每一分格内从下边抹起，边抹边拍打揉平，特别要注意阴阳角，避免出现黑边
4　面层开始凝固时，开始刷洗面层水泥浆，喷刷分两遍进行。第一遍先用软毛刷蘸水刷掉面层水泥浆，露出石粒，第二遍紧跟着用喷雾器将四周相邻部位喷湿，然后由上向下顺序喷水，喷头距墙面 10～20cm，洗掉表面水泥浆，使石子外露为粒径的 1/2，然后用小水壶从上往下冲水，冲洗干净，冲洗不要过快，同时避开大风，否则墙面发花</td></tr>
<tr><td>混凝土墙</td><td>1　刷素水泥砂浆一道（内掺水重 3%～5%胶）
2　6 厚 1：0.5：3 混合砂浆打底扫毛
3　刷素水泥浆一道（内掺水重 3%～5% 的胶）
4　8 厚 1：1.5 水泥石子（小八厘）或 10 厚 1：1.25 水泥大八厘罩面</td><td>14～16</td></tr>
<tr><td>加气混凝土墙</td><td>1　刷一道界面剂
2　6 厚 2：1：8 水泥石灰膏砂浆打底
3　6 厚 1：1：6 水泥石灰膏砂浆刮平扫毛
4　刷素水泥砂浆一道（内掺水重 3%～5% 的胶）
5　8 厚 1：1.5 水泥及小八厘或 10 厚 1：1.25 水泥大八厘罩面</td><td>20～22</td></tr>
</table>

续表

名称	基层	分层做法	厚度(mm)	操作要点
水刷小豆石墙面	砖墙	1 12厚1∶3水泥砂浆打底、扫毛 2 刷掺胶的素水泥一道 3 12厚1∶1.25水泥小豆石罩面	22	
	混凝土墙面	1 刷素水泥一道(内掺水重3%～5%的胶) 2 10厚1∶3水泥砂浆打底扫毛 3 刷素水泥一道 4 12厚1∶1.25水泥小豆石罩面(粒径以5～8mm为宜)		

4.20 干粘石抹灰施工质量控制要点是什么?

干粘石是外墙装饰抹灰中常见的做法,施工操作要求控制,见表4-16。

干粘石墙面分层做法及操作要点　　表4-16

基层	分层做法	操作要点
砖墙	1 12厚1∶3水泥砂浆打底扫毛 2 6厚1∶3水泥砂浆 3 刮1厚素水泥浆粘结层(重量比:水泥∶胶=1∶0.3～0.5)干粘石面层拍平、压实(用小八厘石子与6厚水泥砂浆层连续操作)	1 基层处理,抹底子灰、中层灰同一般抹灰外墙抹灰 2 弹线、粘贴分格条同水刷石 3 用水湿润底层,抹粘结层砂浆,当石子为小八厘时,粘结层厚4mm;当石子为中八厘时,粘结层厚6mm;用石子为大八厘时,粘结层可为8mm,并且在石粒中应略掺石屑。粘结层抹好后,随即刮素水泥浆,随着开始撒石粒 4 人工撒石粒应3人同时连续操作,1人刮掺胶水泥浆,1人撒石子,1人随即用铁抹子将石子均匀拍入粘结层 5 撒石子过稀处,应将石子用抹子或手直接补上,过密处可适当剔除。石粒嵌入砂浆的深度应不小于粒径的1/2,拍石子用力适度 6 撒石子顺序应先边角,后中间,先上面,后下面,阴角处应两侧同时甩
混凝土墙	1 刷素水泥一道(内掺水重3%～5%的胶) 2 6厚1∶0.5∶3水泥石灰膏刮平划出纹道 3 6厚1∶3水泥砂浆 4 同砖墙3	
加气混凝土墙	1 刷一道界面剂 2 10厚2∶1∶8水泥石灰膏砂浆打底扫毛,划出纹道 3 6厚1∶3水泥砂浆 4 同砖墙3	

4.21 斩假石抹灰施工质量控制要点是什么？

斩假石是外墙装饰抹灰中常见的做法，施工操作要求控制，见表 4-17。

斩假石墙面分层做法及操作要点　　表 4-17

基层	分层做法	操作要点
砖墙	1　12 厚 1∶3 水泥砂浆打底扫毛或划出纹道 2　刷素水泥砂浆一道(内掺水重 3%～5%的胶) 3　10 厚 1∶1.25 水泥石子(米粒石内掺 30%石屑)罩面赶平压实 4　剁斧斩毛两遍成活	1　底子灰、中层灰做法同一般外墙抹灰 2　按设计要求弹出分格线，粘贴经水浸透的木分格条 3　面层水泥砂浆稠度为 5～6cm，常用 2mm 白色石粒和 0.3mm 粒径石屑，抹面拍实，上下顺序溜直(不要压完，但需拍出浆来)，不得有砂眼、空隙。并且每分格区内水泥砂浆必须一次抹成 4　石子浆抹成后，即用软刷蘸水刷去表面的水泥砂浆，露出石粒至均匀为止。同时待 24h 后浇水养护 5　2～3d 后即可试剁，以不掉石粒、容易剁痕、声响清脆为准。一般分格缝边留出 15～20mm 边框不剁 6　斩剁顺序：先上后下，由左到右。先剁转角和四周边缘，后剁中间墙面，转角和四周剁水平纹，中间剁垂直纹，先轻剁一遍，再沿着前一遍的剁纹，剁深痕，深度按 1/3 石粒石径为宜 7　剁花饰时剁纹应随花纹走势剁，花饰周围的平面上侧影剁垂直纹，斩剁完成后，墙面应用水冲刷干净，再分格缝处按设计要求在凹缝内上色
混凝土墙	1　刷混凝土界面处理剂一道(随刷随抹底灰) 2　10 厚 1∶3 水泥砂浆打底扫毛或划出纹道 3　4、5 同砖墙 2、3、4	

4.22 剁斧石抹灰施工质量控制要点是什么？

剁斧石施工操作要求控制，见表 4-18。

剁斧石剁纹不均的原因及防治措施　　表 4-18

原因分析	防治措施
1　斩剁前饰面未弹顺线，斩剁无顺序 2　剁斧不锋利，用力轻重不均 3　各种剁斧用法不当	1　斩剁前应相距 10mm 弹一斩剁线，以免斩剁无法控制、剁纹跑斜 2　剁斧应锋利、斩剁迅速、用力均匀、速度一致，按工艺操作要点两遍斩剁成活，不得漏剁 3　不同装饰面，用不同斩剁法。边缘部分用小斧轻剁，花饰周围用细斧、剁纹随花纹走势变化，纹路相应平行，均匀一致

4.23 抹灰工程验收时应检查哪些技术文件和记录？

抹灰工程验收时应检查下列文件和记录：

(1) 抹灰工程的施工图、设计说明及其他设计文件。

(2) 材料的产品合格证书、性能检测报告、进场验收记录和复验报告。

(3) 隐蔽工程验收记录。

(4) 施工记录。

4.24 抹灰工程的检验批应如何划分？

抹灰工程的检验批应按下列规定划分：

(1) 相同材料、工艺和施工条件的室外抹灰工程每500～1000m^2应划分为一个检验批，不足500m^2也应按一个检验批检验。

(2) 相同材料、工艺和施工条件的室内抹灰工程每50个自然间（大面积房间和走廊按抹灰面积30m^2为一间）应划分为一个检验批，不足50间也应作为一个检验批。

4.25 抹灰工程中，每个检验批的抽查数量是多少？

抹灰工程每个检验批的检查数量应符合下列规定：

(1) 室内每个检验批应至少抽查10%，并不得少于3间；不足3间时应全数检查。

(2) 室外每个检验批每100m^2应至少抽查一处，每处不得小于10m^2。

4.26 一般抹灰工程质量验收的主控项目是什么？

一般抹灰工程的质量验收包括石灰砂浆、水泥砂浆、水泥混合砂浆、聚合物水泥砂浆和麻刀石灰、纸筋石灰、石膏灰等一般抹灰工程的质量验收。一般抹灰工程分为普通抹灰和高级抹灰，当设计无要求时，按普通抹灰验收。验收的主控项目是：

(1) 抹灰前基层表面的尘土、污垢、油渍等应清除干净，并应洒水润湿。

(2) 一般抹灰所用材料的品种和性能应符合设计要求。水泥的凝结时间和安定性复验应合格。砂浆的配合比应符合设计要求。

(3) 抹灰工程应分层进行。当抹灰总厚度大于或等于 35mm 时，应采取加强措施。不同材料基体交接处表面的抹灰，应采取防止开裂的加强措施，当采用加强网时，加强网与各基体的搭接宽度不应小于 100mm。

(4) 抹灰层与基层之间及各抹灰层之间必须粘结牢固，抹灰层应无脱层、空鼓，面层应无爆灰和裂缝。

4.27 一般抹灰工程质量验收的一般项目是什么？

一般抹灰工程质量验收的一般项目是：

1. 表面质量应符合下列规定：

(1) 普通抹灰表面应光滑、洁净、接槎平整，分格缝应清晰；

(2) 高级抹灰表面应光滑、洁净、颜色均匀、无抹纹，分格缝和灰线应清晰美观。

2. 护角、孔洞、槽、盒周围的抹灰表面应整齐、光滑；管道后面的抹灰表面应平整。

3. 抹灰层的总厚度应符合设计要求；水泥砂浆不得抹在石灰砂浆层上；罩面石膏灰不得抹在水泥砂浆层上。

4. 抹灰分格缝的设置应符合设计要求，宽度和深度应均匀，表面应光滑，棱角应整齐。

5. 有排水要求的部位应做滴水线(槽)。滴水线(槽)应整齐顺直，滴水线应内高外低，滴水槽的宽度和深度均不应小于 10mm。

6. 一般抹灰工程质量的允许偏差和检验方法应符合表 4-19 的规定。

一般抹灰的允许偏差和检验方法　　表 4-19

项次	项　目	允许偏差(mm)		检验方法
		普通抹灰	高级抹灰	
1	立面垂直度	4	3	用 2m 垂直检测尺检查
2	表面平整度	4	3	用 2m 靠尺和塞尺检查
3	阴阳角方正	4	3	用直角检测尺检查
4	分格条（缝）直线度	4	3	拉 5m 线，不足 5m 拉通线，用钢直尺检查
5	墙裙、勒脚上口直线度	4	3	拉 5m 线，不足 5m 拉通线，用钢直尺检查

注：1. 普通抹灰，本表第 3 项阴角方正可不检查；
2. 顶棚抹灰，本表第 2 项表面平整度可不检查，但应平顺。

4.28　装饰抹灰工程质量验收的主控项目是什么？

装饰抹灰工程质量验收包括水刷石、斩假石、干粘石、假面砖等装饰抹灰工程的质量验收。验收的主控项目如下：

（1）抹灰前基层表面的尘土、污垢、油渍等应清除干净，并应洒水润湿。

（2）装饰抹灰工程所用材料的品种和性能应符合设计要求。水泥的凝结时间和安定性复验应合格。砂浆的配合比应符合设计要求。

（3）抹灰工程应分层进行。当抹灰总厚度大于或等于 35mm 时，应采取加强措施。不同材料基体交接处表面的抹灰，应采取防止开裂的加强措施，当采用加强网时，加强网与各基体的搭接宽度不应小于 100mm。

（4）各抹灰层之间及抹灰层与基体之间必须粘接牢固，抹灰层应无脱层、空鼓和裂缝。

4.29　装饰抹灰工程质量验收的一般项目是什么？

装饰抹灰工程质量验收的一般项目是：

1. 表面质量应符合下列规定：

(1) 水刷石表面应石粒清晰、分布均匀、紧密平整、色泽一致，应无掉粒和接槎痕迹。

(2) 斩假石表面剁纹应均匀顺直、深浅一致，应无漏剁处；阳角处应横剁并留出宽窄一致的不剁边条，棱角应无损坏。

(3) 干粘石表面应色泽一致、不露浆、不漏粘，石粒应粘结牢固、分布均匀，阳角处应无明显黑边。

(4) 假面砖表面应平整、沟纹清晰、留缝整齐、色泽一致，应无掉角、脱皮、起砂等缺陷。

2. 装饰抹灰分格条(缝)的设置应符合设计要求，宽度和深度应均匀，表面应平整光滑，棱角应整齐。

3. 有排水要求的部位应做滴水线(槽)。滴水线(槽)应整齐顺直，滴水线应内高外低，滴水槽的宽度和深度均不应小于10mm。

4. 装饰抹灰工程质量的允许偏差和检验方法应符合表4-20的规定。

装饰抹灰的允许偏差和检验方法　　表4-20

项次	项目	允许偏差(mm)				检验方法
		水刷石	斩假石	干粘石	假面砖	
1	立面垂直度	5	4	5	5	用2m垂直检测尺检查
2	表面平整度	3	3	5	4	用2m靠尺和塞尺检查
3	阳角方正	3	3	4	4	用直角检测尺检查
4	分格条(缝)直线度	3	3	3	3	拉5m线，不足5m拉通线，用钢直尺检查
5	墙裙、勒脚上口直线度	3	3	—	—	拉5m线，不足5m拉通线，用钢直尺检查

4.30 清水砌体勾缝工程质量验收的主控项目是什么？

清水砌体砂浆勾缝和原浆勾缝工程质量验收的主控项目是：

(1) 清水砌体勾缝所用水泥的凝结时间和安定性复验应合

格。砂浆的配合比应符合设计要求。

(2) 清水砌体勾缝应无漏勾。勾缝材料应粘结牢固、无开裂。

4.31 清水砌体勾缝工程质量验收的一般项目是什么?

清水砌体勾缝工程质量验收的一般项目是:

(1) 清水砌体勾缝应横平竖直,交接处应平顺,宽度和深度应均匀,表面应压实抹平。

(2) 灰缝应颜色一致,砌体表面应洁净。

4.32 砖和混凝土基层抹灰裂缝、空鼓产生的原因是什么?如何预防?

常见的砖墙、混凝土基层抹灰空鼓、裂缝的原因及防治措施见表 4-21。

砖墙、混凝土基层抹灰空鼓、裂缝的原因及防治措施　表 4-21

原 因 分 析	防 治 措 施
此种空、裂常出现在门、窗抹灰及门窗框与墙面连接处,还出现在墙裙、踢脚板上口 1　窗框两边塞灰不严,预埋木砖间距过大或木砖松动,经开关振动造成空裂 2　基层平整偏差大,低凹处一次抹灰层过厚,干缩率大引起空裂 3　基层清理不干净及墙面浇水不透,抹上墙的砂浆水分很快被吸收 4　砂浆原材料不好,如沙子含泥量过大	1　抹灰前必须做好基层处理: (1) 必须堵好脚手眼,清除油污隔离剂等 (2) 明显凹凸部位应分层填抹平或剔除,太光滑的表面应凿毛 (3) 不同基层相接处应钉钢板网,搭接宽度不小于 10mm 2　抹灰前墙面应浇水:根据气候环境掌握,砖墙一般浇两遍,砖面渗水深 8～10mm,混凝土墙吸水率低可少浇一些。如果底灰已经干透则应在抹中层灰前浇水湿润 3　砂浆拌合应使其具有良好的和易性,和易性的好坏取决于砂浆的沉入度(稠度)。稠度控制一般为: 底层砂浆:10～12cm 中层砂浆:7～8cm 面层砂浆:10cm 4　注意中层砂浆强度不能高于底层、底层砂浆不能高于墙体,以免在凝结过程中产生较强应力,产生收缩裂缝,进而空鼓 5　门、窗框与洞口接缝派专人填塞

4.33 加气混凝土基层抹灰其裂缝、空鼓产生的原因是什么？如何预防？

加气混凝土基层抹灰空鼓、裂缝的原因及防治措施，见表4-22。

加气混凝土墙抹灰空鼓、裂缝的原因及防治措施　　表 4-22

原因分析	防治措施
1　基层清理不干净或处理不当 2　基层砌筑偏差较大，未先处理凹凸不平就大面积抹灰 3　门窗口构造不正确或处理不当 4　抹灰程序未按加气混凝土基层的特殊情况特殊考虑	1　墙体表面浮灰，松散颗粒应在抹灰前认真清扫干净，提前两天（每天 2～3 次）浇水使渗水深度达到8～10mm 2　底层灰砂浆强度不易过高。一般应选用 1∶3 石灰砂浆或 1∶1∶6 的混合砂浆 3　抹石灰砂浆应先刷界面剂一道 4　抹混合砂浆先刷一道水泥浆（内掺水泥重量 10％～15％的胶） 5　在门、窗洞口应砌砖砌体，增加墙体与门、窗框连接强度 6　底灰抹好后，随即喷防裂剂

4.34 阳台、雨罩、窗台等细部抹灰空鼓、裂缝如何防治？

阳台、雨罩、窗台抹灰空鼓、裂缝的原因及防治措施，见表4-23。

阳台、雨罩、窗台抹灰空鼓、裂缝的原因及防治措施　　表 4-23

原因分析	防治措施
1　基层处理不好，清扫不干净，墙面浇水不透或不匀，影响底层砂浆与基层的粘结力 2　一次抹灰太厚，或各层跟的太紧 3　不同基层面打底前未作技术处理 4　夏季施工砂浆失水太快，又未及时养护 5　冬期施工未有技术措施 6　窗台抹灰开裂因结构沉降，在窗台处墙身和窗间墙自重大小不同传递到基础上承受压力和沉降量不同引起	1　抹灰前一定要将基层处理好，并清扫干净，混凝土表面凸出较大的地方要先剔平扫净，再刷界面剂一道，然后用 1∶3 水泥砂浆修补，墙上的孔洞等也应这样先进行处理 2　抹灰要分遍分层，每遍不要太厚，如果局部因结构偏差需加厚抹灰层则应采取钉钢板网等措施 3　大面积抹灰应设分格缝，以克服明显接槎，防止砂浆收缩开裂 4　夏季避免在日光曝晒下进行抹灰，罩面成活后第二天浇水养护且不少于 7d 5　尽量推迟抹窗台的时间，且加强抹灰后的养护

4.35 抹灰表面不平整、不垂直、阴阳角不方正产生的原因是什么？如何预防？

抹灰面不平整、不垂直、阴阳角不方正的原因及防治措施，见表4-24。

抹灰面不平整、不垂直、阴阳角不方正的原因及防治措施　　表4-24

原因分析	防治措施
1　抹灰前挂线、做灰饼和冲筋不认真，阴阳角两边未冲筋 2　未使用专用工具，无法控制阴阳角的垂直与方正	1　按规矩将房间找平，挂线找垂直、贴灰饼。在顶棚上弹出抹灰厚度控制线及阴阳角线 2　做水平冲筋带，应先交圈 3　抹阴、阳角要使用阴角尺、阳角尺冲筋、找垂直，用阴阳角抹子抹阴阳角，随时用方尺检查角的方正

4.36 外墙抹灰接槎明显、抹纹、分格缝不平直产生的原因是什么？如何预防？

外墙抹灰接槎明显、抹纹、分格缝不平直的原因及防治措施，见表4-25。

外墙抹灰接槎明显、抹纹、分格缝不直不平的原因及防治措施　　表4-25

原因分析	防治措施
1　接槎有抹纹是由于墙面没有分格或分格太大或抹灰留槎位置不正确（留在脚手架立杆、横杆位置）；罩面灰压光操作方法不当 2　没统一弹水平线和吊垂线；木分格条浸水不透；粘贴和气分格条操作不当，造成分格缝不直和缺棱错缝	1　接槎位置留在分格缝处或阴阳角、水落管处，阳角抹灰应用粘贴反八字尺的方法操作。用木抹子搓毛面时应做到轻重一致，先以圆圈性搓抹，然后上下抽拉，方向一致 2　墙面、柱面的分格缝应统一弹线，找好规矩，事先应做好分格设计 3　米厘条应浸泡透，水平分格条应粘在水平线下边，竖面分格条应粘垂线左侧

4.37 外墙水刷石抹灰面层石子不匀、脱落、面层混浊产生的原因是什么？如何预防？

外墙水刷石抹灰面层石子不匀、脱落、面层混浊的原因及防治措施，见表4-26。

外墙水刷石抹灰面层石子不匀、脱落、面层混浊的原因及防治措施

表 4-26

原因分析	防治措施
1 石渣使用前没有洗净过筛 2 分格条粘贴操作不当 3 底子灰干湿程度掌握不好。底层太干燥面层石子浆干得快，抹压不易均匀，产生假凝现象，冲洗后很多石子尖朝外，显得稀疏不均 4 喷水过早，面层还软时，石子被水冲掉 5 喷水过迟，面层已干，喷水洗刷易脱落，且凝固的水泥浆不能洗掉而显浑浊 6 刮风天洗刷，或在接槎时洗刷，洗刷的带浆的水飞溅到已洗好的墙面上造成污染 7 用水壶冲洗速度要匀。过快，混水冲不干净；过慢，产生坠裂	1 所有材料必须符合要求的质量 2 分格条宜采用红松料制作，粘贴前应防水中浸泡透，贴时按规范两侧抹八字性粘稠素水泥，以45°坡为宜 3 开始喷洗时，应以手指按上去无痕，或用刷子刷石子不掉粒为适宜 喷刷时要均匀，洗到石子露出灰浆面1～2mm为宜，若发现石子不匀，应用铁抹子轻轻拍压，如发现有风裂用铁抹子抹压，防止喷水冲墙造成坍塌 4 冲洗速度不要过快或太慢 5 接槎处洗刷时，应先把已经完成的水刷石墙面喷湿30cm左右，然后由上往下洗刷，刮风天不宜做水刷石施工

4.38 外墙水刷石抹灰阴阳角不垂直、有黑边产生的原因是什么？如何预防？

外墙水刷石抹灰阴阳角不垂直、有黑边产生的原因及防治措施，见表4-27。

水刷石面层阴阳角不垂直、有黑边原因及防治措施　表 4-27

原因分析	防治措施
1 抹阳角时操作不当 2 阴角处抹石子浆一次成活，没弹垂直线找规矩 3 抹阳角石子浆时，第一天抹完一节，第二天抹的二节时，把靠尺贴在第一天抹好的阳角上，用抹子抹压石子浆的空隙被石子挤严，面层收缩，水泥浆被冲掉后，就比已做好的略低一些，如此重复，阳角就会不顺直、不垂直 4 喷洗阴阳角时，喷水角度和时间掌握不当，石子被冲掉，露黑边	1 抹阳角时，抹光的一侧不宜用八字尺，应将石子浆稍抹过转角，然后在抹另一侧，抹另一侧时应用八字尺将角靠直、找齐。接头处石子要交错，避免出现黑边。阴角可用短靠尺顺阴角轻轻拍打，使阴角顺直 2 抹到阴角处应线弹先找规矩，水刷时面层分两次成活，先做一个平面、再做另一个平面 3 喷水洗刷时，阳角处应骑角喷，喷洗阳角时，要掌握好时间、速度

4.39 抹灰面层起泡、开花、有抹纹产生的原因是什么？如何预防？

抹灰面层起泡、开花、有抹纹产生的原因及防治措施，见表 4-28。

抹灰面层起泡、开花、有抹纹产生的原因及防治措施　表 4-28

原因分析	防治措施
1　抹完罩面灰后，压光工作跟的太紧灰浆没有收水，压光后产生气泡现象 2　底子灰太干，未浇水潮湿，抹灰后水分很快被底子吸收，压光时易出现抹纹 3　淋灰时对慢性灰、过火灰颗粒及杂质没有滤净，灰膏熟化不够混入抹灰砂浆中，抹灰后，继续熟化，体积膨胀造成抹灰表面爆裂、开花	1　底子灰干至 5～6 成即进行罩面抹灰，若底子灰过干应浇水湿润。罩面从阴角开始，先薄薄刮一遍，第二遍垂直于第一遍方向，找平，再用铁抹子顺抹子纹压光 2　水泥砂浆罩面应在底子灰抹完后第二天进行，用刮杠刮平，木抹子搓平，然后用铁皮抹子揉实压光，当底子灰较干时，罩面灰不易压光，用劲过大会造成底层与面层移位而空鼓 3　严禁使用未熟化好的灰膏，用生石灰粉也要 3d 熟化成石灰膏才能使用

4.40 混凝土顶棚抹灰空鼓、裂缝产生的原因是什么？如何预防？

混凝土顶棚抹灰空鼓、裂缝产生的原因及防治措施，见表 4-29。

混凝土顶棚抹灰空鼓、裂缝产生原因及防治措施　表 4-29

原因分析	防治措施
1　基层、清理干净，抹灰前浇水不透 2　预制混凝土楼板安装不平，相邻板高差较大，抹灰厚薄不均 3　板缝“吊缝”浇灌不密实，在挠曲变形的情况下，沿板缝方向产生裂缝 4　砂浆配合比不当或底子灰于板粘结不牢	1　现制混凝土板不应有夹渣，混凝土板面的杂物、油污必须先清理干净，板面有蜂窝麻面应先修补抹平 2　板缝应用 C20 混凝土浇灌密实，然后用 1：2 水泥砂浆勾缝找平 3　混凝土板抹灰前应浇水湿透，宜采用 1：1水泥砂浆内掺 20％的乳胶浆料做小拉毛结合层

4.41 外墙干粘石抹灰有哪些常见质量通病？如何预防？

外墙干粘石抹灰的常见质量通病、产生原因及防治措施，参见表4-30。

干粘石抹灰常见质量通病、原因及防治　　表4-30

质量通病	原因分析	防治措施
干粘石裂缝空鼓	1　砖墙基层灰尘太多，粘在墙面上的灰浆、沥青泥浆等杂物未清理干净 2　混凝土基层表面太光滑，残留的隔离剂未清理干净，混凝土基层表面有裂缝、空鼓、硬皮未予处理 3　加气混凝土基层表面粉尘细灰清理不干净，抹灰砂浆强度过高，易将加气混凝土表面抓起而造成裂缝、空鼓 4　施工前基层不浇水或浇水不适当；浇水过多易流，浇水不足易干，浇水不均产生干缩不匀或因脱水快而干缩，都会造成粘结不牢而产生裂缝、空鼓 5　中层砂浆强度高于底层砂浆强度，在中层砂浆凝结硬化石产生较大的干缩应力，使底层砂浆裂缝或空鼓 6　冬季施工时抹灰层受冻	1　作好基层处理： 1）表面较光滑的混凝土基层，应用1:1:0.8聚合物水泥稀释浆匀刷一遍，并扫毛晾干 2）带有隔离剂的混凝土制品基层，施工前宜用10%烧碱水溶液将隔离剂清洗干净 3）混凝土制品表面的空鼓、硬皮应敲掉刷毛 4）基层表面的粉尘、泥浆等杂物，必须清理干净 5）如基层凹凸超出允许偏差，凸出剔平，凹处分层修补平整 2　粘结层抹灰： 1）抹灰前，用界面剂均匀涂刷中层灰、面层灰一遍，随刷随抹 2）底层混凝土墙面还必须采取分层抹灰的办法使其粘结牢固 3　底层砂浆强度应等于或大于中层砂浆，并注意保湿养护 4　冬季施工时，应采取防冻保温措施
干粘石面层滑坠	1　底层凹凸不平，相差大于5mm，产生滑坠 2　局部拍打过分，产生翻浆或灰层收缩，产生裂缝形成滑坠 3　施工时底灰浇水过多未经晾干，吸水太慢或浮水或底灰淋雨含水饱和时抹面层灰容易产生滑坠	1　底灰一定要抹平直，凹凸误差应小于5mm 2　根据不同施工季节、温度，不同材质的墙面，分别严格掌握好对基层的浇水量，使其湿度均匀、适当。墙面淋水既要淋足，又不能过湿 3　灰层终凝前应加强检查，发现收缩裂缝可用刷子蘸点水再用抹子轻轻按平、压实、粘牢，防治灰层出现收缩裂缝 4　粘石表面拍打要均匀，以面层不返浆为度

续表

质量通病	原因分析	防治措施
干粘石表面接槎明显	1 面层抹灰完成后未及时粘石，使石碴粘结不良 2 接槎处灰太干，或新灰粘在接槎处石子上，或将接槎处石子碰掉，都会造成明显的接槎 3 大面积粘石或分块较大的粘石，施工时因分格较大或因脚手架高度不合适，不能一次连续粘完一格，分次操作就会产生明显的接槎	1 施工前熟悉图纸，检查分格是否合理，操作有无困难，是否会带来接槎质量问题 2 遇有必须较大块分格时，事先要计划好，必须一次抹完一块，中间不留槎。而且抹面层后要紧跟粘石，如面层灰被晾干，可淋少量水及时粘石碴，用抹子用力拍打 3 要充分考虑到脚手架的适当搭设高度，使得能一次抹完一块，避免不必要的接槎
干粘石表面棱角黑边	阳角粘石施工时，先在大面上卡好尺抹小面，石碴粘好后压实溜平，返还尺卡在小面上再抹大面。这种小面阳角处灰浆已干，粘不上石碴，造成大面与小面交接处形成一条明显可见的无石碴黑灰线	1 粘石起尺时动作要轻、慢，先将靠尺后边离墙提起，使靠尺八字轻轻向里滑过，保持阳角边棱整齐平直 2 抹大面边角处粘结层要细心操作，既不要碰坏已粘好的小八字角，也不要带灰过多玷污小八字处的边角 3 拍好小面石碴后立即起卡，并在灰缝处再撒些小石碴用钢抹子拍平拍直，若灰缝处稍干，可淋少许水，随后粘小粒石碴，即可消除黑边
干粘石表面棱角不通顺，表面不平整	1 装饰施工前对外墙墙面、大角或通直线条缺乏整体考虑，没有从上到下统一吊垂线、找平线做灰饼、找直找方，而是施工时一层或一步架找直找方，造成棱角不直不顺 2 木质分格条浸水不透，把两层灰层水分吸掉，粘不上石碴，造成无石碴毛边。或起分格条时将两侧石子碰掉，造成缺棱掉角	1 施工前，要对建筑物立面全面考虑，外墙大角或通天柱、角柱等应事先统一吊垂线，檐口、阳台等要统一找平线，然后贴灰饼、打底，抹面层时均以此做基线 2 阴角粘石施工与阳角一样，也应事先吊线找规矩，施工时要大杠找平、找直、找顺，阴角两个面应分先后施工，严防后抹面层灰时玷污另一面墙。同时注意不要把阴角碰坏或划成沟，以保证阴角平直清晰 3 大面积的粘石要统一分格，统一找出平直线，选用平直方正得分格条，使用前用水浸透，操作时先抹格子中间部位面层灰，最后再抹分格条四周，抹好后立即进行粘石，确保分格条两侧灰层未干时及时粘好石碴，使石碴饱满、均匀，粘结牢固，分格缝清晰、美观

续表

质量通病	原因分析	防治措施
干粘石面留下抹迹	1 技术不熟练者粘石时，往往不敢拍打粘石，而用抹子溜抹石碴表面留下鱼鳞状抹痕，凹凸不平，影响美观 2 粘石灰浆太稀，粘上石碴后用抹子溜抹，边溜边按，形成抹痕	1 根据不同墙面，掌握好浇水量和面层灰浆稠度，使其干稀合适 2 按面层灰干湿程度掌握好粘石时间，随粘随拍平 3 技术不熟练者，可用棍子轻轻压碾至平整
干粘石表面浑浊不洁、色调不一致	1 石碴内含有石粉、粘土、草根等杂质，如不经过加工处理就进行施工，就会造成干粘饰面浑浊不清 2 石碴颜色比例不准、掺合不均，造成颜色不一	1 施工前，石碴必须过筛，将湿粉筛去，同时将不合格的大块捡出去，然后用水冲洗，将浮土及杂草等杂物清除干净 2 彩色石碴拌合时要严格按比例掺和拌匀，以保粘石颜色一致 3 干粘石施工完成后24h可淋水冲洗（冬期除外）将石碴表面粉尘冲洗干净，既对灰层起到养护作用，又保证了粘石质量，使饰面干净明亮

5 门窗工程

5.1 门窗工程分为几个分项工程？适用范围是什么？

《建筑装饰装修工程质量验收规范》GB 50210 中将门窗工程分为 5 个分项工程。分别是：木门窗制作与安装、金属门窗安装、塑料门窗安装、特种门安装和门窗玻璃安装。

木门窗制作与安装分项工程适用于木门窗成品、半成品现场安装；用木材或人造木板在现场制作木门窗并安装等。

金属门窗安装分项工程适用于钢门窗、铝合金门窗、涂色镀锌钢板门窗等。目前，用于制作门窗的金属材料主要有铝合金、不锈钢冷轧建筑薄板、冷轧或热轧建筑型钢等。各类门窗视其框架结构构造所使用的材料类别而称谓，如各类金属门窗或钢制门窗等。建筑用钢门窗按材料分成实腹和空腹两种，在普通民用建筑中以空腹钢门窗较多。铝合金门窗由于具有密封、保温、隔声、质轻和装饰效果好等特点，广泛应用于现代工业与民用建筑中。

塑料门窗安装分项工程适用于改性 PVC 衬钢塑料门窗、改性 PVC 塑料门窗、整体 GRP 玻璃钢门窗等。塑料门窗通常是以硬 PVC 塑料型材制作，制作时在硬 PVC 塑料门窗型材截面的空腔中插入增强型钢，与硬 PVC 塑料门窗型材共同作用，以提高门窗框架的刚度，所以，又可称塑钢门窗。塑料门窗具有防火、阻燃、耐候性好，抗老化、防腐、防潮、隔热（导热系数低于金属门窗 $\frac{1}{7}$～$\frac{1}{10}$）、隔声、耐低温（－30～50℃的环境下不变色、不降低原有性能）、抗风压能力强、色泽美观等特点。由于这类门窗的生产过程能耗少、少污染而被公认为是节能型产品，塑料门窗在国外早已广泛用于房屋建筑。近年，我国塑料门窗的生产也取得了快速发展，正愈来愈多的应用在各种建筑中。此外，PVC树脂中辅以多种优良助剂，采用一次注塑成型工艺，还可以制成各种全塑整体门和全塑整板内门。

特种门安装分项工程适用于防火门、防盗门、自动门、全玻门、旋转门、金属卷帘门等特种门安装工程。

门窗玻璃安装分项工程适用于平板、吸热、反射、中空、夹层、夹丝、磨砂、钢化、压花玻璃等。

5.2 门窗工程进场复验应检验哪些性能指标？

门窗工程进场复验的材料及其性能指标有：

(1) 人造木板的甲醛含量。

(2) 建筑外墙金属窗、塑料窗的抗风压性能、空气渗透性能和雨水渗漏性能。

其中外墙金属窗、塑料窗的抗风压性能、空气渗透性能和雨水渗漏性能复验的试样，可从进入施工现场的外窗成品中抽取。有条件时，也可以对安装完工后的窗试样进行现场检测。

5.3 建筑外窗的性能如何分级？

建筑外窗性能分级，见表5-1。

建筑外窗性能分级 **表5-1**

性能	等级						备注
	Ⅰ	Ⅱ	Ⅲ	Ⅳ	Ⅴ	Ⅵ	
抗风压性能(Pa)	3500	3000	2500	2000	1500	1000	《建筑外窗抗风压性能及其检测方法》GB 7106
空气渗透性能($m^3/h\cdot m$)	0.5	1.5	2.5	4.0	6.0	—	《建筑外窗空气渗透性能及其检测方法》GB 7107
雨水渗透性能(Pa)	500	350	250	150	100	50	《建筑外窗雨水渗透性能及其检测方法》GB 7108

5.4 木门窗制作对木材的质量要求是什么？

木制门窗应选用材质轻软、纹理顺直、干燥良好、不易翘曲、开裂、耐久性强、易加工的木材。门窗制作常用的木材树种主要有针叶树：红松、鱼鳞云杉、臭冷杉、杉木等；高级门窗框料多选用阔叶树：水曲柳、核桃楸、柏木、麻栎等材质致密的树种。

1. 常用木门窗用木材质量要求，见表5-2。

普通木门窗用木材的质量要求　　表5-2

木材缺陷		门窗扇的立梃、冒头，中冒头	窗棂、压条、门窗及气窗的线脚、通风窗立梃	门芯板	门窗框
活节	不计个数，直径(mm)	<15	<5	<15	<15
	计算个数，直径	≤材宽的1/3	≤材宽的1/3	≤30mm	≤材宽的1/3
	任1延米个数	≤3	≤2	≤3	≤5
死节		允许，计入活节总数	不允许	允许，计入活节总数	
髓心		不露出表面的，允许	不允许	不露出表面的，允许	
裂缝		深度及长度≤厚度及材长的1/5	不允许	允许可见裂缝	深度及长度≤厚度及材长的1/4
斜纹的斜率(%)		≤7	≤5	不限	≤12
油眼		非正面，允许			
其他		浪形纹理、圆形纹理、偏心及化学变色，允许			

2. 高级木门窗用木材质量要求，见表5-3。

高级木门窗用木材的质量要求　　表5-3

木材缺陷		门窗扇的立梃、冒头，中冒头	窗棂、压条、门窗及气窗的线脚、通风窗立梃	门芯板	门窗框
活节	不计个数，直径(mm)	<10	<5	<10	<10
	计算个数，直径	≤材宽的1/4	≤材宽的1/4	≤20mm	≤材宽的1/3
	任1延米个数	≤2	0	≤2	≤3

续表

木材缺陷	门窗扇的立梃、冒头，中冒头	窗棂、压条、门窗及气窗的线脚、通风窗立梃	门芯板	门窗框
死　节	允许，包括在活节总数中	不允许	允许，包括在活节总数中	不允许
髓　心	不露出表面的，允许	不允许	不露出表面的，允许	
裂　缝	深度及长度≤厚度及材长的 1/6	不允许	允许可见裂缝	深度及长度≤厚度及材长的 1/5
斜纹的斜率(%)	≤6	≤4	≤15	≤10
油　眼	非正面，允许			
其　他	浪形纹理、圆形纹理、偏心及化学变色，允许			

5.5 铝合金门窗选料时应考虑哪些因素？

铝合金门窗选料时，要考虑表面色彩、料型、壁厚等因素，以保证足够的刚度、强度和装饰性。每一种铝合金型材都有其特点和使用部位，如推拉、平开、自动门窗等。不同门窗所采用的型材规格各不相同。确认使用要求及材料选型后，要按设计尺寸进行下料。下料原则是，竖梃应通长，满足门扇高度尺寸，横档应截断，即按门扇宽度，减去两个竖梃宽度。切割时要将切割机安装合金锯片，严格按下料尺寸切割。

5.6 铝合金门窗的品种、规格以及性能有哪些？

铝合金门窗按结构与开闭方式分为推拉窗(门)、平开窗(门)、固定窗、悬挂窗、回转窗(门)；按铝合金门窗生产系列(习惯上按照铝合金门窗型材截面高度尺寸)分为 38、42、50、60、64、74、78、80、90、100 等系列；按照铝合金型材的色泽分为银白色、金黄色、青铜色、古铜色、黄黑色等多种。

铝合金门窗性能，见表 5-4。

铝合金门窗性能 表 5-4

门窗	性能	指标			备注
		A类（高性能）	B类（中性能）	C类（低性能）	
平开门	抗风压性能(Pa)	≥3000～2500	≥2500～2000	≥2000～1500	《平开铝合金门》GB 8478—87
	空气渗透性能(Pa)(m^3/h·m)	≤1.0～1.5	≤1.5～2.0	≤2.5～3.0	
	雨水渗透性能(Pa)	≥350～300	≥250～200	≥200～150	
平开窗	抗风压性能(Pa)	≥3500～3000	≥3000～2500	≥2500～2000	《平开铝合金窗》GB 8479—87
	空气渗透性能(Pa)(m^3/h·m)	≤0.5～1.0	≤1.0～1.5	≤2.0～2.5	
	雨水渗透性能(Pa)	≥500～450	≥400～350	≥350～250	
推拉门	抗风压性能(Pa)	≥3000～2500	≥2500～2000	≥2000～1500	《推拉铝合金门》GB 8480—87
	空气渗透性能(Pa)(m^3/h·m)	≤1.0～1.5	≤1.5～2.0	≤2.5～3.5	
	雨水渗透性能(Pa)	≥300～250	≥250～200	≥150～100	
推拉窗	抗风压性能(Pa)	≥3500～3000	≥3000～2500	≥2500～1500	《推拉铝合金窗》GB 8481—87
	空气渗透性能(Pa)(m^3/h·m)	≤0.5～1.0	≤1.5～2.0	≤2.0～3.0	
	雨水渗透性能(Pa)	≥400～350	≥350～250	≥200～100	

5.7 塑料门窗的性能有哪些?

塑料门窗的主要性能如下：

1. 物理性能

硬质 PVC 塑料门窗的建筑物理性能，按抗风压、空气渗透、雨水渗漏三项性能指标，将产品分为 A、B、C 三类，见表 5-5。

2. 保温性能、空气隔声性

硬质 PVC 塑料门窗的保温性能、空气隔声性能分级，见表 5-6。

3. 力学性能

硬质 PVC 塑料门窗型材组装成的门窗的机械力学性能，见表 5-7。

塑料门窗建筑物理性能分级表　　表 5-5

类　别	等　　级	性 能 指 标		
		抗风压性能 Pa≥	空气渗透性能 (10Pa)m^3/m·h≤	雨水渗漏性能 Pa≥
A类（高性能窗）	优等品(A_1 级)	3500	0.5	400
	一等品(A_2 级)	3000	0.5	350
	合格品(A_3 级)	2500	1.0	350
B类（中性能窗）	优等品(B_1 级)	2500	1.0	300
	一等品(B_2 级)	2000	1.5	300
	合格品(B_3 级)	2000	2.0	250
C类（低性能窗）	优等品(C_1 级)	2000	2.0	200
	一等品(C_2 级)	1500	2.5	150
	合格品(C_3 级)	1000	3.0	100

塑料门窗保温性能、空气隔声性能分级　　表 5-6

等 级	Ⅰ	Ⅱ	Ⅲ	Ⅳ
传热系数 K_0(W/m^2·K)	≤2.00	>2.00≤3.00	>3.00≤4.00	>4.00≤5.00
传热阻 R_0(m^{2}K/W)	≥0.50	<0.50≥0.33	<0.33≥0.25	<0.25≥0.20
空气声计权隔声量(dB)	≥35	≥30	≥25	

注：空气声计权隔声量Ⅰ级为优等品；Ⅱ级为一等品；Ⅲ级为合格品。

塑料门窗机械力学指标　　表 5-7

项次	性能名称	门　指　标	窗　指　标
1	开关力	不大于 80N	不大于 50N
2	悬端吊重	在 500N 力作用下，残余变形不大于 2mm，试件不损坏，保持使用功能	在 500N 力作用下，残余变形不大于 2mm，试件不损坏，保持使用功能
3	翘曲	在 300N 力作用下，允许有不影响使用的残余变形，试件不损坏，保持使用功能	在 300N 力作用下，允许有不影响使用的残余变形，试件不损坏，保持使用功能
4	开关疲劳	开关速度为 10～20 次/min，经不少于 1 万次开关，试件不损坏，压条不松脱，保持使用功能	开关速度为 15 次/min，经不少于 1 万次开关，试件及五金不损坏，其固定处及玻璃压条不松脱
5	大力关闭	经模拟 7 级风压连续开关 10 次，试件不损坏，保持使用功能	经模拟 7 级风压连续开关 10 次，试件不损坏，保持使用功能

续表

项次	性能名称	门指标	窗指标
6	窗撑	—	能支撑200N力，不移位，连接处型材不破裂
7	软冲	冲击能量15000N·cm，正常	—
8	角强度	平均值不低于3000N，最小值不低于平均值的70%	平均值不低于3000N，最小值不低于平均值的70%

4. 耐候型

外门窗用型材人工老化应不少于1000h；内门窗用型材人工老化应不少于500h。

5.8 防火门有哪些种类？

防火门是为适应建筑防火要求而发展起来的一种特种门。防火门主要用于高层建筑的防火分区、楼梯间和电梯间，也用于安装在油库、机房、剧院等处。防火门与建筑室内的烟感、光感、温感报警器以及喷淋等防火报警装置配套设置后，可以自动报警、自动关闭，防止火势蔓延。防火门应结构合理，在满足防火功能的同时满足装饰装修的要求，因此，防火门应同时具有防火、防盗、保温、隔声、简洁美观等特点。

防火门按照其耐火极限可以分为甲、乙、丙三级。甲级防火门的耐火极限为1.2h，乙级防火门的耐火极限为0.9h，丙级防火门的耐火极限为0.6h。

防火门按照其结构可以分为单扇防火门、双扇防火门、带亮子防火门、镶玻璃防火门和卷帘防火门等。

防火门按照其材质可以分为钢制防火门、复合玻璃防火门和木制防火门等。钢制防火门采用优质冷轧钢板作门扇和门框的结构材料，经冷加工成型。内部填充的耐火材料通常为硅酸铝耐火纤维毡、棉(陶瓷棉)。乙级、丙级防火门也可以填充岩棉、矿棉等耐火纤维，乙级、丙级防火门可以加设面积不大于0.1m^{2}的视窗，视窗玻璃应采用夹丝玻璃或透明复合防火玻璃。复合玻璃防火门是采用冷轧钢板作防火门的骨架，镶设透明复合防火玻璃而成，其玻璃部分的面积一般可达门扇面积的80%左右，复合防火玻璃可以加工成彩色、压花、磨砂或其他图案等，因此，门立面较为美观，但是价格较高，安装的精度也要求比较高。木质防火门制作材料多选用云杉，也可以用人造木板经化学阻燃处理后加工制作，其填充材料及五金配件均与钢质防火门相同。木制防火门由于加工工艺与普通木门相似，故造价较低廉，具有较广泛的实用性。

5.9 自动门有哪些基本性能？

自动门由于结构精巧、开闭灵活、平稳、布局紧凑并有效利用建筑空间，适用于宾馆、饭店、车站、空港、医院、商店、高级净化车间及计算机房等建筑中，自动门也适用于如化工、制药、喷漆等工业厂房及有毒有味介质房间的隔离门。

自动门按照构造材料分为铝合金门、不锈钢门、无框全玻璃门和异型薄壁钢管门；按门的扇型分为两扇门、四扇门、六扇门等；按照探测传感器分为超声波传感器、红外线探头、微波探头、遥控探测器、毡式传感器、开关式传感器等；按照门的开启方式分为推拉式、中分式、折叠式、滑动式和平开式等。

自动门的基本性能，见表5-8。

自动门性能 表5-8

品种	型号	项目	指标	备注
中分式	ZM-E2	电源 功耗 门速调节范围 微波感应范围 感应灵敏度 报警延时时间 使用环境温度 断电时手推力	AC220V/50Hz 150W 0～350mm/s 门前1.5～4m 现场调节至用户需要 10～15s −20℃～+40℃ <10N	摘自上海红光建筑五金厂产品性能
	YDLM100	手动开门力 电源 功耗 探测距离 探测范围	35N AC220V/50Hz 130W 1～3m(可调) 1.5m×1.5m	摘自黎明航空铝窗公司产品性能

续表

品种	型号	项目	指标	备注
中分式	DS-11、DS-21、DS-41、DS-51、DS-41BD	电　源 平均开闭速度 微波感应范围 断电时手推力	AC220V/50Hz 900mm/s 2.5m×2.5m <20N	摘自中建纳搏克自动门有限公司产品性能
推拉式	TDL M100系列	手动开门力 电　源 功　能 探测距离 探测范围 保持时间	35N AC220V/50Hz 130W 1～3m(可调) 1.5m×1.5m 0～6s	摘自黎明航空铝窗公司产品性能
	DS-11、DS-21、DS-41、DS-51	电　源 平均开闭速度 微波感应范围 断电时手推力	AC220V/50Hz 450mm/s 2.5m×2.0m <10N	摘自中建纳搏克自动门有限公司产品性能
折叠式	—	电　源 平均开闭速度 断电时手推力	AC220V/50Hz 开1.8s以上,闭2.2s以上 <10N	
滑动门	—	电　源 平均开闭速度 断电时手推力	AC220V/50Hz 开1.8s以上,闭2.2s以上 <10N	
	1LZM系列	手动开门力 电　源 功　能 探测距离 探测范围 保持时间	35N AC220V/50Hz 130W 1～3m(可调) 1.5m×1.5m 0～6s(可调)	摘自黎明航空铝窗公司产品性能
平开式	LZP系列	手动开门力 电　源 功　能 探测距离 探测范围 保持时间	20N AC220V/50Hz 25W 1.5～3.5m(可调) 2.0m×2.2m 0～30s(可调)	
	DF-41、EH-21J	电　源 开门速度 关门速度 最大探测距离 断电时手推力	AC220V/50Hz 30°/s～45°/s 20°/s～30°/s 5～8m <10N	摘自中建纳搏克自动门有限公司产品性能

5.10 述卷帘门的种类和基本性能有哪些?

卷帘门又称卷闸,具有防火、防风、防盗、结构紧凑、操作方便、坚固耐用等特点,广泛用于各类工业与民用建筑当中。卷帘门一般是由帘板、卷筒体、导轨、电气传动等部分组成;防火卷帘门会另配有温感、烟感、光感报警系统以及水幕喷淋系统,遇有火情自动报警、喷淋,门体自控下降,定点延时关闭。

卷帘门按性能可分为普通型、防火型和防火防烟型等;按传动方式分为电动卷帘门、手动卷帘门、遥控卷帘门等;按运行轨道分为 8 型、14 型和 16 型;按材质分为镀锌铁板卷帘门、钢管卷帘门、不锈钢卷帘门、电化铝合金卷帘门等;按门外型可分为帘板卷帘门、鱼鳞网状卷帘门、直管横格卷帘门、压花卷帘门等。

卷帘门的基本性能,见表 5-9。

卷帘门性能　　表 5-9

<table>
<tr><th colspan="2">类别</th><th>代号</th><th>耐火极限 (h)</th><th>20Pa 压差下漏烟量(m³/m²·min)</th><th>耐风压 (Pa)</th><th>卷帘装置</th></tr>
<tr><td colspan="2">普通卷帘门</td><td>—</td><td>—</td><td>—</td><td>180～170</td><td rowspan="9">手动、电动</td></tr>
<tr><td rowspan="4">防火卷帘门</td><td>普通型</td><td>F1</td><td>1.5</td><td>—</td><td rowspan="8">50 级:490.3
80 级:784.5
120 级:1176.8</td></tr>
<tr><td>复合型</td><td>F2</td><td>2.0</td><td>—</td></tr>
<tr><td>普通型</td><td>F3</td><td>2.5</td><td>—</td></tr>
<tr><td>复合型</td><td>F4</td><td>3.0</td><td>—</td></tr>
<tr><td rowspan="4">防火防烟卷帘门</td><td>普通型</td><td>FY1</td><td>1.5</td><td>≤0.2</td></tr>
<tr><td>复合型</td><td>FY2</td><td>2.0</td><td>≤0.2</td></tr>
<tr><td>普通型</td><td>FY3</td><td>2.5</td><td>≤0.2</td></tr>
<tr><td>复合型</td><td>FY4</td><td>3.0</td><td>≤0.2</td></tr>
</table>

5.11 组合窗拼樘料尺寸、规格、壁厚有何要求?

近年来,建筑采用组合窗的形式逐渐增多。组合窗的拼樘料不仅具有连接和密封作用,而且是重要的传力和受力构件,对于门窗的固定有重要作用,故必须保证拼樘料的规格和质量。拼樘料的规格、尺寸、壁厚等应由设计给出，并应使组合窗能够承受该地区的瞬时风压值。当采用标准图时，应符合标准图的要求。

5.12 门窗玻璃主要有哪些种类？有什么主要用途？

常用门窗玻璃的品种及用途，见表 5-10。

常用门窗玻璃的品种及用途 **表 5-10**

品 种	用 途
普通平板玻璃	普通门窗等
浮法平板玻璃	高级门窗、制作中空玻璃、夹层玻璃
吸热玻璃	吸热门窗、制作吸热中空玻璃等
热反射镀膜玻璃	高级建筑门窗、幕墙、制作中空玻璃和夹层玻璃
低发射率镀膜玻璃	寒冷地区及日光带地区高级建筑门窗、幕墙
磨砂玻璃	建筑物透光不透明处
压花玻璃	内隔断墙、要求半透明的门窗
夹层玻璃	高级建筑幕墙、防震门窗、防火门窗、防爆门窗等
钢化玻璃	高级建筑幕墙、门窗、天窗、防爆门窗及内隔断墙等
磨光玻璃	高级建筑门窗及制镜
中空玻璃	隔声、隔热、保温幕墙及门窗等
彩釉玻璃	幕墙、门窗及内外墙不透光部分
玻璃大理石	建筑装饰
泡沫玻璃	建筑物吸声、隔热墙面
镭射玻璃	建筑装饰
折射玻璃	有控光要求的教室、博物馆、展览厅的门窗等
电热玻璃	陈列窗、眺望窗、严寒地区门窗及特殊门窗
防弹、防爆玻璃	防爆容器、防爆实验室门窗等
防辐射玻璃	用于辐射实验室的观察窗
高强度防盗报警玻璃	商店、文物、贵重物品的展柜及有防盗要求的门窗
透明复合防火玻璃	防火隔断及门窗等

5.13 门窗安装前，对门窗洞口尺寸有何检验要求？

在门窗安装前，应对门窗洞口尺寸进行检验。如果发现超过允许偏差等情况，应向有关部门提出，待进行处理达到要求后再安装门窗。

对门窗洞口尺寸进行检查，除检查单个门窗洞口尺寸外，还应对能通视的成排或成列的门窗洞口进行目测或拉通线检查。如果发现明显偏差，也应向有关管理人员反映，采取措施处理后再安装门窗。

5.14 门窗安装与墙体砌筑的施工配合顺序应如何控制？

金属门窗和塑料门窗安装应采用预留洞口的方法施工，不得采用边安装边砌口或先安装后砌口的方法施工。

采用预留洞口的方法施工，其原因主要是边安装边砌口或先安装后砌口的方法，容易使门窗框受挤压变形和表面保护层受损。

木门窗安装也宜采用预留洞口的方法施工。少数工程对木门窗有时也采用先立樘后砌口的方法施工，但除非确实必要，不应采取这种方法。如果木门窗采用先安装后砌口的方法施工时，必须注意避免门窗框在施工中受损、受挤压变形或受到污染。

5.15 门窗与砖石砌体、混凝土或抹灰层接触处应如何进行防腐处理？

木门窗、金属门窗与砖石砌体、混凝土或抹灰层接触处，应按照设计要求进行防腐处理并应设置防潮层；埋入砌体或混凝土中的木砖应进行防腐处理。当设计无要求时，应按照施工技术方案进行防腐处理。

5.16 铝合金门窗的安装质量控制要求是什么？

(1) 安框。将组装好的门窗框在抹灰前立于洞口处，用吊线锤吊直，然后卡方，并使两条对角线之差符合规定。安放在樘口内适当位置(即与外墙边线平行、与墙内预埋件对正，一般在墙中)，用木楔子将三边临时固定。在认定门窗框水平、垂直、无扭曲后，用射钉枪把固定门窗框的连接件打入混凝土柱、墙、梁上，框的下部要埋入地面或窗台。如果是砖或小砌块墙体，不能用射钉，应采用预留孔洞或预埋件的方法。

(2) 塞缝。门窗框固定好后，复查水平度、垂直度及平面度。再扫清边框处浮土，洒水湿润基层，用 1∶2 水泥砂浆将门口与门框间的缝隙分层填实。塞缝水泥砂浆应适当养护，待塞灰达到一定强度后，拔去木楔，抹平表面。

(3) 装扇。扇与框是按照同一门窗洞口尺寸制作的，正常情况下，都能安装上，但要求周边密封，开闭灵活。门的开启分内外平开门、弹簧门、推拉门、自动推拉门。内外平开门在门上框钻孔深入门轴，门下地面埋设地脚，装置门轴，弹簧门上部做法同平开门，门框中安上门轴，下部埋设地弹簧，地面需预先留洞或后开洞，地弹簧埋设后要与地面平齐，然后灌细石混凝土，抹、贴地面层。地弹簧的摇臂与门扇下冒头两侧应拧紧。

推拉门要在上框内做导轨和滑轮，也有在地面上做导轨，在门扇下冒头做滑轮的。自动门的控制装置有脚踏式，装于地面上。光电感应控制开关的设备装于上框上。

(4) 安装玻璃。

玻璃应配合门窗料的规格、色彩选用。通常安装 5～10mm 厚浮法玻璃或彩色玻璃及 10～22mm 厚中空玻璃。首先按照门窗扇的内口实际尺寸合理计划用料，尽量少产生边角废料，裁割前可比实际尺寸少 3mm，以利安装。裁割后，分类堆放，小面积安装可随裁随安。

安装时先撕去门框的保护胶纸，在型材安装玻璃部位安塞橡胶带，用玻璃吸手安入平板玻璃，前后垫实，使缝隙一致，然后再塞入橡胶条密封，或用铝压条拧十字圆头螺丝固定。

(5) 打胶、清理。

大片玻璃与框、扇接缝处，要用玻璃胶筒打入玻璃胶，整个门安装好后，以干净抹布擦洗表面，清理干净后交付使用。

5.17 铝合金门窗窗扇的安装要求是什么?

扇与框是按照同一门窗洞口尺寸制作的,正常情况下,都能安装上,但要求周边密封,开闭灵活。门的开启分内外平开门、弹簧门、推拉门、自动推拉门。内外平开门在门上框钻孔深入门轴,门下地面埋设地脚,装置门轴,弹簧门上部做法同平开门,门框中安上门轴,下部埋设地弹簧,地面需预先留洞或后开洞,地弹簧埋设后要与地面平齐,然后灌细石混凝土,抹、贴地面层。地弹簧的摇臂与门扇下冒头两侧拧紧。推拉门一般在上框内做导轨和滑轮,也有在地面上做导轨,在门扇下冒头做滑轮的。自动门的控制装置有脚踏式,装于地面上。光电感应控制开关的设备一般装于上框上。

5.18 塑料门窗的安装程序和施工要点是什么?

塑料门窗安装程序如下:

窗框与铁脚固定→门窗框就位、调整、固定→安装门窗扇→取扇,铁脚与墙体固定→塞缝(在框周围缝隙内塞入软质填缝料、注入密封膏)→安装五金→安装玻璃→清理、成品保护。

施工要点:

(1) 由于塑料门窗不能通过裁、刨进行严合门窗,所以在安装塑料门窗框时,必须要将门窗扇放入框内,待框和扇配合位置找正、四周缝隙符合要求后,再检查门窗扇开关是否灵活,然后将门窗框固定牢靠。

(2) 安装前应将镀锌固定铁件根据铰链位置和具体情况,按照 500mm 间距提前嵌入窗框处槽内。找好塑料窗本身中线,放入洞口,与洞口侧壁弹线对正找平后,用对称木楔塞紧,固定后拉对角线,调整窗位置。用木楔固定时,应把木楔塞在边框、中竖框、中横框等受力部位,以防塑料门窗框受弯变形。

(3) 安装塑料门窗时,严禁用锤子将钉子直接钉入,防止损坏门窗。

(4) 填塞洞口墙体与连接铁脚之间的缝隙时，应塞入油毡条或浸油麻纱，以保证窗框有伸缩余地，不得用含沥青的材料、水泥或麻刀灰填缝，以防框架变形。密封膏应冒出铁脚 1～2mm；在框上与洞口之间抹灰时，灰口包住塑料窗框。

(5) 严禁用刀或锋利工具刮塑料门窗框、扇上的污垢，以防损伤表面。

(6) 在剔门的合页槽时，可去掉 3～4mm 深的衬筋，但不得把框边剔透。

(7) 安装玻璃宜在内外墙饰面完成后进行，将玻璃用压条压在扇上，按原有标记的位置将扇安在扇上，并在铰链内滴机油润滑剂即完成安装。门窗全部安装完活后，进行清洁交工。

5.19 塑料门窗的安装过程中有哪些注意事项？

塑料门窗在运输时要注意保护，各樘窗之间要用软线毡隔开，下面用方木垫平，竖直靠立。每五樘捆扎在一起，装卸时要轻拿轻放。存放地点应远离热源，基地要平整、坚实，防止因地面不平或沉降造成门窗扭曲变形，最好放在室内，并加盖蓬布。

窗的尺寸过大时，不用小窗组合，在两樘之间，用 50mm×60mm 扁铁与窗框连接，扁铁上端与过梁预埋铁件焊接，下端插入砌于墙体的 600mm×240mm×240mm 混凝土墩内，或焊在预埋件上。竖框扁铁安装前应先按 400mm 间距钻连接孔，除锈刷防锈漆两道，外露部分刷白色漆两道，然后用 ϕ6 螺丝将两窗连拉成整体。

5.20 塑料门窗框与墙体间缝隙为何要采用闭孔弹性材料填嵌？

塑料门窗的线性膨胀系数较大，由于温度升降易引起门窗变形或在门窗框与墙体间出现裂缝，为了防止上述现象，国家验收规范规定，塑料门窗框与墙体间缝隙应采用伸缩性能较好的闭孔弹性材料填嵌，并用密封胶密封。采用闭孔材料主要是为了防止材料吸水导致连接件锈蚀，影响安装强度。

5.21 钢门窗安装的质量控制要求是什么？

建筑钢门窗安装步骤如下：

施工准备→弹控制线→立钢门窗、校正→门窗框固定→填缝→安装五金零件→安装纱门窗、清洁。

(1) 施工准备。

安装施工前，必须据实调整门窗洞口尺寸。钢门窗洞口安装缝隙尺寸应根据建筑物墙面装饰粉刷做法确定，例如：清水墙灰缝＞15mm；水泥砂浆粉刷墙面灰缝＞20mm；水刷石墙面灰缝＞25mm；贴面砖墙面灰缝＞30mm 等。钢门窗、五金零件、安装铁脚和紧固件等应检查规格、型号、质量，要符合设计要求并具备现场作业条件。

(2) 弹线控制。

门窗安装前，应在离地、楼面 500mm 高的墙面上弹出水平控制线，然后按门窗安装标高、尺寸和开启方向，在墙体预留洞口四周弹出门窗落位线。双层钢门窗之间的距离，应符合设计要求和产品规定，如果设计无明确要求时，两层窗之间的净距应不小于 100mm。

(3) 立钢门窗、校正。

钢门窗就位后，用对拔木楔在门窗框四角和框梃端部临时固定，然后用水平尺、对角线尺和拉 5m 线校正。待同一墙面相邻的门窗安装完成后，再拉水平通线找齐，上下层门窗吊线找铅直。做到钢门窗安装后左右通平、上下层顺直。

(4) 门窗框固定。

钢门窗铁脚用与预埋铁件焊接或埋入预留洞口的方法来固定。铁脚与预埋铁件焊接应牢固可靠。钢窗的组合应按序逐框进行，用螺栓将钢框与组合构件紧密拼合，拼合处应嵌满油灰；组合构件的上下两端必须伸入砌体 50mm，在门窗框经垂直校正后，与铁脚同时浇灌水泥砂浆固定。两个组合构件的交接处必须用电焊焊牢。

(5) 填缝。

铁脚埋入预留孔洞内,需用 1∶2 水泥砂浆或豆石混凝土填塞严密并浇水养护,在 72h 内不得碰撞、振动。至少 3d 后,方可以取出木楔并用 1∶2 水泥砂浆嵌实钢门窗框的四周缝隙。

(6) 安装五金零件。

五金件安装宜在建筑内外墙面装饰粉刷结束后进行。

(7) 安装纱门窗、清洁。

安装纱门窗应注意绷纱、压纱条、整理多余纱头等工序,纱扇应绷压紧密、平整。门窗纱安装完成后,集中刷油漆。交工前再将纱门窗扇安装在钢门窗框上,最后在纱门上安装上护纱条和拉手。

钢门窗全部安装完活后,进行清洁后交工。

5.22 带副框涂色镀锌钢板门窗的安装要求是什么?

安装带副框的涂色镀锌钢板门窗时,应用自攻螺钉将连接件固定在副框上,然后将副框装入洞口并用木楔临时固定,调整至横平竖直。连接件与预埋件应焊接牢固。副框的顶面及两侧应贴密实条。用螺钉将门窗与副框紧固,盖好螺钉盖。安装推拉窗时,还应调整好滑块。洞口与副框、副框与门窗框拼接处的裂缝,应用密封膏封严,安装完毕后剥去保护胶条。

5.23 玻璃裁割有哪些方法?

玻璃裁割的方法主要有下面几种:

(1) 手工裁割。

1) 手工裁割时,玻璃应水平放置,支撑面应平整;

2) 走刀连续、无停顿;

3) 玻璃的裁口要求平直,无缺损;

4) 玻璃周边应打磨光滑,无锐角、尖角;

5) 镀膜玻璃裁切时,镀膜面应朝上;

6) 玻璃裁切时可用煤油润滑。

(2) 用玻璃切割机裁切。

具体裁切方法可以参照切割机说明书。

(3) 高压水裁切。

1) 玻璃超厚,普通裁切方法不能满足要求;

2) 玻璃裁切口形状复杂,有折线或曲线;

3) 玻璃面内要求开槽口、方孔或圆孔等;

4) 具体裁切方法可以参照高压水裁切机说明书。

(4) 玻璃的开孔。

玻璃面内要求开槽口、方孔、圆孔或其他形状的孔洞时,如果没有高压水裁切设备,可以先在孔洞的折线处或圆孔的周边上打孔,然后用手工的方法裁切。孔可用铸铁棒或铁管加金刚砂研磨而成。

5.24 门窗工程在什么地方要使用安全玻璃?

在门窗玻璃安装当中,安全玻璃的使用主要在以下部位:

(1) 单块玻璃大于 1.5 m^2 时应使用安全玻璃;

(2) 屋顶天窗宜使用安全玻璃;

(3) 倾斜的外窗宜使用安全玻璃;

(4) 观察窗、落地窗应使用安全玻璃;

(5) 重要出入口的门宜使用安全玻璃等。

有关安全玻璃的性能可参见幕墙工程。

5.25 简要叙述门窗玻璃安装的基本要求?

门窗玻璃安装时,玻璃的品种、规格、尺寸、色彩、图案和涂膜朝向应符合设计要求。玻璃裁割尺寸应正确。安装后的玻璃应牢固,不得有裂纹、损伤和松动。

玻璃的安装方法应符合设计要求 。固定玻璃的钉子或钢丝卡的数量、规格应保证玻璃安装牢固。密封条与玻璃、玻璃槽口的接触应紧密、平整。密封胶与玻璃、玻璃槽口的边缘应粘结牢固、接缝平齐。腻子应填抹饱满、粘结牢固;腻子边缘与裁口应平齐。固定玻璃的卡子不应在腻子表面显露。

安装磨砂玻璃时，磨砂面应面向室内，安装压花玻璃时，花纹宜向外。

安装完成的玻璃表面应洁净，不得有腻子、密封胶、涂料等污渍。中空玻璃内外表面均应洁净，玻璃中空层内不得有灰尘和水蒸气。

5.26 门窗工程验收时，应检查哪些技术资料？

门窗工程验收时，对技术资料的检查有 5 种，分别是：

(1) 门窗工程的施工图、设计说明及其他设计文件。

(2) 材料的产品合格证书、性能检测报告、进场验收记录和复验报告。

(3) 特种门及其附件的生产许可文件。

(4) 隐蔽工程验收记录。

(5) 施工记录。

5.27 门窗工程隐蔽验收的主要内容有哪些？

门窗工程隐蔽验收的主要内容有 2 项：

(1) 预埋件和锚固件。

(2) 隐蔽部位的防腐、填嵌处理。

5.28 门窗工程中，各分项工程的检验批应如何划分？

应按下列规定划分：

(1) 同一品种、类型和规格的木门窗、金属门窗、塑料门窗及门窗玻璃每 100 樘应划分为一个检验批，不足 100 樘也应划分为一个检验批。

(2) 同一品种、类型和规格的特种门每 50 樘应划分为一个检验批，不足 50 樘也应划分为一个检验批。

5.29 门窗工程中，每个检验批的检查数量应如何确定？

门窗工程各检验批的抽查数量应符合下列规定：

(1) 木门窗、金属门窗、塑料门窗及门窗玻璃，每个检验批应至少抽查5%，并不得少于3樘，不足3樘时应全数检查；高层建筑的外窗，每个检验批应至少抽查10%，并不得少于6樘，不足6樘时应全数检查。

(2) 特种门每个检验批应至少抽查50%，并不得少于10樘，不足10樘时应全数检查。

5.30 门窗工程验收的一般规定是什么？

门窗工程验收的一般规定：

(1) 门窗安装前，应对门窗洞口尺寸进行检验。

(2) 金属门窗和塑料门窗安装应采用预留洞口的方法施工，不得采用边安装边砌口或先安装后砌口的方法施工。

(3) 木门窗与砖石砌体、混凝土或抹灰层接触处应进行防腐处理并应设置防潮层；埋入砌体或混凝土中的木砖应进行防腐处理。

(4) 当金属窗或塑料窗组合时，其拼樘料的尺寸、规格、壁厚应符合设计要求。

(5) 建筑外门窗的安装必须牢固。在砌体上安装门窗严禁用射钉固定。

(6) 种门安装除应符合设计要求和本规范规定外，还应符合有关专业标准和主管部门的规定。

5.31 木门窗制作与安装工程验收的主控项目是什么？

木门窗制作与安装工程验收的主控项目：

(1) 木门窗的木材品种、材质等级、规格、尺寸、框扇的线型及人造木板的甲醛含量应符合设计要求。设计未规定材质等级时，所用木材的质量应符合质量验收规范的规定。

(2) 木门窗应采用烘干的木材，含水率应符合《建筑木门、木窗》JG/T 122的规定。

(3) 木门窗的防火、防腐、防虫处理应符合设计要求。

(4) 木门窗的结合处和安装配件处不得有木节或已填补的木节。木门窗如有允许限值以内的死节及直径较大的虫眼时，应用同一材质的木塞加胶填补。对于清漆制品，木塞的木纹和色泽应与制品一致。

(5) 门窗框和厚度大于50mm的门窗扇应用双榫连接。榫槽应采用胶料严密嵌合，并应用胶楔加紧。

(6) 胶合板门、纤维板门和模压门不得脱胶。胶合板不得刨透表层单板，不得有戗槎。制作胶合板门、纤维板门时，边框和横楞应在同一平面上，面层、边框及横楞应加压胶结。横楞和上、下冒头应各钻两个以上的透气孔，透气孔应通畅。

(7) 木门窗的品种、类型、规格、开启方向、安装位置及连接方式应符合设计要求。

(8) 木门窗框的安装必须牢固。预埋木砖的防腐处理、木门窗框固定点的数量、位置及固定方法应符合设计要求。

(9) 门窗扇必须安装牢固，并应开关灵活，关闭严密，无倒翘。

(10) 木门窗配件的型号、规格、数量应符合设计要求，安装应牢固，位置应正确，功能应满足使用要求。

5.32 木门窗制作与安装工程验收的一般项目是什么？

木门窗制作与安装工程验收的一般项目：

(1) 木门窗表面应洁净，不得有刨痕、锤印。

(2) 木门窗的割角、拼缝应严密平整。门窗框、扇裁口应顺直，刨面应平整。

(3) 木门窗上的槽、孔应边缘整齐，无毛刺。

(4) 木门窗与墙体间缝隙的填嵌材料应符合设计要求，填嵌应饱满。寒冷地区外门窗(或门窗框)与砌体间的空隙应填充保温材料。

(5) 木门窗批水、盖口条、压缝条、密封条的安装应顺直，与门窗结合应牢固、严密。

(6) 木门窗制作的允许偏差和检验方法应符合表5-11的规定。

木门窗制作的允许偏差和检验方法　　表 5-11

项次	项　目	构件名称	允许偏差(mm)		检 验 方 法
			普通	高级	
1	翘　曲	框	3	2	将框、扇平放在检查平台上,用塞尺检查
		扇	2	2	
2	对角线长度差	框、扇	3	2	用钢尺检查,框量裁口里角,扇量外角
3	表面平整度	扇	2	2	用1m靠尺和塞尺检查
4	高度、宽度	框	0;−2	0;−1	用钢尺检查,框量裁口里角,扇量外角
		扇	+2;0	+1;0	
5	裁口、线条结合处高低差	框、扇	1	0.5	用钢直尺和塞尺检查
6	相邻棂子两端间距	扇	2	1	用钢直尺检查

(7) 木门窗安装的留缝限值、允许偏差和检验方法应符合表5-12的规定:

木门窗安装的留缝限值、允许偏差和检验方法　　表 5-12

项次	项　目	留缝限值(mm)		允许偏差(mm)		检 验 方 法
		普通	高级	普通	高级	
1	门窗槽口对角线长度差	—	—	3	2	用钢尺检查
2	门窗框的正、侧面垂直度	—	—	2	1	用1m垂直检测尺检查
3	框与扇、扇与扇接缝高低差	—	—	2	1	用钢直尺和塞尺检查
4	门窗扇对口缝	1~2.5	1.5~2	—	—	用塞尺检查
5	工业厂房双扇大门对口缝	2~5	—		—	
6	门窗扇与上框间留缝	1~2	1~1.5	—	—	
7	门窗扇与侧框间留缝	1~2.5	1~1.5	—	—	
8	窗扇与下框间留缝	2~3	2~2.5	—	—	
9	门扇与下框间留缝	3~5	3~4	—	—	

续表

项次	项目		留缝限值(mm)		允许偏差(mm)		检验方法
			普通	高级	普通	高级	
10	双层门窗内外框间距		—	—	4	3	用钢尺检查
11	无下框时门扇与地面间留缝	外门	4～7	5～6	—	—	用塞尺检查
		内门	5～8	6～7	—	—	
		卫生间门	8～12	8～10	—	—	
		厂房大门	10～20	—	—	—	

5.33 金属门窗安装工程验收的主控项目是什么？

金属门窗安装工程验收的主控项目：

(1) 金属门窗的品种、类型、规格、尺寸、性能、开启方向、安装位置、连接方式及铝合金门窗的型材壁厚应符合设计要求。金属门窗的防腐处理及填嵌、密封处理应符合设计要求。

(2) 金属门窗框和副框的安装必须牢固。预埋件的数量、位置、埋设方式、与框的连接方式必须符合设计要求。

(3) 金属门窗扇必须安装牢固，并应开关灵活、关闭严密，无倒翘。推拉门窗扇必须有防脱落措施。

(4) 金属门窗配件的型号、规格、数量应符合设计要求，安装应牢固，位置应正确，功能应满足使用要求。

5.34 金属门窗安装工程验收的一般项目是什么？

金属门窗安装工程验收的一般项目：

(1) 金属门窗表面应洁净、平整、光滑、色泽一致，无锈蚀；大面应无划痕、碰伤；漆膜或保护层应连续。

(2) 铝合金门窗推拉门窗扇开关力应不大于100N。

(3) 金属门窗框与墙体之间的缝隙应填嵌饱满，并采用密封胶密封。密封胶表面应光滑、顺直，无裂纹。

(4) 金属门窗扇的橡胶密封条或毛毡密封条应安装完好，不得脱槽。

(5) 有排水孔的金属门窗，排水孔应畅通，位置和数量应符合设计要求。

(6) 钢门窗安装的留缝限值、允许偏差和检验方法应符合表5-13的规定：

钢门窗安装的留缝限值、允许偏差和检验方法　　　表 5-13

项次	项　目		留缝限值 (mm)	允许偏差 (mm)	检验方法
1	门窗槽口宽度、高度	≤1500mm	—	2.5	用钢尺检查
		>1500mm	—	3.5	
2	门窗槽口对角线长度差	≤2000mm	—	5	用钢尺检查
		>2000mm	—	6	
3	门窗框的正、侧面垂直度		—	3	用1m垂直检测尺检查
4	门窗横框的水平度		—	3	用1m水平尺和塞尺检查
5	门窗横框标高		—	5	用钢尺检查
6	门窗竖向偏离中心		—	4	用钢尺检查
7	双层门窗内外框间距		—	5	用钢尺检查
8	门窗框、扇配合间隙		≤2	—	用塞尺检查
9	无下框时门扇与地面间留缝		4～8	—	用塞尺检查

(7) 铝合金门窗安装的允许偏差和检验方法应符合表5-14的规定：

铝合金门窗安装的允许偏差和检验方法　　　表 5-14

项次	项　目		允许偏差(mm)	检验方法
1	门窗槽口宽度、高度	≤1500mm	1.5	用钢尺检查
		>1500mm	2	
2	门窗槽口对角线长度差	≤2000mm	3	用钢尺检查
		>2000mm	4	
3	门窗框的正、侧面垂直度		2.5	用垂直检测尺检查
4	门窗横框的水平度		2	用1m水平尺和塞尺检查
5	门窗横框标高		5	用钢尺检查

续表

项次	项目	允许偏差(mm)	检验方法
6	门窗竖向偏离中心	5	用钢尺检查
7	双层门窗内外框间距	4	用钢尺检查
8	推拉门窗扇与框搭接量	1.5	用钢直尺检查

(8) 涂色镀锌钢板门窗安装的允许偏差和检验方法应符合表5-15的规定：

涂色镀锌钢板门窗安装的允许偏差和检验方法　　表 5-15

项次	项目		允许偏差(mm)	检验方法
1	门窗槽口宽度、高度	≤1500mm	2	用钢尺检查
		>1500mm	3	
2	门窗槽口对角线长度差	≤2000mm	4	用钢尺检查
		>2000mm	5	
3	门窗框的正、侧面垂直度		3	用垂直检测尺检查
4	门窗横框的水平度		3	用1m水平尺和塞尺检查
5	门窗横框标高		5	用钢尺检查
6	门窗竖向偏离中心		5	用钢尺检查
7	双层门窗内外框间距		4	用钢尺检查
8	推拉门窗扇与框搭接量		2	用钢直尺检查

5.35　塑料门窗安装工程验收的主控项目是什么？

塑料门窗安装工程验收的主控项目如下：

(1) 塑料门窗的品种、类型、规格、尺寸、开启方向、安装位置、连接方式及填嵌密封处理应符合设计要求，内衬增强型钢的壁厚及设置应符合国家现行产品标准的质量要求。

(2) 塑料门窗框、副框和扇的安装必须牢固。固定片或膨胀螺栓的数量与位置应正确，连接方式应符合设计要求。固定点应距窗角、中横框、中竖框 150～200mm，固定点间距应不大于600mm。

(3) 塑料门窗拼樘料内衬增强型钢的规格、壁厚必须符合设计要求,型钢应与型材内腔紧密吻合,其两端必须与洞口固定牢固。窗框必须与拼樘料连接紧密,固定点间距应不大于600mm。

(4) 塑料门窗扇应开关灵活、关闭严密,无倒翘。推拉门窗扇必须有防脱落措施。

(5) 塑料门窗配件的型号、规格、数量应符合设计要求,安装应牢固,位置应正确,功能应满足使用要求。

(6) 塑料门窗框与墙体间缝隙应采用闭孔弹性材料填嵌饱满,表面应采用密封胶密封。密封胶应粘结牢固,表面应光滑、顺直、无裂纹。

5.36 塑料门窗安装工程验收的一般项目是什么?

塑料门窗安装工程验收的一般项目如下:

(1) 塑料门窗表面应洁净、平整、光滑,大面应无划痕、碰伤。

(2) 塑料门窗扇的密封条不得脱槽。旋转窗间隙应基本均匀。

(3) 塑料门窗扇的开关力应符合下列规定:平开门窗扇平铰链的开关力应不大于80N;滑撑铰链的开关力应不大于80N,并不小于30N;推拉门窗扇的开关力应不大于100N。

(4) 玻璃密封条与玻璃及玻璃槽口的接缝应平整,不得卷边、脱槽。

(5) 排水孔应畅通,位置和数量应符合设计要求。

(6) 塑料门窗安装的允许偏差和检验方法应符合表5-16的规定:

塑料门窗安装的允许偏差和检验方法 **表5-16**

项次	项目		允许偏差(mm)	检验方法
1	门窗槽口宽度、高度	≤1500mm	2	用钢尺检查
		>1500mm	3	
2	门窗槽口对角线长度差	≤2000mm	3	用钢尺检查
		>2000mm	5	

续表

项次	项目	允许偏差(mm)	检验方法
3	门窗框的正、侧面垂直度	3	用1m垂直检测尺检查
4	门窗横框的水平度	3	用1m水平尺和塞尺检查
5	门窗横框标高	5	用钢尺检查
6	门窗竖向偏离中心	5	用钢直尺检查
7	双层门窗内外框间距	4	用钢尺检查
8	同樘平开门窗相邻扇高度差	2	用钢直尺检查
9	平开门窗铰链部位配合间隙	+2;-1	用塞尺检查
10	推拉门窗扇与框搭接量	+1.5;-2.5	用钢直尺检查
11	推拉门窗扇与竖框平行度	2	用1m水平尺和塞尺检查

5.37 特种门安装工程验收的主控项目是什么?

特种门安装工程验收的主控项目如下:

(1) 特种门的质量和各项性能应符合设计要求。

(2) 特种门的品种、类型、规格、尺寸、开启方向、安装位置及防腐处理应符合设计要求。

(3) 带有机械装置、自动装置或智能化装置的特种门,其机械装置、自动装置或智能化装置的功能应符合设计要求和有关标准的规定。

(4) 特种门的安装必须牢固。预埋件的数量、位置、埋设方式、与框的连接方式必须符合设计要求。

(5) 特种门的配件应齐全,位置应正确,安装应牢固,功能应满足使用要求和特种门的各项性能要求。

5.38 特种门安装工程验收的一般项目是什么?

特种门安装工程验收的一般项目如下:

(1) 特种门的表面装饰应符合设计要求。

(2) 特种门的表面应洁净,无划痕、碰伤。

(3) 推拉自动门安装的留缝限值、允许偏差和检验方法,应符合表 5-17 的规定。

推拉自动门安装的留缝限值、允许偏差和检验方法　　表 5-17

项次	项目		留缝限值(mm)	允许偏差(mm)	检验方法
1	门槽口宽度、高度	≤1500mm	—	1.5	用钢尺检查
		>1500mm	—	2	
2	门槽口对角线长度差	≤2000mm	—	2	用钢尺检查
		>2000mm	—	2.5	
3	门框的正、侧面垂直度		—	1	用 1m 垂直检测尺检查
4	门构件装配间隙		—	0.3	用塞尺检查
5	门梁导轨水平度		—	1	用 1m 水平尺和塞尺检查
6	下导轨与门梁导轨平行度		—	1.5	用钢尺检查
7	门扇与侧框间留缝		1.2～1.8	—	用塞尺检查
8	门扇对口缝		1.2～1.8	—	用塞尺检查

(4) 推拉自动门的感应时间限值和检验方法，应符合表 5-18 的规定。

推拉自动门的感应时间限值和检验方法　　表 5-18

项　次	项　目	感应时间限值(s)	检验方法
1	开门响应时间	≤0.5	用秒表检查
2	堵门保护延时	16～20	用秒表检查
3	门扇全开启后保持时间	13～17	用秒表检查

(5) 旋转门安装的允许偏差和检验方法，应符合表 5-19 的规定。

旋转门安装的允许偏差和检验方法　　表 5-19

项次	项　目	允许偏差(mm)		检验方法
		金属框架玻璃旋转门	木质旋转门	
1	门扇正、侧面垂直度	1.5	1.5	用 1m 垂直检测尺检查
2	门扇对角线长度差	1.5	1.5	用钢尺检查

续表

项次	项目	允许偏差(mm)		检验方法
		金属框架玻璃旋转门	木质旋转门	
3	相邻扇高度差	1	1	用钢尺检查
4	扇与圆弧边留缝	1.5	2	用塞尺检查
5	扇与上顶间留缝	2	2.5	用塞尺检查
6	扇与地面间留缝	2	2.5	用塞尺检查

5.39 门窗玻璃安装工程验收的主控项目是什么?

门窗玻璃安装工程验收的主控项目如下:

(1) 玻璃的品种、规格、尺寸、色彩、图案和涂膜朝向应符合设计要求。单块玻璃大于1.5 m^2 时,应使用安全玻璃。

(2) 门窗玻璃裁割尺寸应正确。安装后的玻璃应牢固,不得有裂纹、损伤和松动。

(3) 玻璃的安装方法应符合设计要求 。固定玻璃的钉子或钢丝卡的数量、规格应保证玻璃安装牢固。

(4) 镶钉木压条接触玻璃处,应与裁口边缘平齐。木压条应互相紧密连接,并与裁口边缘紧贴,割角应整齐。

(5) 密封条与玻璃、玻璃槽口的接触应紧密、平整。密封胶与玻璃、玻璃槽口的边缘应粘结牢固、接缝平齐。

(6) 带密封条的玻璃压条,其密封条必须与玻璃全部贴紧,压条与型材之间应无明显缝隙,压条接缝应不大于0.5mm。

5.40 门窗玻璃安装工程验收的一般项目是什么?

门窗玻璃安装工程验收的一般项目如下:

(1) 玻璃表面应洁净,不得有腻子、密封胶、涂料等污渍。中空玻璃内外表面均应洁净,玻璃中空层内不得有灰尘和水蒸气。

(2) 门窗玻璃不应直接接触型材。单面镀膜玻璃的镀膜层及磨砂玻璃的磨砂面应朝向室内。中空玻璃的单面镀膜玻璃应在最外层,镀膜层应朝向室内。

（3）腻子应填抹饱满、粘结牢固；腻子边缘与裁口应平齐。固定玻璃的卡子不应在腻子表面显露。

5.41　什么叫门窗的倒翘？

质量验收规范规定：木门窗、金属门窗和塑料门窗的安装均应无倒翘。

在正常情况下，当门窗扇关闭时，门窗扇的上端本应与下端同时或上端略早于下端贴紧门窗的上框。所谓"倒翘"通常是指当门窗扇关闭时，门窗扇的下端已经贴紧门窗下框，而门窗扇的上端由于翘曲而未能与门窗的上框贴紧，尚有离缝的现象。

5.42　塑料门窗安装工程中经常遇到门窗框、扇变形，主要原因是什么？

塑料门窗安装工程中经常遇到门窗框、扇变形的质量问题，其主要原因是型材的内衬增强型钢设置不合理。有的内衬增强型钢壁厚不够；有的型钢在型材腔内松旷、空隙大，不能与型材组合受力；有的少配型钢，分段插入型钢，甚至不配型钢。为防止上述质量问题，应对内衬增强型钢的壁厚和设置严格检查，使其质量符合产品标准的要求。

6 吊顶工程

6.1 吊顶工程有几个分项工程？其适用范围是什么？

吊顶工程共分为两个分项工程，分别是暗龙骨吊顶和明龙骨吊顶。其中暗龙骨吊顶适用于以轻钢龙骨、铝合金龙骨、木龙骨等为骨架，以石膏板、金属板、矿棉板、木板、塑料板或格栅等为饰面材料的吊顶工程；明龙骨吊顶适用于以轻钢龙骨、铝合金龙骨、木龙骨等为骨架，以石膏板、金属板、矿棉板、塑料板、玻璃板或格栅等为饰面材料的吊顶工程。

6.2 吊顶工程是如何分类的？

吊顶工程的分类主要有以下两种方法：

(1) 按龙骨明暗分为明龙骨吊顶和暗龙骨吊顶(《建筑装饰装修工程质量验收规范》中以此种分类方法)。

(2) 按吊顶龙骨承受荷载能力分为轻型、中型、重型三类。其中轻型吊顶不能承受上人荷载；中型吊顶能够承受偶而上人荷载，可在其上铺设简易检修马道；重型吊顶能够承受上人检修(800N)集中活荷载，可在其上铺设永久性检修马道。

6.3 吊顶用轻钢龙骨体系有哪些？

(1) 轻钢龙骨的代号：

D 表示吊顶龙骨。按照另顶龙骨的规格尺寸，分为 D38(38 系列)、D45(45 系列)、D50(50 系列)、D60(60 系列)。

U 表示龙骨断面形状为 ⊔ 形，为承载龙骨，是吊顶构架的主要受力构件；

C 表示龙骨断面形状为⊏形，为覆面龙骨，是吊顶龙骨中固定罩面层（饰面板）的构件；

L 表示龙骨断面形状为L形，通常被用作吊顶边部固定饰面板的龙骨，也可以作为覆面龙骨。

（2）产品的标记方法：

产品名称、代号、断面形状的宽度、高度、钢板厚度和标准号。例如：断面形状为 C 形，宽度为 50mm，高度为 15mm，钢板厚度为 1.5mm 的吊顶龙骨标记为：建筑用轻钢龙骨 DC50×15×1.5。

（3）吊顶轻钢龙骨体系组成的构、配件，主要有吊件、挂件、连接件和挂插件等，其用途、品种、规格可见表 6-1。

吊顶龙骨的主要配件 **表 6-1**

<table>
<tr><th>名　称</th><th>代号</th><th>用　途</th><th>备　注</th></tr>
<tr><td>普通吊件</td><td>PD</td><td rowspan="2">承载龙骨与吊顶的连接</td><td rowspan="2">分重型和轻型
有多种类型和名称</td></tr>
<tr><td>弹簧吊件</td><td>TD</td></tr>
<tr><td>压筋式挂件</td><td>YG</td><td rowspan="2">覆面龙骨与承载龙骨的勾挂连接</td><td rowspan="2">又称吊挂件</td></tr>
<tr><td>平板式挂件</td><td>PG</td></tr>
<tr><td>承载龙骨连接件</td><td>CL</td><td>承载龙骨自身的接长</td><td>又称接长件、接插件</td></tr>
<tr><td>覆面龙骨连接件</td><td>FL</td><td>覆面龙骨自身的接长</td><td>又称接长件、接插件</td></tr>
<tr><td>挂插件</td><td>GC</td><td>覆面龙骨之间垂直相接时的连接</td><td>又称龙骨支托</td></tr>
<tr><td>吊杆</td><td>—</td><td>吊件和建筑结构的连接</td><td>—</td></tr>
</table>

6.4 吊顶用轻钢龙骨的质量等级是如何划分的？技术要求的内容有哪些？

吊顶轻钢龙骨具有自重轻、刚度大、防火、抗震性能好，并且加工方便，安装简便等特点。按照国家《建筑用轻钢龙骨》GB 11981 标准，共分为三个等级，分别是优等品、一等品、合格品。轻钢龙骨的技术要求包括：外观质量、表面防锈、尺寸允许偏差、平直度、角度允许偏差和龙骨组件的力学性能等要求。

6.5 轻钢龙骨如何分类?

吊顶用轻钢龙骨按材料分,有镀锌钢板(带)龙骨、铝板(带)龙骨、铝合金龙骨和薄壁冷轧退火卷带龙骨;按承载能力分,有上人龙骨和不上人龙骨;按外形分,有 U 形龙骨和 T 形龙骨;按用途分,有大龙骨、中龙骨、小龙骨、边龙骨和配件。一般用于工业与民用建筑物的装饰、吸声顶棚吊顶,其代号和断面形式每个生产厂家在国标的基础上各有不同。

6.6 纸面石膏板的特点、分类及主要规格和使用要求是什么?

纸面石膏板是吊顶工程常用的饰面板材,它的主要特点及常用规格如下:

(1) 纸面石膏板主要是以半水石膏和面纸为主要原料,掺加适量纤维、胶粘剂、促凝剂、缓凝剂,经料浆配置、成型、切割、烘干而成的轻质薄板。它具有质轻、高强、防火、隔声、收缩率小、加工性能好等特点。可以用钉子、螺栓和以石膏为基材的胶粘剂或其他胶粘剂粘结。

(2) 纸面石膏板品种主要有普通纸面石膏板、耐水纸面石膏板和耐火纸面石膏板。

(3) 普通纸面石膏板未采取必要的防水措施,一般不宜用于厨房、厕所以及空气相对湿度经常大于 70% 的潮湿环境中;防水石膏板适用于厨房、卫生间等的潮湿环境中;防火石膏板适用于防火要求高的环境中。纸面石膏板规格见表 6-2。

纸面石膏板规格(mm)　　表 6-2

品　种	长	宽	厚
普通纸面石膏板	1800、2100、2400、2700、3000、3300、3600	900、1200	9、12、15、18
耐水纸面石膏板	1800、2100、2400、2700、3000、3300、3600	900、1200	9、12、15
耐火纸面石膏板	1800、2100、2400、2700、3000、3300、3600	900、1200	9、12、15、18、21、25

注:其他规格的板材可由供需双方商定、但其产品质量应符合国家标准的规定。

6.7 吊顶工程对木龙骨有何要求？

木材骨架应为烘干、无扭曲的红白松树种，黄花松不得使用。木龙骨不应有死结或影响其受力的活结。木龙骨规格应按设计要求。设计无明确规定时，应根据龙骨间距，大龙骨规格宜为 50mm×70mm 或 50mm×100mm；小龙骨规格宜为 40mm×40mm 或 40mm×60mm；吊杆规格为 50mm×50mm 或 40mm×40mm。木龙骨的含水率不宜大于 12%，木龙骨应执行《木结构工程施工质量验收规范》GB 50206—2002 的有关规定。

承重木结构（木方）的选材标准见表 6-3。

承重木结构方木材质标准 **表 6-3**

项次	缺陷名称	木材等级		
		Ⅰa	Ⅱa	Ⅲa
		受拉构件或拉弯构件	受弯构件或压弯构件	受压构件
1	腐朽	不允许	不允许	不允许
2	木节：在构件任何一面任何 150mm 长度上所有木节尺寸的总和，不得大于所在面宽的	1/3（连接部位 1/4）	2/5	1/2
3	斜纹：斜率不大于（%）	5	8	12
4	裂缝： 1) 在连接的受剪面上 2) 在连接部位的受剪面附近，其裂缝深度（有对面裂缝时用两者之和）不得大于材宽的	1) 不允许 2) 1/4	1) 不允许 2) 1/3	1) 不允许 2) 不限
5	髓心	应避开受剪面	不限	不限

注：1. Ⅰa 等材不允许有死节，Ⅱa、Ⅲa 等材允许有死节（不包括发展中的死节），对于Ⅱa 等材直径不应大于 20mm，且每延米中不得多于 1 个，对于Ⅲa 等材直径不应大于 50mm，每延米中不得多于 2 个。

2. Ⅰa 等材不允许有虫眼，Ⅱa、Ⅲa 等材允许有表层的虫眼。

3. 木节尺寸按垂直于构件长度方向测量。木节表现为条状时，在条状的一面不量；直径小于 10mm 的木节不计。

6.8 吊顶工程中哪些材料要求进场复验？

《建筑装饰装修工程质量验收规范》GB 50210 中规定：吊顶工程应对人造木板的甲醛含量进行复验。

《民用建筑工程室内环境污染控制规范》GB 50325 中规定：民用建筑工程室内装修中采用的某一种人造木板面积大于 500m^2 时，应对不同产品分别进行游离甲醛含量或游离甲醛释放量的复验，民用建筑工程室内装修中，进行饰面人造板拼接施工时，除芯板为 E1 类外，应对其断面及无饰面部位进行密封处理。

6.9 吊顶材料进场后应对哪些内容进行检查？

吊顶材料进场后，应在以下几个方面进行检查，并做好进场验收记录。

(1) 对吊顶材料的产品合格证书及性能检测报告进行检查。

(2) 按国家现行标准和设计要求，对木龙骨、轻钢龙骨、铝合金龙骨及其配件进行规格、数量、配套及外观质量进行检查。

(3) 对各类吊顶饰面板的规格、数量、配套材料及外观质量进行检查。各类饰面板不应有气泡、起皮、裂纹、缺角、污垢和花纹图案不完整等缺陷；表面应平整，边缘应整齐，色泽应一致；穿孔板的孔距应排列整齐；胶合板、木制纤维板不应脱胶、变色和腐朽；玻璃板应使用安全玻璃。各种饰面板的包装应完好，无破损。

(4) 对胶粘剂的类型是否与所用饰面板的品种相配套进行检查。对有保质期的产品的生产日期进行检查。

6.10 吊顶材料的运输、储存应注意哪些问题？

吊顶材料的运输、储存应注意：

(1) 轻钢龙骨进场后，宜存放在地面平整的室内，并应采取措施，防止龙骨变形、生锈。

(2) 矿棉、玻璃棉在运输、存放和使用过程中，严禁雨淋和受潮。包装箱不能直接置于地面，应铺垫木板；严禁挤压，并与墙壁保持40cm以上距离。搬运、码放过程中必须轻拿轻放，以防造成折断或边角缺损。

(3) 钙塑泡沫装饰板堆放时要竖码，切忌平码，以免压坏图案，且必须离开热源3m以外。搬运时要轻拿轻放，防止机械损伤，并防止污染板面。

(4) 木质材料在存放、使用中应妥善管理，使其不受潮，不变形，不损坏，不污染。

6.11 吊顶工程对材料的防火性能有哪些具体要求？

在所有的室内装饰装修部位的防火设计中，吊顶的防火设计处于最重要的位置。这是因为，火灾时火焰是向上燃烧的，吊顶首先直接接受火灾的考验。同时，对人员疏散有着直接影响，火势的迅速蔓延直接构成对疏散人员生命安全的威胁。所以，在室内吊顶装修设计时，应充分考虑其防火问题。

防火设计规范中对不同民用建筑的室内吊顶材料的防火性能有详细的规定。主要如下：

(1) 单层、多层民用建筑的吊顶材料，一般应是不燃性材料。

(2) 以下几种建筑的吊顶可以采用难燃性材料：

建筑面积≤10000m^{2}的车站、码头的候车(船)室、餐厅、商场等；

每层建筑面积＜1000m^{2}或总面积＜3000m^{2}的商场营业厅；

无中央空调系统的饭店、旅馆、办公楼及综合楼；住宅。

(3) 高层民用建筑的吊顶材料除了二类高层民用建筑的吊顶可采用难燃性材料外，其他的均应采用不燃性材料。

(4) 地下民用建筑的吊顶均应采用不燃性材料。

(5) 图书室、资料室、档案室和存放文物的房间，其顶棚应采用A级装修材料。

(6) 大中型电子计算机房、中央控制室、电话总机房等设置特殊贵重设备的各类机房，其顶棚应采用A级装修材料。

(7) 建筑物设有上下层相连通的中庭、走廊、开敞楼梯、自动扶梯的共享空间部位，顶棚应采用A级装修材料。

(8) 地上建筑的水平疏散走道和安全出口的门厅等水平通道，其顶棚装修材料应采用A级装修材料。

(9) 消防控制室内部的装修材料的燃烧性能等级应为A级。

(10) 建筑内的厨房顶棚，应采用A级装修材料。

(11) 经常使用明火的餐厅、科研实验室内所用的装修材料的燃烧性能等级，除A级外，应比同类建筑物的要求高一级。

(12) 消防电梯轿厢内周围采用的装修材料不应低于A级。

(13) 灯饰和照明灯具的高温部位，当靠近非A级装修材料时，应采取隔热、散热等防火保护措施。灯饰所用材料的燃烧性能等级不应低于B级。

(14) 当胶合板用于吊顶装修时，应在胶合板两面均刷防火涂料。

(15) 顶棚表面局部采用多孔或泡沫状塑料时，其厚度不应大于15mm，面积不得超过该房间顶棚面积的10%。

6.12 吊顶工程施工前应做哪些准备工作？

吊顶工程在施工前应在以下几个方面做好施工准备：

(1) 材料的准备工作：吊顶用的龙骨、配件、吊杆、罩面板、各种安装用辅料全部配套、齐全。

(2) 施工机具应准备完成，保证施工的需要，并搭好施工操作平台架。

(3) 对施工现场进行查验，确认吊顶施工图与各专业间无影响，并确定好灯位、通风口及各种露明孔口或安装物的位置，做好相应的龙骨加固方案。

(4) 在大面积施工前，有条件时应做样板间。对顶棚的起拱、洞口等的构造处理，分块及固定方法等，经试装并确认后方可大面积施工。

6.13 吊顶工程的隐蔽工程验收项目有哪些？

吊顶工程应对下列隐蔽工程项目进行验收：

(1) 吊顶内管道、设备的安装及水管试压；

(2) 木龙骨的防火、防腐处理；

(3) 预埋件或拉结筋；

(4) 吊杆安装；

(5) 龙骨安装；

(6) 吊顶内填充材料的设置。

6.14 吊顶工程有哪些项目应进行交接检验？

吊顶工程在安装龙骨前，应按设计要求对房间净高、洞口标高和吊顶内管道、设备及其支架的标高进行交接检验。检验的目的是及时发现问题，避免各专业在标高上出现矛盾而影响施工，是进行工程质量预控的一个检验。

吊顶工程在安装饰面板前应完成吊顶内管道和设备的调试及验收。要求吊顶内的通风、水电管道、消防通道及上人吊顶内的人行检修通道，均应安装完毕，其相应的试压及验收工作已完成。

6.15 吊顶工程施工中有哪些防火、防腐处理要求？

吊顶工程要求对木吊杆、木龙骨和木饰面板必须进行防火处理，并应符合有关防火规范的规定。吊顶工程中的预埋件、金属吊杆和型钢吊杆应进行防锈处理。

6.16 吊顶工程对荷载有何要求？

吊顶工程对承受荷载的要求如下：

(1) 吊顶上的重型灯具(3kg 以上)、电扇及其他重型设备严禁安装在吊顶工程的龙骨上，均应自行吊挂安装，不应与吊顶龙骨发生受力关系。重型灯具、电扇及其他重型设备应安装在建筑结构的梁或板上，在既有建筑中安装重型灯具、电扇及其他重型设备的后置埋件应进行拉拔强度的检验，符合设计要求方能使用。

轻型灯具应安装在主龙骨或附加龙骨上。

(2) 顶棚内其他专业的设备安装，严禁借用吊顶工程的吊杆，必须按其质量要求单独设置吊杆。在使用时，有振动的设备，如排风扇，严禁安装在吊顶工程的龙骨或罩面板上。

(3) 对于矿棉吸音板、玻璃棉吸声板等无承载能力的饰面板，安装灯具，烟感器、风口篦子等设备时，应加设承载措施。如加设龙骨或加设承载衬板等。

(4) 上人吊顶内的临时性检修马道或永久性检修马道，必须按设计要求或相关标准进行施工。

(5) 安装好的龙骨上，禁止放重物或任意踩踏。

6.17 射钉紧固技术的施工要点及使用注意事项有哪些?

吊顶工程中采用射钉紧固技术较为常见，射钉紧固技术自带能源，操作快速简便，便于现场或高空等特殊场所作业。

(1) 射钉紧固的施工要点：

在混凝土基体上固定射钉的最佳射入深度为22～32mm，一般取27～32mm。深度小于22mm，承载力下降；深度大于32mm，对基体破坏的可能性较大。基体的厚度应大于射入深度的2倍。薄壁构件宜用短的射钉。射钉距混凝土构件边缘尺寸不小于50～100mm或不小于射入深度的2倍，射钉与射钉之间的距离不小于射入深度的2倍。

在岩石、耐火材料基体上用射钉固定，必须按设计要求进行。当设计无明确要求时，应先进行拉拔强度试验，确定最佳可靠的深度后才能施工。

砖砌体不宜采用射钉紧固技术。

(2) 射钉紧固技术使用及操作注意事项：

基体必须稳定、坚实、牢固；

射钉钉杆长度的选取：射钉钉杆长度＝最佳射入深度＋被固件厚度；

射击时，枪口与被固件、基体面应成垂直状态，并抵紧；

为防止木质被固件劈裂，在固结前，应在射钉钉尖上套上切木环；

对于质地松软，强度很低的被固件，如纤维板等，在射钉前面另加一大金属垫圈；

要正确选用射钉弹的型号和颜色；

要按有关爆炸和危险品的规定进行搬运、装卸和贮存；

在薄墙、轻质墙上射钉时，基体的另一面不得有人，以防射钉穿透基体伤人。

6.18 金属胀锚螺栓的常用规格及技术参数、使用注意事项有哪些？

金属胀锚螺栓又称金属胀管或金属膨胀螺栓，由锥形螺栓头、膨胀套管、平垫圈、弹簧垫圈和六角螺母组成。用于装饰工程构件或连接件紧固于混凝土或砖、石砌体上。其常用规格及技术参数，见表 6-4。

常用规格及技术参数　　表 6-4

螺纹规格 d	螺栓总长 L (mm)	外径 (mm)	被紧固件厚度(mm)	钻孔(mm)		允许拉力(N)	允许剪力(N)	备注
				直径	深度			
M6	65、75、85	10	L-55	10.5	40	2400	1800	允许拉力、允许剪力为胀锚螺栓与C15混凝土固结后允许的数值
M8	80、90、100	12	L-65	12.5	50	4400	3300	
M10	95、110、125、130	14	L-75	14.5	60	7000	5200	
M12	110、130、150、200	18	L-95	19	75	10300	7400	
M16	150、175、200、220、250、30	22	L-120	23	100	19400	14400	

金属膨胀螺栓的施工程序为：

钻孔→清除孔内灰渣→放入螺栓→套管，使套外端与孔口齐平→安装被紧固件→套上平垫圈、弹簧垫圈，旋紧螺母，使被紧固件与建筑结构基体紧密连接。

如果紧固位置处于混凝土结构体的边缘部位，紧固点距混凝土边缘的最小距离为螺栓直径的 2 倍。

6.19 金属吊杆安装应在哪些方面进行质量控制？

金属吊杆安装应在以下几个方面进行质量控制：

(1) 当预埋件吊钩已由土建施工单位按设计要求规定预留到位时，吊杆上端穿过吊钩环孔后折弯。当吊杆与预埋件吊筋进行焊接时，必须采用搭接焊，搭接长度不小于 60mm，焊缝应均匀饱满。

(2) 对于没有预埋吊钩时，可采用射钉、膨胀螺栓及加设角钢块等方法处理吊点，但必须符合设计要求，或吊顶工程的承载要求。

(3) 吊杆布置方向应与主龙骨布置方向一致。吊杆间距应根据吊顶产品要求确定，一般吊杆间距为 800～1200mm。吊杆距主龙骨端部距离不得大于 300mm，当大于 300mm 时应增加吊杆。当吊杆长度大于 1.5m 时，应设置反向支撑，间距一般不大于 3m 设置一道反支撑。

(4) 吊杆不应与其他专业设备吊杆混用，当吊杆与设备相遇时，应调整并增设吊杆。

(5) 金属吊杆必须顺直，长度适中，吊杆及与其配套的预埋件，型钢应进行防锈处理。

(6) 对于四周无固定的造型吊顶，应采用钢性吊杆或设置斜撑或剪刀撑，吊杆与结构基体应采用钢性连接。

6.20 金属龙骨安装应在哪些方面进行质量控制？

金属龙骨安装应在以下几个方面进行质量控制：

(1) 龙骨的布置：轻钢龙骨构造为双层时，大龙骨沿房间长向布置；构造方式为单层时，大龙骨沿房间短向布置。当罩面板规格为方形时，可根据设计需要，大龙骨可沿长向布置或沿房间短向布置。铝合金龙骨平面布置方式应根据罩面板材料的规格，大龙骨可根据实际情况进行长向或短向布置。

(2) 龙骨应按所选用的龙骨体系配套使用，其连接配件及紧固件应采用配套产品。金属龙骨不宜与木质龙骨混用。

(3) 龙骨安装应适当起拱,一般中间起拱高度为房间短向跨度的 1/200。

(4) 双层构造吊顶的覆面龙骨应紧贴承载主龙骨安装,对于采用自攻螺钉固定罩面板的吊顶,板材连接处必须采用宽度不小于 40mm 的覆面龙骨,横撑龙骨用挂插件(支托)与通长覆面龙骨连接牢固。

(5) 龙骨的安装应按照图纸施工,并根据吊顶的设计标高在四周墙(柱)上弹线,弹线应清楚准确。

(6) 龙骨的接长件应相互错位安装,通长次龙骨接长处的对接错位偏差不应大于 2mm,明龙骨接头缝不应大于 1mm。

(7) 全面校正龙骨骨架的位置及水平度,检查吊顶龙骨安装无误后,应将吊杆、挂件、连接件等拧紧夹牢,保证吊顶工程的吊杆、龙骨安装稳定、牢固可靠。

(8) 灯具、设备孔洞、检查孔等孔洞,应按设计要求,提前预留好,并进行龙骨加固措施。

6.21 木龙骨安装应在哪些方面进行质量控制?

木龙骨安装应在以下几个方面进行质量控制:

(1) 龙骨规格、间距应符合设计要求,安装必须位置正确,连接牢固,无劈裂,无松动,安全可靠。对不同用途和截面尺寸的木龙骨表面应做防火处理,其阻燃剂、防火处理方法、燃烧性能等级等应符合国家标准及设计要求。

(2) 龙骨架构排列整齐顺直,表面必须平整。

(3) 顶棚中间按设计要求起拱。设计无要求时,按房间短向跨度的 1/200 起拱。

(4) 直接接触建筑结构的木龙骨、木楔子应该先作好防腐处理。

(5) 用水溶性防火剂处理后的木材,均应重新干燥到使用环境所要求的含水率。

(6) 固定沿墙木龙骨的木楔间距宜为 500～800mm。

6.22 吊顶工程中饰面板通常有哪几种固定方法？

吊顶工程饰面板的安装方法通常有以下几种方法：

钉固法、粘贴法、平面搁置法、插接法、卡入式安装和嵌入式安装。

6.23 纸面石膏板安装如何进行质量控制？

纸面石膏板的安装应符合下列要求：

(1) 板材应在自由状态下就位固定，防止出现弯棱、凸鼓现象。

(2) 纸面石膏板的长边(护面纸包封边)应沿纵向次龙骨铺设(与次、中龙骨呈十字交叉状态，与主龙骨平行铺设)。

(3) 沉头自攻螺钉与纸面石膏板板边的距离：距护面纸包封边(长边)以 10～15mm 为宜；距切割边(短边)以 15～20mm 为宜。

(4) 固定纸面石膏板的的覆面(次)龙骨间距一般不大于 600mm；在南方潮湿地区，间距应适当减小，以 300mm 为宜。

(5) 钉距以 150～170mm 为宜，螺钉应与板面垂直。弯曲、变形的螺钉应剔除，并在相隔 50mm 的部位另安螺钉。

(6) 安装双层纸面石膏板时，面层板与基层板的接缝应错开，不得在同根龙骨上接缝。

(7) 纸面石膏板的接缝，应按设计要求进行板缝处理。

(8) 纸面石膏板与龙骨固定，应从一块板的中间向板的四边固定，不得多点同时作业。

(9) 螺钉头宜埋入板面，但不使纸面破损。钉眼应作防锈处理并用石膏腻子抹平。

6.24 木饰面板安装有哪些质量控制要点？

木饰面板安装应在以下几个方面进行质量控制：

(1) 饰面板的铺钉，应在吊顶木龙骨经验收合格后进行，应按设计要求确定板材的品种和厚度，并依安装部位的尺寸对板块进行裁割，依照龙骨骨架的纵横布置的中距在板面先弹出方格线，以保证将饰面板准确地钉固在木龙骨上。胶合板厚度一般不宜小于4mm，对于硬质纤维板应用水浸透，并自然阴干后方可安装。

(2) 对于留有明缝要求或饰面板将保持原木色和纹理的饰面板，应按设计要求对板材裁割后进行修边处理。对于不留缝隙的罩面板，宜在板块的正面四周按45°刨出倒角，宽度2～3mm，利于通过嵌缝处理使板缝严密并减小缝隙变形程度。

(3) 为保证不浪费并使罩面效果美观，应将整板居中铺钉，将裁割板置于边缘部位。对于将保持原木色和纹理的饰面板，应进行预排布置，使相邻板面的木纹和颜色近似，无影响观感的色差。

(4) 采用钉子固定时，钉子的直径不宜大于板厚的1/6。对于胶合板宜采用25～35mm长的圆钉，钉距为80～150mm，钉帽应打扁，并进入板面0.5～1.0mm，钉眼用油性腻子补平；对于纤维板宜采用20～30mm长的圆钉，钉距为80～120mm，钉帽进入板面0.5mm，钉眼用油性腻子补平。采用气钉固定时，根据板厚一般采用长度为15～30mm的气钉，对于保持原木色和纹理的饰面板宜选用气钉固定。采用压条固定时，钉距不应大于200mm，压条应平直，宽窄一致。

(5) 饰面板铺钉时，应从板面中间向四周展开铺钉。

6.25 石膏装饰板安装方法及质量控制要求有哪些？

石膏装饰板安装方法及质量控制要求：

(1) 平安法

主要是配套于T型吊顶龙骨的安装。要求饰面板必须与吊顶龙骨体系配套。安装时将石膏装饰板装入T型龙骨组成的格框内即可。对于企口饰面板的安装要注意几个问答：调平⊓型龙骨，保证⊓型龙骨的边框线（两肢）平直；安装过程中，插接企口用力要轻，避免企口处开裂；装饰板的企口部位强度较弱，搬运时注意保护；如饰面板为连环卡式固定，安装时需按顺序进行。

(2) 螺钉固定法

螺钉与板边距离应不小于15mm，螺钉间距以150～170mm为宜，均匀布置，并与板面垂直。钉头嵌入石膏板深度以0.5～1mm为宜，钉帽应进行防锈处理，并用腻子补平，用与石膏板同样颜色的色浆修补，当石膏板间留缝时，按设计要求进行处理。

(3) 粘结法安装

应按设计要求或根据基体性质选择粘结剂。胶粘剂应涂抹均匀，不得漏抹，粘实粘牢，不得污染板面。

6.26 矿棉装饰吸声板、玻璃棉吸声板安装的质量控制要点有哪些？

矿棉装饰吸声板、玻璃棉吸声板安装的质量控制：

(1) 湿作业未完成或房间内湿度较大(相对湿度70%以上)时，不宜安装。

(2) 安装时应轻拿轻放，饰面板上不得放置其他材料，防止受压变形。施工人员应戴清洁手套，防止污染板面。

(3) 对于图案板，应使板背面的箭头方向和白线方向一致，以保证花样、图案的整体性。

(4) 对于采用平放搁置法的饰面板，应采用定位卡固定，以保持板块的稳定，不宜浮搁。

(5) 采用复合粘贴法安装的饰面板，胶粘剂应涂抹均匀，不得漏涂，不得污染板面，胶粘剂未完全固化前，板材不得有强烈振动，并保持房间的通风。

6.27 塑料板的安装有哪些质量控制要点？

塑料板的安装应在以下几个方面进行质量控制：

(1) 采用粘贴法安装时，基层应坚硬平整、洁净，水泥砂浆基层或混凝土基层含水率不应大于8%，木材基层含水率不应大于12%。基层表面如有麻面，应处理平整。粘贴前，应按分块尺寸弹线预排；粘贴时，每次涂刷胶粘剂的面积不宜过大，厚度应均匀；粘贴后，应采取临时固定措施，并及时清理多余胶液，保证板面洁净。

(2) 采用钉固法时，应根据设计要求进行安装，安装塑料贴面复合板时，应先钻孔，后用木螺钉和垫圈或金属压条固定。用木螺钉时，钉距一般为 400～500mm，钉帽应排列整齐；用金属压条时，先用钉将塑料贴面复合板临时固定，然后加盖金属压条，压条应平直、接口严密。

6.28 金属饰面板安装时有哪些质量控制要求?

金属饰面板吊顶分为条形板安装和方形板安装，分述如下：

1. 条形板的安装

(1) 条形板的安装有卡入式安装和螺钉固定法安装两种方法。安装时必须从一个方向依次逐条铺装，尤其是对于条形扣板，由于其边翼的特点，必须是边固定边嵌装逐一进行。

(2) 对于设计要求吊顶面作闭缝处理时，如果所采用的金属条形板本身不具有兼作封缝的延伸边翼板，即需安装其配套的嵌条。

(3) 条板切割时，要控制好切割的角度，同时要对切口部位用锉刀修平，将毛边及不妥处修整好，然后用相同颜色的胶粘剂将接口进行密合。不平直的条形板应调直后再用，对于表面损坏的不应使用。

2. 方形板的安装

(1) 方形板的安装有搁置式安装方法、螺钉固定安装方法和嵌入式安装方法。一般安装顺序是从大面积开始，最后安装细部。对于不设横撑的吊顶骨架体系，也可以依龙骨排列顺序逐排安装。

(2) 方形板是已成型的饰面板，一般不能再切割分块。为了保证吊顶饰面的完整性和安装可靠性，需要根据方板尺寸规格，以及吊顶的面积尺寸来安排吊顶骨架的结构尺寸。要求饰面板组合的图案要完整，四周留边时的尺寸要对称或均匀。

(3) 采用嵌入式安装应注意用力均匀,不得锤击或挤压板面,以免造成变形。并应安装到位,使板面平整。采用螺钉固定时,应防止损伤板面。

(4) 在方形板吊顶中,如四周靠墙边缘部分不符合方板模数时,可不采用以方板和靠墙板收边的方法,而改用其他吊顶方法进行处理,如用条板或纸面石膏板等方法。

6.29 纤维水泥加压板吊顶有哪些施工控制要点?

纤维水泥加压板吊顶施工应从以下几个方面进行质量控制:

(1) 纤维水泥加压板吊顶的龙骨体系可采用轻钢龙骨或木龙骨,其龙骨的安装可参见本章相关内容。安装质量应符合设计要求,其中应注意承载龙骨的端头距墙面不应大于 150mm,覆面龙骨中距一般为 600mm,潮湿房间的龙骨应适当加密。

(2) 采用沉头自攻螺钉铺钉板材,钉距为 150～200mm;螺钉距板边缘的距离为 8～15mm。

(3) 板材铺钉时提前钻孔,钻头直径应选用比所采用的螺钉直径小 0.5～1.0mm。

(4) 板块预留设 5～8mm 板缝,板缝应清理干净,填嵌嵌缝材料。嵌缝材料可采用纸面石膏板嵌缝腻子。根据纤维水泥制品的材质特点,宜使用与水泥基材粘结强度高,且具有一定弹性的嵌缝材料,如丙烯酸类、聚氨酯类建筑密封膏。或根据设计要求采取其他处理方案。

(5) 对于必要的板面开孔,可用电钻先在方型孔的四角各钻一孔,孔径 10mm,然后用曲线锯沿四孔圆心的连线切割开孔部位。开大圆孔时可采用开孔器或同样采用电钻打孔,再用曲线锯加工,边缘用锉刀修整。所有开孔需防止应力集中而产生的表面开裂。

(6) 材料铺钉顺序、方法可参照纸面石膏板铺设方法进行。

6.30 开敞式吊顶的施工要点有哪些?

开敞式吊顶的主要施工要点如下:

1. 吊顶上部处理

(1) 顶棚基层处理:应按照设计要求对开敞式吊顶的基层明露部分进行处理,施涂的建筑涂料其品种和色彩应符合设计要求;

(2) 管线及设备处理:吊顶以上部分的电气、空调通风、消防管道、给排水等各专业的管道及设施必须安装就位,已经过相应的验收程序。必要时应对较明显的管道和设备进行涂装,以保证开敞式吊顶面的美观效果;

(3) 施工放线:根据格栅吊顶的平面图,弹出构件材料的纵横布置线、造型较复杂部位的轮廓线以及吊顶标高线;同时确定并标出吊顶吊点;

(4) 吊点的紧固处理:按照设计要求采用金属膨胀螺栓或射钉固定吊点连接件,或直接固定钢筋吊杆、镀锌铁丝及扁铁吊件等。

2. 格栅的组合与拼装

格栅吊顶分单体和多体构成。

(1)对于木制材料的吊顶格栅,一般采用两种方式,一是在厂家订制加工,现场悬吊时再进一步作整体连接;二是采用较简单的板材于现场边加工边进行组合安装。两种方式均应按图加工,照图组装,以准确的尺寸将构件装配到位,接缝严密。单体之间或单元之间,作为格栅富有韵律感的构成因素,必要时应尽可能在地面拼装完成,然后再按要求的方法托起悬吊。为保证构件间连接牢固,应根据设计要求或《木结构工程施工质量验收规范》GB 50206要求,采用钉固、胶粘、榫接或铁件等方法加强连接,拼装好后应即时作好油饰面工作,然后再进行吊装固定。

(2) 金属格栅单体间的连接组合方式,应视具体产品的应用技术确定。组装应参照该产品的使用说明,配套组装。因金属格栅几乎都已进行了饰面处理,安装时应注意成品保护。注意不损坏或划伤格栅表面，组装后不弯曲变形。

(3) 对于挂片式吊顶的挂片，不需组装，与龙骨配套直接吊挂。

3. 格栅的吊装

(1) 吊装方法：开敞式吊顶安装方法有两种，一种是将单体构件固定在可靠的骨架上，然后再将骨架用吊杆与结构相连。这种方法一般适用于构件本身刚度不够，稳定性较差的情况。另一种方法是对于用轻质、高强材料制成的单体构件，不用骨架支撑，而直接用吊杆与结构相连。

(2) 吊装要点：

① 应从规整的墙角开始，将分片吊顶托起，高度略高于标高线，并临时固定该分片吊顶架。

② 沿标高线拉出交叉的吊顶平面基准线。

③ 根据基准线调平吊顶分片。如果吊顶面积较大时(大于 $100m^2$)，应使吊顶有一定的起拱，起拱量一般为短跨的1.5/200。

④ 将调平的吊顶分片进行固定。固定分片的同时将各分片拼缝对齐，再用专用连接铁件进行固定。

⑤ 整体调整：沿标高线拉出多条平行或垂直的基准线，根据基准线进行吊顶面的整体调整，并检查顶面的起拱量是否正确，检查各单体是否变形，固定是否可靠。对变形进行修正，对受力集中部位进行加固。

6.31 吊顶工程检验批怎样划分？每个检验批的检查数量有什么规定？

吊顶工程验收检验批的划分是同一品种的吊顶工程每50间(大面积房间和走廊按吊顶面积 $30m^2$ 为一间)应划分为一个检验批，不足50间也应划分为一个检验批。

每个检验批的检查数量应至少抽查10%，并不得少于3间；不足3间时应全数检查。

6.32 吊顶工程安装饰面板前，应对哪些工程进行隐蔽验收？

按照《建筑装饰装修工程质量验收规范》GB 50210 规定，吊顶工程应对下列隐蔽工程项目进行验收：

(1) 吊顶内管道、设备的安装及水管试压。

(2) 木龙骨防火、防腐处理。

(3) 预埋件或拉结筋。

(4) 吊杆安装。

(5) 龙骨安装。

(6) 填充材料的设置。

以上所列各款，在吊顶工程验收时，均应提供由监理工程师签名的隐蔽工程验收记录。

6.33 吊顶工程验收时要检查哪些文件和记录？

《建筑装饰装修工程质量验收规范》GB 50210 中规定，吊顶工程验收时应检查下列文件和记录：

(1) 吊顶工程的施工图、设计说明及有关设计文件。

(2) 材料的产品合格证书、性能检测报告、进场验收记录和复验报告。

(3) 隐蔽工程验收记录。

(4) 施工记录。

6.34 暗龙骨吊顶工程验收的主控项目是什么？

暗龙骨吊顶工程验收的主控项目：

(1) 吊顶标高、尺寸、起拱和造型应符合设计要求。

(2) 饰面材料的材质、品种、规格、图案和颜色应符合设计要求。

(3) 暗龙骨吊顶工程的吊杆、龙骨和饰面材料的安装必须牢固。

(4) 吊杆、龙骨的材质、规格、安装间距及连接方式应符合设计要求。金属吊杆、龙骨应经过表面防腐处理;木吊杆、龙骨应进行防腐、防火处理。

(5) 石膏板的接缝应按其施工工艺标准进行板缝防裂处理。安装双层石膏板时,面层板与基层板的接缝应错开,并不得在同一根龙骨上接缝。

6.35 暗龙骨吊顶工程验收的一般项目是什么?

暗龙骨吊顶工程验收的一般项目:

(1) 饰面材料表面应洁净、色泽一致,不得有翘曲、裂缝及缺损。压条应平直、宽窄一致。

(2) 饰面板上的灯具、烟感器、喷淋头、风口篦子等设备的位置应合理、美观,与饰面板的交接应吻合、严密。

(3) 金属吊杆、龙骨的接缝应均匀一致,角缝应吻合,表面应平整,无翘曲、锤印。木质吊杆、龙骨应顺直,无劈裂、变形。

(4) 吊顶内填充吸声材料的品种和铺设厚度应符合设计要求,并应有防散落措施。

(5) 暗龙骨吊顶安装的允许偏差和检验方法,应符合表 6-5 的规定:

暗龙骨吊顶安装的允许偏差和检验方法　　表 6-5

项次	项　目	允许偏差(mm)				检　验　方　法
		纸面石膏板	金属板	矿棉板	木板、塑料板、格栅	
1	表面平整度	3	2	2	2	用 2m 靠尺和塞尺检查
2	接缝直线度	3	1.5	3	3	拉 5m 线,不足 5m 拉通线,用钢直尺检查
3	接缝高低差	1	1	1.5	1	用钢直尺和塞尺检查

6.36 明龙骨吊顶工程验收的主控项目是什么?

明龙骨吊顶工程验收的主控项目:

(1) 吊顶标高、尺寸、起拱和造型应符合设计要求。

(2) 饰面材料的材质、品种、规格、图案和颜色应符合设计要求。当饰面材料为玻璃板时，应使用安全玻璃或采取可靠的安全措施。

(3) 饰面材料的安装应稳固严密。饰面材料与龙骨的搭接宽度应大于龙骨受力面宽度的2/3。

(4) 吊杆、龙骨的材质、规格、安装间距及连接方式应符合设计要求。金属吊杆、龙骨应进行表面防腐处理；木龙骨应进行防腐、防火处理。

(5) 吊杆和龙骨安装必须牢固。

6.37 明龙骨吊顶工程验收的一般项目是什么？

明龙骨吊顶工程验收的一般项目：

(1) 饰面材料表面应洁净、色泽一致，不得有翘曲、裂缝及缺损。饰面板与明龙骨的搭接应平整、吻合，压条应平直、宽窄一致。

(2) 饰面板上的灯具、烟感器、喷淋头、风口篦子等设备的位置应合理、美观，与饰面板的交接应吻合、严密。

(3) 金属龙骨的接缝应平整、吻合、颜色一致，不得有划伤、擦伤等表面缺陷。木质龙骨应平整、顺直，无劈裂。

(4) 吊顶内填充吸声材料的品种和铺设厚度应符合设计要求，并应有防散落措施。

(5) 明龙骨吊顶工程安装的允许偏差和检验方法，应符合表6-6的规定：

明龙骨吊顶工程安装的允许偏差和检验方法　　表6-6

项次	项目	允许偏差(mm)				检验方法
		石膏板	金属板	矿棉板	塑料板、玻璃板	
1	表面平整度	3	2	3	2	用2m靠尺和塞尺检查
2	接缝直线度	3	2	3	3	拉5m线，不足5m拉通线，用钢直尺检查
3	接缝高低差	1	1	2	1	用钢直尺和塞尺检查

6.38 吊顶局部下沉的原因有哪些？如何预防？

1. 产生原因

(1) 吊点与建筑基体固定不牢。

(2) 吊杆连接不牢而产生松脱。

(3) 吊杆的强度不够，产生拉伸变形。

(4) 吊杆未张拉顺直。

(5) 龙骨挂件固定不牢。

(6) 龙骨上堆放重物。

(7) 因开洞切割龙骨后未加固。

(8) 吊杆间距过大或吊杆位置不符合要求。

(9) 吊顶完成后上人踩踏。

(10) 施工用临时马道设在龙骨上。

2. 防治措施

(1) 吊点应按要求均匀布置，在龙骨的接口和重载部位应增加吊点。吊点与基层固定要牢固，不能产生松动现象，吊杆与吊点连接要牢固。

(2) 吊杆应按设计要求或吊顶体系的要求选用，保证有足够的强度，金属吊杆必须拉直，不能弯曲使用。

(3) 主、次龙骨的吊挂、连接必须牢固，不能有松动。

(4) 因吊顶龙骨未考虑施工荷载及外加荷载，所以施工用临时马道不能设在龙骨上，龙骨上不能堆放重物。严禁上人踩踏龙骨。

(5) 开检查口、灯位口、通风口等洞口切割龙骨时，必须采取相应的加固措施。

(6) 吊杆间距必须按规定设置，当遇设备间距过大时，应采取措施加设吊杆，吊杆距主龙骨端头距离不能大于300mm。

6.39 纸面石膏板吊顶板缝开裂或板裂缝的原因有哪些？如何防治？

1. 产生原因

(1) 吊顶板干燥收缩。

(2) 被人为踩踏。

(3) 石膏板质量不合格。

(4) 吊杆和龙骨吊挂不牢。

(5) 吊顶吊杆与设备吊杆共用,吊杆设置不合理。

(6) 饰面板安装时施工不当。

(7) 板缝处理不当。

(8) 开设的洞口未采取加固措施。

(9) 有振动的设备与吊顶体系连接,或与饰面板直接连接。

(10) 吊顶面积大,未采取分格措施。

2. 防治措施

(1) 应选用质量合格的石膏板,施工环境湿度不宜超过70%。

(2) 对于非上人吊顶严禁上人踩踏。对于上人吊顶也不能踩踏中龙骨和覆面龙骨。

(3) 吊杆和龙骨的安装必须保证质量,吊挂件、连接件要连接牢固,严格检查验收程序。

(4) 吊顶吊杆不应与其他专业吊杆共用,间距应符合规定,距主龙骨端头距离不能大于300mm。

(5) 饰面板安装应按规定施工,板缝处理应选用配套材料,严格施工程序,注意基层清理干净。

(6) 开设的洞口必须采取加固措施,保证龙骨体系的整体性和牢固稳定性,运转或有振动的设备不得与吊顶体系连接,与饰面板接触部位应采取隔振或软连接措施。

(7) 对产生裂缝的部位,应检查产生的原因,针对具体情况进行调整和修理,必要时重新铺钉饰面和嵌缝。

(8) 当大面积吊顶时(100 m^2 以上),应采取分格措施,防止变形引起的伸缩开裂。

6.40 木制多层板吊顶罩面板的凹凸变形主要有哪些防治措施?

木制多层板吊顶罩面板产生凹凸变形应在以下几个方面进行

质量控制：

(1) 应选用符合国家标准的合格板材，板材厚度应在 4mm 以上。

(2) 木龙骨及板材在铺钉前进行防腐和防火处理(涂刷或浸渍防火、防腐剂)时，应使其充分晾干后方可使用；木质材料在施工前及施工中均应达到要求的含水率要求。

(3) 吊顶吊点及木格栅分格必须按设计要求保持规定范围内的间距尺寸。重点部位应适当加密。吊杆应有充分的强度并充分拉直，不得出现局部龙骨空悬现象。

(4) 饰面板的直角棱边宜采用修边处理，即刨成倒角，以便于嵌缝处理；同时注意板材作无缝铺钉时，不得强压就位，板块接头处略留间隙以适应罩面板膨胀时的变形程度。

(5) 吊顶板面继续进行装饰时，采用装饰面板，线条宜选择软质木材或其他新型优质材料成品，设置于饰面板收边或板缝部位的线脚应装钉于罩面层内的木龙骨上。

6.41 矿棉吸声板吊顶的变形通病主要有哪些防治措施？

矿棉吸声板吊顶变形应在以下几个方面进行质量控制：

(1) 矿棉板不宜使用于潮湿环境。

(2) 矿棉板在运输、存放及施工安装过程中不得受潮。

(3) 矿棉板不得受压、碰撞。

(4) 矿棉板固定于木龙骨吊顶时，采用角托固定仅限于小规格板材，大规格板应采用复合平贴。

(5) 采用胶粘剂粘贴固定时，必须注意现场的通风换气，并保证胶粘剂固化过程中不碰动或振动饰面板。

6.42 金属饰面板吊顶有哪些质量通病，如何防治？

1. 通病及产生原因

(1) 金属条板线型走向与设计不符，未按设计要求施工。

(2) 条板高低错开、平整度差。产生原因主要是龙骨未调平或安装不稳固;条板固定时受力不均匀;条板平整度差,安装前未作调直处理;块板安装时未放平或卡入不到位。

(3) 板条接缝明显,产生原因主要是板头变形或下料切割处理不好。

(4) 板面凹凸不平,有划伤,板面损伤,主要是运输安装不当,成品保护不好。

2. 防治措施

(1) 施工前必须经过图纸会审,明确设计意图及条板排列方向。明确与其他专业的外露于吊顶饰面设施的布置关系,保证条板走向及吊顶的整体布局的美观。

(2) 金属条板安装时,必须严格要求其配套龙骨及饰面板材料的平直度与装配精度,不合要求的,应重新调平,并安装稳固。要选用合格的金属饰面板,边条也应使用配套材料,不平直的条形板应调直后再用,如无法调直应弃之不用。采用搁置式、卡入式、嵌入式安装的饰面板,应放平或捶卡到位牢固。

(3) 条板接长时,应选择接头无变形坏损的板,如有变形应调整好再用。条板切割时,应控制切割角度,并对切口部位用锉刀修平,将毛边修整好。安装时用配套的接长件连接好或用相同颜色的胶粘剂将接口部位进行密合。

(4) 饰面板在运输、存放过程中应注意防止重压、碰撞。要保证包装的完好,以防损伤板面,在安装过程中应防止划伤和碰撞板面,安装时不得锤打板面,安装完毕及其他专业施工时应注意对板面的保护。

6.43 明龙骨产生线条不顺直、不平整,接缝明显的原因有哪些,如何防治?

1. 产生原因

(1) 安装时不注意放线,不按线路走。

(2) 安装时没及时调平,产生局部塌陷。

(3) 吊杆间距过大,龙骨接头处于同一位置。

(4) 安装饰面板时，板材尺寸过大，造成龙骨变形移位。

(5) 龙骨接头不牢，切割处理不好，使接缝明显。

2. 防治措施

(1) 安装时应放线，以控制标高、龙骨分格，在组装时应按控制线走。

(2) 安装时要设置龙骨平直的控制线，或饰面板与板缝的平直控制线，利用龙骨调平装置，边安装边调平。

(3) 龙骨体系选择应符合设计要求，要保证龙骨有足够的刚度，防止变形下陷。

(4) 主龙骨间距不应大于 1.2m，龙骨接头应错位安装，相邻接头不应在同一位置上。

(5) 安装固定饰面板时，要注意对缝均匀，保持线条平直，不可生扳硬装。如装不上，要查看安装位置是否有阻挡物，进行调整合格后再安装。

(6) 龙骨接头应采用专用配件，安装应牢固紧密，需切割时，不能随意估计下料，尺寸应准确。对已有表面涂层的龙骨应采用手工切割，切口部位应控制好角度，并修平毛边。切割时应防止龙骨变形。

6.44 顶棚内的填充料常会发生哪些问题？应采取哪些防治措施？

吊顶顶棚内的填充材料，主要起保温、隔热和隔声作用。填充料潮湿，将使保温效果下降并会导致发霉变质；铺设厚度过薄，将起不到相应的作用；铺设过厚会增加吊顶重量，使顶棚产生局部下坠和不平现象。以上问题均会影响使用功能和观感效果。因此，在施工中应注意采取以下措施：

(1) 顶棚内填充料应符合设计要求，并保持干燥。

(2) 铺设厚度应符合设计要求，保证厚度均匀。

(3) 桁架下弦底面与保温层的净距应不小于 100mm。

(4) 填充料应有防散落措施。

7 轻质隔墙工程

7.1 轻质隔墙工程分项工程的划分及适用范围是什么？

轻质隔墙材料的种类比较多，构造方法也根据墙体材料各有不同。本章的轻质隔墙主要是指非承重轻质内隔墙。加气混凝土砌块、空心砌块及各种小型砌块等砌体类轻质隔墙不含在本章范围内。在对轻质隔墙工程所用材料种类和隔墙构造方法进行调研的基础上，将目前广泛采用的轻质隔墙类型归纳为板材隔墙、骨架隔墙、活动隔墙、玻璃隔墙四个分项工程。

板材隔墙工程是指不需设置隔墙龙骨，由隔墙板材自承重，将预制或现制的隔墙板材直接固定于建筑主体结构上的隔墙工程。目前这类轻质隔墙的应用范围很广，使用的隔墙板材通常分为复合板材、单一材料板材、空心板材等类型。常见的隔墙板材如金属夹芯板、预制或现制的钢丝网水泥板、石膏夹芯板、石膏水泥板、石膏空心板、泰柏板（舒乐舍板）、增强水泥聚苯板（GRC 板）、加气混凝土条板、水泥陶粒板等等。随着建材行业的技术进步，这类轻质隔墙板材的性能会不断提高，板材的品种也会不断变化。

骨架隔墙是指在隔墙龙骨两侧安装墙面板以形成墙体的轻质隔墙。这一类隔墙主要是由龙骨作为受力骨架固定于建筑主体结构上。目前大量应用的轻钢龙骨石膏板隔墙就是典型的骨架隔墙。龙骨骨架中根据隔声或保温设计要求可以设置填充材料，根据设备安装要求安装一些设备管线等等。龙骨常见的有轻钢龙骨系列、其他金属龙骨以及木龙骨。墙面板常用的有纸面石膏板、人造木板、防火板、金属板、水泥纤维板以及塑料板等。

现代建筑注重大空间多功能使用，以期充分发挥其房间的使用效率，这就需要建造一些可以灵活分隔使用空间的推拉式活动隔墙、可拆装的活动隔墙等。这一类隔墙大多使用成品板材及其金属框架、附件，在现场组装而成，金属框架及饰面板一般不需再饰面层。也有一些活动隔墙不需要金属框架，完全是使用半成品板材现场加工制作成活动隔墙。

近年来，很多公共建筑经常使用钢化玻璃、磨砂玻璃等玻璃材料内隔墙，用玻璃砖砌筑内隔墙的也日益增多，玻璃隔墙分项工程包含了玻璃板隔墙安装及玻璃砖砌筑隔墙两种玻璃隔墙类型。

7.2 轻质隔墙工程的隔声有什么要求？

民用建筑轻质隔墙工程的隔声性能应符合设计要求和现行国家标准《民用建筑隔声设计规范》GB J118 的规定。

隔声减噪设计标准等级，应按建筑物实际使用要求确定，分特级、一级、二级、三级，共四个等级。标准等级见表 7-1。

标准等级 **表 7-1**

特　级	一级	二级	三级
特殊标准 （根据特殊使用要求而定）	较高标准	一般标准	最低限

在轻质隔墙的设计中，应根据标准规定的允许噪声级及隔声标准进行设计。

7.3 轻质隔墙工程应对什么材料及其性能进行复验？

按照国家验收规范的规定，轻质隔墙工程应对人造木板的甲醛含量进行复验。这是为了控制材料中的甲醛含量超标所引发室内空气的污染。

7.4 轻质隔墙用材料有哪些要求？

轻质隔墙的材料品种很多，材料的性能、规格、颜色或图案等应符合设计要求，除这些要求外，还应注意以下几点：

(1) 有隔声、隔热、阻燃、防潮等特殊要求的工程，隔墙板材应有相应的性能等级的检测报告；

(2) 木材、木饰面板的含水率应符合设计要求，一般控制在12%以下；

(3) 材料当中的有害物质限量，如人造木板的甲醛含量、石膏板的放射性指标等应符合有关材料标准的要求；

(4) 玻璃板隔墙应使用安全玻璃；

(5) 嵌缝材料应与基材板配套或相容的材料，施工中要注意嵌缝材料的使用要求，避免板缝处理出现材料选用不当的问题。

7.5 纸面石膏板有哪些类型？

纸面石膏板以熟石膏为主要原料，掺以适量添加剂及纤维做成板芯，再以特制纸为护面，经牢固粘结加工而成。有普通纸面石膏板、耐火纸面石膏板和耐水纸面石膏板。

纸面石膏板表面可复合各种装饰贴面材料，具有质轻、高强、防火、隔声、可粘、可钉、可锯、可漆、可粉涂等特点，适用于非承重墙体、墙体饰面层及吊顶等。

耐水纸面石膏板的纸面经过防水处理，石膏芯材含有防水成分，适用于做湿度较大的房间的墙面(不需再做抹灰饰面)，但不适于用在雨篷、檐口板或其他高湿部位；耐火纸面石膏板适用于建筑中有防火要求的部位及钢木结构耐火护面。

7.6 普通纸面石膏板有哪些性能要求？

纸面石膏板的性能要求，见表7-2。

普通纸面石膏板的性能要求　　表7-2

项目		指标					
		优等品		一等品		合格品	
		平均值	最大、最小值	平均值	最大、最小值	平均值	最大、最小值
单位面积质量(kg/m^2)	9mm	8.5	9.5(最大)	9.0	10.0(最大)	9.5	10.5(最大)

续表

项目		指标					
		优等品		一等品		合格品	
		平均值	最大、最小值	平均值	最大、最小值	平均值	最大、最小值
单位面积质量(kg/m²)	12mm	11.5	12.5(最大)	12.0	13.0(最大)	12.5	13.5(最大)
	15mm	14.5	15.5(最大)	15.0	16.0(最大)	15.5	16.5(最大)
	18mm	17.5	18.5(最大)	18.0	19.0(最大)	18.5	19.5(最大)
纵向断裂荷载(N)	9mm	392	353(最小)	353	318(最小)	353	318(最小)
	12mm	539	485(最小)	490	441(最小)	490	441(最小)
	15mm	686	617(最小)	637	573(最小)	637	573(最小)
	18mm	833	750(最小)	784	706(最小)	784	706(最小)
横向断裂荷载(N)	9mm	167	150(最小)	137	123(最小)	137	123(最小)
	12mm	185	185(最小)	176	159(最小)	176	159(最小)
	15mm	255	229(最小)	216	194(最小)	216	194(最小)
	18mm	294	265(最小)	255	229(最小)	255	229(最小)
含水率(%)		12.0	2.5(最大)	2.0	2.5(最大)	3.0	3.5(最大)

注：检验时，对于板材的单位面积重量、含水率和断裂荷载等质量指标，必须5张板材全部合格，否则该批产品判为不合格。

7.7 耐火纸面石膏板有哪些性能要求?

耐火纸面石膏板的性能要求，见表7-3。

耐火纸面石膏板性能要求　　表7-3

项目		指标					
		优等品		一等品		合格品	
		平均值	最大、最小值	平均	最大、最小值	平均值	最大、最小值
单位面积质量(kg/m²)	9mm	8～10					
	12mm	10～13					
	15mm	13～16					
	18mm	15～19					
	21mm	17～22					
	25mm	20～26					
纵向断裂荷载(N)	9mm	400	360(最小)	350	315(最小)	300	270(最小)
	12mm	550	495(最小)	500	450(最小)	450	405(最小)
	15mm	700	630(最小)	650	585(最小)	600	540(最小)
	18mm	800	765(最小)	800	720(最小)	750	675(最小)
	21mm	1000	900(最小)	950	855(最小)	900	810(最小)
	25mm	1150	1035(最小)	1100	990(最小)	1050	945(最小)

续表

项目		指标					
		优等品		一等品		合格品	
		平均值	最大、最小值	平均	最大、最小值	平均值	最大、最小值
横向断裂荷载(N)	9mm	170	153(最小)	140	126(最小)	110	99(最小)
	12mm	210	189(最小)	180	162(最小)	150	135(最小)
	15mm	260	234(最小)	225	203(最小)	195	176(最小)
	18mm	320	288(最小)	270	243(最小)	240	216(最小)
	21mm	380	342(最小)	315	284(最小)	285	257(最小)
	25mm	430	387(最小)	360	324(最小)	330	297(最小)
含水率(%)		2.0	2.5(最大)	2.0	2.5(最大)	3.0	3.5(最大)
遇火性能(min)(在规定时间内不得断裂)		40	30(最小)	30	20(最小)	20	15(最小)
不燃性		在炉内平均温升不超过50℃,试样表面平均温升不超过50℃,试样中心平均温升不超过50℃,试样平均温升持续燃烧时间不超过20s,试样平均失重率不超过50%					
难燃性		试样燃烧的的剩余长度平均值应大于150mm,其中没有一个试样的燃烧剩余长度为0,没有一次试验的平均烟气温度超过200℃					
遇火发烟性		遇火发烟后,其最大烟密度小于50%,烟密度等级应低于50					

7.8 耐水纸面石膏板有哪些性能要求?

耐水纸面石膏板的性能要求,见表7-4。

耐水纸面石膏板的性能要求 **表7-4**

项目		指标					
		优等品		一等品		合格品	
		平均值	最大、最小值	平均	最大、最小值	平均值	最大、最小值
单位面积质量(kg/m^2)	9mm	8.5	9.5(最大)	9.0	10.0(最大)	9.5	10.5(最大)
	12mm	11.5	12.5(最大)	12.0	13.0(最大)	12.5	13.5(最大)
纵向断裂荷载(N)	9mm	392	353(最小)	353	318(最小)	353	318(最小)
	12mm	539	485(最小)	490	441(最小)	490	441(最小)
横向断裂荷载(N)	9mm	167	150(最小)	137	123(最小)	137	123(最小)
	12mm	206	185(最小)	176	159(最小)	176	159(最小)

续表

项目	指标					
	优等品		一等品		合格品	
	平均值	最大、最小值	平均	最大、最小值	平均值	最大、最小值
含水率(%)吸水率(浸水 2h)(%)	2.0	2.5(最大)	2.0	2.5(最大)	3.0	3.5(最大)
表面吸水量(浸水 3h)(g/m^2)	<5.0 <160	<6.0(最大) <250(最大)	<8.0 <200	<9.0(最大) <300(最大)	<10.0 <240	<11.0(最大) <350(最大)
受潮挠度(mm) 9mm	<48		<52		<56	
受潮挠度(mm) 12mm	<32		<38		<44	
护面纸与石膏芯的湿粘接性能(cm^2)(浸水 2h)	裸露面积不许有		裸露面积不许有		裸露面积<3	

7.9 轻质隔墙工程应对哪些隐蔽工程项目进行验收?

轻质隔墙工程应对下列隐蔽工程项目进行验收:

(1) 骨架隔墙中设备管线的安装及水管试压。

(2) 木龙骨防火、防腐处理。

(3) 预埋件或拉结筋。

(4) 龙骨安装。

(5) 填充材料的设置。

轻质隔墙工程中的隐蔽工程施工质量是工程质量的重要组成部分,其中设备管线安装的隐蔽工程验收属于设备专业施工配合的项目,要求在骨架封面板前,对骨架中设备管线的安装进行隐蔽工程验收,尤其注意水管应作完试水检验,隐蔽工程验收合格后才能封面板;对于木质材料的防火、防腐处理情况,要进行隐检;预埋件或拉结筋主要是用于隔墙与主体结构的连接固定,龙骨安装主要用于骨架隔墙,骨架隔墙中保温或隔声填充材料的设置等也应当按照要求做隐蔽工程的验收。

7.10 板材隔墙、骨架隔墙在不同材料交接处有什么施工要求?

对于板材隔墙和骨架隔墙工程来说,墙体与顶棚或其他材料墙体的交接处很容易出现贯通裂缝，是一个带有普遍性的质量问题，在设计或施工中要给予足够的重视，采取构造措施，控制、避免裂缝的出现。因此，轻质隔墙工程在这些部位要采取防裂缝的措施。

7.11 骨架隔墙、板材隔墙的施工要点有哪些?

骨架隔墙工程的构造方式一般是以轻钢龙骨或木龙骨、型钢等为骨架，封以纸面石膏板、水泥刨花板、木板或金属板等组成。不同类型的龙骨，组成不同的骨架构造。一般是用沿地、沿顶龙骨与沿墙、沿柱龙骨构成隔墙边框，中间安装若干竖向龙骨，边框龙骨为主要受力龙骨。有些系列龙骨体系，还要求加通贯横撑龙骨和加强龙骨；竖向龙骨间距根据板面材料尺寸而定，一般不大于600mm。轻质隔墙根据龙骨产品技术标准，隔墙高度限制由龙骨断面、刚度和龙骨间距、墙体厚度等因素而定。

骨架隔墙的施工顺序：

墙位放线→墙基施工→安装沿地、沿顶、沿墙（柱）龙骨→安装竖向龙骨、门窗洞口加强龙骨、横撑龙骨、通贯龙骨→安装电气线路管道等→安装单面饰面板→（填充隔声材料）→封饰面板→嵌缝→清理。

骨架隔墙施工要点：

（1）施工放线

根据设计要求及现场实测，在楼地面上弹出隔墙位置线，并引测至隔墙两端墙（或柱）面及楼板（或梁）底面，同时将门洞口位置、竖向龙骨位置在隔墙墙体上下部位分别标出，作为基准线。

（2）隔墙墙基砌筑

如设计要求需要设置墙基（踢脚台、导墙、墙垫）时，应先进行墙基的砌筑，将楼地面凿毛并清扫后洒水湿润，然后做现浇混凝土墙基，或做砖砌踢脚台再抹水泥砂浆。隔墙墙基的宽度（厚度）一般为100～200mm，为方便沿地龙骨固定，可预先埋入防腐木砖，木砖间距应按设计要求。一般间距尺寸在600mm左右。

(3) 安装沿地、沿顶、沿墙(柱)龙骨

隔墙骨架的沿顶、沿地横龙骨的固定有三种方法:一是楼板、梁或墙垫结构内有预埋木砖的,即采用木螺钉固定;二是对于无预埋件的即采用射钉进行固定连接;三是采用膨胀螺栓(金属胀管)进行连接固定。横龙骨两端顶至结构墙(柱)面,最末一颗紧固件与结构立面的距离不大于 100mm;射钉或膨胀螺栓的间距应不大于 600mm。对于室内小型的装饰性隔墙骨架,其沿墙、柱边龙骨亦可按设计要求采用高强水泥钢钉进行固定的方法。

(4) 装设氯丁橡胶密封条

在安装沿地、沿顶和沿墙(柱)龙骨时,有些设计要求在龙骨背面粘贴两道氯丁橡胶条作为防水、隔声的一项密封措施。

(5) 安装竖向龙骨

以 C 形竖龙骨上穿线孔为依据,首先确定龙骨上下两端的方向,尽量使穿线孔对齐。对于设计要求的竖龙骨长度尺寸,应根据现场实测情况,以保证竖龙骨能够在沿地沿顶龙骨的槽口内滑动为准,竖龙骨的长度应比沿地沿顶龙骨内侧的距离略短 15mm 左右。

轻钢墙体龙骨不只适用于安装纸面石膏板隔墙,也适宜于水泥刨花板、稻草板和石棉水泥板等多种轻质板材的钉固式罩面装饰隔墙。竖龙骨安装间距,要按罩面板材的实际宽度尺寸及隔墙墙体的结构设计而定。此外,隔墙墙体骨架第一档的竖龙骨间距,通常要求比普通间距尺寸(400～600mm)减 25mm。

龙骨的现场截断,注意只可从其上端切割。将截切好长度尺寸的竖龙骨推向沿地、沿顶龙骨之间,龙骨侧翼朝向罩面板方向(即为罩面板钉装面)。竖龙骨到位并保证垂直后,当设计规定为刚性连接时,与沿顶沿地龙骨的固定可采用自攻螺钉或抽芯铆钉进行钉接。

(6) 安装通贯龙骨及横撑(水平龙骨)

当隔墙骨架采用通贯系列龙骨时,竖龙骨安装后即装设通贯龙骨,在水平方向从各条竖龙骨的贯通孔中穿过,在竖龙骨的开口面用支撑卡予以稳定并锁闭此处的敞口。根据施工工艺的规定，低于 3m 的隔墙安装一道通贯龙骨；3～5m 的隔墙应安装两道；5m 以上高度的隔墙应安装三道通贯龙骨。装设支撑卡时，卡距应为 400～600mm，距龙骨两端的距离为 20～25mm。对于非支撑卡系列的竖龙骨，通贯龙骨的稳定可在竖龙骨非开口面采用角托，以抽芯铆钉或自攻螺钉将角托与竖龙骨连接并托住通贯龙骨。

对于非通贯龙骨系列的骨架产品，以及隔墙骨架的重要部位或罩面板材横向接缝处，应加设横撑龙骨。横撑龙骨与竖龙骨的连接主要是采用角托，在竖龙骨背面用抽芯铆钉或自攻螺钉进行固定。也可于竖龙骨开口面以卡托相连接。

对于隔墙骨架的特殊部位，如门窗或特殊节点处的骨架安装，使用附加龙骨、斜撑或扣盒子加强龙骨等，应按照设计图纸进行安装固定。装饰性木质门框，一般可用自攻螺钉与洞口处竖龙骨固定，门框横梁与横龙骨以同样方法连接。

(7) 电器线管、填充材料安装

电气线管应与龙骨安装牢固。隔声填充材料应铺设均匀、严密，防止下坠。并通过隐蔽工程验收。

(8) 饰面板安装

在隔墙轻钢龙骨安装完毕并通过中间验收，即可安装隔墙饰面板，先安装一个单面，待墙体内部的管线及其他隐蔽设施或填塞材料装设后再封钉另一面的板材。

罩面的板材宜采用整板，板与板的对接可以靠紧但不得强压就位。板块的铺置宜采用竖式，也可用横式；但隔墙是防火墙时必须竖向铺板；曲面墙则宜采用横向铺装。石膏板的装钉应从板中央向板的四边顺序进行，中间部分自攻螺钉的钉距一般应不大于 300mm，板块周边螺钉钉距应不大于 200mm，螺钉距板边缘的距离应为 10～16mm。自攻螺钉头略埋入板面，但不得损坏板材的护面纸。

隔墙端部的石膏板与相接的墙或柱面，应留有 3mm 的间隙，先注入嵌缝膏后再铺板挤密嵌缝膏。

龙骨两侧的罩面板，以及龙骨一侧的内外两层纸面石膏板，均应错缝排列，它们的板缝不得落在同一根龙骨上。

纸面石膏板隔墙以丁字或十字形相接时，其墙体阴角处应用腻子嵌满，贴上接缝带（穿孔纸带或玻璃纤维网格胶带）；阳角处应设置护角。

安装防火墙石膏板时，石膏板不得固定在沿顶、沿地龙骨上，应另设横撑龙骨加以固定。

(9) 嵌缝处理

嵌缝处理的方法根据饰面板材料不同而定，以西斯尔（CSR）石膏板的不开裂接缝系统为例，该做法的组成包括 CSR 底层接缝腻子、CSR 表层接缝腻子、CSR 接缝纸带、CSR 标准接缝处理工具，以及 CSR 接缝工艺等。

板材隔墙的种类很多，施工构造方法各有不同，有些板材可以与地、顶楼板结构用铁件焊接连接的构造方式，也有一些板材可以直接与地、顶楼板结构用顶楔的嵌固方式。以石膏空心板为例，安装的顺序为：墙位放线→做墙基→立墙板→板底缝隙填塞混凝土→嵌缝→清理。施工要点可以参照骨架隔墙。

7.12 钢板网抹灰隔墙的施工要点有哪些？

钢板网抹灰隔墙属于板材隔墙分项工程。可以直接在隔墙使用位置立好钢板网后抹水泥砂浆做隔墙板，也可以采用轻钢龙骨（木骨架、角钢、槽钢及工字钢等）为骨架，与 $\phi6$ 或 $\phi8$ 钢筋相配合构成隔墙网格框架体，在其表面敷设钢板网，然后进行抹灰。钢板网抹灰可以是双面抹灰，也可以在隔墙的一侧抹灰，外表面再进行最终的装饰。以轻钢龙骨作骨架的钢板网抹灰隔墙为例，轻钢骨架选用系列型材主件及配件，竖龙骨间距不大于 400mm，在其上分段横向设置 $\phi6$ 钢筋，固定钢板网后单面抹 25mm 厚度的水泥砂浆层，面层可贴瓷砖或按设计要求做其他饰面层。

施工质量控制要点：

1. 骨架安装及固定钢板网

隔墙的钢板网必须与周边主体结构牢固连接，要求铺敷平整、绷紧。

采用木骨架的隔墙，设上槛、下槛、靠墙立筋及中间各条立筋，立筋间距按设计要求，一般为300～400mm，再设置横撑、斜撑等，构成隔墙木格栅。在格栅骨架上铺钉钢板网，要求钉牢、钉平，钢板网的接头必须是钉牢于立筋上，并不得有翘边现象。木质隔墙的钢板网抹灰的另一种做法，即采用板条墙，墙筋骨架安装如上述，在骨架两面各钉板条，采用80mm×24mm×6mm的木板条时，其立筋间距为400mm；采用1200mm×38mm×9mm的木板条时，立筋间距为600mm；板条铺钉时在竖向可留10～20mm的板缝，板条横向端边必须在立筋上相接。板条墙安装牢固且平整后装钉钢板网。前一种做法适用于钢板网厚度较大时的钉装，后一种做法适宜于采用薄型钢板网的敷设。

隔墙钢骨架采用型钢或轻钢龙骨材料，由设计确定。在钢骨架上固定横向ϕ6或ϕ8钢筋，可采用焊接；钢板网的铺装可采用焊敷、绑扎或螺钉连接；要求铺敷平整、绷紧并牢固。

2. 钢板网抹灰

(1) 采用水泥石灰混合砂浆：一般分三遍成活，底层用1∶2∶1水泥石灰砂浆，厚约3～5mm，挤入钢板网网眼中，随即用1∶0.5∶4水泥石灰砂浆薄压一遍；中层用1∶3∶9水泥石灰砂浆找平，厚度约7～9mm；待中层砂浆凝结后，即采用麻刀石灰砂浆罩面，厚度约2～3mm。

(2) 采用水泥砂浆：水泥与中砂按1∶2.5或1∶3的配比拌制水泥砂浆，掺加适量麻丝或其他纤维材料，分层分遍涂抹于钢板网面。注意底层抹灰必须嵌入网眼内，确保抹灰层挂网粘结牢固。

(3)采用石灰砂浆：石灰膏、砂并略掺麻刀，按设计配比拌制麻刀石灰砂浆，分层分遍涂抹。底层和中层每遍厚度宜为3～6mm，面层抹灰在赶平压实后的厚度不得大于2mm；并应注意各抹灰层均应在前一层抹灰七、八成干时方可涂抹下一层砂浆。

7.13 玻璃板隔墙的施工要点有哪些?

玻璃板隔墙的安装常用普通嵌固方式或吊挂方式。玻璃板隔墙的施工要点主要有:

(1) 预埋件、镶嵌玻璃的金属或木质槽口经检查符合要求,槽口清理干净,室外用槽口应排水畅通;

(2) 玻璃板在搬运、安装过程中,避免碰撞,并应带有防护装置,玻璃板竖起安装时,人员应避免站在玻璃板倒向的下方;

(3) 采用吊挂式结构形式时,应反复检查以确保夹板或粘结牢固;

(4) 玻璃板对缝处应使用结构胶,严格按照结构胶的使用规定使用。接缝涂胶应均匀、光滑、无断裂和积瘤;

(5) 玻璃板四周应进行机械倒角并磨光;

(6) 使用手持玻璃吸盘或玻璃吸盘机时,应事先检查吸附重量和吸附时间;

(7) 玻璃板与四周墙体接缝应使用弹性密封材料填充密实,保证不渗漏。

7.14 玻璃砖隔墙的施工要点有哪些?

玻璃砖分为空心和实心两种,这种隔墙用于透光墙壁、建筑物非承重外墙、淋浴隔断墙、门厅、通道等,尤其适合高级建筑、体育馆用于控制透光、眩光的场合。玻璃砖砌筑的隔墙具有强度高、绝热、绝缘、隔声、防水、耐火等特点,而且透明度可以选择。光学畸变小。玻璃砖隔墙的主要施工要点是:

(1) 为保证侧向刚度,在每条砖缝内部都要埋设钢筋,钢筋与四周受力框架连接牢固;

(2) 竖向钢筋与横向钢筋要绑扎或焊接牢固;

(3) 在金属框架内砌筑玻璃砖时,要先在金属框架内周进行防腐处理;

(4) 砌筑玻璃砖时,灰层厚度要按设计尺寸严格控制,并要平整、充实、均匀；

(5) 砌筑完成后应进行勾缝处理，然后在勾缝内刷涂防水胶，以保证防水功能，使勾缝美观清晰；

(6) 表面清理干净。

7.15 轻质隔墙工程验收时应检查哪些文件和记录？

轻质隔墙工程验收时应检查下列文件和记录：

(1) 轻质隔墙工程的施工图、设计说明及相关设计文件。

(2) 材料的产品合格证书、性能检测报告、进场验收记录和复验报告。

(3) 隐蔽工程验收记录。

(4) 施工记录。

7.16 轻质隔墙工程验收检验批如何划分？

轻质隔墙各分项工程的检验批应按下列规定划分：

同一品种的轻质隔墙工程每50间(大面积房间和走廊按轻质隔墙的墙面$30m^2$为一间)应划分为一个检验批，不足50间也应划分为一个检验批。

7.17 每个检验批的检查数量如何规定？

板材隔墙、骨架隔墙工程每个检验批的检查数量应至少抽查10%，并不得少于3间；不足3间时应全数检查。

活动隔墙、玻璃隔墙工程每个检验批的检查数量应至少抽查20%，并不得少于6间；不足6间时应全数检查。

7.18 板材隔墙质量验收的主控项目是什么？

板材隔墙质量验收的主控项目是：

(1) 隔墙板材的品种、规格、性能、颜色应符合设计要求。有隔声、隔热、阻燃、防潮等特殊要求的工程，板材应有相应性能等级的检测报告。

(2) 安装隔墙板材所需预埋件、连接件的位置、数量及连接方法应符合设计要求。

(3) 隔墙板材安装必须牢固。现制钢丝网水泥隔墙与周边墙体的连接方法应符合设计要求,并应连接牢固。

(4) 隔墙板材所用接缝材料的品种及接缝方法应符合设计要求。

7.19 板材隔墙质量验收的一般项目是什么?

板材隔墙质量验收的一般项目是:

(1) 隔墙板材安装应垂直、平整、位置正确,板材不应有裂缝或缺损。

(2) 板材隔墙表面应平整光滑、色泽一致、洁净,接缝应均匀、顺直。

(3) 隔墙上的孔洞、槽、盒应位置正确、套割方正、边缘整齐。

(4) 板材隔墙安装的允许偏差和检验方法应符合表 7-5 的规定。

板材隔墙安装的允许偏差和检验方法　　表 7-5

项次	项 目	允许偏差(mm)				检 验 方 法
		复合轻质墙板		石膏空心板	钢丝网水泥板	
		金属夹芯板	其他复合板			
1	立面垂直度	2	3	3	3	用 2m 垂直检测尺检查
2	表面平整度	2	3	3	3	用 2m 靠尺和塞尺检查
3	阴阳角方正	3	3	3	4	用直角检测尺检查
4	接缝高低差	1	2	2	3	用钢直尺和塞尺检查

7.20 骨架隔墙质量验收的主控项目是什么?

骨架隔墙质量验收的主控项目是:

(1) 骨架隔墙所用龙骨、配件、墙面板、填充材料及嵌缝材料的品种、规格、性能和木材的含水率应符合设计要求。有隔声、隔热、阻燃、防潮等特殊要求的工程，材料应有相应性能等级的检测报告。

(2) 骨架隔墙工程边框龙骨必须与基体结构连接牢固，并应平整、垂直、位置正确。

(3) 骨架隔墙中龙骨间距和构造连接方法应符合设计要求。骨架内设备管线的安装、门窗洞口等部位加强龙骨应安装牢固、位置正确，填充材料的设置应符合设计要求。

(4) 木龙骨及木墙面板的防火和防腐处理必须符合设计要求。

(5) 骨架隔墙的墙面板应安装牢固，无脱层、翘曲、折裂及缺损。

(6) 墙面板所用接缝材料的接缝方法应符合设计要求。

7.21 骨架隔墙质量验收的一般项目是什么?

骨架隔墙质量验收的一般项目是:

(1) 骨架隔墙表面应平整光滑、色泽一致、洁净、无裂缝，接缝应均匀、顺直。

(2) 骨架隔墙上的孔洞、槽、盒应位置正确、套割吻合、边缘整齐。

(3) 骨架隔墙内的填充材料应干燥，填充应密实、均匀、无下坠。

(4) 骨架隔墙安装的允许偏差和检验方法应符合表 7-6 的规定。

骨架隔墙安装的允许偏差和检验方法　　表 7-6

项次	项目	允许偏差(mm)		检验方法
		纸面石膏板	人造木板、水泥纤维板	
1	立面垂直度	3	4	用 2m 垂直检测尺检查
2	表面平整度	3	3	用 2m 靠尺和塞尺检查
3	阴阳角方正	3	3	用直角检测尺检查
4	接缝直线度	—	3	拉 5m 线，不足 5m 拉通线，用钢直尺检查
5	压条直线度	—	3	拉 5m 线，不足 5m 拉通线，用钢直尺检查
6	接缝高低差	1	1	用钢直尺和塞尺检查

7.22 活动隔墙质量验收的主控项目是什么?

活动隔墙质量验收的主控项目是:

(1) 活动隔墙所用墙板、配件等材料的品种、规格、性能和木材的含水率应符合设计要求。有阻燃、防潮等特殊要求的工程,材料应有相应性能等级的检测报告。

(2) 活动隔墙轨道必须与基体结构连接牢固,位置正确。

(3) 活动隔墙用于组装、推拉和制动的构配件必须安装牢固、位置正确,推拉必须安全、平稳、灵活。

(4) 活动隔墙制作方法、组合方式应符合设计要求。

7.23 活动隔墙质量验收的一般项目是什么?

活动隔墙质量验收的一般项目是:

(1) 活动隔墙表面应色泽一致、平整光滑、洁净,线条应顺直、清晰。

(2) 活动隔墙上的孔洞、槽、盒应位置正确、套割吻合、边缘整齐。

(3) 活动隔墙推拉应无噪音。

(4) 活动隔墙安装的允许偏差和检验方法应符合表 7-7 的规定。

活动隔墙安装的允许偏差和检验方法　　表 7-7

项次	项　目	允许偏差(mm)	检验方法
1	立面垂直度	3	用 2m 垂直检测尺检查
2	表面平整度	2	用 2m 靠尺和塞尺检查
3	接缝直线度	3	拉 5m 线,不足 5m 拉通线,用钢直尺检查
4	接缝高低差	2	用钢直尺和塞尺检查
5	接缝宽度	2	用钢直尺检查

7.24 玻璃隔墙质量验收的主控项目是什么?

玻璃隔墙质量验收的主控项目是:

(1) 玻璃隔墙工程所用材料的品种、规格、性能、图案和颜色应符合设计要求。玻璃板隔墙应使用安全玻璃。

(2) 玻璃砖隔墙的砌筑或玻璃板隔墙的安装方法应符合设计要求。

(3) 玻璃砖隔墙砌筑中埋设的拉结筋必须与基体结构连接牢固,位置正确。

(4) 玻璃板隔墙的安装必须牢固。玻璃板隔墙胶垫的安装应正确。

7.25 玻璃隔墙质量验收的一般项目是什么?

玻璃隔墙质量验收的一般项目是:

(1) 玻璃隔墙表面应色泽一致、平整洁净、清晰美观。

(2) 玻璃隔墙接缝应横平竖直,玻璃应无裂痕、缺损和划痕。

(3) 玻璃板隔墙嵌缝及玻璃砖隔墙勾缝应密实平整、均匀顺直、深浅一致。

(4) 玻璃隔墙安装的允许偏差和检验方法应符合表 7-8 的规定。

玻璃隔墙安装的允许偏差和检验方法　　表 7-8

项次	项目	允许偏差(mm)		检验方法
		玻璃砖	玻璃板	
1	立面垂直度	3	2	用 2m 垂直检测尺检查
2	表面平整度	3	—	用 2m 靠尺和塞尺检查
3	阴阳角方正	—	2	用直角检测尺检查
4	接缝直线度	—	2	拉 5m 线,不足 5m 拉通线,用钢直尺检查
5	接缝高低差	3	2	用钢直尺和塞尺检查
6	接缝宽度	—	1	用钢直尺检查

7.26 钢板网隔墙抹灰开裂、空鼓产生的原因是什么? 如何防治?

钢板网隔墙抹灰层的开裂、空鼓产生的原因主要是:

(1) 隔墙骨架质量

多发生在木骨架中，木龙骨材质不良，含水率过大，截面尺寸不足，接头不牢；板条基层间隙过大或过小，板条端边无分段错搓，未留缝隙，铺钉不牢，造成吸水膨胀和干缩应力集中而出现较大挠变，使抹灰层厚薄不匀、粘结不良。

(2) 砂浆选用

主要原因是混合砂浆中的水泥掺量。底层混合砂浆中的水泥比例较大时，如养护不良，会增大砂浆的收缩率而产生裂缝；找平层若采用同样水泥比例较大的砂浆，也会因收缩出现裂缝且容易与底层贯穿。

(3) 操作工艺

各抹灰层批抹时间掌握不当，过早或过迟；养护不够，抹灰层快速干燥，遇强烈穿堂风时易产生风裂纹或引致脱落；底层抹灰未将砂浆充分压入网眼形成转角，致使抹灰层结合不牢，从而造成空鼓。

(4) 钢板网固定质量

钢板网在骨架上固定不牢、局部漏钉(焊)或绷固不紧，抹灰后变形，使各抹灰层之间产生剪力，引起抹灰层开裂甚至剥离。

预防措施：

针对钢板网隔墙抹灰开裂、空鼓的问题，施工中应对钢板网及其基体骨架安装固定质量严格检查。抹灰材料的选用应按设计规定并应符合规范要求，对混合砂浆中的水泥掺量应通过试验确定。抹灰操作应保证分层分遍，视砂浆品种适当掌握分层涂抹的间隔时间，水泥砂浆和混合砂浆应注意养护并待前一层抹灰凝结后方可涂抹后一层；石灰砂浆则是待前一层砂浆 7～8 成干后方可涂抹后一层。金属网抹灰的底层和中层，宜采用麻刀石灰砂浆或纸筋石灰砂浆，各层分遍成活，每遍厚度为 3～6mm；同时规定，水泥砂浆不得涂抹在石灰砂浆层上。

8 饰面砖粘贴工程

8.1 饰面砖粘贴分项工程属于什么子分部工程？其适用范围是什么？

按照《建筑装饰装修工程质量验收规范》GB 50210 的规定，饰面砖粘贴工程属于饰面板(砖)子分部工程中的一个分项工程。

饰面砖粘贴工程适用于内墙饰面砖粘贴工程；也适用于高度不大于 100m、抗震设防烈度不大于 8 度、采用满粘法施工的外墙饰面砖粘贴工程。

8.2 饰面砖粘贴工程对样板件有什么要求？

外墙饰面砖粘贴工程要求在工程粘贴前和施工过程中，均应在相同基体或基层上做粘贴样板件，并对样板件的饰面砖粘结强度进行检验，其检验方法和结果判定应符合《建筑工程饰面砖粘结强度检验标准》JGJ 110 的规定。

8.3 建筑饰面砖是如何分类的？

饰面砖分类见表 8-1。

饰面砖分类　　表 8-1

分类		名称品种
按装饰部位	内墙面砖（釉面砖）	白色釉面砖、有光彩色釉面砖、石光彩色釉面砖、花釉面砖、结晶釉面砖、大理石釉面砖、斑纹釉面砖、白色图案釉面砖、色地图案釉面砖、陶瓷波化砖、虹彩、兔毫、金砂、银砂釉面砖
	外墙面砖	彩釉砖、无釉外墙砖、陶瓷波化砖
按原料		瓷质、炻器质、陶质

续表

分　类	名称品种
按烧结工艺	一次烧成、二次烧成、烤花
按其他	陶瓷锦砖、陶瓷壁画、劈裂砖等

8.4　饰面砖工程要求对哪些材料及其性能指标进行复验？

饰面砖工程要求进场复验的材料及其性能如下：

(1) 粘贴用水泥的凝结时间、安定性和抗压强度。

(2) 外墙陶瓷面砖的吸水率。

(3) 寒冷地区外墙陶瓷面砖的抗冻性。

8.5　不同原料的饰面砖的吸水率有何不同？

饰面砖的吸水率见表 8-2。

饰面砖吸水率　　**表 8-2**

名　称	瓷质砖	炻器质砖			陶质砖
		炻瓷砖	细炻砖	炻质砖	
吸水率	$E\leqslant0.5\%$	$0.5\%<E\leqslant3\%$	$3\%<E\leqslant6\%$	$6\%<E\leqslant10\%$	$10\%<E$

8.6　不同原料饰面砖的应用范围有哪些？

不同原料饰面砖的应用范围参见表 8-3。

饰面砖应用范围　　**表 8-3**

用途＼性质	瓷质		炻器质		陶质	
	室内	室外	室内	室外	室内	室外
墙　面	宜	宜	宜	宜	宜	不宜
寒冷地区	宜	宜	宜	有时宜	有时宜	不宜
表面硬度(莫氏)	7～9		6～7		3～7	

8.7　饰面砖有哪些主要规格？

饰面砖主要规格参见表 8-4。

常用饰面砖规格　　表 8-4

<table>
<tr><th colspan="2">面砖边长、厚度</th><th>尺　寸</th></tr>
<tr><td rowspan="2">内墙面砖</td><td>正方形</td><td>一般边长为 300～108mm</td></tr>
<tr><td>长方形</td><td>一般长边为 300～200 mm,短边为 200～100 mm</td></tr>
<tr><td rowspan="2">外墙面砖</td><td>正方形</td><td>一般边长为 300～100mm</td></tr>
<tr><td>长方形</td><td>一般长边为 595～115 mm,短边为 295～60 mm</td></tr>
<tr><td colspan="2">厚</td><td>内墙面砖一般为 5mm 或 6mm;外墙面砖一般为(5.5. 6. 8、9、10mm)</td></tr>
</table>

8.8　配件砖主要有哪些种类?

配件砖主要有阳角条、阴角条、阳三角、阴三角、压顶条、压顶阳角、压顶阴角、阳角座、阴角座等。

8.9　饰面砖进场后应对哪些内容进行质量检查?

一般来说,现场对饰面砖的质量检查主要有目测检查、工卡量具测量和通过声音检查。

(1) 目测检查。

包括色泽检查和外观缺陷检查。色泽检查:把釉面砖 $1m^2$ 放置距离被检查者 2m(外墙砖为 3m)处观察,色差不明显即可视为颜色一致;色泽差异过大考虑退换货处理。外观缺陷检查:目测者距被检砖体一定距离处可以观察到斑点、桔釉、波纹、釉缕、磕碰、坯粉、缺釉等可按外观质量的不同等级的规定处理。

(2) 工卡量具测量

常用金属直尺、卡尺、塞规等对规格尺寸、平整度以及一些缺陷,如起泡的大小和高低、釉下裂总长度、斑点直径、磕碰的长、宽、深、变形的大小等进行检查。

(3) 通过声音检查

用钢针小锤或磁棒、铁棒敲击砖体或用两块砖体轻轻碰撞,没有缺陷的声音清晰,有缺陷的声音混浊、暗哑、粗糙、刺耳。

8.10 釉面砖和无釉砖分别执行什么质量标准?

釉面砖和无釉砖按照吸水率不同分别执行质量标准如下:

(1) 白色釉面内墙砖的吸水率较大($E>10\%$),是陶瓷产品,执行《干压陶瓷砖　第 5 部分:陶质砖》GB/T 4100.5 的标准。彩色釉面墙砖是吸水率为 0.5%~10%一类有釉砖的总称。根据吸水率不同分别执行《干压陶瓷砖　第 2 部分:炻瓷砖》GB/T 4100.2、《干压陶瓷砖　第 3 部分:细炻砖》GB/T 4100.3、《干压陶瓷砖　第 4 部分:炻质砖》GB/T 4100.4 标准。

(2) 无釉砖包括了所有吸水率 $E<10\%$的不施釉陶瓷砖。品种有各类瓷质砖(包括抛光砖)、红地砖、广场砖、无釉劈离砖等。按照吸水率不同分别执行上述标准。

8.11 饰面砖产品质量的允许偏差及理化性能要求是什么?

饰面砖产品的尺寸允许偏差按照产品标准分述如下:

(1) 按照瓷质砖 GB/T 4100.1、炻瓷砖 GB/T 4100.2 的规定,产品长度、宽度和厚度尺寸允许偏差见表 8-5 规定:

长度、宽度和厚度允许偏差(mm)　　表 8-5

允许偏差 % \ 产品表面面积 S(cm^2)			$S\leqslant90$	$90<S\leqslant190$	$190<S\leqslant410$	$410<S\leqslant1600$	$S>1600$
长度和宽度	(1)	每块砖(2 或 4 条边)的平均尺寸相对于工作尺寸的允许偏差	±1.2	±1.0	±0.75	±0.6	±0.5
	(2)	每块砖巳或 4 条边)的平均尺寸相对于 10 块砖(20 或 40 条边)平均尺寸的允许偏差	±0.75	±0.5	±0.5	±0.4	±0.3
厚度	每块砖厚度的平均值相对于工作尺寸厚度的最大允许偏差		±10.0	±10.0	±5.0	±5.0	±5.0

按照瓷质砖 GB/T 4100.1、炻瓷砖 GB/T 4100.2 的规定,产

品边直度、表面平整度尺寸允许偏差见表8-6规定：

(2) 按照瓷质砖GB/T 4100.3的规定，产品长度、宽度和厚度尺寸允许偏差见表8-7规定：

按照瓷质砖GB/T 4100.3的规定，产品边直度、表面平整度尺寸允许偏差见表8-8规定：

(3) 按照炻质砖GB/T 4100.4的规定，产品长度、宽度和厚度尺寸允许偏差见表8-9规定：

按照炻质砖GB/T 4100.4的规定，产品边直度、表面平整度尺寸允许偏差见表8-10规定：

(4) 按照陶质砖GB/T 4100.5的规定，产品的长度、宽度和厚度允许偏差应符合表8-11的规定：

按照陶质砖GB/T 4100.5的规定，产品的边直度、直角度和表面平整度允许偏差应符合表8-12的规定：

(5) 以上陶瓷砖表面质量均应符合下列规定：

优等品：至少95%的砖，距0.8m远处垂直观察表面无缺陷；

合格品：至少95%的砖，距1m远处垂直观察表面无缺陷。

(6) 理化性能见表8-13。

8.12 劈离砖产品的质量标准是什么？

劈离砖质量标准如下：

(1) 尺寸偏差，见表8-14。

(2) 外观质量根据外观质量分为优等品、一级品和合格品。见表8-15。

(3)变形，见表8-16。

(4) 物理性能。

① 吸水率：不大于6%。

② 耐急冷急热性：试验不出现炸裂或裂纹。

③ 抗冻性能：经20次冻融循环不出现裂纹或釉面剥落。

④ 弯曲强度：平均值不小于20MPa；单个值不小于18MPa。

瓷质砖和炻瓷砖的边直度，表面平整度允许偏差（mm） **表 8-6**

产品表面面积 $S(cm^2)$ / 允许偏差（%）		$S \leqslant 90$		$90 < S \leqslant 190$		$190 < S \leqslant 410$		$410 < S \leqslant 1600$		$S > 1600$	
		优等品	合格品	优等品	合格品	优等品	合格品	优等品	合格品	优等品	合格品
边直度[①]（正面）相对于工作尺寸的最大允许偏差		±0.5	±0.75	±0.4	±0.5	±0.4	±0.5	±0.4	±0.5	±0.3	±0.5
直角度[①]（正面）相对于工作尺寸的最大允许偏差		±0.7	±1.0	±0.4	±0.6	±0.4	±0.6	±0.4	±0.6	±0.3	±0.5
表面平整度相对于工作尺寸的最大允许偏差	a）对于由工作尺计算的对角线的中心弯曲度	±0.7	±1.0	±0.4	±0.5	±0.4	±0.5	±0.4	±0.5	±0.3	±0.4
	b）对于由工作尺寸计算的对角线的翘曲度	±0.7	±1.0	±0.4	±0.5	±0.4	±0.5	±0.4	±0.5	±0.3	±0.4
	c）对于由工作尺寸计算的边弯曲度	±0.7	±1.0	±0.4	±0.5	±0.4	±0.5	±0.4	±0.5	±0.3	±0.4

① 不适用于有弯曲形状的砖。

瓷质砖的长度、宽度和厚度允许偏差（mm） **表 8-7**

产品表面面积 $S(cm^2)$ / 允许偏差（%）			$S \leqslant 90$	$90 < S \leqslant 190$	$190 < S \leqslant 410$	$410 < S$
长度和宽度	(1)	每块砖（2 或 4 条边）的平均尺寸相对于工作尺寸的允许偏差	±1.2	±1.0	±0.75	±0.6
	(2)	每块砖（2 或 4 条边）的平均尺寸相对于 10 块砖（20 或 40 条边）平均尺寸的允许偏差	±0.75	±0.5	±0.5	±0.4
厚度		每块砖厚度的平均值相对于工作尺寸厚度的最大允许偏差	±10.0	±10.0	±5.0	±5.0

瓷质砖的边直度，表面平整度允许偏差（mm） 表 8-8

产品表面面积 S(cm²) / 允许偏差（%）		$S\leqslant90$		$90<S\leqslant190$		$190<S\leqslant410$		$410<S$	
		优等品	合格品	优等品	合格品	优等品	合格品	优等品	台格品
边直度①（正面）相对于工作尺寸的最大允许偏差		±0.50	±0.75	±0.4	±0.5	±0.4	±0.5	±0.4	±0.5
直角度①（正面）相对于工作尺寸的最大允许偏差		±0.70	±1.0	±0.4	±0.6	±0.4	±0.6	±0.4	±0.6
表面平整度相对于工作尺寸的最大允许偏差	a）对于由工作尺寸计算的对角线的中心弯曲度	±0.7	±1.0	±0.4	±0.5	±0.4	±0.5	±0.4	±0.5
	b）对于由工作尺寸计算的对角线的翘曲度	±0.7	±1.0	±0.4	±0.5	±0.4	±0.5	±0.4	±0.5
	c）对于由工作尺寸计算的边弯曲度	±0.7	±1.0	±0.3	±0.5	±0.3	±0.5	±0.3	±0.5

炻质砖长度、宽度和厚度允许偏差（mm） 表 8-9

产品表面面积 S(cm²) / 允许偏差（%）			$S\leqslant90$	$90<S\leqslant190$	$190<S\leqslant410$	$410<S$
长度和宽度	(1)	每块砖（2 或 4 条边）的平均尺寸相对于工作尺寸的允许偏差	±1.2	±1.0	±0.75	±0.6
	(2)	每块砖（2 或 4 条边）的平均尺寸相对于 10 块砖（20 或 40 条边）平均尺寸的允许偏差	±0.75	±0.5	±0.5	±0.4
厚度		每块砖厚度的平均值相对于工作尺寸厚度的最大允许偏差	±10.0	±10.0	±5.0	±5.0

炻质砖边直度，表面平整度允许偏差（mm） **表 8-10**

允许偏差（%） \ 产品表面面积 $S(cm^2)$		$S\leqslant 90$		$90<S\leqslant 190$		$190<S\leqslant 410$		$410<S$	
		优等品	合格品	优等品	合格品	优等品	合格品	优等品	台格品
边直度（正面）相对于工作尺寸的最大允许偏差		±0.50	±0.75	±0.4	±0.5	±0.4	±0.5	±0.4	±0.5
直角度（正面）相对于工作尺寸的最大允许偏差		±0.70	±1.0	±0.4	±0.6	±0.4	±0.6	±0.4	±0.6
表面平整度相对于工作尺寸的最大允许偏差	a）对于由工作尺寸计算的对角线的中心弯曲度	±0.7	±1.0	±0.4	±0.5	±0.4	±0.5	±0.4	±0.5
	b）对于由工作尺寸计算的对角线的翘曲度	±0.7	±1.0	±0.4	±0.5	±0.4	±0.5	±0.4	±0.5
	c）对于由工作尺寸计算的边弯曲度	±0.7	±1.0	±0.4	±0.5	±0.4	±0.5	±0.4	±0.5

陶质砖长度、宽度和厚度允许偏差（mm） **表 8-11**

尺寸允许偏差（%） \ 类别			无间隔凸缘	有间隔凸缘
长宽度	（1）	每块砖（2 或 4 条边）的平均尺寸相对于工作尺寸的允许偏差	$L\leqslant 12cm$：±0.75 $L>12cm$：±0.50	+0.60 −0.30
	（2）	每块砖（2 或 4 条边）的平均尺寸相对于 10 块试样（20 或 40 条边）的允许偏差	$L\leqslant 12cm$：±0.50 $L>12cm$：±0.30	±0.25
厚度	每块砖厚度的平均值相对于工作尺寸的最大允许偏差		±10.0	±10.0

注：砖可以有一条或几条上釉边。

陶质砖的边直度、直角度和表面平整度允许偏差(mm)　　表 8-12

允许偏差(%) \ 类别		无间隔凸缘		有间隔凸缘	
		优等品	合格品	优等品	合格品
边直度(正面)相对于工作尺寸的最大允许偏差		±0.20	±0.30	±0.20	±0.30
直角度(正面)相对于工作尺寸的最大允许偏差		±0.30	±0.50	±0.20	±0.30
表面平整度(正面)相对于工作尺寸的最大允许偏差	a) 对于由工作尺寸计算的对角线的中心弯曲度	+0.40	+0.50	+0.70mm	+0.80mm
	b) 对于由工作尺寸计算的边的弯曲度	−0.20	−0.30	−0.10mm	−0.20mm
	c) 对于由工作尺寸计算的对角线的翘曲度	±0.30	±0.50	s≤250cm² 0.30mm s>250cm² 0.50mm	s≤250cm² 0.50mm s>250cm² 0.75mm

注：不适用于有弯曲形状的砖。

理 化 性 能　　表 8-13

标　准	性　能
GB/T 4100.5	吸水率:陶瓷砖的吸水率平均值不大于 0.5%,单个值不大于 0.6% 破坏强度:厚度≥7.5mm,破坏强度平均值不小于 1300N　厚度<7.5mm,破坏强度平均值不小于 700N
GB/T 4100.5	吸水率:陶瓷砖的吸水率平均值为 0.5%<E≤3%,单个值不大于 3.3% 破坏强度:厚度≥7.5mm,破坏强度平均值不小于 1100N　厚度<7.5mm,破坏强度平均值不小于 700N
GB/T 4100.5	吸水率:陶瓷砖的吸水率平均值 3%<E≤6%,单个值不大于 6.5% 破坏强度:厚度≥7.5mm,破坏强度平均值不小于 1000N　厚度<7.5mm,破坏强度平均值不小于 600N
GB/T 4100.5	吸水率:陶瓷砖的吸水率平均值 6%<E≤10%,单个值不小于 11% 破坏强度:厚度≥7.5mm,破坏强度平均值不小于 800N　厚度<7.5mm,破坏强度平均值不小于 500N
GB/T 4100.5	吸水率:陶瓷砖的吸水率平均值>10%,单个值不小于 9%。当平均值>20%时,生产厂家应予说明 破坏强度:厚度≥7.5mm,破坏强度平均值不小于 600N　厚度<7.5mm,破坏强度平均值不小于 200N

尺寸偏差 表 8-14

项目	基本尺寸(mm)	尺寸允许偏差(mm)
边长	$L<100$	±1.2
	$100\leqslant L<150$	±1.5
	$150\leqslant L<200$	±2.0
	$L\geqslant 200$	±2.5
厚度	$d\leqslant 12$	±1.2
	$d>12$	±1.5

外观质量 表 8-15

缺陷名称	优等品	一级品	合格品
缺釉、斑点、裂纹、落脏、棕眼、溶洞、釉缕、釉泡、磕碰、波纹、坯粉	距离砖面1m处目测,有可见缺陷的砖数不超过5%	距离砖面2m处目测,有可见缺陷的砖数不超过5%	距离砖面3m处目测,有可见缺陷的砖数不超过5%
色差	距离砖面3m处目测,不明显	距离砖面4m处目测,不明显	距离砖面5m处目测,不明显
开裂	不允许	不允许	不允许

变形 表 8-16

等级 / 变形种类	优等品	一级品	合格品
中心弯曲度①(%)	±0.50	±0.80	±1.00
翘曲度①(%)	±0.80	±1.00	±1.20
边直度②(%)	±0.50	±0.80	±1.00
直角度(%)	±1.50	±1.50	±1.50

注:① 中心弯曲度规定值为最大测量值占对角线长的百分比;
② 翘曲度规定值为最大测量值占相应工作边长的百分比。

⑤ 耐磨性:无釉砖体积磨损不超过 400mm^2;有釉砖供需双方商定。

⑥ 耐化学腐蚀性;

a. 耐酸性:无釉砖侵蚀后其质量损失不得超过 4%;有釉砖釉面耐酸等级不得低于 B 级。

b. 耐碱性:无釉砖侵蚀后其质量损失不得超过 10%;有釉砖

釉面耐碱等级不得低于B级。

8.13 外墙饰面砖吸水率、抗冻性的要求是什么?

建筑外墙饰面砖的吸水率、抗冻性是关系到工程质量和安全的重要材料性能指标,要求如下:

(1)在Ⅰ、Ⅵ、Ⅶ类地区,饰面砖吸水率不应大于3%;在Ⅱ类地区吸水率不应大于6%;在Ⅲ、Ⅳ、Ⅴ类地区以及冰冻期一个月以上的地区吸水率不宜大于6%。

(2)吸水率应按现行国家标准《陶瓷砖实验方法》GB/T 3810.3进行试验。

(3)抗冻性应按现行国家标准《陶瓷砖实验方法》GB/T 3810.12进行试验,在Ⅰ、Ⅵ、Ⅶ类地区冻融循环应满足50次;在Ⅱ类地区冻融试验应满足40次。

(4)外墙饰面砖宜采用背面有燕尾槽的产品。

8.14 外墙饰面砖粘贴工程对找平、粘结、勾缝材料的要求是什么?

外墙饰面砖粘贴工程对找平、粘结、勾缝材料的要求主要有:

(1)在Ⅲ、Ⅳ、Ⅴ类地区应采用具有抗渗性的材料,其性能应符合现行行业标准《砂浆、混凝土防水剂》JC 474第5.2节的技术要求。

(2)外墙饰面砖粘贴应采用水泥基粘结材料,其中包括现行行业标准《陶瓷墙地砖胶粘剂》JC/T 547规定的A类及C类产品。不得采用有机物作为主要粘结材料。水泥基粘结材料强度不应小于0.6Mpa。

(3)水泥基粘结材料应采用普通硅酸盐水泥或硅酸盐水泥,硅酸盐水泥强度等级不应低于42.5,普通硅酸盐水泥强度等级不应低于32.5。水泥基粘结材料中的砂含泥量不大于3%。

(4)面砖勾缝应采用具有抗渗性的粘结材料,其性能应符合现行行业标准《砂浆、混凝土防水剂》JC 474第5.2节的技术要求。

8.15 饰面砖专用胶粘剂有哪些品种及其特点性能?

胶粘剂种类很多,按组分可分为有机胶粘剂类(包括聚乙烯醇和醛类、聚醋酸乙烯溶液和共聚乳液类、天然橡胶与合成橡胶的乳液类、溶剂性弹性体类、丙烯酸酯乳液类、环氧树脂类等)和无剂胶粘剂类(水泥为主的胶粘剂类、硅酸盐类和氧镁水泥等);按用途可分基层界面处理剂(如EVA乳液、橡胶乳液和环氧乳液等)、建筑胶粘剂类(包括丙烯酸乳液等各类乳液、弹性体及橡胶类、环氧树脂类等)、勾缝材料类(环氧树脂类、弹性体类等)。

饰面砖胶粘剂的特点、用途及技术性能参见表8-17。

饰面砖胶粘剂的特点、用途及技术性能　　表8-17

名　称	说明和特点	技术性能	适用范围
JDF50通用瓷砖胶粘剂	以水泥为基材,用聚合物改性的粉状产品。具有耐水性好、操作方便、价格低廉等特点	剪切粘贴强度:28d,1.312MPa; 抗冻性能(15次):无开裂、脱落现象;粘贴15min内可调整耐水性(常温养护7d,水中浸泡7d); 剪切强度:>0.9MPa	适用于在混凝土、砂浆墙面、地面、石膏板等表面粘贴瓷砖、锦砖、大理石等
JDF-503多彩勾缝剂	具有红、黄、蓝等10多种色彩,是瓷砖胶粘剂的配套产品。勾缝不开裂,耐水性好,无毒、无味	抗拉强度:1d,0.2MPa; 3d,0.9MPa; 7d,1.5MPa; 耐水性:长期水泡无变化	用于各种瓷砖、陶板、大理石的勾缝,也可适用浴池,泳池的瓷砖勾缝
JD-502防水型瓷砖胶粘剂	是一种聚合物砂浆型胶粘剂,产品分为A、B两部分,使用时直接两组分配成粘稠状。具有高强、耐水、耐腐蚀等特点	剪切强度:14d,1.0MPa; 28d,1.4MPa; 耐水性:水泡7d; 剪切强度:>0.98MPa:-15~15℃冻融循环;剪切强度>0.98MPa;可耐一般弱酸、碱、盐类的腐蚀	用于室内外、卫生间、便池等处粘贴瓷砖、马赛克等

续表

名　称	说明和特点	技术性能	适用范围
JD-508 耐水型瓷砖胶粘剂	以耐水性较强的新型聚合物乳液为基料与适量的触变剂、防腐剂、防毒剂、增调剂、交联剂、以及复合填料配制而成的预混合单组分膏状胶粘剂，具有胶层薄，饰面不下滑，可调节时间长、强度高、工效快、洁净等特点	粘贴强度：常温 14d，2.5MPa；潮湿 7d，2.0 MPa；常温 14d，水浸；7d，0.6 MPa；可调性：＞30min	适用于在混凝土、砂浆抹灰、石膏板、水泥石棉板等基材粘贴瓷砖、马赛克、塑料板、石膏板等
双组分 SF—1 型瓷砖胶粘剂	以水玻璃为胶粘剂，配以改性剂、硬化剂和填料，经加工而成	粘接强度＞1.5MPa 浸水后粘接强度＞1.0MPa　可施工时间；30～40min	主要用于在墙面上贴瓷砖、大理石、花岗石等
粉状建筑胶粉剂	是一种新型单组分粉状胶粘剂，具有耐水、耐热、抗冻性能优良、无毒、调整时间长、施工性能好等特点	粘接强度： 室温 0.4～1.27MPa； 浸水 7d，1.58 MPa； 湿热 7d，1.87 MPa； 冻融 25 次：0.68 MPa	适于贴瓷砖、马赛克、大理石等

8.16　室内饰面砖粘贴工程基层处理的质量控制要点是什么?

基层处理是饰面砖粘贴之前一道非常重要的工序，不同材料的基体或基层要求用不同的处理方式，主要如下：

(1) 砖砌体墙面基层。

清理、剔除墙面上残存的废余砂浆块、灰尘、油污等，并提前一天浇水润湿。之后开始进行打底、找平、刷结合层、贴砖、勾缝擦缝。

(2) 混凝土墙面基层。

剔凿或修补混凝土墙面的胀模、蜂窝，清洗油污，太光滑的墙面要凿毛或用掺有丹利胶或108胶的水泥细砂浆做小拉毛或刷界面处理剂。之后开始进行打底、找平、刷结合层、贴砖、勾缝擦缝。

(3) 加气混凝土砌块墙体基层。

用洁净水将加气混凝土砌块墙面润湿，对缺棱掉角处进行修补。修补方法为：先刷一道掺有丹利胶或108胶的聚合物水泥浆，然后用1∶3∶9水泥石灰砂浆分层抹平。之后开始进行打底、找平、刷结合层、贴砖、勾缝擦缝。

8.17 饰面砖粘贴工程在结构缝部位的施工原则是什么？

饰面板(砖)工程的抗震缝、伸缩缝、沉降缝等部位的处理应保证缝的使用功能和建筑装饰面的完整性。

8.18 室内饰面砖粘贴工程施工质量控制的要点是什么？

室内饰面砖粘贴工程的基本程序是：基层处理→抹底子灰(找平层)→选砖、浸砖→排砖弹线→镶贴面砖→勾缝、擦缝

室内饰面砖粘贴施工质量控制要点参见表8-18。

8.19 外墙粘贴饰面砖对施工环境的要求是什么？

饰面砖粘贴的环境条件要求主要有温度、湿度、风力等。一般要求，日最低气温应在5℃以上施工。当低于5℃时，必须有保证质量的可靠防冻措施；当气温高于35℃时，应有有效的遮阳措施，并注意对饰面砖进行养护。雨雪天气以及风力大于5级时应停止室外饰面砖的粘贴作业。

室外粘贴饰面砖的基层含水率宜为15%～25%。

8.20 室外饰面砖粘贴工程施工质量控制的要点是什么？

室外饰面砖粘贴工程的基本程序是：基层处理→吊垂直、套方、找规矩→抹底子灰(找平层)→选砖、浸砖→排砖弹线→镶贴面砖→勾缝、擦缝→清洗表面

室外饰面砖粘贴施工质量控制要点参见表8-19。

室内饰面砖粘贴工程质量控制要点 **表 8-18**

基层	分层做法	施工质量控制要点
砖墙	1 基层处理 2 做 12mm 厚的 1∶3 水泥砂浆打底扫毛或划出纹道 3 做 8mm 厚的 1∶0.1∶2.5 的水泥石灰膏砂浆结合层 4 贴釉面砖 5 白水泥擦缝	1 首先进行基层处理(见上题) 2 找平层施工前将基体润湿,打底时要分层进行,每层厚度宜 5～7mm;并按设计要求在基体表面刷结合层 3 底层灰 6～7 成干时,按图纸要求,结合实际墙面尺寸和釉面砖规格进行排砖弹线;正式镶贴前应粘贴标准点,用废釉面砖,用作灰饼的混合砂浆粘在墙上,用以控制整个镶贴釉面砖表面平整度;垫底尺。计算好最下一皮砖下口标高,底尺上皮一般比地面底 1cm 左右,以次为依据放好底尺,要求水平、放稳 4 镶贴釉面砖前,面砖应先浸泡 2 小时以上,且要待表面不冒出气泡时为止,取出晾干待用(内湿外干);贴砖应自下向上粘贴,要求灰浆饱满,亏灰时,应取下重贴,要求随时用检测尺检查平整度,垂直度。同时要保证缝宽一致;初凝后严禁移动墙砖,否则取下清理干净后重贴 镶贴完,自检无空鼓、表面平整、线条挺直,用棉丝擦净,然后用白水泥砂浆擦缝,用布将缝隙的素浆擦匀,砖面擦净
混凝土墙	1 基层处理 2 刷界面处理剂时随刷随抹 10mm 厚的 1:3 的水泥砂浆底子灰,底子灰拉毛或划出纹道 3 做 8mm 厚的 1∶0.1∶2.5 的水泥石灰膏砂浆结合层 4 贴釉面砖 5 白水泥擦缝	
加气混凝土墙	1 基层处理 2 隔天刷一道聚合物水泥浆,并抹 12 厚的 1∶1∶6 水泥石灰砂浆打底,木抹槎平,隔天浇水养护。同时也可在用水泥石灰砂浆修补抹平后,在墙面上钉一层金属网,在金属网上分层抹 1∶1∶6 水泥石灰砂浆,木抹槎平,隔天浇水养护。底子灰拉毛或划出纹道 3 做 8mm 厚的 1∶0.1∶2.5 的水泥石灰膏砂浆结合层 4 贴釉面砖 5 白水泥擦缝	

室外饰面砖粘贴工程质量控制要点　　表 8-19

<table>
<tr><th>基　层</th><th>分层做法</th><th>施工质量控制要点</th></tr>
<tr><td>砖墙</td><td>1　基层处理
2　8 厚 1∶3 水泥砂浆
3　刷素水泥浆一道（内掺水重 3%～5%的丹利胶或 108 胶）
4　12 厚 1∶0.2∶2 水泥石灰膏砂浆结合层（内掺 5%丹利胶或 108 胶）
5　粘贴面砖
6　1∶1 水泥砂浆（细纱）勾缝</td><td rowspan="2">1　基层处理同室内镶贴面砖
2　吊垂直、套方、找规矩，高层建筑使用经纬仪在四大角、门窗口边打垂直线；多层建筑可使用线坠、绑铁丝吊垂直，根据面砖尺寸分层设点、做标志。横向水平线以楼层为水平基线交圈控制，竖向线则以四大角和通天柱垛子为基线控制，全部都应是整砖。阳角处要双面排直，灰饼间距 1.6m（不宜超过 2m）
3　找平层施工前将基体润湿，并按设计要求在基体表面刷结合层。打底应分层进行，第一遍厚度为 5～6mm 抹后扫毛，待终凝后，可抹第二遍，厚度为 5～6mm，视整体平整度情况决定是否抹下一层；找平层的厚度不应大于 20mm。之后用木杠刮平，木抹搓毛。终凝后浇水养护。（找平层表面允许偏差为 4mm。里面垂直度允许偏差为 5mm。）
4　宜在找平层上按设计方案刷一道结合层
5　排砖以保证砖缝均匀，按设计图纸要求及外墙面砖排列方式进行排布、弹线，凡阳角部位应是整砖。对必须使用非整砖的部位，非整砖的宽度不宜小于整砖宽度的 1/3
6　选砖、浸砖、镶贴前应先挑选颜色、规格一致的砖，清洗干净，然后浸泡 2h 以上，待表面晾干后方可使用
7　粘贴时，在面砖背面满铺粘结砂浆，粘结层厚度宜为 4～8mm。粘贴后，用小铲柄轻轻敲击，使之与基层粘牢，随时用靠尺找平找方。贴完一皮后，须将砖上口灰刮平，每日下班前须清理干净。初凝后严禁移动墙砖，否则取下清理干净后重贴
8　分格条在使用前应用水充分浸泡，以防胀缩变形。在粘贴面砖次日（或当日）取出，起条应轻巧，避免碰动面砖。在完成一个流水段后，用 1∶1 水泥细砂浆勾缝。先水平，后垂直勾缝。凹进深度应按设计要求
9　有抹灰与面砖相接的墙、柱面，应先在抹灰面上打好底，然后贴好面砖后再抹灰
10　整个工程完工后，应加强养护，同时用稀盐酸清洗表面，并用清水冲洗干净</td></tr>
<tr><td>混凝土墙</td><td>1　基层处理
2　刷素水泥浆一道（内掺水重 3%～5%的丹利胶或 108 胶）
3　5 厚 1∶0.5∶3 水泥石灰膏砂浆打底扫毛
4　刷素水泥浆一道（内掺水重 3%～5%的丹利胶或 108 胶）
5　12 厚 1∶0.2∶2 水泥石灰膏砂浆结合层（内掺 5%丹利胶或 108 胶）
6　粘贴面砖
7　1∶1 水泥砂浆（细纱）勾缝</td></tr>
</table>

8.21 使用胶粘剂粘贴饰面砖如何进行施工质量控制？

使用胶粘剂粘贴饰面砖可以根据其粘贴层厚度，分为薄层粘贴法和厚层粘贴法。

1. *薄层粘贴法*

粘贴层厚度一般在 3mm 左右，分为三种涂胶法。

(1) 开槽抹子法：将拌合均匀的胶粘剂，用边缘开槽的凿抹子抹在已处理好的底子灰上，使胶面成网状，将米厘条粘贴到水平线上，然后将饰面砖靠着米厘条粘贴到胶面上依次排列，轻轻揉压，调整粘牢，要求面砖背部至少 60%以上均匀地与胶层接触。

(2) 砖背部涂胶法：此法常用于一些不使用开槽抹子的部位和背脚较深的饰面砖。用抹子将胶粘剂均匀地涂于砖的整个背部，胶层厚度应略大于所需的最终厚度，然后将砖靠着已贴好的米厘条，直接贴到墙面底子灰上，依次排列，轻轻揉压，调整粘牢，确保砖背部无空鼓。

(3) 双面涂胶法：此法常用于大块面砖和背部有较深拱肋的饰面砖。将胶粘剂均匀地抹在底子灰上，一次抹胶面积以 $1m^2$ 为宜，厚度约 1.5～2mm，再将米厘条粘在水平线上，同时在饰面砖背面刮抹一道胶粘剂，厚度约 1.5～2mm，将面砖靠着米厘条粘贴在底子灰的胶面上，轻轻挤揉使之附线，同时找平和垂直，然后再在这皮粘好的面砖上粘米厘条，再粘下皮面砖，依次顺序进行。

2. *厚层粘贴法*

粘贴厚度一般在 6mm 左右。此法用于不太平整的基层表面，通过胶层厚度纠正表面的不规则性。可采用双面涂胶法和开槽抹子法施工。

8.22 使用胶粘剂粘贴饰面砖对基层和饰面砖吸水率有什么要求？

主要要求如下：

(1) 除胶粘剂和特殊条件要求外，基层表面应干燥，涂胶前无须洒水润湿。

(2) 基层表面应坚实、无浮灰、无油污、无酥松物及其他对胶粘剂产生不良影响的物质。

(3) 用有机胶粘剂粘贴的饰面砖应保持干燥、吸水率小于8%的饰面砖无须浸水。

8.23 使用胶粘剂粘贴饰面砖勾缝的施工做法有哪些?

对粘贴好的饰面砖,勾缝时要选好勾缝剂,也可用1∶1水泥砂浆勾缝,砂子要过窗纱筛。使用勾缝剂时,缝隙不需用水润湿,勾缝处理的时间视施工现场的温度、湿度和基材等情况而定,一般在饰面砖粘贴后1～2d内进行。

(1) 窄缝(<3mm)处理。

选定的勾缝剂应按生产厂说明的方法拌合使用。常规做法是将拌合好的勾缝剂用橡胶刮板或勾缝抹子在一定面积上来回刮涂,直到缝隙全部被勾缝剂充满为止。每次操作面积不要超过勾缝剂使用期内可完成的面积。多余的勾缝剂应用橡胶刮板或勾缝抹子和湿布除去,然后用适当的工具修整充满勾缝剂的缝隙,待勾缝剂干燥后,应用清洁、干燥抹布彻底清理饰面层表面。

(2) 宽缝(≥3mm)处理。

宽缝勾缝材料在固化过程中不得有垂落、滑动等现象;缝隙愈宽,勾缝材料的粘稠性愈大,勾缝时可用"窄缝处理方法"将缝隙填满,表面刮平。由于宽缝勾缝材料中含有较多砂子,为防止勾缝过程中破坏饰面砖表面,可使用压敏胶带进行保护。

(3) 着色勾缝剂的使用。

使用前首先确定勾缝剂是否会污染饰面,如有污染,应采取保护措施,一般是在勾缝剂处理前刷一层可在勾缝完成后轻易除去的保护性涂料。

8.24 饰面砖接缝有哪些种类?

饰面砖接缝有两类:刚性接缝和活动接缝。刚性接缝是用水泥砂浆填的接缝。活动接缝填有弹性材料，可以吸收界面产生的应力。活动接缝可以分为两种：结构接缝和控制接缝。结构接缝主要用来补偿建筑物框架的整体位移；控制接缝主要用来消除瓷砖和砂浆之间产生的应力。控制接缝又可分为两类：瓷砖控制接缝和边界接缝。瓷砖控制接缝用于分隔瓷砖区域，而边界接缝则用于分隔瓷砖和其他材料，如窗框或金属构件。

8.25 饰面砖使用控制接缝的原则是什么？

使用控制接缝是吸收界面应力使瓷砖面在整个寿命期保持完好的合理方法。控制接缝把整个瓷砖面分隔成较小的区域，以吸收结合在一起的不同层面的界面产生的应力，控制接缝还用于分隔瓷砖里侧的灰泥面。

(1) 贴瓷砖前已经留出的接缝，即在贴瓷砖前已在砖缝或灰浆层中留出的接缝，其几何形状应该一直保持到最外层不变；同时接缝的密封材料应有很好的弹性。

(2) 墙面与墙面、墙面与地面相交的地方要使用控制接缝。

(3) 不同材质墙面的边界，例如铝合金门窗的边框和瓷砖的交界，要使用接缝分隔，接缝应和门、窗框的边线平行。

(4) 在人行走频繁的地面或墙面较凸出而常经受较大应力面容易开裂的地方，设计、施工人员应能预计到可能会出现裂纹，并设置局部的控制接缝。

(5) 接缝的宽度必须确保能吸收同时产生的各种位移，而深度则和接缝密封剂的种类及接缝的密度有关。

(6) 被接缝分隔的瓷砖面区域的大小应视具体情况而定，当瓷砖颜色较亮、尺寸较小、粘贴面不受阳光直射，使用弹性瓷砖粘结剂和砂浆粘贴瓷砖、瓷砖粘贴面有较大开孔等情况时，分隔区域的面积可大些，反之应适当多留活动接缝。

(7) 瓷砖的控制接缝应是防水的，因此接缝要充入密封剂。可选用的密封剂有：聚脲烷人造橡胶、聚丙烯酸醋等。

8.26　饰面砖排砖的质量控制要点是什么？

饰面砖排砖的质量直接关系到镶贴质量以及施工产品的装饰效果，是一个非常重要的施工环节。

(1) 内墙饰面砖的排列形式。

内墙饰面砖的排列形式主要有直缝镶贴和错缝镶贴(第一块砖隔行应有半砖)。室内有卫生设备的墙面，应以设备下口中心线为准向两边对称排砖。

(2) 外墙饰面砖排砖形式。

依砖缝的宽度分为密缝排列、疏缝排列两种。依砖的位置排砖有矩形长边水平排列和长边竖直排列两种。还可以采用密缝疏缝按水平、竖直方向相互排列。

密缝排砖时，缝宽在 1～3mm。疏缝排砖时，缝宽一般大于 4mm，小于 2cm。

外墙面的窗台、腰线、阳角及滴水线等部位排砖应是顶面砖压立面砖，顶面砖应做出一定坡度，一般 $i=3\%$；底面砖粘贴成鹰嘴，且立面砖往下突出 3mm。

8.27　饰面砖粘贴工程质量验收时应检查哪些施工技术资料？

饰面砖粘贴工程质量验收时应检查的技术资料如下：

(1) 饰面砖工程的施工图、设计说明及相关设计文件。

(2) 材料的产品合格证书、性能检测报告、进场验收记录和复验报告。

(3) 外墙饰面砖样板件的粘结强度检测报告。

(4) 隐蔽工程验收记录。

(5) 施工记录。

8.28　饰面砖粘贴工程质量验收时检验批如何划分？

饰面砖粘贴工程验收的检验批应按下列规定划分：

(1) 相同材料、工艺和施工条件的室内饰面砖粘贴工程每 50

间（大面积房间和走廊按施工面积 $30m^2$ 为一间）应划分为一个检验批，不足 50 间也应划分为一个检验批。

（2）相同材料、工艺和施工条件的室外饰面砖工程每 500～$1000m^2$ 应划分为一个检验批，不足 $500m^2$ 也应划分为一个检验批。

8.29 饰面砖粘贴工程质量验收时每个检验批的检查数量如何规定？

饰面砖粘贴工程每个检验批的检查数量应符合下列规定：

（1）室内每个检验批应至少抽查 10%，并不得少于 3 间；不足 3 间时应全数检查。

（2）室外每个检验批每 $100m^2$ 应至少抽查一处，每处不得小于 $10m^2$。

8.30 饰面砖粘贴工程的隐蔽工程验收有哪些项目？

饰面砖粘贴工程应按照设计要求对防水层进行隐蔽工程验收。

8.31 饰面砖粘贴工程质量验收的主控项目是什么？

饰面砖粘贴工程的主控项目如下：

（1）饰面砖的品种、规格、图案、颜色和性能应符合设计要求。

（2）饰面砖粘贴工程的找平、防水、粘结和勾缝材料及施工方法应符合设计要求和国家现行产品标准和工程技术标准的规定。

（3）饰面砖粘贴必须牢固。

（4）满粘法施工的饰面砖工程应无空鼓、裂缝。

8.32 饰面砖粘贴工程质量验收的一般项目是什么？

饰面砖粘贴工程的一般项目如下：

（1）饰面砖表面应平整、洁净、色泽一致，无裂纹和缺损。

（2）阴阳角处搭接方式、非整砖使用部位应符合设计要求。

(3) 墙面突出物周围的饰面砖应整砖套割吻合，边缘应整齐。墙裙、贴脸突出墙面的厚度应一致。

(4) 饰面砖接缝应平直、光滑，填嵌应连续、密实；宽度和深度应符合设计要求。

(5) 有排水要求的部位应做滴水线(槽)。滴水线(槽)应顺直，流水坡向应正确，坡度应符合设计要求。

(6) 饰面砖粘贴的允许偏差和检验方法应符合表 8-20 的规定：

饰面砖粘贴的允许偏差和检验方法 表 8-20

项次	项 目	允许偏差(mm)		检验方法
		外墙面砖	内墙面砖	
1	立面垂直度	3	2	用 2m 垂直检测尺检查
2	表面平整度	4	3	用 2m 靠尺和塞尺检查
3	阴阳角方正	3	3	用直角检测尺检查
4	接缝直线度	3	2	拉 5m 线，不足 5m 拉通线，用钢直尺检查
5	接缝高低差	1	0.5	用钢直尺和塞尺检查
6	接缝宽度	1	1	用钢直尺检查

8.33 如何预防室内饰面砖接缝不平直，缝宽不均匀?

接缝不平直，缝宽不均匀可以从以下几个方面进行质量控制：

(1) 对釉面砖的材质挑选应作为一道工序，按饰面砖的尺寸允许偏差和外观质量挑出尺寸不符合要求以及有裂纹、磕碰、斑点、棕眼、坯粉、缺釉、釉泡、剥边釉缕、波纹、橘釉、烟熏、色差等缺陷的饰面砖。

(2) 粘贴前做好规矩，用水平尺找平，校核墙面的方正，根据饰面砖排版图在墙面上弹最下一皮砖的水平控制线。以废饰面砖贴灰饼，划出标准，灰饼间距以靠尺板长度以内为准，阳角处要两面抹直。

(3) 根据弹好的水平线，垫好底尺，作为粘贴第一皮砖的依据，由下向上逐行粘贴，每贴好一行釉面砖，应及时用靠尺板横竖向靠直，偏差处用木锤轻轻敲平，及时校正横、竖缝平直，严禁在粘贴砂浆初凝后再进行纠偏移动。

8.34 如何防止内墙饰面砖表面裂缝？

一般釉面砖、特别是用于高级装饰工程上的釉面砖，选用材质密实，吸水率小于18%的质量较好的釉面砖，以减少裂缝的产生。粘贴前釉面砖一定要浸泡透，将有隐伤的挑出。尽量使用和易性、保水性较好的砂浆粘贴。操作时不要用力敲击砖面，防止隐伤。

8.35 如何防止室内饰面砖产生变色、白度降低、泛黄发花、变赭和发黑？

应注意在施工过程中，浸泡釉面砖应用洁净水，粘贴釉面砖的砂浆，应用干净的水、水泥、砂等拌制；粘贴应密实，砖缝应嵌塞严密，砖面应擦洗干净。粘贴前，釉面砖一定要浸泡透，将有隐伤的挑出。尽量使用和易性、保水性较好的砂浆粘贴。操作时不要用力敲击砖面，防止隐伤，并随时将砖面上的砂浆擦洗干净。

8.36 如何防止室内饰面砖的空鼓、脱落？

质量控制措施有以下几个方面：

(1) 基层清理干净，表面修补平整，墙面洒水湿透。

(2) 釉面砖使用前，必须清理干净，用水浸泡到釉面砖不冒气泡为止，并不应小于2h，取出，待表面晾干后方可粘贴。

(3) 釉面转粘结砂浆厚度一般控制在7～10mm之间，过厚或过薄均易产生空鼓。必要时使用掺有水泥质量的3%的丹利胶或108胶水泥砂浆，以改良砂浆的和易性和保水性，并且能够起到缓凝作用，增加粘结力，减少粘结层的厚度，校正时间也可得到延长。

(4) 当采用混合砂浆粘结层时，粘贴后的釉面砖，可用灰匙木柄轻轻敲击；当采用丹利胶或108胶聚合物水泥砂浆粘结层时，可用手轻压，并用橡皮锤轻轻敲击，使其与底层粘结密实牢固。粘结不良时，取下重贴，不得在砖口塞灰。

（5）当该施工部位施工完成后发现釉面砖有空鼓或脱落时，应取下釉面砖，铲去原有砂浆粘结层，采用聚合物水泥砂浆粘贴修补。

8.37 如何防止外墙饰面砖空鼓、脱落？

外墙饰面砖空鼓、脱落是必须严格控制的质量问题，因为这绝不仅仅关系到装饰效果的问题，而常常关系到人身安全。应在以下几个方面进行控制：

（1）在结构施工时，外墙应尽可能按清水墙标准，做到平整垂直，为饰面工程创造条件。

（2）当外墙为旧墙面时，首先要控制外墙的垂直度、平整度，对于基层表面平整度偏差较大的，要进行处理，对极个别凸出的点要剔平，对凹墙面要分层找平，以防找平层薄厚不一致，发生收缩。

（3）冬季气温低，砂浆受冻，春天化冻后容易发生脱落。因此，在进行室外贴面砖操作时，应保持正温5℃以上施工，当必须在冬季施工时，应有保证工程质量的可靠措施；夏季镶贴时要防止暴晒，当温度在35℃以上施工时要采取遮阳措施。

（4）应将基层存留的砂浆、尘土和油污等清理干净，要镶贴在粗糙的基体或基层上。光滑的基体或基层镶贴前应进行处理。

（5）面砖在使用前必须清洁干净，并用水浸泡。表面晾干后（外干内湿）才能使用。使用不清洁的、未浸泡的干面砖，表面有积灰，砂浆不易粘结，而且由于面砖吸水性强，把砂浆中的水分很快吸收掉，容易减弱粘结力；面砖浸泡后未晾干，湿面砖表面附水使贴面砖时产生浮动，均能使面砖空鼓。

（6）控制好砂浆配合比和粘结剂的耐水、耐老化性，面砖镶贴后在适当时间应洒水养护。

（7）粘贴面砖时砂浆要饱满，但使用砂浆过多，面砖也不易贴平;如果多敲会造成浆水集中到面砖底部或溢出,初凝后形成空鼓,特别是垛子、阳角处贴面砖时更应注意,否则容易产生阳角处不平直和空鼓,导致面砖脱落。面砖缝要填塞密实、牢固、光滑,防止雨水渗入而发生空裂。

(8) 在面砖粘贴过程中,要做到一次成活不宜多动,尤其是砂浆初凝后纠偏移动,容易引起空鼓。粘贴砂浆一般可采用1∶0.2∶2的混合砂浆,要做到配合比准,砂浆在使用过程中不要掺水或加灰。

(9) 认真做好勾缝。勾缝用1∶1水泥砂浆(砂子过筛)分2次进行,第一次用一般水泥砂浆勾缝,第二次用按设计要求的色彩配制的彩色水泥砂浆,勾成凹缝,凹进砖面深度一般为3mm。相邻面砖不留勾缝处,应用与面砖相同颜色的水泥浆擦缝,擦缝对面砖上的残浆必须及时清除,不留痕迹。

8.38 如何避免外墙饰面砖分格不均、墙面不平整?

外墙饰面砖分格不均、墙面不平整可以在以下几个方面进行控制:

(1) 施工前应根据设计图纸尺寸,核实结构偏差情况,决定面砖粘贴厚度和排砖模数,画出施工大样图,一般要求横缝应与窗台相平,竖向要求阴角窗口处都是整砖。如分格者,按整块分均。确定缝大小做分格和划出皮数杆。根据大样图尺寸,对各窗心墙、砖垛等处要事先测好中心线,水平分格线,阴阳角垂直线;对不符合要求偏差较大的部位,要事先剔凿修补,以作为安装窗框、做窗台、腰线的依据,防止贴面砖时,在这些部位产生不均、排砖面不整齐等问题。

(2) 基底打完后用混合砂浆在面砖背后做灰饼,挂线方法与外墙抹水泥砂浆一样,阴阳角处要双面挂直,灰饼的粘贴层不小于10mm,间距不大于1.5m。并要根据皮数杆在底子灰上从上到下弹若干水平线,在阴阳角、窗口处弹上垂直线作为贴砖时的控制线。

(3) 铺砌面砖时,应保持面砖上口平直,贴完一皮砖后,需将上下口刮平,不平处用小木片或竹杆等垫平,放上分格条再贴第二皮砖,垂直缝应低于底子灰弹线为准,随时检查核对,铺贴后将立缝处灰浆随时清理干净。

(4) 面砖使用前,应先按外墙饰面砖外形尺寸允许偏差和外墙饰面砖外观质量要求进行剔选,外形歪斜、缺楞掉角、翘裂和颜色不匀者,均应挑出,用套板把同号规格分大、中、小进行分类堆放,分别使用在不同部位,以避免由于面砖尺寸上的偏差造成排砖缝不直和分格不均情况。

(5) 用水泥砂浆或设计规定的材料勾缝,填嵌密实,勾缝后及时擦洗干净。

(6) 面砖的压向应大面压小面,在阴阳角处,应有防止水渗入的措施。

8.39 如何防止外墙饰面砖雨水渗漏污染?

外墙的檐口、腰线、窗口、雨蓬等部位,如果没有流水坡度和滴水线(槽),会形成爬水,从而发生墙面渗漏和污染墙面,影响建筑物观感,影响房屋的使用功能。

预防措施如下:施工时要考虑面砖的模数(尺寸),以便在以上部位处有足够的坡度,如果模数(尺寸)不合格,应适当割砖处理。在留滴水线(槽)时,可采用结构施工时在该部位留槽,或采用塑料滴水槽,或采用面砖镶贴成鹰嘴等方法。

8.40 如何防止内、外墙饰面砖色差?

饰面砖墙面施工产品的色差是工程中常见的质量问题,防治措施如下:

(1) 运输堆放时,注意防止损坏饰面砖,镶贴前要注意挑选。对色差大、规格尺寸不一致的要予以剔换或用在不显眼处。

(2) 施工前应用水浸透饰面砖,以防止砂浆中的水渗浸饰面砖内,污染变色。

(3) 基层应找平整,防止凹凸不平面反色差。

(4) 饰面砖勾缝后应及时擦洗干净。

8.41 如何防止镶贴外墙饰面砖有暗痕和裂缝?

外墙面砖的暗痕和裂缝,有的是在生产过程中形成,有的是在储运过程中产生。吸水率较大的面砖、一般材质较松。使用这类面砖镶贴的外墙,会使墙面渗漏和脱落,有时会使内墙面泛潮,既影响建筑物的使用功能,也会使建筑物外墙饰面留有不安全因素。在选择外墙面砖时,应选择吸水率小于10%的合格等级产品。外墙面砖在进场验收和施工操作中,应剔除有暗痕和裂纹的面砖,确保工程质量。

8.42 如何防止外立面窗帮不平直,砖缝成锯齿?

如果用非整砖拼凑过多,影响装饰效果和观感质量;尤其是窗洞口处拼凑,造成外立面窗帮不直,砖缝成锯齿。施工时应注意如下几点:

(1) 镶贴前应先选砖预拼,以使拼缝均匀。

(2) 在同一墙面上横竖排列,不宜有一行以上的非整砖。

(3) 门窗洞口上下坎和窗帮排整砖。

(4) 非整砖行应排在次要部位或阴角处,严禁随意拼凑镶贴。

8.43 如何防止勾缝深浅不一、表面不光滑、接槎不平整?

饰面砖勾缝深浅不一、表面不光滑、接槎不平整的质量问题,可以在以下几个方面进行预控:

(1) 合理使用勾缝砂浆配合比和稠度。

(2) 应随镶贴随时勾缝,这样不会因干燥不均使缝子收缩开裂。更不能隔日再勾缝。

(3) 勾缝用的工具应随时修理,同一墙面最好一个人完成。

(4) 勾缝后随时擦净污染的墙面,同时自检勾缝质量,发现不合格立即修理。

8.44 如何防止外墙饰面砖产生白碱、勾缝变色现象？

饰面砖施工时，由于调和水泥、砂子灰浆搅拌不均，施工后产生裂纹，经过雨水浸泡，从灰浆、混凝土中渗出溶于水的碱分（游离碱等）通过裂纹流出，在砖表面浓缩结晶，产生白碱现象。

防止的方法是：灰浆要充分搅拌，瓷砖背面不要有空隙，接缝要充分填满。在用与瓷砖颜色协调的颜料作彩色接缝时，要注意选择经过一段时间后不褪色、变色的颜料。另外在完工后用盐酸清洗时，要注意不要使接缝变色。

9 饰面板安装工程

9.1 什么叫饰面板安装工程？

饰面板安装工程是在建筑物主体结构、围护结构及其他构件的表面，用安装的构造方式将各种饰面板材如天然石材板、人造石材板、实木木板、人造木板、塑料板、金属板、瓷板及玻璃板等，对墙面、柱面等进行装饰装修的工程。其中实木木板、人造木板、塑料板以及玻璃板饰面工程主要应用于室内装饰装修工程。

饰面板工程的施工方法主要是采用构造安装方法，也可以用一些辅助粘贴的手段。天然石材板安装工程的安装方法又可分为干作业法和湿作业法。

9.2 饰面板安装工程适用范围是什么？

饰面板安装工程适用于室内墙面安装工程和高度不大于24m、抗震设防烈度不大于7度的室外墙面安装工程。

9.3 饰面板安装工程如何进行分类？

饰面板安装工程可以按照饰面板材料进行分类，见表9-1。

饰面板安装分类 **表 9-1**

分项工程名称	饰面板材料分类	
饰面板工程	石材板	花岗石
		大理石
		青石板
		人造石

续表

<table>
<tr><th>分项工程名称</th><th colspan="3">饰面板材料分类</th></tr>
<tr><td rowspan="23">饰面板工程</td><td rowspan="5">木板</td><td colspan="2">实木板</td></tr>
<tr><td rowspan="4">人造木板</td><td>胶合板</td></tr>
<tr><td>密度板</td></tr>
<tr><td>防火板</td></tr>
<tr><td>纤维板</td></tr>
<tr><td rowspan="7">金属板</td><td rowspan="2">不锈钢板</td><td>彩色不锈钢板</td></tr>
<tr><td>镜面不锈钢饰面板</td></tr>
<tr><td colspan="2">铝合金板</td></tr>
<tr><td colspan="2">铝塑复合板</td></tr>
<tr><td colspan="2">镀锌钢板</td></tr>
<tr><td colspan="2">铜合金板</td></tr>
<tr><td colspan="2">美铝曲板</td></tr>
<tr><td rowspan="5">塑料板</td><td colspan="2">塑料贴面装饰壁板</td></tr>
<tr><td colspan="2">聚氯乙烯薄膜饰面板</td></tr>
<tr><td colspan="2">复塑中密度纤维板</td></tr>
<tr><td colspan="2">玻璃钢装饰板</td></tr>
<tr><td colspan="2">聚酯装饰板</td></tr>
<tr><td rowspan="2">瓷板</td><td>抛光板</td><td rowspan="2">$0.5m^2 \leqslant$面积$\leqslant 1.2\ m^2$</td></tr>
<tr><td>磨边板</td></tr>
<tr><td rowspan="4">玻璃板</td><td colspan="2">磨砂玻璃</td></tr>
<tr><td colspan="2">雕花玻璃</td></tr>
<tr><td colspan="2">镜面玻璃</td></tr>
<tr><td colspan="2">彩色玻璃</td></tr>
</table>

9.4 饰面板主要的检验项目有哪些？

饰面板主要的检测项目见表 9-2。

饰面板主要检测项目 **表 9-2**

序号	材料名称	检 验 项 目
1	天然大理石板材	镜面光泽度、尺寸偏差、平面度允许公差、角度允许公差、外观质量
2	天然花岗石板材	镜面光泽度、体积密度、吸水率、干燥压缩强度、弯曲强度、放射性、规格尺寸、平面度允许公差、角度允许公差、外观质量

续表

序号	材料名称	检 验 项 目
3	人造大理石板	表观密度、抗压强度、抗弯强度、弹性模量、耐磨性、吸水率、光泽度、外观质量
4	实木木板	含水率、顺纹抗压(抗拉、抗弯、抗剪)强度、尺寸偏差、外观质量
5	人造木板	含水率、甲醛含量、胶合强度、尺寸偏差、外观质量
6	金属板	抗拉强度、屈服强度、平整度、化学成分、尺寸偏差、表面质量
7	塑料板	抗拉强度、耐水煮、耐干热、耐冲击、耐磨、耐污染腐蚀、耐香烟灼烧、耐老化
8	玻璃板	耐冲击、耐磨、平整度、化学成分、尺寸偏差、表面质量
9	粘结剂	固含量、黏度、pH 值、抗拉强度、剪切强度、抗压强度、抗剪强度、剥离强度、收缩率、弹性模量、抗水渗透性、抗压强度

9.5 饰面板安装工程要求对哪些材料及其性能进行复验?

饰面板安装工程要求对建筑室内用花岗石板材的放射性、人造木板的甲醛含量进行复验。

9.6 天然大理石板材有什么特点?

天然石材具有其他合成材料无法比拟的真实、天然的无穷魅力,随着石矿开采技术和石材打磨抛光技术的进步,石材的应用范围更加广泛,不仅用于结构工程,同时大量用于建筑墙面、地面和细部等装饰装修工程。

天然大理石板是常用的装饰装修石材板之一,它是由变质或沉淀的碳酸盐岩类经过开采、锯切、研磨、抛光等工序,按使用要求的尺寸切割而成,其主要矿物成分为方解石、白云石等,如大理石、白云石、灰岩、页岩及板岩等岩石料。大理石色彩丰富、质地较为柔和,纹理自然多样,易于切割或雕刻成型,主要用于建筑物室内饰面,如墙面、柱面、地面、窗台、卫生间台面、楼梯踏步等部位,仅有汉白玉、艾叶青、镜面花岗石等少数几种质纯的石材板可用于室外饰面，其他宜用于室内饰面。

天然大理石有纯黑、纯白、纯灰等色泽及各种混杂花纹色彩。因此，大理石板材常以其研磨抛光后的花纹、颜色特征及产地命名。如大花绿、金花米黄、锦灰、雪花白、莱阳绿、贵州黑等。

天然大理石的自然纹理、线条、颜色、图案等受限于原始因素，同一品种的大理石也可能会有一些差异，这些与人造石材板不同。

如果建筑装饰装修的面积较大，要使同批产品色泽、纹路、图案协调一致，没有大的差异，就需要从石材板生产的源头开始进行质量控制。比如：同一工程使用同一品种的大理石，宜是同一矿区的石材；石材切割后应进行预拼编号，以调整色差和纹理并尽量使之协调一致，施工时按编号安装。

天然大理石板材由于是自然形成，细微疏松裂纹处易折损，天然石材由于是多孔材料，生产、运输或施工时如有污物污水渗入，难以清洗。

9.7 天然大理石板材有哪些规定质量检验项目？

天然大理石板材的规格尺寸允许偏差、平面度允许极限公差、角度允许极限公差、外观质量、镜面光泽度应符合下列规定。

(1) 规格尺寸允许偏差应符合表 9-3 的规定：

天然大理石板材规格尺寸允许偏差(mm)　　表 9-3

项目		等级		
		优等品	一等品	合格品
板长、板宽		0 −1.0	0 −1.0	0 −1.5
板厚	≤12	±0.5	±0.8	±1.0
	>12	±1.0	±1.5	±2.0

注：异型板材规格尺寸允许偏差由供需双方商定。

(2) 天然大理石平板平面度允许极限公差应符合表 9-4 的规定：

天然大理石平板平面度允许极限公差(mm)　　表 9-4

板材长度范围	允许极限公差值		
	优 等 品	一 等 品	合 格 品
≤400	0.20	0.30	0.50
>400～≤800	0.50	0.60	0.80
>800	0.70	0.80	1.00

(3) 天然大理石平板角度允许极限公差应符合表 9-5 的规定：

天然大理石平板角度允许极限公差(mm)　　表 9-5

板材长度范围	允许极限公差值		
	优 等 品	一 等 品	合 格 品
≤400	0.30	0.40	0.50
>400	0.50	0.50	0.70

注：1. 拼缝板材，正面与侧面的夹角不得大于 90°。

2. 异型板材角度允许极限公差由供需双方商定。

(4) 天然大理石板正面外观缺陷要求应符合表 9-6 的规定：

天然大理石板正面外观缺陷要求　　表 9-6

<table>
<tr><th>名称</th><th>规 定 内 容</th><th>优等品</th><th>一等品</th><th>合格品</th></tr>
<tr><td>裂纹</td><td>长度超过 10mm 的不允许条数(条)</td><td colspan="3">0</td></tr>
<tr><td>缺棱</td><td>长度不超过 8mm，宽度不超过 1.5mm(长度≤4mm，宽度≤1mm 不计)，每米长允许个数(个)</td><td rowspan="4">0</td><td rowspan="3">1</td><td rowspan="3">2</td></tr>
<tr><td>缺角</td><td>沿板材边长顺延方向，长度≤3mm，宽度≤3mm(长度≤2mm，宽度≤2mm 不计)，每块板允许个数(个)</td></tr>
<tr><td>色斑</td><td>面积不超过 6cm²(面积小于 2cm² 不计)，每块板允许个数(个)</td></tr>
<tr><td>砂眼</td><td>直径在 2mm 以下</td><td>不明显</td><td>有，不影响装饰效果</td></tr>
</table>

(5)天然大理石板物理性能应符合表 9-7 的规定：

天然大理石板物理性能　　表 9-7

项目		指标
体积密度(g/cm^3)　≥		2.60
吸水率(%)　≥		0.50
干燥压缩强度(MPa)　≥		50.0
干燥	弯曲强度(MPa)≥	7.0
水饱和		

9.8　天然花岗石板材有哪些特点？

花岗岩是各类岩浆岩(又称火成岩)的统称，较大理石质地坚硬密实，强度高，耐磨、耐久性好。它是由石英、长石、云母等为主要成分的晶粒组成。品质优良的花岗岩，晶粒细且分布均匀，云母少而石英含量多。花岗石饰面板是以天然花岗岩荒料经切割、细加工磨光、抛光成光面或镜面的板材，表面平整光滑、棱角整齐、耐酸碱、耐冻，是一种高级装饰材料。花岗石可以用于建筑物室内外饰面，如地面、墙面、柱面、窗台、卫生间台面、楼梯踏步、踢脚等部位，由于它硬度高，施工比较困难且色系比较单调。

天然花岗石与大理石一样，颜色、图案等受限于原始因素影响，同类型产品可能会存在一些差异，因此，如大理石一样应从产品生产开始就进行质量控制。

由于天然石材是地壳中的基本构成物质，其放射性是客观存在的，各种石材由于产地、地质结构和生成年代不同，其放射性也不同，放射性主要是镭、钍、钾三种放射性元素在衰变中产生的放射性物质，含量过大，即放射性物质的"比活度"过高，会对人体产生危害。天然石材中的放射性危害主要有两个方面，即体内辐射与体外辐射。体内辐射主要来自于放射性辐射在空气中的衰变而形成的一种放射性物质氡及其气体。氡是自然界惟一的天然放射性气体，氡在作用于人体的同时会很快衰变成人体能吸收的核素，进入人的呼吸系统造成辐射损伤，诱发肺癌。有统计资料表明，氡已经成为人们患肺癌的重要原因。另外，氡还会对人体脂肪有很高的亲和力，从而影响人的神经系统，使人精神不振，昏昏欲睡。体外辐射主要是指天然石材中的辐射体直接照射人体后产生一种生物效果，会对人体的造血器官、神经系统、生殖系统和消化系统造成伤害。

选择天然石材装饰装修应注意的几个问题：

(1) 掌握天然石材弯曲强度和放射性标准，对进场天然花岗岩做好放射性复试，满足安全和环境卫生的基本要求；

(2) 由于石材比较重，在一些既有建筑中对墙面、柱面、地面进行装饰装修，会给原主体结构或围护结构增加荷载，因此，应对原结构的承载能力进行核算，以保证主体结构的安全；

(3) 注意天然石材选材的方法，力争取得自然、协调的装饰效果；

(4) 加强对天然石材运输、保管、安装以及成品保护的质量控制。

9.9 天然花岗石板材有哪些品种？

花岗石颜色有粉红底黑点、花皮、白底黑点、灰白色、纯黑及各种花色。根据加工方法的不同可以分为几种板材：

(1) 剁斧板材：表面粗糙、具有规则的条状斧纹。

(2) 机刨板材：表面平整、具有平行刨纹。

(3) 粗磨板材：表面平滑无光。

(4) 磨光板材：表面平整、色泽光亮如镜、晶粒显露。

(5) 烧毛板材：表面平整无光、晶体纹理清晰、色泽鲜明。

9.10 天然花岗石板材有哪些规定质量检验项目？

天然花岗石的板材规格尺寸允许偏差、平面度允许极限公差、角度允许极限公差、外观质量应符合下列规定。

(1) 花岗石板材规格尺寸允许偏差应符合表 9-8 的规定：

花岗石板材规格尺寸允许偏差(mm)　　表 9-8

分类		细面和镜面板材			粗面板材		
等级		优等品	一等品	合格品	优等品	一等品	合格品
长度允许偏差(mm)		0 −1.0	0 −1.5	0 −1.5	0 −1.0	0 −2.0	0 −3.0
厚度允许偏差(mm)	厚≤15	±0.5	±1.0	+1.0 −2.0	—	—	—
	厚>15	±1.0	±2.0	+2.0 −3.0	+1.0 −2.0	+2.0 −3.0	+2.0 −4.0

注：异型板材规格尺寸允许偏差由供需双方商定。

(2) 花岗石板材平面度允许极限公差应符合表 9-9 的规定：

花岗石板平面度允许极限公差(mm)　　表 9-9

板长度范围	允许极限公差值					
	细面和镜面板材			粗面板材		
	优等品	一等品	合格品	优等品	一等品	合格品
≤400	0.20	0.40	0.60	0.80	1.00	1.20
>400 且<1000	0.50	0.70	0.90	1.50	2.00	2.20
≥1000	0.80	1.00	1.20	2.00	2.50	2.80

(3) 花岗石板材角度允许极限公差应符合表 9-10 的规定：

花岗石板材角度允许极限公差(mm)　　表 9-10

板材宽度范围	角度允许极限公差值					
	细面和镜面板材			粗面板材		
	优等品	一等品	合格品	优等品	一等品	合格品
≤400	0.40	0.60	1.80	0.60	1.80	1.00
>400			1.00		1.00	1.20

注：1. 拼缝板正面与侧面的夹角不得大于 90°。

2. 异型板材角度允许极限公差由供需双方商定。

(4) 天然花岗石板材正面外观缺陷应符合表 9-11 规定：

天然花岗石板材正面外观缺陷　　　　表 9-11

<table>
<tr><th rowspan="2">项目名称</th><th rowspan="2">内　　容</th><th colspan="3">允许缺陷个数</th></tr>
<tr><th>优等品</th><th>一等品</th><th>合格品</th></tr>
<tr><td>缺棱</td><td>长度不超过 10mm(长度小于 5mm 不计)周边每米长(个)</td><td rowspan="6">不允许</td><td rowspan="4">1</td><td rowspan="4">2</td></tr>
<tr><td>缺角</td><td>面积不超过 5mm×2mm(面积小于 2mm×2mm 不计)每块板(个)</td></tr>
<tr><td>裂纹</td><td>长度不超过两端顺延至板边总长度的 1/10(长度小于 20mm 的不计)每块板(条)</td></tr>
<tr><td>色斑</td><td>面积不超过 20mm×30mm(面积小于 15mm×15mm 不计)每块板(个)</td></tr>
<tr><td>色线</td><td>长度不超过两端顺延至板边总长度的 1/10(长度小于 40mm 的不计)每块板(条)</td><td>2</td><td>3</td></tr>
<tr><td>坑窝</td><td>粗面板材的正面出现坑窝</td><td>不明显</td><td>出现,但不影响使用</td></tr>
</table>

注：同一批板材的色调花纹应基本调和。

9.11　天然花岗石板材有哪些物理性能指标?

天然花岗石板材的物理性能指标应符合表 9-12 的规定:

天然花岗石板材的物理性能指标　　　　表 9-12

物理性能	指　标
镜面光泽度	镜面板材的正面应具有镜面光泽,能清晰地反映出景物;镜面板材的镜面光泽度值应不低于 75 光泽单位,或按供需双方协议样板执行
体积密度	不小于 2.50g/cm³
干燥压缩强度	不小于 60.0MPa
弯曲强度	不小于 8.0MPa
吸水率	不大于 1.0%

9.12　金属板材有哪些特点?

金属板具有易于成型、耐磨、防火、装饰效果好等特点,日益广泛地应用于公共建筑门面、墙面、柱面、雨罩、顶棚及细部等装饰装修工程中。常用的金属板主要有:不锈钢装饰板、铝合金装饰板以及铝塑复合板等。金属板的品种、规格、颜色和性能应符合设计要求,符合国家现行产品标准的规定。

很多公共建筑的柱子采用不锈钢装饰板材做饰面,不锈钢是含铬 12%以上并具有耐腐蚀性能的铁基合金。作为装饰装修工程用的不锈钢板材可以分为两种类型,一种是平面钢板;另一种是凹凸钢板。平面钢板又可分为光泽钢板(镜面不锈钢板)和无光泽钢板(花纹不锈钢板);凹凸钢板又可分为深浮雕不锈钢板和浅浮雕不锈钢板。

不锈钢装饰板按外观色泽可分为:镜面不锈钢装饰板、彩色不锈钢装饰板两种。其中镜面不锈钢装饰板是经高精度研磨,特殊抛光处理而成的不锈钢板,表面细腻、光滑、光亮如镜,其反射率、变形率与高级镜面相似,并有与玻璃镜面不同的装饰效果。镜面不锈钢装饰板具有耐火、耐潮、耐腐蚀、易清洗、不易变形和破碎、安装施工方便等特点,但要注意不要有尖硬物划伤表面。彩色不锈钢板是在不锈钢板上进行技术和艺术的加工,使之成为各种色彩绚丽的不锈钢装饰板。具有耐腐蚀、良好的机械性能等特点。彩色面层能够耐 200℃的温度,耐盐雾腐蚀性能超过一般不锈钢,耐磨、耐刻划性能相当于薄层镀金的性能。弯曲 90°彩色面层不会损坏,并且彩色层经久不褪色。彩色不锈钢板的颜色有蓝、灰、紫、红、青、绿、金黄、橙、茶等。彩色不锈钢板的色泽随着光照角度的不同呈变幻色调的效果。所以,彩色不锈钢板不仅坚固耐用而且新颖美观。

铝合金装饰板(方板、条板、扣板)又称铝合金压型板,它是选用纯铝 L_5(1000)、铝合金 LF_2(3003)为原料,经辊压、冷加工成各种形状的板材。铝合金装饰板具有重量轻、强度高、刚性好、耐久性好、耐大气腐蚀、表面光亮、光照反射性能好、不燃、结构简单、拆装方便等特点,可以连续使用 20～60 年。铝合金表面还可以采用化学方法、阳极氧化方法或碳氟喷涂处理,使之着上各种颜色,以增加耐候性和装饰效果。

铝塑复合板是继铝合金板以后，近期发展起来的室内墙柱装饰的新型饰面材料，它是采用铝片和聚乙烯树脂，经过高温压制成的复合板材，表面滚涂很薄的氟化碳喷涂罩面漆，其特点是表面平整、颜色均匀，制作方便、易于加工，可以用来制造外形比较复杂的墙柱面，但它不耐热，在有防热要求的部位应设置防火阻燃装置。

金属板材料的性能指标等可参见本书幕墙工程。

9.13 塑料饰面板有哪些特点?

塑料饰面板用于室内墙、柱面装饰比较常见，由于它比天然石材、金属板及木材饰面板造价低，耐污染、施工简单、使用方便，因此在很多室内装饰场合都采用塑料饰面板作为装饰板。常用的塑料板主要有:聚氯乙烯塑料装饰板、玻璃钢装饰板、聚酯装饰板以及复塑中密度纤维板等。塑料饰面板的品种、规格、颜色和性能应符合设计要求，符合国家现行产品标准的规定。

聚氯乙烯塑料板是以聚氯乙烯树脂与稳定剂、色料等经捏合、混炼、拉片、挤出、压延而成。具有质轻、防潮、隔热、不易燃、不吸尘、可涂饰等特点。聚氯乙烯塑料板的品种繁多，颜色多样，图案丰富，适用于墙、柱面装饰。

玻璃钢装饰板是以玻璃纤维增强材料，以不饱和聚酯树脂为胶粘剂，在固化剂、催化剂作用下，经加工制成。具有色彩多样、漆膜亮、硬度高、耐磨、耐酸碱、耐高温等性能。适用于粘贴在各种基层上作建筑装饰用。花色丰富，一般有木纹、石纹、花纹及各种颜色。

塑料贴面装饰板是由各种特制的纸，印有各种色彩、图案，浸以不同类型的热固性树脂溶液，经精制热压而成。具有耐潮湿、耐磨、耐燃烧、耐一般酸碱、油脂及酒精等侵蚀的特点，可直接贴于各种木质平整的基材上。其花色品种有镜面、柔光、木纹、浮雕等。

聚酯装饰板物理化学性能稳定，强度高，表面耐水性、耐污染性好，可复塑的基材很多，如胶合板、刨花板、中密度纤维板、水泥石棉板、金属板等。可用于建筑室内壁板的装饰。

复塑中密度纤维板是采用尿醛树脂为胶合剂，用热压法在中密度纤维板上两面胶贴塑料面板压制而成。由于两面复塑各种花色塑料贴面板，使用时不用油漆，而且耐磨、耐烫、易于擦洗。

9.14 木质饰面板有哪些特点？

木饰面板装饰墙面具有庄重、典雅的气氛，给人以亲切温暖之感。木饰面板种类也很多，主要有实木板和人造木板，表面油漆成各种颜色或本色，在室内墙面高级装饰中被广泛使用。木墙面一般均用木龙骨与砖或混凝土墙体连接，墙面的木板可连续排列，也可纵横交错排列成井字格，板间的缝隙可以平接或企口连接，也可采用压条或三角缝、高低缝，墙面一般用胶合板（三夹板、五夹板），为了满足消防要求，木板须作防火处理。对声学和保温隔热要求较高的墙面，在板面与墙体之间填充玻璃棉、矿棉、泡沫聚苯板、泡沫塑料等材料。可在木板上钻小孔，以提高吸声性能，作为装饰吸声板。

9.15 木饰面板及塑料饰面板安装工程对材料有哪些要求？

木饰面板及塑料饰面板主要用于室内墙面、柱面的装饰装修工程。木饰面板有天然实木板、人造木板（胶合板、大芯板、防火板、密度板等）；塑料板有聚氯乙烯塑料装饰板、玻璃钢装饰板、聚酯装饰板以及复塑中密度纤维板等。其品种、规格、颜色、图案及性能应符合设计要求和国家现行产品标准的规定。

木饰面板及塑料饰面板的燃烧性能应符合《建筑内部装修设计防火规范》GB 50222 及其他现行国家有关建筑防火标准规范的规定。

人造木饰面板及塑料饰面板中的有害物质含量应符合国家有关装饰装修材料有害物质限量标准的规定，其中人造木板的甲醛含量应进场复验。

9.16 玻璃板安装工程对材料有哪些要求?

建筑物内部的墙面或柱面上,常用玻璃和镜面进行装饰。这种表面光洁的材料可使墙面显得规整、清丽、大方,同时镜面能起到扩大空间、反射景物、创造环境气氛的作用。

玻璃产品品种很多,如雕花玻璃、磨砂玻璃、彩色玻璃、镜面玻璃等等,应根据建筑装饰装修的部位、功能及艺术效果选用玻璃产品,玻璃产品的性能应符合国家现行产品标准的规定。

如果单块玻璃大于 1.5m^2 或者玻璃安装的部位容易受到撞击而具有对人体构成威胁的地方,应该使用安全玻璃。玻璃镜面一般由一级平板玻璃或浮法玻璃通过硝酸银镀膜法或真空镀铝制成。质量技术要求应执行企业标准。最大规格为 2000mm×2000mm×5mm,特殊规格可以与厂家协商。

采用玻璃板饰面,应有底衬材料和固定材料。固定材料有:金属龙骨或木龙骨、胶合板、沥青、特制的橡胶、塑料或纤维类底衬垫块、环氧树脂胶以及压盖条等。

9.17 饰面板安装工程的隐蔽工程验收项目有哪些?

饰面板安装工程应该在下列部位做好隐蔽工程验收:

(1) 对主体结构或围护结构上用于安装饰面板的预埋件(或后置埋件)的数量、位置、规格、防腐处理及埋设方法进行隐检。

既有建筑上安设的后置埋件(膨胀螺栓或化学螺栓)应在相同基体上预先进行拉拔强度的检测,符合设计要求后方能够大面积安设。

(2) 对饰面板与预埋件(或后置埋件)、连接件的连接构造方式应进行隐检,对木龙骨以及木衬板的防火阻燃处理应进行隐检,必须符合设计要求。

(3) 饰面板安装工程所依附的建筑主体结构或围护结构表面,如多雨地区的外墙或浴厕间的内墙,根据设计要求可能会有防水隔离层,在安装饰面板前应对其进行隐检。

9.18 饰面板安装在结构缝的部位有什么要求？接缝如何处理？

外墙饰面板安装工程常常会遇到建筑结构缝的部位，如抗震缝、伸缩缝及沉降缝等，饰面板安装工程在这些部位的构造处理一定要满足建筑结构的使用功能要求，同时要兼顾饰面板装饰装修立面效果的完整、协调、美观，合理巧妙的处理饰面板及其受力节点与结构缝的关系。

天然石饰面板的接缝，按下列规定进行处理：

(1) 室内安装光面和镜面的饰面板，接缝应干接，接缝处用与饰面板相同颜色的水泥浆填抹；

(2) 室外安装光面和镜面的饰面板，接缝可干接或在水平接缝内垫硬塑料板条，垫塑料板条时，应将压出部分保留，待砂浆硬化后，将塑料板条剔出，用水泥砂浆（细砂）勾缝。干接缝应用与饰面板相同颜色的水泥浆填平。

(3) 粗磨面、麻面、条纹面、天然面饰面板的接缝应用水泥砂浆勾缝，勾缝深度按设计要求。

人造石饰面板的接缝宜用与饰面板相同颜色的水泥浆或水泥砂浆抹勾严密，接缝宽度、深度应符合设计要求。

9.19 从哪些方面保证饰面板安装安全牢固？

饰面板安装一定要保证安全牢固，尤其是建筑外墙上的石材板、金属板安装工程，安全性非常重要。要保证饰面板安装安全牢固，应着重注意以下几个方面的质量控制：

(1) 石材板弯曲强度、吸水率等性能指标必须符合设计及国家现行标准规范的要求；石材板上开孔、槽部位的位置、深度、壁厚等应符合设计要求。

(2) 后置埋件的现场拉拔强度检测必须符合设计要求。

(3) 饰面板安装工程的预埋件(或后置埋件)、连接件的数量、规格、位置、连接方法和防腐处理必须符合设计要求。

(4) 饰面板与预埋件、连接件的连接构造节点施工一定要符合设计要求。

9.20 天然石材板对开孔、槽、阳角交接有什么要求?

天然石材板尺寸一般为 25～30mm×500～800mm×500～1000mm 左右,石材板上的孔、槽是石材板安装节点受力部位,对于保证石材板的安全非常重要,这些开孔、槽应在安装前根据设计尺寸预先打好,经检验合格方能使用。开口形式主要有扁条开口、片状开口、销钉开口、角钢开口、金属丝开口等。板材开孔尺寸及阳角交接尺寸参考表 9-13。

板材开孔尺寸 表 9-13

厚度(mm)	A	B	C	D	E	F	G	H
50	19	13	13	13	19	13	38	57
76	44	25	13	13	19	13	64	82
100	71	38	13	13	19	13	89	107

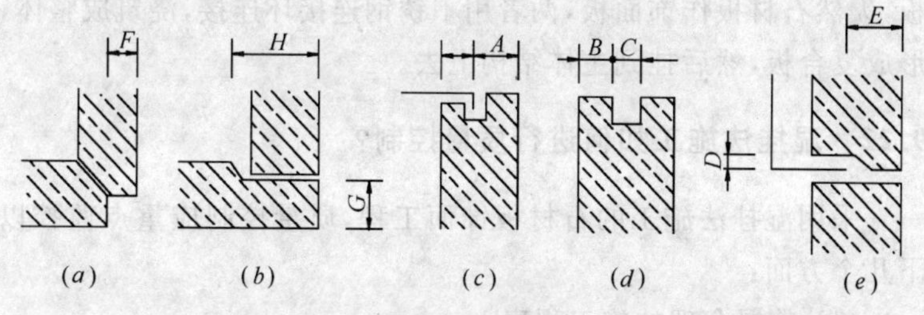

石材板阳角交接断面图
(a)、(b)石材板阳角断面;(c)、(d)、(e)石材板开槽断面

9.21 天然大理石饰面板镶贴(安装)的构造方法有几种?

天然大理石饰面板安装工程的施工构造方法主要为:小规格(边长小于 40cm)一般采用镶贴法,大规格主要有干挂法(干作业安装)、湿挂法(湿作业安装)和 G.P.C 等三种安装方法。

小规格大理石板材用胶粘剂镶贴法与室内外面砖镶贴方法基本相同,详见本书的有关饰面砖部分。

湿挂法施工工艺是我国传统做法，通常采用8号铜丝或$\phi4$不锈钢挂钩，把石材板固定在主体结构或围护结构表面的钢筋网上，钢筋网一般采用$\phi6$钢筋，双向间距200mm左右，用$\phi6$钢筋固定于主体结构或围护结构上，其长度应在150mm左右。石材板与结构表面的空隙一般50mm左右，其间用1∶2.5水泥砂浆填塞。湿挂法又有传统湿挂法和湿挂安装新工艺。两种做法均可用于室内外墙面。

干挂法施工通常是在石材板上开孔或开槽，然后用不锈钢连接件、销钉或$\phi6$钢筋，将石材板与主体结构或围护结构上的预埋件或后置埋件连接。也可以先在主体结构或围护结构表面用角钢作骨架，再在角钢骨架上焊接连接角钢，连接角钢按要求尺寸打孔，用连接件将石材板就位安装在金属骨架上。石材板与墙面的空腔距离一般以100mm为宜。

G.P.C工艺是干挂法工艺的发展，系以钢筋混凝土作衬板，天然石材板作饰面板，两者用不锈钢连接环连接，浇筑成整体，形成复合板，然后挂到主体结构上去。

9.22 湿挂法施工如何进行质量控制?

采用湿挂法施工的石材板饰面工程，质量控制应重点监控以下几个方面：

(1) 掌握合理的施工程序

传统湿挂法操作程序：

基层处理→弹线、焊接和绑扎钢筋骨架→弹饰面板面基准线→预拼编号→开孔、剔凿、绑不锈钢丝或铜丝→饰面板安装上墙就位→临时固定→分层灌浆→清理→嵌缝→清洁板面→抛光打蜡。

改进型湿挂法操作程序：

基层处理→饰面板钻孔→基层钻斜孔→饰面板安装上墙就位→U形不锈钢钉固定→分层灌浆→清理→嵌缝→清洁板面→抛光打蜡。

(2) 基层处理

基层处理包括清理污垢、光面基层的凿毛处理、酥松墙面的剔除等。

(3) 绑扎钢筋网

钢筋网应当按设计要求绑扎，尤其要注意钢筋网片与建筑结构上预埋件或后置埋件的连接方法和金属材料的防腐处理，要保证牢固、安全。

(4) 天然石材板的防碱背涂处理

采用传统的湿挂法安装天然石材板时，由于灌注的水泥砂浆在水化时析出大量的氢氧化钙，泛到石材板表面，产生不规则的花斑，俗称返碱现象。这种现象严重影响了建筑立面石材板的装饰效果。因此，在天然石材板采用湿挂法施工前，应对石材板用防碱处理剂进行防碱背涂处理。

涂布方法：

① 清理饰面石材板，如果表面有油迹，可用溶剂擦拭干净。然后用毛刷清扫石材表尘土，再用干净的棉丝把石材装饰板背面和侧边擦拭干净。

② 石材处理剂搅拌均匀后，用毛刷在石材板的背面和侧边涂布处理剂。涂饰时，应注意不得将石材处理剂涂布或流淌到石材板的正面。如污染了表面 应及时用棉丝反复擦拭干净，不得留下任何痕迹，以免影响饰面效果。

③ 第一遍石材处理剂干燥时间，一般需要 20min 左右，干燥时间的长短主要取决于环境的温度和湿度。待第一遍处理剂干燥后，方可涂布第二遍石材处理剂。

涂布时应注意：避免出现气泡和漏刷现象，在处理剂未干燥时，应防止尘土等杂物被风吹到表面，气温 5℃以下或阴雨天应暂停施工，已处理的石材板在现场如有切割时，应及时在切割处涂刷石材处理剂。

(5) 石材板预拼编号、打孔、开槽

为了使天然石材板花纹、色调协调一致，纹理通顺、图案美观，安装前应对石材板进行预拼、挑选、调整、编号，按号码存放、上墙。

石材板打孔、开槽是安装前重要的准备工作，应严格控制检查。

(6) 石材板安装

石材板安装应按照墙面弹的基准线和石材板编号，自下而上顺序安装，安装过程应重点控制节点构造方法的符合性。安装质量控制见表 9-14。

安装质量控制及检验方法　　表 9-14

项次	质量控制内容	检验方法
1	安装牢固	观察、手扳检查
2	表面平整度、垂直度、方正、圆度等符合设计要求	观察
3	阳角搭接方法正确，线角等突出件顺直、平齐、无缺棱掉角	观察
4	接缝顺直、宽窄一致，嵌缝应严密、深浅一致	观察、尺量
5	颜色、花纹、图案协调一致，无裂纹、无缺棱掉角等，无泛碱现象	观察

(7) 灌浆

光面、镜面和水磨石饰面板的竖缝用石膏灰临时封闭，并在缝内填塞泡沫塑料条，待砂浆硬化后去掉石膏灰和泡沫塑料条，清洗板面。

灌注砂浆一般采用 1∶2.5 或 1∶3 水泥砂浆，稠度控制在 8～15cm。先浇水将饰面板背面和基体表面润湿，然后将砂浆缓慢灌入石材板与基体之间缝隙中，注意不要碰动板块，灌浆过程中应随时检查板块是否移位，移位时要及时纠正。灌浆应均匀从几处分层灌入，每层灌注砂浆高度不宜大于板高的 1/3，否则砂浆侧压力会导致板面起鼓，严重时会使板面断裂或造成暗伤。每层灌入间隔时间 1～2h。

如果石材板是浅颜色的，灌注砂浆应用白水泥和白石屑，防止渗透影响美观。

饰面板嵌缝应密实、平直，宽度和深度应符合设计要求，嵌填材料色泽应一致。

9.23 金属饰面板工程施工如何进行质量控制？

金属饰面板工程的基本构造方法是在建筑主体结构或围护结构上固定龙骨骨架，然后利用粘贴、紧固件连接、嵌条定位等手段，将金属饰面板安装在骨架上。骨架安装用螺栓或焊接方法，且作防腐、防锈处理。铝合金饰面板安装一般有两种方法，一是直接固定安装，即将饰面板用螺栓直接固定在骨架上；二是制成特制龙骨，将饰面板制成相应形状压卡在龙骨上。不锈钢饰面板通常是用胶粘剂，将不锈钢板粘贴在木质衬板或薄钢衬板上。金属饰面板安装的质量控制应注意以下几个方面：

(1) 掌握合理的施工程序

弹线、预埋件或后置埋件安装→骨架安装→(木衬板或薄钢衬板安装)→金属饰面板安装→嵌缝→清洁板面。

(2) 骨架安装

骨架有钢骨架、木骨架或钢木混合骨架等。骨架安装应监控其与主体结构预埋件或后置埋件的连接方法，保证牢固、安全。

(3) 木衬板或薄钢衬板安装

衬板材料应根据建筑的结构形式和装饰面的几何形状等因素选择，室内装饰通常选用木衬板，室外或体量较大的装饰面，选用薄钢衬板。衬板安装应注意表面平整度、倾斜度、方正、圆度(圆柱)等。

(4) 金属饰面板安装

金属饰面板安装质量控制和检验方法见表9-15。

金属饰面板安装质量控制　　　表 9-15

项次	质量控制内容	检验方法
1	安装牢固，剪裁和搭接尺寸正确，线角等突出件顺直光滑	观察、尺量
2	外墙、柱面、窗台或窗套的防水处理符合设计要求，无渗漏	观察、轻击声测
3	阴阳角搭接方向正确，外墙压槎顺风安装	观　察
4	接缝严密、平直、宽窄和深浅一致，不得有漏缝现象	观察、尺量
5	表面平整、色泽一致，无划痕、损伤、翘曲、皱褶，无波形折光等	观察、尺量

(5) 嵌缝

嵌缝应密实、平直,宽度和深度应符合设计要求,嵌填材料色泽应一致。

9.24 镜面玻璃工程施工如何进行质量控制?

镜面玻璃安装方法主要有三种,钉、贴、托压,钉是以铁钉、螺钉为固定构件,将镜面固定在墙面上;贴是以胶结材料将镜面贴在墙面上;托压是在镜面的四周或上下,用木材、金属、塑料等将镜面固定在墙上。

镜面玻璃安装质量控制应注意以下几个方面:

(1) 掌握合理的施工程序

基层处理→做防潮层→钉立筋→铺钉衬板→镜面玻璃安装。

(2) 基层处理

按大样图尺寸在墙体上固定木砖,木砖横向与镜面宽度相等,竖向与镜面高度相等,大面积安装镜面玻璃的,还要在横、竖向每隔 500mm 埋木砖。

(3) 作防潮层

在镶贴玻璃的基层上抹防水砂浆,刷冷底子油(或涂热沥青一道),满铺油毡一层。也可在木筋刷防腐剂,在衬板上满铺油毡一层。防止潮气使木板变形,腐蚀镜面玻璃。

(4) 钉立筋

墙筋为 40mm×40mm 或 50mm×50mm 的小方木,位置与木砖一致,形成纵横框格,立筋要横平竖直。

(5) 铺钉衬板

衬板为 15mm 厚木板或 5mm 厚胶合板,用铁钉固定于墙筋上,衬板尺寸大于立筋间距,衬板表面平整,无翘曲、起皮等现象。

(6) 镜面玻璃安装

① 螺钉固定

安装从下向上、由左至右,在衬板上弹出镜面位置线,用 ϕ3～ϕ5 平头或圆头螺钉,套上橡皮垫圈,透过玻璃上的钻孔,用螺丝刀将螺钉逐个拧入立筋，不要拧的太紧，全部镜面玻璃固定完毕后，用长靠尺靠平，稍高的镜面再拧紧螺钉，直至调平为止。玻璃之间的缝隙用玻璃胶嵌缝，嵌缝要密实、饱满、均匀、不污染镜面。

② 嵌钉固定

在平整的木衬板上铺一层油毡，油毡表面按玻璃分块弹线，安装从上向下进行，安第一排时，嵌钉临时固定，装好第二排后再拧紧。其他同螺钉固定方法。

③ 粘贴固定

检查木衬板的平整度和牢固度。木衬板要清洁无污物，以增强粘结的牢固程度，在木衬板上按镜面玻璃尺寸弹线。

粘贴材料主要有环氧树脂胶和玻璃胶两种，用环氧树脂胶粘贴玻璃时，应涂刷均匀，不宜过厚，每次刷胶面积不宜过大，随刷随粘贴，将镜面缝中的胶浆擦净；玻璃胶用胶枪点胶，胶点应均匀，粘贴应自下而上进行，待下面的镜面粘接到一定强度后，再进行上一层粘贴。

④ 托压固定

托压固定主要靠压条和边框将镜面玻璃托压在墙上，压条和边框一般为木质或金属型材。

铺油毡和弹线方法同上。压条固定从下而上进行，压条压住两镜面接缝处，安放一层镜面后再固定横向压条；压条为木材时，在嵌条上每 200mm 内钉一钉子，钉子应钉入压条中 0.5～1mm，用腻子找平后刷漆。

9.25 饰面玻璃工程施工如何进行质量控制？

饰面玻璃是建筑装饰用玻璃的统称，一般采用浇注法或压延法生产，或使用平板玻璃表面涂饰方法加工。主要包括雕花玻璃、镜面玻璃、彩色玻璃、磨砂玻璃等多种。

(1) 按设计图案裁割，拼缝吻合，位置正确，不得有错位、斜曲和松动。

(2) 两面不同的玻璃，安装朝向必须正确，磨砂玻璃的磨砂面应向室内，压花玻璃的花纹宜向室外。

(3) 所有竣工后的玻璃，必须擦洗干净，不得有污渍。

9.26 木质饰面板工程施工如何进行质量控制？

木质饰面板中，一种是薄实木木板，另一种是人工合成木制品。它的构造做法是：

在砖墙或混凝土等墙体上用预埋木砖或塑料胀塞与木骨架连接，木骨架断面一般为 20～45mm×40～50mm，间距 400～600mm，具体尺寸应与面板规格协调。为防止砖或混凝土墙体潮气浸入面板，须在墙体表面先涂刷一道冷底子油，再铺一层油毡。在面板与墙体之间，上下方各留一些气孔，以保持通风。

木龙骨胶合板墙身施工的质量控制，应注意以下几个方面：

(1) 掌握合理的施工程序

弹线分格→加工、拼装木龙骨架（刷防火涂料）→在墙上钻孔、打入木楔→墙面防潮→安装木龙骨架→铺钉胶合板。

(2) 弹线分格

依据轴线及 50cm 线，在墙上弹出木龙骨的分格线。

(3) 加工、拼装木龙骨架

木墙身的结构通常使用 25mm×30mm 的方木按分档加工出凹槽榫，在地面进行拼装，制成木龙骨架。在开凹槽榫之前应先将方木料拼放在一起，刷防腐涂料，待防腐涂料干后，再加工凹槽榫。拼装木龙骨架的方格网规格通常是 300mm×300mm 或 400mm×400mm（两方木中心线距离尺寸）。对于面积不大的木墙身，可一次拼成木骨架后，安装上墙。对于面积较大的木墙身，可分做几片拼装上墙。木龙骨架做好后应涂刷三遍防火涂料（漆）。

(4) 钻孔打木楔

用 ϕ16～20 的冲击钻头在墙面上弹线的交叉点位置钻孔，钻孔深度不小于 60mm，孔距 600mm 左右，钻好孔后，随即打入经过防腐处理的木楔。

(5) 固定木龙骨架

立起木龙骨靠在墙面上，用吊垂线或水准尺找垂直度，确保木墙身垂直，用水平直线法检查木龙骨架的平整度。待垂直度、平整度都达到后，将其钉固在木楔上。钉圆钉时，配合校正垂直度、平整度，在木龙骨架下凹的地方加垫木块，垫平整后再钉钉。

(6) 安装胶合板

作饰面板的胶合板应先挑选好，分出不同色泽和残次件，然后按设计尺寸裁割、刨边(倒角)加工。

用15mm枪钉将胶合板固定在木龙骨架上。如果用铁钉则应使钉头砸扁埋人板内1mm。要求布钉均匀，钉距100mm左右。

木护墙(墙裙)施工的质量控制，应注意以下几个方面：

用薄实木板、胶合板等板材铺钉，其用木板条和装饰线按分格布置钉成压条，称为：冒头、腰带、立条。用胶合板做护墙板不设腰带和立条时，就要考虑拼缝的处理方式。一般有三种方式：平缝、八字缝、装饰压线条压缝。当用实木板做护墙板时，也可采用拼缝形式。

(1) 掌握合理的施工程序

弹线、分格→钻孔打木楔→墙面防潮→钉木龙骨→铺钉面板→钉冒头→装钉木踢脚板。

(2) 弹线、分格

按设计图样及尺寸先在墙上划出水平标高，弹出分档线。

加木楔或预埋防腐木砖弹线分格后，根据分档线在墙上楔入木榫，或在砌筑墙时，先预埋防腐木砖120mm×120mm×60mm。

(3) 墙面防潮

在安装木龙骨之前，墙面刷热沥青一道，干铺油毡一层。木龙骨应做防腐处理(有防火要求的应做防火处理)。

(4) 钉木龙骨

主龙骨中距450mm左右，次龙骨中距450～600mm(按胶合板分格需要决定主次龙骨方向)，木龙骨按40mm×30mm下料，垫木按具体情况下料。水平龙骨全部穿ϕ10通气孔，中距900mm左右，踢脚通气孔ϕ12，中距25mm，三个一组，每组中距900mm左右。

(5) 铺钉护墙板

采用实木木板作护墙板时，先应按设计图下料，拼缝要平直，木纹要对齐。压条时要钉牢，钉帽要砸扁，顺木纹将钉冲进3mm，接头作暗榫，如果采用胶合板等人工合成木板作护墙板，其安装方法同“木龙骨胶合板墙身”，用气钉枪铺钉。

(6) 钉冒头

木护墙板顶部拉线找平，钉压顶木线。压顶木线规格尺寸要一致，木纹、颜色近似的钉在一起。

(7) 装钉木踢脚板

实木踢脚板用圆钉钉在木龙骨上，钉帽砸扁，顺木纹钉入，并将钉头冲入木踢脚板面3mm。当采用原木胶合板踢脚板时，用圆钉将胶合板钉在木龙骨上，然后用枪钉将薄木装饰板钉牢，亦可在踢脚板顶面钉上木线。

9.27 饰面板工程检验批怎样划分?

饰面板安装工程检验批的划分应符合下列规定：

(1) 相同材料、工艺和施工条件的室内饰面板工程每50间(大面积房间和走廊按施工面积30m^{2}为一间)应划分为一个检验批，不足50间也应划分为一个检验批。

(2) 相同材料、工艺和施工条件的室外饰面板工程每500～1000m^{2}应划分为一个检验批，不足500m^{2}也应划分为一个检验批。

9.28 每个检验批的检查数量有什么规定?

每个检验批的检查数量应符合下列规定：

(1) 室内每个检验批至少抽查10%，并不得少于3间，不足3间时应全数检查。

(2) 室外每个检验批每100m^{2}应至少抽查一处，每处不得小于10m^2。

9.29 饰面板安装工程验收时应检查哪些文件和记录?

(1) 饰面板工程的施工图、设计说明及其他设计文件。

(2) 材料的产品合格证书、性能检测报告、进场验收记录和复验报告。

(3) 后置埋件的现场拉拔检测报告。

(4) 隐蔽工程验收记录。

(5) 施工记录。

9.30 饰面板安装工程验收的主控项目有哪些?

饰面板安装工程验收的主控项目如下:

(1) 饰面板的品种、规格、颜色和性能应符合设计要求,木龙骨、木饰面板和塑料饰面板的燃烧性能等级及有害物质含量应符合设计要求和国家现行有关标准的规定。

(2) 饰面板孔、槽的数量、位置和尺寸应符合设计要求。

(3) 饰面板安装工程的预埋件(或后置埋件)、连接件的数量、规格、位置、连接方法和防腐处理必须符合设计要求。后置埋件的现场拉拔强度必须符合设计要求。饰面板安装必须牢固。

9.31 饰面板安装工程验收的一般项目有哪些?

饰面板安装工程验收的一般项目如下:

(1) 饰面板表面应平整、洁净、色泽一致,无裂纹和缺损。

(2) 饰面板嵌缝应密实、平直,宽度和深度应符合设计要求,嵌填材料色泽应一致。

(3) 采用湿作业法施工的天然石材饰面板工程,石材板应进行防碱背涂处理。天然石材板表面应无泛碱等污染。

(4) 板与基体之间的灌注材料应饱满、密实。

(5) 饰面板上的孔洞应套割吻合,边缘应整齐。

(6) 饰面板安装的允许偏差和检验方法应符合表 9-16 的规定:

饰面板安装的允许偏差和检验方法　　表 9-16

项次	项 目	允许偏差(mm)							检验方法
		石材			瓷板	木材	塑料	金 属	
		光 面	剁斧石	蘑菇石					
1	立面垂直度	2	3	3	2	1.5	2	2	用 2m 垂直检测尺检查
2	表面平整度	2	3	—	1.5	1	3	3	用 2m 靠尺和塞尺检查
3	阴阳角方正	2	4	4	2	1.5	3	3	用直角检测尺检查
4	接缝直线度	2	4	4	2	1	1	1	拉 5m 线，不足 5m 拉通线，用钢直尺检查
5	墙裙、勒脚上口直线度	2	3	3	2	2	2	2	拉 5m 线，不足 5m 拉通线，用钢直尺检查
6	接缝高低差	0.5	3	—	0.5	0.5	1	1	用钢直尺和塞尺检查
7	接缝宽度	1	2	2	1	1	1	1	用钢直尺检查

9.32 玻璃板安装工程验收应检查哪些项目?

玻璃板安装工程验收，要检查以下项目：

(1) 玻璃板的品种、规格、颜色和性能应符合设计要求。

(2) 隐框玻璃及点支承玻璃应进行磨边处理，拼缝应横平竖直、均匀一致。

(3) 镜面玻璃表面应平整、光洁，映入景物应清晰、保真、无变形。

(4) 明框玻璃外框或压条应平整、顺直、无翘曲。

(5) 密封胶缝应横平竖直、深浅一致、宽窄均匀、光滑顺直。

(6) 玻璃板表面应平整、洁净；整幅玻璃应色泽一致；不得有污染和镀膜损坏。每平方米玻璃的表面质量和检验方法，应符合表 9-17 的规定；

每平方米玻璃的表面质量和检验方法　　　　表 9-17

项次	项　　目	质量要求	检验方法
1	明显划伤和长度>100mm 的轻微划伤	不允许	观　　察
2	长度≤100mm 的轻微划伤	≤8 条	用钢尺检查
3	擦伤总面积	≤500mm²	用钢尺检查

(7) 玻璃板安装的允许偏差和检验方法，应符合表 9-18 的规定。

玻璃板安装的允许偏差和检验方法　　　　9-18

项次	项　　目		允许偏差(mm)		检验方法
			明框玻璃	隐框玻璃	
1	立面垂直度		2	2	用 2m 垂直检测尺检查
2	表面平整度		1	1	用 2m 靠尺和塞尺检查
3	阴阳角方正		2	2	拉 5m 线，不足 5m 拉通线，用钢直尺检查
4	接缝直线度		2	2	用钢直尺和塞尺检查
5	接缝高低差		1	1	用直角检测尺检查
6	接缝宽度		—	1	用钢直尺检查
7	相邻板角错位		—	1	用钢直尺检查
8	分格框对角线长度差	对角线长度≤2m	2	—	用钢尺检查
		对角线长度>2m	3	—	

9.33 天然石材板接缝不平、纹理不顺、色差明显的原因是什么？怎样预防控制？

墙柱面镶贴板材后，板与板之间接缝粗糙不平，花纹横竖突变不通顺，色泽深浅不均。这类质量问题产生的原因主要是：

(1) 石材板材表面翘曲不平，角度不方正；

(2) 安装时，钢丝绑扎不牢或无固定措施，灌浆时石材板受力发生位移；

(3) 石材板安装时未及时用靠尺检查调整；

(4) 石材板安装前未进行挑选预拼、未进行编号，安装随意。

主要预防措施：

(1) 石材板安装前应挑选、作套方检查，预拼编号待用；

(2) 板材安装调整合格后固定；

(3) 灌浆应按照要求操作，避免使板产生位移；

(4) 做好工序间的质量控制，发现问题及时进行调整。

9.34 天然石材板开裂产生的原因是什么？怎样预防控制？

有的石材石质较差，色纹多，当镶贴部位不当，墙面上下空隙留的较小，常受到各种外力影响，在色纹暗缝或其他隐伤等薄弱处易产生不规则裂纹。这类质量问题产生的原因主要是：

(1) 石材板有色线、暗缝、隐伤等缺陷，在切割、搬运、安装过程中承受外力后，由于应力集中引起开裂；

(2) 建筑主体结构产生沉降或地基不均匀下沉；

(3) 灌浆不严，侵蚀性气体、液体或潮湿空气透入板缝，使金属挂网锈蚀膨胀，造成石材板开裂；

(4) 镶贴墙面、柱面时，上下空隙较小，一旦受到压力变形，石材受到垂直方向的压力。

主要预防措施：

(1) 选料时，应剔除有缺陷的石材板。在加工、搬运及安装过程中，仔细操作、避免板材破裂；

(2) 新建建筑结构沉降稳定后，再进行饰面板安装作业。在顶部、底部安装板材时，应留有一定缝隙，防止因结构出现微小变形而导致板材开裂；

(3) 灌浆应饱满，嵌缝应严密，避免腐蚀性气体侵入锈蚀金属挂网，导致损坏板面。

9.35 天然石材板泛碱、污染现象产生的原因是什么？怎样预防控制？

板材表面渗出背面的碱花或由于其他原因表面污染。

这类质量问题产生的原因主要是：

(1) 泛碱是由于用湿挂法施工的石材板没有进行防碱背涂处理，导致灌浆用的水泥砂浆在水化时析出的氢氧化钙渗出石材板表面，破坏了石材板表面的装饰效果；

(2) 石材板在包装、储存、搬运或安装过程中，受到雨淋、水泡或接触污垢、油渍等污染源。

主要预防措施：

(1) 采用湿挂法施工的石材板要在安装前进行防碱背涂处理。

(2) 浅色石材在包装、运输中应用干净包装材料包装，避免被包装材料污染；在储存、安装过程中，避免接触污垢、油渍等；露天堆放板材应用塑料膜遮盖，避免雨淋、水泡。

(3) 做好成品保护。

9.36 木饰面板开裂、翘曲现象产生的原因是什么？怎样预防控制？

木材的含水率过大，造成木饰面板开裂、变形、翘曲等。这类质量问题产生的原因主要是：

(1) 安装前没有将面板(夹板)进行干燥处理。

(2) 施工过程中木材存放不当，受潮或受过雨淋。

主要预防措施：

(1) 必须使用经过干燥处理符合使用要求的木材，安装后能达到板面平整。

(2) 木材在运输、储存过程中应注意防潮、防雨。

9.37 装饰防火胶板开胶、鼓包现象产生的原因是什么？怎样预防控制？

装饰防火胶板开胶，或者板缝内有空气，从而造成鼓包现象。这类质量问题产生的原因主要是：

(1) 粘贴面刷胶前不干净，胶液涂刷不匀，漏刷胶液。

(2) 合板时空气未赶尽，冷压不严实或压力不匀，局部未接触。

主要预防措施：

(1) 刷胶前应将刷胶面清扫干净，粘结面应均匀涂刷一遍胶液，不得漏刷，使胶液渗透到木材空隙中。

(2) 合板时，应由一边向另一边赶压，排除板间空气后，均匀冷压。

(3) 周边开胶，可以侧面撑开开胶部位，往里面灌胶液，然后再在上面压钉木条，待胶固化后，将木条和钉子拔出；若是中间开胶空鼓，可用特大号针筒将胶液注入鼓包内，上面压钉木条，待固化后，将钉子拔除，去掉木条。

9.38 装饰防火胶板翘曲、窜角现象产生的原因是什么？怎样预防控制？

装饰防火胶板表面不平正，有翘曲、窜角现象，这类质量问题产生的原因主要是：

(1) 木方骨架制作不规矩，不方正、表面不平整。

(2) 底板粘贴未校正，骨架未刷木胶液即钉底板。

(3) 贴面板时冷压不均匀，不严实、冷压荷载不够。

主要预防措施：

(1) 木方骨架制作时，不但要求表面平整，且框架骨架要方正，两条对角线需相等，接头用钉钉牢。

(2) 粘贴面板前，先予校正，符合要求后，在底板面和面板底部应均匀薄刷一遍木胶液，然后合板，赶净空气，加足冷压力，严密冷压,待胶液完全固化后卸压。

9.39 木装修面层钉帽外露、压条端头劈裂现象产生的原因是什么？怎样预防控制？

木装修面层不平整,钉帽外露、压条等端头劈裂现象。这类质量问题产生的原因主要是:

(1) 钉帽打的不够扁,或打扁的钉帽横在木纹往里钉。

(2) 铁冲子太粗或冲扁。

(3) 钉前没有木钻引眼。

(4) 面板接缝处,露出下面龙骨上的大钉帽。

主要预防措施:

(1) 打扁后的钉帽要略小于钉子直径,扁钉帽应顺着木纹往里卧入,钉子位置应定在两根木筋之间。

(2) 铁冲头要呈现圆锥形,不要太尖,但应保持略小于钉帽的状态,钉帽冲入板面下 1mm 左右。

(3) 面板木料较硬,应先用木钻引个小眼,再钉钉子。

(4) 钉劈的部位,应将钉子起出,用胶将劈裂处粘好,待固结后,再用木钻在裂缝两边各引小眼,补钉牢固。

(5) 若面板接缝处木龙骨上露出大钉帽,可用铁冲子将其打冲 10mm 左右,再用相同的木料粘胶补平。

9.40 塑料贴面板接缝处理不当、面板粘贴后滑移及板边毛刺等产生的原因是什么？怎样预防控制？

塑料贴面板接缝处理不当、面板粘贴后滑移以及板边有毛刺现象。这类质量问题产生的原因主要是:

(1) 面板薄厚不一;

(2) 板材和基层较光滑;

(3) 裁板时底面向上,出现毛边。

主要预防措施:

(1) 不同厚度的面板,板缝处理应不同,8mm 厚的板材采用压条法，压条用铝条、木条或塑料板条，用木螺丝牢固，板厚为16mm时，板缝应用企口拼接。

(2) 基层表面应平整而不光滑，并有足够的坚实程度，贴面板底，用小刀刻痕或用粗砂纸打磨毛，增加粘结力，保证贴面板不滑移。

(3) 切割板材时，应正面向上，可减少毛刺，并留有3～5mm宽余量，需要时，可用刨子刨光修整，少量地方可用粗砂纸磨光。

9.41 金属板抽芯铝铆钉间距过大或过小等现象产生的原因是什么？怎样预防控制？

金属板抽芯铝铆钉间距过大或过小，造成间距不均匀。这类质量问题产生的原因主要是抽芯铝铆钉施钉未按规范控制。

主要预防措施：

金属板抽芯铝铆钉间距应符合下列规定：

(1) 铝合金板条螺钉间距宜在50cm左右。

(2) 铝合金蜂窝板压条螺丝间距300mm左右。

(3) 彩色涂层钢板应视墙筋布置间距而定，钉距不大于500mm为宜。

(4) 彩色压型钢板复合墙板，复合板本身钉距为100～200mm，板与板之间的连接，钉距为200mm。

9.42 金属板材透缝、压茬渗漏现象产生的原因是什么？怎样预防控制？

金属板材接缝处不整齐，有渗漏现象。这类质量问题产生的原因主要是：

(1) 拼缝未按规范要求做；

(2) 压茬不符合风向要求。

主要预防措施：

(1) 板缝必须采用搭接，其搭接宽度符合设计要求，且为顺水方向，不得对缝拼接。

(2) 压茬必须按主导风向顺风安装，严禁逆向安装。

10 幕墙工程

10.1 何谓幕墙工程？有何特点？

由金属构件与玻璃板、金属板或石材板组成的建筑主体结构的外围护结构，称为建筑幕墙。幕墙工程就其对建筑物的作用来说，集建筑外围护结构和建筑装饰的功能要素，是现代建筑围护结构的一种新的形式。幕墙技术从20世纪80年代初期引入我国后，以其质量轻（大约是砖砌体的1/12、混凝土墙体的1/10）、安装速度快、装饰效果好，成为高层建筑外墙轻型化、装配化较理想的形式。随着建造技术和建材工业的发展，许多有关幕墙工程的新材料、新技术和新工艺用于幕墙工程的设计和建造上，进一步解决了幕墙工程的抗风压变形、抗雨水渗漏、抗空气渗透、隔热保温和隔声等性能，使幕墙技术得以广泛的应用。

幕墙在满足建筑物外围护结构的防风、防雨、保温、隔热、防噪声、防空气渗透等使用功能的同时，满足了建筑外立面的装饰效果，突出体现了新型建筑材料、建造技术和建筑艺术相互制约、相互促进和相互融合的关系。

10.2 国家和行业制定和实施了哪些幕墙工程规范和标准？

为了使幕墙工程的设计、材料选用、性能要求、构件加工制作、安装施工和工程验收有章可循，使幕墙工程做到安全可靠、适用美观和经济合理，我国先后制定了相关的国家标准和行业标准，这些技术法规和标准为幕墙技术发展与工程质量控制提供保证。对于幕墙工程的质量控制具有极其重要的现实意义。

国家和行业标准主要有：

(1)《建筑装饰装修工程质量验收规范》GB 50210；

(2)《玻璃幕墙工程技术规程》JGJ 102；

(3)《玻璃幕墙安装质量检验方法》JGJ 139；

(4)《金属与石材幕墙工程技术规程》JGJ 133；

(5)《钢结构设计规范》GBJ 17；

(6)《高层民用建筑钢结构设计规程》JGJ 99；

(7)《钢结构工程施工质量验收规范》GB 50205；

(8)《高层民用建筑设计防火规范》GB 50045；

(9)《建筑设计防火规范》GBJ 16；

(10)《建筑设计防雷规范》GB 50057；

(11)《建筑用硅酮结构密封胶》GB 16776；

(12)《铝及铝合金阳极氧化　阳极氧化膜总规范》GB 8013 中 AA15 的规定；

(13)《碳素结构钢》GB 700；

(14)《低合金高强度结构钢》GB 1597；

(15)《不锈钢棒》GB 1220；

(16)《不锈钢冷加工钢棒》GB 4226；

(17)《建筑玻璃应用技术规程》JGJ 113；

(18)《钢化玻璃》GB 9963；

(19)《夹层玻璃》GB 9962；

(20)《中空玻璃》GB 11944；

(21)《浮法玻璃》GB 11614；

(22)《吸热玻璃》JC/T 536；

(23)《夹丝玻璃》JC 433。

10.3 幕墙工程对防火有什么要求？

幕墙工程应按照建筑防火设计分区和层间分区等要求采取防火措施，其防火措施除应符合现行国家标准《建筑设计防火规范》GBJ 16 和《高层民用建筑设计防火规范》GB 50045 的有关规定外，还应符合下列规定：

(1) 防火层应采取隔离措施，应根据防火材料的耐火极限决定防火层的厚度和宽度，并应在楼板处形成防火带；

(2) 防火层的衬板应采用经防腐处理且厚度不小于 1.5mm 的耐热钢板，不得采用铝板；

(3) 防火层的密封材料应采用防火密封胶；

(4) 防火层与玻璃不应直接接触，一块玻璃不应跨两个防火分区。

10.4 幕墙工程对防雷有什么要求？

幕墙工程的防雷除应符合现行国家标准《建筑物防雷设计规范》GB 50057 的有关规定外，还应符合下列规定：

(1) 在幕墙结构中应从上而下地安装防雷装置，并应与主体结构的防雷装置可靠连接；

(2) 导线应在材料表面的保护膜除掉部位进行连接；

(3) 金属与石材幕墙的防雷装置设计及安装应经建筑设计单位认可。

10.5 幕墙工程主要性能要求及检测方法是什么？

幕墙工程的性能等级应根据建筑物所在地的地理位置、气候条件、建筑物的高度、体形及周围环境确定。

幕墙工程主要性能、检测方法、质量标准以及分级规定如下：

1. 风压变形性能

质量标准：按《建筑幕墙物理性能分级》GB/T 15225 第 3.1 执行。

检测方法：按《建筑幕墙风压变形性能检测方法》GB/T 15227 的规定进行。

风压变形性能以安全检测压力差 P_3 进行分级，其分级指标应符合表 10-1 的规定：

风压变形性能分级(kPa)　　表 10-1

分级指标	等级				
	Ⅰ	Ⅱ	Ⅲ	Ⅳ	Ⅴ
P_3	$P_3\geqslant5.0$	$5.0>P_3\geqslant4.0$	$4.0>P_3\geqslant3.0$	$3.0>P_3\geqslant2.0$	$2.0>P_3\geqslant1.0$

幕墙构架的立柱与横梁在风荷载标准值的作用下，钢型材的相对挠度不应大于 $L/300$（L 为立柱或横梁两支点间的跨度），绝对挠度不应大于 15mm；铝合金型材的相对挠度不应大于 $L/180$，绝对挠度不应大于 20mm。

2. 雨水渗漏性能

质量标准：按《建筑幕墙物理性能分级》GB/T 15225 第 3.2 执行。

检测方法：按《建筑幕墙雨水渗漏性能检测方法》GB/T 15228 的规定进行。

雨水渗漏性能以发生渗漏现象的前级压力差值 P 作为分级依据，其分级指标应符合表 10-2 的规定：

雨水渗漏性能分级(Pa)　　表 10-2

分级指标	部位区别	等级				
		Ⅰ	Ⅱ	Ⅲ	Ⅳ	Ⅴ
P	固定部位	$P\geqslant2500$	$2500>P\geqslant1600$	$1600>P\geqslant1000$	$1000>P\geqslant700$	$700>P\geqslant500$
	可开启部位	$P\geqslant500$	$500>P\geqslant350$	$350>P\geqslant250$	$250>P\geqslant150$	$150>P\geqslant100$

注：设计时固定部分 P 值根据风荷载标准值除以 2.25 所得数据进行确定。可开启部分的等级和固定部分相对应。

幕墙在风荷载标准值除以阵风系数后的风荷载值作用下，不应发生雨水渗漏。其雨水渗漏性能应符合设计要求。

3. 空气渗透性能

质量标准：按《建筑幕墙物理性能分级》GB/T 15225 第 3.3

执行。

检测方法:按《建筑幕墙空气渗透性能检测方法》GB/T 15226的规定进行。

空气渗透性能以标准状态下,压力差为10Pa的空气渗透量 q 为分级依据,其分级指标应符合表10-3的规定:

空气渗透性能分级($m^3/(m \cdot h)$)　　**表10-3**

分级指标	部位区别	等级				
		Ⅰ	Ⅱ	Ⅲ	Ⅳ	Ⅴ
q	固定部分	$q \leqslant 0.01$	$0.01 < q \leqslant 0.05$	$0.05 < q \leqslant 0.10$	$0.10 < q \leqslant 0.20$	$0.20 < q \leqslant 0.50$
	可开启部位	$q \leqslant 0.5$	$0.5 < q \leqslant 1.5$	$1.5 < q \leqslant 2.5$	$2.5 < q \leqslant 4.0$	$4.0 < q \leqslant 5.0$

有热工性能要求时,幕墙的空气渗透性能应符合设计要求。

4. 平面内变形性能

质量标准:按《建筑幕墙》JG 3035第4.1.7执行。

检测方法:按《建筑幕墙》JG 3035附录A的A2规定进行。

平面内变形性能可用建筑物的层间相对位移值 γ 表示;要求幕墙在设计允许的相对位移范围内不应损坏,平面内变形性能应按主体结构弹性层间位移值的3倍进行设计。其分级指标应符合表10-4的规定:

平面内变形性能分级　　**表10-4**

分级指标	等级				
	Ⅰ	Ⅱ	Ⅲ	Ⅳ	Ⅴ
γ	$\gamma \geqslant 1/100$	$1/100 > \gamma \geqslant 1/150$	$1/150 > \gamma \geqslant 1/200$	$1/200 > \gamma \geqslant 1/300$	$1/300 > \gamma \geqslant 1/400$

注:表中 $\gamma = \Delta / h$,式中 Δ 为层间位移量,h 为层高。

5. 保温性能

质量标准:按《建筑幕墙物理性能分级》GB/T 15225第3.4

执行。

检测方法：按《建筑外窗保温性能分级及其检测方法》GB 8484的规定进行。

保温性能以传热系数 K 进行分级，其分级指标值应符合表10-5的规定：

保温性能分级（$W/(m^2 \cdot K)$） 表 10-5

分级指标	等级			
	Ⅰ	Ⅱ	Ⅲ	Ⅳ
K	$K \leqslant 0.7$	$0.7 < K \leqslant 1.25$	$1.25 < K \leqslant 2.0$	$2.0 < K \leqslant 3.3$

注：表中 K 值为幕墙中固定部分和开启部分各占面积的加权平均值。

6. 隔声性能

质量标准：按《建筑幕墙物理性能分级》GB/T 15225 第 3.5 执行。

检测方法：按《建筑外窗空气隔声性能分级及其检测方法》GB 8485的规定进行。

隔声性能以空气计权隔声量 R_w 进行分级，其分级指标应符合表 10-6 的规定：

隔声性能分级（dB） 表 10-6

分级指标	等级			
	Ⅰ	Ⅱ	Ⅲ	Ⅳ
R_w	$R_w \geqslant 40$	$40 > R_w \geqslant 35$	$35 > R_w \geqslant 30$	$30 > R_w \geqslant 25$

注：按不同构造单元分类进行隔声量测量，然后通过传声量的计算求得整体幕墙的隔声量值。

7. 耐撞击性能

质量标准：按《建筑幕墙》JG 3035 第 4.1.6 执行。

检测方法：按《建筑幕墙》JG 3035 附录 A 的 A1 规定进行。

耐撞击性能以撞击物体的运动量 F 进行分级，分界线以不使幕墙发生损伤为依据，其分级指标应符合表 10-7 的规定：

耐撞击性能分级(N·m/s) 表 10-7

分级指标	等级			
	Ⅰ	Ⅱ	Ⅲ	Ⅳ
F	$F \geqslant 280$	$280 > F \geqslant 210$	$210 > F \geqslant 140$	$140 > F \geqslant 70$

耐撞击性能主要是对玻璃有耐撞击试验,对铝板的漆膜有耐冲击性试验。由于石材板比较厚,在一般情况下不做耐冲击试验。

关于石材板和金属板材耐冲击问题,在有关标准中没有表现出来,因石材板是脆性材料,只不过比玻璃板厚得多,其强度值同钢化玻璃差距不太大,因而将钢化玻璃、夹层玻璃的抗冲击力方法介绍给读者参考。另外,铝板利用钢化玻璃的抗冲击方法不太适合,只能将铝板表面漆膜的抗冲击力实验方法推荐。

10.6 幕墙工程有几个分项工程?其适用范围是什么?

幕墙工程含有三个分项工程,分别是玻璃幕墙、金属幕墙和石材幕墙。

玻璃幕墙适用于建筑高度不大于150m、抗震设防烈度不大于8度的隐框玻璃幕墙、半隐框玻璃幕墙、明框玻璃幕墙、全玻幕墙及点支承玻璃幕墙工程。金属幕墙适用于建筑高度不大于150m、抗震设防烈度不大于8度的金属幕墙工程。

玻璃幕墙和金属幕墙工程规定适用于建筑高度不大于150m的建筑工程,一方面是为了与《高层民用建筑钢结构技术规程》JGJ 99和《高层建筑混凝土结构技术规程》JGJ 3相协调,另一方面是由于超过150m高层建筑的幕墙工程,无论从设计、制作还是安装施工都缺乏经验。因此,对于超过150m的高层建筑幕墙工程,要从严掌握,采取慎重的态度,只有经过充分的可行性技术论证后,才能参照国家验收规范执行。对于抗震设防烈度为9度的建筑,一般不提倡使用幕墙作外围护结构,如有特殊需要,也应经过充分的可行性技术论证后,参考有关标准规范的规定。

石材幕墙适用于建筑高度不大于100m、抗震设防烈度不大于

8 度的石材幕墙工程。

石材幕墙适用范围的规定，是由于石材系天然材料，受自然条件的影响，其材质均匀性较差，强度较低，弯曲强度离散性也非常大，从几兆帕到几十兆帕都有。作为建筑物的围护结构，石材幕墙虽然不承受主体结构荷载，但要承受自重、风载、地震作用和温度变化的影响。我国是一个多地震的国家，设防烈度 6 度以上的地区占国土面积的 70%以上，绝大多数大、中城市都要考虑抗震设防。石材又属于脆性材料，在生成、开采、加工和安装过程中发生的轻微内伤难以发现；其次，为了满足强度计算的要求，石材板的厚度不得小于 25mm，每平方米的石材板均在 70kg 以上，这对抗震是十分不利的。因此，对石材幕墙适用范围的规定较玻璃幕墙和金属幕墙的适用范围严格些，是必要的和适宜的。对于超过 100m 的石材幕墙，要采取慎重的态度，从严掌握，只有经过充分的可行性技术论证，并在结构计算时考虑增加重要系数和石材安全系数，方可参照国家标准规范执行，同时应考虑做足尺模拟振动台抗震试验。

10.7 幕墙工程是如何分类的？

幕墙工程可以根据幕墙构件的安装方式来分类，也可以按照幕墙饰面材料来分类。详细分类见表 10-8。

幕墙分类 **表 10-8**

分类方法	分类名称	安装方式简要说明
按幕墙构件的安装方式来分类	明框幕墙	金属框架构件显露在幕墙饰面板之外
	隐框幕墙	金属框架构件全部隐蔽在幕墙饰面板之内
	半隐框幕墙	横向金属框架构件显露在幕墙饰面板之外而竖向金属框架构件隐蔽在幕墙饰面板之内或反之
	全玻幕墙	由玻璃板和玻璃肋制作的玻璃幕墙，有吊挂式和座地式两种安装方式
	点支承幕墙	金属框架构件在幕墙饰面板后、与幕墙饰面板采用节点连接的安装方式
	斜玻幕墙	与水平面成大于 75°小于 90°角的玻璃幕墙

续表

分类方法	分类名称	安装方式简要说明
按幕墙所用饰面材料来分类	玻璃幕墙	幕墙所用饰面材料为玻璃板的幕墙
	金属幕墙	幕墙所用饰面材料为铝板、铝塑复合板、铝锌板、不锈钢板等金属板的幕墙
	石材幕墙	幕墙所用饰面材料为人造石板或天然石材板的幕墙

10.8 幕墙工程材料的组成及要求是什么?

幕墙主要有四种基本材料组成:金属框架(骨架)材料、饰面材料、结构粘结材料和密封填缝材料。

幕墙工程虽不承受建筑主体结构的荷载,但是要承受自身荷载、风荷载、地震作用和温度变化的影响。幕墙工程是建筑外围护结构,会经常受到风吹、日晒、雨淋等自然环境因素的影响。所以,幕墙材料必须安全可靠,有足够的耐候性、耐久性和耐腐蚀性。同时具有抗风压、防雨水渗漏、防空气渗透、保温、隔热、防火、耐撞击以及抗平面变形性能。幕墙工程所用材料均有国家或行业标准,选用时其质量必须符合国家现行有关标准的规定,严禁使用不符合标准的材料。

10.9 幕墙工程用铝合金材料应符合哪些国家标准?

1. 铝合金型材应符合下列现行国家标准:

(1)《铝合金建筑型材》GB/T 5237 中规定的高精级;

(2)《铝及铝合金加工产品的化学成分》GB/T 3190;

(3)《铝及铝合金阳极氧化　阳极氧化膜的总规范》GB 8013 中 AA15 级;

(4)《铝及铝合金轧制钢板》GB/T 3880;

(5)《变形铝及铝合金牌号表示方法》GB/T 16474;

(6)《变形铝及铝合金状态代号》GB/T 16475;

(7)《铝及铝合金挤压棒》GB/T 3191。

2. 与幕墙配套用铝合金门窗应符合下列现行国家标准：

(1)《平开铝合金门》GB 8478；

(2)《平开铝合金窗》GB 8479；

(3)《推拉铝合金门》GB 8480；

(4)《推拉铝合金窗》GB 8481；

(5)《铝合金地弹簧门》GB 8482。

3. 与幕墙配套用标准五金件应符合下列现行国家标准：

(1)《地弹簧》GB 9296；

(2)《平开铝合金窗执手》GB 9298；

(3)《铝合金窗不锈钢滑棒》GB 9300；

(4)《铝合金门插销》GB 9297；

(5)《铝合金窗撑挡》GB 9299；

(6)《铝合金门窗拉手》GB 9301；

(7)《铝合金窗锁》GB 9302；

(8)《铝合金门锁》GB 9303；

(9)《闭门器》GB 9305；

(10)《推拉铝合金门窗用滑轮》GB 9304。

幕墙采用的非标准五金件应符合设计要求，同时应符合现行国家标准《紧固件机械性能 不锈钢螺栓、螺钉和螺柱》GB/T 3098.6 和《紧固件机械性能 不锈钢螺母》GB/T 3098.15 的规定。五金件的质量和耐久性问题，常造成幕墙工程的安全隐患。因此，当采用非标准五金件时应符合设计要求，并有出厂合格证、质量证书，同时应有法定检测机构的检测报告。

10.10 幕墙工程用钢材应符合哪些国家标准？

幕墙用钢材应符合下列现行国家标准的规定：

(1)《碳素结构钢》GB 700；

(2)《优质碳素结构钢》GB 699；

(3)《合金结构钢》GB 3077；

(4)《低合金高强度结构钢》GB 1591；

(5)《碳素结构钢和低合金结构钢热轧薄钢板及钢带》GB 912；

(6)《碳素结构钢和低合金结构钢热轧厚钢板及钢带》GB 3274；

(7)《结构用冷弯空心型钢尺寸、外型、重量及允许偏差》GB 6728；

(8)《冷拔无缝异型钢管》GB 3094；

(9)《高耐候结构钢》GB 4171；

(10)《焊接结构用耐候钢》GB 4172。

10.11 幕墙工程用不锈钢材应符合哪些国家标准?

幕墙用不锈钢材应符合下列现行国家标准的规定：

(1)《不锈钢棒》GB 1220；

(2)《不锈钢冷加工钢棒》GB 4226；

(3)《不锈钢冷轧钢板》GB 3280；

(4)《不锈钢热轧钢板》GB 4237；

(5)《冷顶锻不锈钢丝》4232；

(6)《不锈钢和耐热钢冷轧带钢》GB 4239；

(7)《形状和位置公差　未注公差值》GB/T 1184。

幕墙采用的不锈钢宜采用奥氏体不锈钢材，这主要是考虑与国际接轨。美国有关标准 ASTM S30400、ASTM S30403；日本工业标准 JIS SUS 304、JIS SUS 304U 以及德国、法国、俄罗斯等国家的不锈钢标准，同国际标准 ISO 638/13、ISO 638/16 的 15 和 16 不锈钢标准相近似。我国有关不锈钢材现行国家标准的奥氏体不锈钢材的性能指标，与国际标准关于不锈钢材的性能指标近似。国家标准 GB 4239 的 8、9 奥氏体不锈钢的屈服强度、抗拉强度、伸长率、硬度等物理力学性能，都优于铁素体、马素体等不锈钢的物理力学性能。

钢结构幕墙高度超过 40m 时，钢构件宜采用高耐候结构钢，并应在其表面涂刷防腐涂料。

钢构件采用冷弯薄壁型钢时，除了应符合现行国家标准《冷弯薄壁型钢结构技术规范》GB J18 的有关规定外，其壁厚不得小于3.5mm，强度应按实际工程验算，表面应按照现行国家标准《钢结构工程施工质量验收规范》GB 50205 的规定进行处理。

10.12 幕墙工程对铝合金型材壁厚有什么要求？

幕墙金属框架及其连接件应具有足够的承载力、刚度和相对于主体结构的位移能力。立柱和横梁等主要受力构件，其截面受力部分的壁厚应经计算确定，铝合金型材壁厚不应小于3.0mm，钢型材壁厚不应小于 3.5mm。

单元幕墙连接处和吊挂处的铝合金型材的壁厚应通过计算确定，并不得小于 5.0mm。

10.13 幕墙工程对铝合金板材有什么要求？

铝合金幕墙采用的铝合金板材的表面处理层厚度及材质应符合现行行业标准《建筑幕墙》JG 3035 的有关规定。铝合金幕墙应根据幕墙面积、使用年限及性能要求，分别选用铝合金单板（简称单层铝板）、铝塑复合板、铝合金蜂窝板（简称蜂窝铝板）；铝合金板材应达到国家相关标准及设计要求的合格产品。

根据防腐、装饰及建筑物耐久年限的要求，对铝合金板材（单层铝板、铝塑复合板、蜂窝铝板）表面进行氟碳树脂处理时，要求氟碳树脂含量不应低于 75%；海边及严重酸雨地区，可采用三道或四道氟碳树脂涂层，其厚度应大于 40μm；其他地区可采用两道氟碳树脂涂层，其厚度应大于 25μm；氟碳树脂涂层应无起泡、裂纹、剥落等现象。

单层铝板厚度不应小于 2.5mm；并应符合现行国家标准《铝及铝合金轧制板材》GB/T 3880、《变形铝及铝合金牌号表示方法》GB/T 16474和《变形铝及铝合金状态代号》GB/T 16475 的有关规定。

铝塑复合板的上下两层铝合金板的厚度均应为 0.5mm，其性能应符合现行国家标准《铝塑复合板》GB/T 17748 规定的外墙板的技术要求；铝合金板与夹心层的剥离强度标准值应大于 7N/mm。如果幕墙选用普通型聚乙烯铝塑复合板时，必须符合现行国家标准《建筑设计防火规范》GB J16 和《高层民用建筑设计防火规范》GB 50045的有关规定。

蜂窝铝板应根据幕墙的使用功能和耐久年限的要求，分别选用厚度为 10mm、12mm、15mm、20mm 和 25mm 的蜂窝铝板。其中厚度为 10mm 的蜂窝铝板应由 1mm 厚的正面铝合金板、0.5～0.8mm 厚的背面铝合金板及铝蜂窝粘结而成；厚度在 10mm 以上的蜂窝铝板，其正背面铝合金板的厚度均应为 1mm。

常用铝合金板的规格及性能如表 10-9。

常用铝合金板的规格及性能　　表 10-9

板材类型	构造特点及性能	常用规格	技术指标
单层铝板	表面采用阳极氧化膜或氟碳树脂喷涂。多为纯铝板或铝合金板。为隔声保温，常在其后面加矿棉、岩棉或其他发泡材料	厚度 3～4mm	1　弹性模量 E:0.7×10⁵MPa 2　抗弯强度:84.2MPa 3　抗剪强度:48.9MPa 4　线膨胀系数:2.3×10⁻⁵/℃
复合铝板	内外两层 0.5mm 厚铝板中间夹 2～5mmPVC 或其他化学材料，表面滚涂氟碳树脂，喷涂罩面漆。其颜色均匀，表面平整，加工制作方便	厚度 3～6mm	1　弹性模量 E:0.7×10⁵MPa 2　抗弯强度:≥15MPa 3　抗剪强度:≥9MPa 4　延伸率:≥10% 5　线膨胀系数:24×10⁻⁵～28×10⁻⁵/℃
蜂窝铝板	两块厚 0.8mm～1.2mm 及 1.2～1.8mm 铝板夹在不同材料制成的蜂窝状芯材两面制成，芯材有铝箔芯材、混合纸芯材等。表面涂树脂类金属聚合物着色涂料，强度较高，保温、隔声性能较好	总厚度：10～25mm 蜂窝形状有：波形、正六角形、扁六角形、长方形、十字形等	1　弹性模量 E:4×10⁴MPa 2　抗弯强度:10MPa 3　抗剪强度:1.5MPa 4　线膨胀系数:22×10⁻⁵～23.5×10⁻⁵/℃

10.14 幕墙工程用铝塑复合板应符合哪些国家标准?

幕墙用铝塑复合板应符合国家现行标准《铝塑复合板》GB/T 17748 的规定。

铝塑复合板是以塑料为芯层,外贴铝板的三层复合板,表面涂刷装饰性或保护性的涂层。按其用途又分为外墙铝塑板(厚度不小于 4mm)和内墙铝塑板(厚度不小于 3mm)。铝塑复合板按表面涂层材质可分为氟碳树脂涂层、聚酯树脂涂层、丙烯酸树脂涂层等。

铝塑复合板产品代号如表 10-10。

铝塑复合板产品代号 **表 10-10**

名 称	代 号	质量等级代号	
		优等品	合格品
外墙铝塑板	W	A	B
内墙铝塑板	N	A	B
氟碳树脂涂层	FC	A	B
聚酯树脂涂层	PET	A	B
丙烯酸树脂涂层	AC	A	B

铝塑复合板的标记方法是按产品的名称、用途、涂层材质、规格尺寸、等级和标准编号顺序进行标记,如:

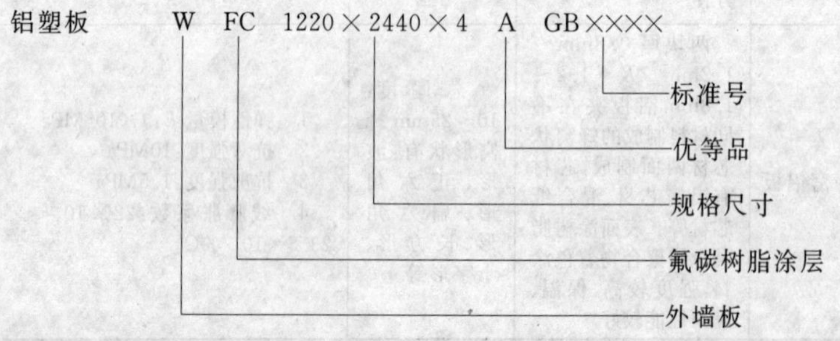

10.15 如何检查铝塑复合板的外观质量？

铝塑复合板的外观应整洁。涂层不得有漏涂或穿透涂层厚度的损伤。铝塑板正反面不得有塑料外露。铝塑板装饰面不得有明显压痕、印痕和凹凸等残迹。

铝塑板外观缺陷应符合表 10-11 的要求：

铝塑板外观缺陷允许范围 **表 10-11**

缺陷名称	缺陷规定	允许范围	
		优等品	合格品
波纹		不允许	不明显
鼓泡	≤10mm	不允许	不超过 1 个/m^2
疵点	≤300mm	不超过 3 个/m^2	不超过 10 个/m^2
划伤	总长度	不允许	≤100mm^2/m^2
擦伤	总面积	不允许	≤300mm^2/m^2
划伤、擦伤总处数		不允许	≤4 处
色差	色差不明显；若用仪器测量，$\Delta E \leqslant 2$		

10.16 铝塑复合板的物理性能有什么规定？

铝塑复合板的物理性能应符合表 10-12 的规定：

铝塑复合板的物理性能 **表 10-12**

项目	技术要求	
	外墙板	内墙板
涂层厚度(μm)	≥25	≥16
光泽度偏差	光泽度≥70 时，极限值的误差≤5 光泽度<70 时，极限值的误差≤10	
铅笔硬度	≥HB	
涂层柔韧性(T)	≤2	≤3
附着力(级)	不次于 1 级	

续表

项目		技术要求	
		外墙板	内墙板
耐冲击性		50kg·cm不脱漆、无裂痕	
耐磨耗性(L/μm)		≥5	—
耐沸水性		无变化	
耐化学稳定性	耐污染性	≤15%	—
	耐酸性	无变化	
	耐碱性	无变化	
	耐油性	无变化	
	耐溶剂性	无变化	
	耐洗刷性	≥10000次无变化	
耐老化性	色差	≤3.0	—
	失光等级	不次于2级	—
	其他老化性能	0级	—
耐盐雾性		不次于2级	—
面密度(kg/m^2)		规定值±0.5	
弯曲强度(MPa)		≥100	≥60
弯曲弹性模量(MPa)		≥2.0×10^4	≥1.5×10^4
贯穿阻力(kN)		≥9.0	≥5.0
剪切强度(MPa)		≥28.0	≥20.0
180°剥离强度(N/mm)		≥7.0	≥5.0
耐温差性		无变化	
热膨胀系数($℃^{-1}$)		≤4.00×10^{-5}	
热变形温度(℃)		≥105	≥95

10.17 金属板材加工的允许偏差有什么要求?

金属板的加工应符合设计要求;表面氟碳树脂涂层厚度应符

合设计要求。金属板材加工的允许偏差应符合表 10-13 的规定：

加工允许偏差(mm)　　表 10-13

项　目		允许偏差
边　长	≤2000	±2.0
	＞2000	±2.5
对边尺寸	≤2000	≤2.5
	＞2000	≤3.0
对角线长度	≤2000	2.5
	＞2000	3.0
折弯高度		≤1.0
平面度		≤2/1000
孔的中心距		±1.5

10.18 单层铝板的加工有什么要求？

单层铝板的加工应符合下列规定：

(1) 单层铝板折弯加工时，折弯外圆弧半径不应小于板厚的 1.5 倍；

(2) 单层铝板加劲肋的固定可采用电栓钉，但应确保铝板外表面不应变形、褪色，固定应牢固；

(3) 单层铝板的固定耳子应符合设计要求。固定耳子可采用焊接、铆接或在铝板上直接冲压而成，应位置正确，调整方便，固定牢固；

(4) 单层铝板构件四周边应采用铆接、螺栓或胶粘与机械连接相结合的形式固定，并应做到构件刚性好，固定牢固。

10.19 铝塑复合板的加工有什么要求？

铝塑复合板的加工应符合下列规定：

(1) 在切割铝塑复合板内层铝板与聚乙烯塑料时，应保留不小于0.3mm 厚的聚乙烯塑料，并不得划伤外层铝板的内表面；

(2) 在打孔、切口等外露的聚乙烯塑料及角缝，应采用中性硅酮耐候密封胶密封；

(3) 在加工过程中铝塑复合板严禁与水接触。

10.20 蜂窝铝板的加工有什么要求？

蜂窝铝板的加工应符合下列规定：

(1) 应根据组装要求决定切口的尺寸和形状，在切割铝芯时，不得划伤蜂窝铝板外层铝板的内表面；各部位外层铝板上，应保留0.3～0.5mm 的铝芯；

(2) 直角构件的加工，折角应弯成圆弧状，角缝应采用硅酮耐候密封胶密封；

(3) 大圆弧角构件的加工，圆弧部位应填充防火材料；

(4) 边缘的加工，应将外层铝板折合 180°，并将铝芯包封。

10.21 金属幕墙对吊挂件、安装件有什么要求？

金属幕墙的吊挂件、安装件应符合下列规定：

(1) 单元金属幕墙使用的吊挂件、支撑件，宜采用铝合金件或不锈钢件，并具备可调整范围；

(2) 单元幕墙的吊挂件与预埋件的连接应采用穿透螺栓；

(3) 铝合金立柱的连接部位的局部壁厚不得小于 5mm。

10.22 幕墙工程用玻璃应符合哪些国家标准？

幕墙用玻璃应符合下列现行国家标准的规定：

(1)《钢化玻璃》GB/T 9963；

(2)《夹层玻璃》GB 9962；

(3)《中空玻璃》GB 11944；

(4)《浮法玻璃》GB 11614；

(5)《吸热玻璃》JC/T 536；

(6)《夹丝玻璃》JC 433 等。

幕墙玻璃除了应符合现行国家标准外，还应符合下列规定：

(1) 幕墙应使用安全玻璃，玻璃的品种、规格、颜色、光学性能及安装方向应符合设计要求。

(2) 幕墙玻璃的厚度不应小于 6.0mm。全玻幕墙肋玻璃的厚度不应小于 12mm。

(3) 幕墙的中空玻璃应采用双道密封。明框幕墙的中空玻璃应采用聚硫密封胶及丁基密封胶；隐框和半隐框幕墙的中空玻璃应采用硅酮结构密封胶及丁基密封胶；镀膜面应在中空玻璃的第2或第3面上。

(4) 幕墙的夹层玻璃应采用聚乙烯醇缩丁醛(PVB)胶片干法加工合成的夹层玻璃。点支承玻璃幕墙夹层玻璃的夹层胶片(PVB)厚度不应小于 0.76mm。

(5) 钢化玻璃表面不得有损伤；8.0mm 以下的钢化玻璃应进行引爆处理。

(6) 所有幕墙玻璃均应进行边缘处理。

10.23 什么是钢化玻璃？钢化玻璃有哪些特性？

钢化玻璃是把退火玻璃在 650℃加热，并同时在玻璃表面统一吹气，使玻璃迅速冷却制作的。冷却过程中使被加热玻璃的外表面处于高度压缩状态，而中部则保持一个补偿能力。钢化玻璃在化学结构和光线传播不受影响的前提下，改变了张力和弯曲强度，其强度是同样大小的退火玻璃 1.53～3 倍，并对热导应力有更多的阻力。钢化玻璃不能切割、钻洞、磨边、砂磨或腐蚀。钢化玻璃破碎时会变成很多细小、无锐角的碎片，属于安全玻璃的一种。

半钢化玻璃与钢化玻璃的制作过程非常相似，但冷却过程要比钢化玻璃慢得多，其强度只是钢化玻璃的一半，碎片状态却和退火玻璃相似。采用半钢化玻璃同退火玻璃、吸热玻璃、热反射玻璃时，要加工成夹层玻璃后达到安全目的，否则，半钢化玻璃不属于安全玻璃。

钢化玻璃具有较高的机械强度、较好的热稳定性和安全性能。

1. 钢化玻璃的机械强度

钢化玻璃的弯曲强度是一般玻璃的4～5倍。厚度5mm的钢化玻璃，弯曲强度一般可达到152MPa。抗冲击强度国内约是一般玻璃的1.53～3倍，国外约是一般玻璃的4倍。如227g钢球玻璃试样(300mm×300mm×5mm)中心的上方2.5～3m的高度自由落下不破碎，而一般玻璃为1m以下破碎。钢化玻璃的挠度比一般玻璃大3～4倍，1200mm×350mm×6mm的一块钢化玻璃，最大弯曲强度达100mm。钢化玻璃具有一定的耐水压强度，400mm×600mm×6mm的试件为1～2.8kg/cm^2。

2. 钢化玻璃的热稳定性

热稳定性是指玻璃能承受剧烈温度变化而不破坏的性能。

钢化玻璃可经受温度突变的范围达250～320℃，而一般玻璃只有70～100℃。如将钢化玻璃(510mm×310mm×6mm)放置到0℃，浇上熔融铅水(327.5℃)而不破裂。

3. 钢化玻璃的安全性

钢化玻璃破碎时，由于其张应力存在于玻璃的内层，玻璃破裂时在外层压力保护下，能使玻璃成为布满裂缝的集合体而不易散落，整块玻璃全部碎成类似蜂窝状钝角小颗粒，不易伤人，具有一定的安全性。

4. 钢化玻璃的其他性能

钢化玻璃不能再行切割，这是由于钢化玻璃中有很大的均匀分布、相互平衡的内应力，所以一般不能切割，要在钢化前进行预定尺寸的切割。

钢化玻璃具有“自爆”特性。“自爆”是钢化玻璃在无外界机械外力作用下发生的自身炸裂。主要原因是钢化玻璃中存在非玻璃体物质而造成应力集中，当超过一定技术极限，钢化玻璃就会“自爆”。

10.24 什么是夹层玻璃？幕墙对夹层玻璃有什么要求？

夹层玻璃是一种性能优良的安全玻璃，它是由两片或多片玻璃用透明的聚乙烯醇缩丁醛(PVB)胶片牢固粘结而成，具有透明、高机械强度、耐光耐热、耐寒、隔声、控制阳光等性能。由于玻璃和中间层牢固粘合，当夹层玻璃受到冲击破碎时，碎片粘在中间的PVB膜上，只是形成辐射状的裂纹，还能保持原来的形状和可见度，不会有玻璃碎片飞溅伤人，在一定的时间内可以继续使用。夹层玻璃以其韧性、弹性和粘结性而具有良好的抗冲击性能和破碎时的安全性能。根据使用功能的要求可以生产不同性能品种的夹层玻璃，如：遮阳和隔热夹层玻璃、隔声夹层玻璃、防弹夹层玻璃、防火夹层玻璃、防爆夹层玻璃、防盗夹层玻璃等等，夹层玻璃是广泛应用于现代建筑及其他工业的一种重要的材料。

夹层玻璃的原片可以使用浮法玻璃、钢化玻璃、夹丝或夹网玻璃、彩色玻璃、吸热玻璃、平板玻璃等等，玻璃可以是透明的、半透明的或不透明的。夹层玻璃胶片的种类很多，例如：赛璐珞、赛纶、聚甲基丙烯酸树脂、有机硅橡胶、聚氨酯、聚乙烯醇缩丁醛(PVB)等等。其中以PVB胶片的性能最为优异，具有透明、无色、耐热、耐光、耐寒、粘结性能好、机械强度高等性能，是一种优良的粘结材料。

夹层玻璃有以下特性：

1. 安全性

最大限度地减少建筑玻璃在受到意外撞击后破碎或掉落而引起对人员的伤害。PVB膜与玻璃粘结在一起制成的建筑用夹层玻璃能避免这种危险，因为即使夹层玻璃破碎了，它仍能在一定时间内保持形状，保护人员不受到伤害。

许多国家的建筑法规对有关建筑玻璃使用做出严格规定，要求建筑中对公众有潜在危害的部位应该使用安全玻璃。例如：建筑入口的玻璃门、浴室玻璃隔断、玻璃隔墙、观光电梯、玻璃幕墙、观察窗、落地窗、倾斜的外窗、楼梯或休息廊玻璃栏板、玻璃板吊顶以及门窗上安装的大块玻璃等等。

夹层玻璃的安全性还体现在特殊用途的保安防护性，夹层玻璃制品可以设计成能承受复杂的动态结构荷载，这些荷载是由某些特定情况引起的，如防盗窃及防暴力入侵玻璃、防弹玻璃、防炸弹爆炸玻璃、电子保密玻璃等产品，能满足这些特殊安全防护性能的要求。

2. 控制阳光特性

太阳光辐射到玻璃上，一部分被反射，一部分被透过和吸收，吸收的能量使玻璃变热，通过再辐射和热对流，这些能量再被释放。夹层玻璃用不同颜色的中间层胶片可以制成绚丽多彩的夹层玻璃，其中间层胶片可以屏蔽大约99%的太阳有害射线。如果采用深色、低透光率的中间层胶片制成的夹层玻璃可以有效地防止眩光，有利于阻挡有害紫外线并节约建筑能源。在防止紫外线照射、保护家具及艺术品不褪色的同时，夹层玻璃能够透过植物生长所需要的波长为450nm、660nm和730nm的可见光，因此，一些农作物暖房和植物园都已使用夹层玻璃。

3. 隔声特性

夹层玻璃的隔声性能是因为其中间层PVB膜具有声音阻尼作用。建筑玻璃要阻挡的噪声实际上是汽车、飞机、各类机械以及人员喊叫等不同声频的组合，其中有低频噪声、中频噪声和高频噪声。因此，有效的噪声控制，要求在很大的声频范围内降低声级。建筑用夹层玻璃能有效地阻隔普通玻璃常遇到的1000～2000Hz的共鸣噪声，当空气声波长等于玻璃中声音弯曲波长时，玻璃会发生共鸣，在这个声频范围内，普通玻璃有极高的声音穿透率。

4. 结构特性

很多地方的建筑物时常会受到强烈飓风袭击，这种由大气层气压突然转变而引起的飓风，其风速可达120英里/h甚至更高，强风的袭击可能持续数小时并时常夹带许多碎石，当强风改变方向时，会寻找最适当的角度侵袭建筑物，往往对建筑物造成严重的破坏。采用夹层玻璃的建筑幕墙或门窗能抵御碎石强风的袭击，即使玻璃破碎了,玻璃也会留在金属框架里,最大限度地避免人员受到玻璃碎片的伤害。

我国是一个多地震国家,目前建筑玻璃设计中,考虑地震影响所造成的后果有限,在玻璃边缘和窗框的设计上只为满足建筑法规所规定的层际移动,而这些法规通常不涉及玻璃受地震影响破碎后的后果。夹层玻璃受地震影响也会破裂,但是它往往会随着地震产生的位移而变形,仍然保留在金属框架中,不会脱落伤人。夹层玻璃的这种结构特性常常成为地震区高层建筑玻璃幕墙的重要材料。

10.25 夹层玻璃的外观质量有什么要求?

夹层玻璃的外观质量必须符合表 10-14 规定:

夹层玻璃外观质量标准 **表 10-14**

缺陷名称	优 等 品	合 格 品
胶合层气泡	不允许存在	直径 300mm 圆内允许长度为 1～2mm 的胶合层气泡 2 个
胶合层杂质	直径 500mm 圆内允许长度为 2mm 以下的胶合层杂质 2 个	直径 500mm 圆内允许长度为 300mm 以下的胶合层杂质 4 个
裂 痕	不允许存在	
爆 边	每平方米玻璃允许有长度不超过 20mm 自玻璃边部向玻璃表面延伸深度不超过 4mm,自板面向玻璃厚度延伸不超过厚度的一半	
叠 差	不得影响使用,可由供需双方商定	
磨 伤		
脱 胶		

10.26 什么是中空玻璃?中空玻璃有哪些特性?

中空玻璃是两块或多块平行放置的玻璃板,它们结合在一起便形成了一个封闭单元，在两块或多块玻璃之间组成一个干燥空气（或一种特殊气体）层。整个系统用隔离铝框将玻璃板隔开，铝框在每个转角处相连接并在管内填充一种特殊的吸附剂，然后在单元四周用弹性密封胶胶合。由于玻璃板之间是一个封闭的空气间层，大大的提高了其热阻。在寒冷地区将热量保持在室内，在炎热地区将热量隔离在室外，成为现代节能建筑中有效节约能源的重要材料。

中空玻璃除了具有良好的保温隔热性能之外，还具有优越的隔声性能。比如：通常使用的单层玻璃可以减少噪声 20～22dB，使用双层中空玻璃可以使噪声减少 29～31dB，使用由不同厚度的玻璃板组装并且用特殊气体如四氟化硫（SF_4）填充中间空气层的中空玻璃，有可能把噪声减少 45dB。

10.27 幕墙玻璃应如何进行边缘处理？

一般来说，幕墙用玻璃应在以下两个方面进行边缘处理：

(1) 夹丝玻璃裁割后的边缘应及时进行修理和防腐蚀处理。因为夹丝玻璃也是安全玻璃的一种，有些建筑为了某种安全需求采用夹丝玻璃，这种玻璃中夹的金属网大部分是低碳钢丝，切割后经丝和纬丝均露在外面，如不及时进行防锈处理，会出现锈蚀，不仅影响美观，更重要的是影响玻璃与金属丝之间的粘结强度。由于锈蚀金属丝的体积膨胀，使玻璃内部产生局部应力，严重者会引起玻璃的损坏。

(2) 玻璃在裁割时其边缘部分会产生很多大小不等的锯齿，引起边缘部分应力分布不均匀，玻璃在运输、安装过程中以及在安装完成后，也会由于各种力的影响，产生应力集中，导致玻璃破损，因此，玻璃应进行磨边、倒角的处理。另外，半隐框幕墙玻璃的两个边和隐框幕墙玻璃的四个边都暴露在外表面，如不进行磨边、倒角处理，也影响幕墙的美观。注意，钢化玻璃应该在钢化处理前进行玻璃边缘的处理。

10.28 幕墙工程用石材板应符合哪些国家现行标准?

幕墙工程用石材板的技术要求和性能试验方法,应符合下列国家现行标准的规定:

1. 石材板的技术要求应符合下列现行行业标准:

(1)《天然花岗石荒料》JC 204;

(2)《天然花岗石建筑板材》JC 205。

2. 石材板的主要性能试验方法应符合下列现行国家标准:

(1)《天然饰面石材试验方法　干燥、水饱和、冻融循环后压缩强度试验方法》GB 9966.1;

(2)《天然饰面石材试验方法　弯曲强度试验方法》GB 9966.2;

(3)《天然饰面石材试验方法　体积密度、真密度、真气孔率、吸水率试验方法》GB 9966.3;

(4)《天然饰面石材试验方法　耐磨性试验方法》GB 9966.5;

(5)《天然饰面石材试验方法　耐酸性试验方法》GB 9966.6。

10.29 幕墙工程对石材有什么要求?

幕墙石材宜选用火成岩即花岗岩。花岗岩主要的结构物质是长石和石英,其质地坚硬,耐酸碱、耐腐蚀、耐高温、耐日晒雨淋、耐冰雪冻、耐磨性好,耐用年限长等特点。石材吸水率小于0.8%。花岗岩石材的弯曲强度应经法定检测机构检测确定,其弯曲强度不应小于8.0MPa。为满足等强度计算的要求,火烧石板的厚度应比抛光石板厚3mm。石材板的表面处理方法应根据环境和用途决定。石材表面应采用机械加工,加工后的表面用高压水冲洗或用刷子清理,严禁用溶剂型化学清洁剂清洗石材。

10.30 怎样选择幕墙用石材板?

石材幕墙的设计,不仅要考虑建筑立面的新颖、美观,而且要根据建筑物的功能、经济、施工技术条件等进行综合设计。在选择石材板时，应考虑建筑地点的地理状况、气候特点、地震设防烈度、石材幕墙体系的维修和拆装等问题。

一般来说，高层建筑石材幕墙选择石材板时，应该请一些对建筑石材国家现行规范、标准以及围护结构设计比较了解的专家顾问，去考察采石厂和石材加工厂。了解石材的地质生成条件及物理性能，了解厂家是否能按设计要求的颜色、尺寸和质量进行石材加工，对石材板的质量从源头开始控制。

石材作为一种天然的建筑材料是无法控制其内部质量的，每一块石板都不相同，甚至同一块石板内部各处也有差别，在同一采石场内的石材质量也是有变化的。石材在自然界中有各种相同的成分以线性关系和非线性关系粘结而成的。当石材切成石板时，这种成分的组合形成了石材品种所要求的颜色和图案，如片麻岩。粘结性材质对石材的强度有影响，并且可能形成薄弱带。在选择过程中通过目测，可以评判所加工的石板沿横截面的表面强度是否均匀。如果石板比较薄时，薄弱带会穿过整块石板，严重影响石板的强度。石板表面在机械加工时还可能产生非天然损伤，有些石材的破坏模量会随表面加工不同而变化，石板表面会产生微小的裂纹。与石材的天然损伤相比，机械损伤对薄石板的影响要严重的多，这一点应引起我们高度重视。

由于石材是天然性材料，对于内伤或微小的裂纹有时用肉眼很难看清，在使用时会埋下安全隐患。如果只注意强度计算，没有考虑到天然材料的不可预见性，单板块越大出现问题的概率越高。因此，石材幕墙立面分格时，单块石材板面积不宜大于 1.5m^2。

10.31 幕墙构件的加工制作有什么规定？

幕墙构件在加工制作前，应对建筑设计施工图进行核对，并应对已建的建筑物进行复测，按实测结果调整幕墙图纸中的偏差，经设计单位同意后，方可加工制作组装。

加工幕墙构件所采用的设备、机具应保证幕墙构件加工精度的要求，量具应定期进行计量检定。

用硅酮结构密封胶粘结固定构件时，注胶应在温度15～30℃之间、相对湿度50％以上，且洁净、通风的室内进行，胶的宽度、厚度应符合设计要求。

用硅酮结构密封胶粘结石材时，结构胶不应长期处于受力状态。当石材幕墙使用硅酮结构密封胶和硅酮耐候密封胶时，应待石材清洗干净并完全干燥后方可施工。

10.32 幕墙的金属构件加工有什么要求？

幕墙的金属构件加工制作应符合下列规定：

(1) 幕墙结构杆件截料前应进行校直调整；

(2) 幕墙横梁长度的允许偏差应为±0.5mm；立柱长度的允许偏差应为±1.0mm；端头斜度的允许偏差应为−15′；

(3) 截料端头不得因加工而变形，并不应有毛刺；

(4) 孔位的允许偏差应为±0.5mm，孔距的允许偏差应为±0.5mm，累计偏差不得大于±1.0mm；

(5) 铆钉的通孔尺寸偏差应符合现行国家标准《铆钉用通孔》GB 152.1的规定；

(6) 沉头螺钉的沉孔尺寸偏差应符合现行国家标准《沉头螺钉用沉孔》GB 152.2的规定；

(7) 圆柱头，螺栓的沉孔尺寸应符合现行国家标准《圆柱头、螺栓用沉孔》GB 152.3的规定；螺丝孔的加工应符合设计要求。

10.33 幕墙构件的槽、豁、榫的加工有什么要求？

幕墙构件中，槽、豁、榫的加工应符合下列规定：

(1) 构件铣槽尺寸允许偏差，应符合表10-15的规定：

构件铣槽允许偏差 **表 10-15**

项 目	a	b	c
允许偏差(mm)	+0.5 0.0	+0.5 0.0	±0.5

（2）构件铣豁尺寸允许偏差应符合表 10-16 的规定：

铣豁允许偏差　　表 10-16

项　目	a	b	c
允许偏差(mm)	+0.5 0.0	+0.5 0.0	±0.5

（3）构件铣榫尺寸允许偏差，应符合表 10-17 的规定：

铣榫允许偏差　　表 10-17

项　目	a	b	c
允许偏差(mm)	0.0 −0.5	0.0 −0.5	±0.5

钢构件应符合国家现行标准《钢结构工程施工质量验收规范》GB 50205 的规定；钢构件焊接、螺栓连接应符合国家现行标准《钢结构设计规范》GB 50017 和《钢结构焊接技术规程》JGJ 81 的有关规定。

10.34　幕墙构件装配尺寸允许偏差有什么要求？

幕墙构件装配尺寸允许偏差，应符合表 10-18 规定：

构件装配允许偏差　　表 10-18

项　目	构件长度	允许偏差(mm)
槽口尺寸	≤2000	±2.0
	>2000	±2.5
构件对边尺寸差	≤2000	≤2.0
	>2000	≤3.0
构件对角尺寸差	≤2000	≤3.0
	>2000	≤3.5

10.35　石材板的加工制作有什么要求？

幕墙所用石材板的加工制作应符合下列规定：

(1) 石材板连接部位应无崩坏、暗裂等缺陷；其他部位崩边不大于5mm×20mm或缺角不大于20mm时，可修补后使用，但每层修补的石材板块数不应大于2%，且宜用于立面不明显部位；

(2) 石材板的长度、宽度、厚度、直角、异型角、半圆弧形状、异型材及花纹图案造型、石材的外形尺寸均应符合设计要求；

(3) 石材板外表面的色泽应符合设计要求，花纹图案应按材料样板检查。石材板四周围不得有明显色差；

(4) 火烧石应按材料样板检查火烧后的均匀程度，火烧石不得有暗裂、崩裂情况；

(5) 石材板应编号，不得因加工造成混乱；

(6) 石材板应结合其组合形式，并应在确定工程中使用的基本形式后进行加工；

(7) 石材板加工尺寸允许偏差应符合现行行业标准《天然花岗石建筑板材》JC 205有关规定中一等品要求；

(8) 石材板经切割或开槽等工序后均应将石屑用水冲洗干净，石材板与不锈钢挂件间应用环氧树脂型石材专用结构胶粘结；

(9) 已加工好的石材板应存放于通风良好的仓库内，其角度不应小于85°。

10.36　钢销式安装的石材板加工有什么要求？

钢销式安装的石材板加工应符合下列规定：

(1) 钢销的孔位应根据石材板的大小而定。孔位距离边端不得小于石材板厚度的3倍，也不得大于180mm；钢销间距不宜大于600mm；边长不大于1.0m时，每边应设两个钢销，边长大于1.0m时应采用复合连接；

(2) 石材板钢销孔的深度宜为22～33mm，孔的直径宜为

7mm 或 8mm，钢销直径宜为 5mm 或 6mm，钢销长度宜为 20～30mm；

（3）石材板的钢销孔处不得有损坏或崩裂现象，孔径内应光滑洁净。

10.37 通槽式安装的石材板加工有什么要求？

通槽式安装的石材板加工应符合下列规定：

（1）石材板的通槽宽度宜为 6mm 或 7mm，不锈钢支撑板厚度不宜小于 3.0mm，铝合金支撑板厚度不宜小于 4.0mm；

（2）石材板开槽后不得有损坏或崩裂现象，槽口应打磨成 45°倒角；槽内应光滑、洁净。

10.38 短槽式安装的石材板加工有什么要求？

短槽式安装的石材板加工应符合下列规定：

（1）每块石材板上下边应各开两个短平槽，短平槽宽度不应小于 100mm，在有效长度内槽深度不宜小于 15mm；开槽宽度宜为 6mm 或 7mm；不锈钢支撑板厚度不宜小于 3.0mm，铝合金支撑板厚度不宜小于 4.0mm。弧形槽有效长度不应小于 80mm。

（2）两短槽边距离石材板两端部的距离不应小于石材板厚度的 3 倍且不应小于 85mm，也不应大于 180mm。

（3）石材板开槽后不得有损坏或崩裂现象，槽口应打磨成 45°倒角；槽内应光滑、洁净。

10.39 单元石材幕墙的加工组装有什么要求？

单元石材幕墙的加工组装应符合下列规定：

（1）有防火要求的石材幕墙单元，应将石材板、防火板及防火材料按设计要求组装在铝合金框架上；

（2）有可视部分的混合幕墙单元，应将玻璃板、石材板、防火板及防火材料按设计要求组装在铝合金框架上；

（3）幕墙单元内石材板之间可采用铝合金 T 形连接件连接；

T 形连接件的厚度应根据石材板的尺寸及重量经计算后确定，且其最小厚度不应小于 4.0mm；

(4) 幕墙单元内，边部石材板与金属框架的连接，可采用铝合金 L 形连接件，其厚度应根据石材板尺寸及重量经计算后确定，且其最小厚度不应小于 4.0mm。

10.40 幕墙工程用密封胶条应符合哪些国家现行标准？

幕墙工程用密封胶条应符合下列国家现行标准：

(1)《建筑橡胶密封垫预成型实芯硫化的结构密封垫用材料》GB 10711；

(2)《建筑窗用弹性密封剂》JC 485；

(3)《中空玻璃用弹性密封剂》JC 486；

(4)《工业用橡胶板》GB 5574；

(5)《硫化橡胶撕裂强度试验方法》GB 529～GB 530；

(6)《硫化橡胶密度的测定方法》GB 533；

(7)《橡胶邵氏 A 型硬度试验方法》GB 531；

(8)《合成橡胶的命名和牌号》GB 5577 等。

10.41 幕墙工程对硅酮耐候密封胶有什么要求？

幕墙工程采用硅酮耐候密封胶应是中性胶，酸碱性胶不能使用，否则将给铝合金和硅酮结构密封胶带来不良影响。该胶可与空气中水蒸气发生反应，逐步变硬，因此，在储存过程中应避免与水接触，以免变质，该胶固化后对阳光、雨水、臭氧及高低温都能适应。

硅酮耐候密封胶的性能见表 10-19：

硅酮耐候密封胶性能 表 10-19

项目	技术指标		
	玻璃幕墙	金属幕墙	石材幕墙
表干时间	1～1.5h		

续表

项目	技术指标		
	玻璃幕墙	金属幕墙	石材幕墙
流淌性	无流淌	无流淌	≤1.0mm
初步固化时间(25℃)	3d	3d	4d
完全固化时间(相对湿度≥50%,温度25±2℃)	7～14d		
邵氏硬度	20～30度	20～30度	15～25度
极限拉伸强度	0.11～0.14N/mm^2	0.11～0.14MPa	≥1.79MPa
撕裂强度	3.8N/mm	3.8N/mm	—
断裂延伸率	—	—	≥300%
固化后的变位承受能力	25%≤δ≤50%	25%≤δ≤50%	δ≥50%
有效期	9～12月		
污染性	无污染		
施工温度	5～48℃		

10.42 幕墙工程对硅酮结构密封胶有什么要求?

幕墙应采用中性硅酮结构密封胶;硅酮结构密封胶分为单组分和双组分,其性能应符合现行国家标准《建筑用硅酮结构密封胶》GB 16776 的规定。

硅酮结构密封胶的物理力学性能应符合表10-20规定:

结构密封胶物理性能　　表10-20

序号	项目		技术指标
1	下垂度	垂直放置,mm	不大于3
		水平放置	不变形
2	挤出性(s)		不大于10
3	适用期(min)		不小于20
4	表干时间(h)		不大于3

续表

序号	项目			技术指标
5	邵氏硬度			30～60
6	拉伸粘结性	拉伸粘结强度（MPa）	标准条件	不小于 0.45
			90℃	不小于 0.45
			－30℃	不小于 0.45
			浸水后	不小于 0.45
			水-紫外线光照后	不小于 0.45
		粘结破坏面积（%）		不大于 5
7	热老化	热失重（%）		不大于 10
		龟裂		无
		粉化		无

同一幕墙工程应采用同一品牌的单组分或双组分的硅酮结构密封胶，并应有保质年限的质量证书。用于石材幕墙的硅酮结构密封胶还应有证明无污染的试验报告。

同一幕墙工程应采用同一品牌的硅酮结构密封胶和硅酮耐候密封胶配套使用。

硅酮结构密封胶和硅酮耐候密封胶均应在有效期内使用。

硅酮结构密封胶的主要性能要求如表 10-21。

硅酮结构密封胶的主要性能　　表 10-21

项目	技术指标	
	中性双组分	中性单组分
有效期	＞9 月	9～12 月
施工温度	10～30℃	5～48℃
使用温度	－48～88℃	
操作时间	≤30min	
表干时间	≤3h	
初步固化时间（25℃）	7d	

续表

项 目	技 术 指 标	
	中性双组分	中性单组分
完全固化时间	14～21d	
邵氏硬度	35～45度	
粘结拉伸强度(H型试件)	≥0.7N/mm²	
延伸率(哑铃型)	≥100%	
粘结破坏(H型试件)	不允许	
内聚力(母材)破坏率	100%	
剥离强度(与玻璃、铝)	5.6～8.7N/mm(单组分)	
撕裂强度(B模)	4.7N/mm	
抗臭氧及紫外线拉伸强度	不 变	
污染和变色	无污染、无变色	
耐热性	150℃	
热失重	≤10%	
流淌性	≤2.5mm	
冷变形(蠕变)	不明显	
外观	无龟裂、无变色	
完全固化后的变位承受能力	12.5%≤δ≤50%	

10.43 幕墙工程要求对哪些材料及其性能指标进行复验?

幕墙工程应对下列材料及其性能指标进行进场复验:

(1) 铝塑复合板的剥离强度。

(2) 石材的弯曲强度;寒冷地区石材的耐冻融性;室内用花岗石的放射性。

(3) 玻璃幕墙用结构胶的邵氏硬度、标准条件拉伸粘结强度、相容性试验;石材用结构胶的粘结强度;石材用密封胶的污染性。

10.44 幕墙工程施工前应做好哪些准备工作？

幕墙工程施工前应做好以下准备工作：

(1) 幕墙工程所依附的建筑主体结构应验收合格。

为了保证幕墙工程的安装质量，要求建筑主体结构应满足幕墙安装的基本条件，特别是主体结构的垂直度、表面平整度及结构的尺寸偏差，必须达到有关钢结构、钢筋混凝土结构及砖混结构的质量验收要求。否则，应采取适当的措施后才能进行幕墙的安装施工。

(2) 幕墙工程具备完整的施工图设计文件。

(3) 既有建筑的幕墙设计应经建筑原结构设计单位或具备相应资质的设计单位核查有关原始资料，对既有建筑的安全性进行核验、确认。

(4) 幕墙工程所用材料的品种、规格、色泽和性能应符合设计要求。其中质量验收规范中要求进行复验的材料应完成复验并合格，复验的材料如下：

1) 金属幕墙用铝塑复合板的剥离强度；

2) 石材幕墙用石材的弯曲强度；

3) 寒冷地区石材幕墙用石材的耐冻融性；

4) 室内用花岗石的放射性；

5) 玻璃幕墙用结构胶的邵氏硬度、标准条件拉伸粘结强度、相容性试验；

6) 石材用结构胶的粘结强度；

7) 石材用密封胶的污染性。

(5) 对幕墙工程与主体结构连接的预埋件应进行检查。预埋件应在主体结构施工时按设计要求埋设，预埋件应牢固，位置准确，预埋件的位置误差应按设计要求进行复查。当设计无明确要求时，预埋件的标高偏差不应大于 10mm，预埋件位置差不应大于 20mm。

(6) 既有建筑幕墙工程与主体结构连接的后置埋件，应进行现场拉拔强度检测并合格。对后置埋件的检查应与预埋件的检查要求相同。

(7) 幕墙施工单位应具备相应的施工资质并应建立质量管理体系,施工单位应编制幕墙施工组织设计并应经审查批准。施工组织设计应包括以下内容:

1) 施工人力、材料及进度计划;

2) 构件、材料垂直运输设备及方法;

3) 测量方法;

4) 施工部署;

5) 主要项目施工方法(构件安装、防火、防雷等);

6) 质量检查验收;

7) 成品、半成品保护措施;

8) 安全措施。

(8) 对操作工人完成质量控制、技术要求和施工安全的交底。

10.45 幕墙工程安装的施工测量有什么要求?

由于建筑主体结构会因施工、层间位移、沉降等因素影响,会与设计尺寸或多或少有一些变化,因此,幕墙工程施工应对建筑物进行必要的测量。要求幕墙安装施工测量应与主体结构施工测量配合,其误差应及时调整不得积累。

如主体结构轴线误差大于规定的允许偏差时,包括垂直偏差值,应在得到设计同意后,适当调整幕墙的轴线,使其符合幕墙的构造要求。

对于高层建筑物,由于建筑水平位移的关系,竖向轴线测设不易掌握,风力和风向均有较大的影响,因此,在测量时,应在仪器稳定的状态下进行测量。施工中应每天定时进行测量,以便与主体结构轴线相互校核,及时对误差进行调整、控制、分配、消化,不使其积累,这样才可以保证幕墙工程的垂直及立柱位置的正确。

10.46 幕墙工程金属框架的立柱安装有什么质量控制要求?

立柱是幕墙金属框架的竖向构件,立柱安装质量,直接影响到整个幕墙的安装质量，是幕墙施工的重要工序之一。如果建筑幕墙呈弧形、圆形等特殊形状，立柱安装允许偏差更应该严格控制。立柱长度可以根据施工及运输条件，按一层楼高为一根，有条件时，可以将立柱做到7.5～10m左右。立柱之间接头应留有一定空隙，采用套筒连接法，可以适应和消除建筑挠度变形及温度变形的影响。立柱若为两层楼高一根，其连接件与预埋件的连接可以采用间隔的铰接和刚接构造，铰接仅抗水平力，而刚接除了抗水平力外，还能承担垂直力并传递给主体结构。

立柱安装应符合下列规定：

（1）应保证标高偏差不大于3mm，轴线前后偏差不大于2mm，左右偏差不大于3mm；

（2）相邻两根立柱安装标高偏差不应大于3mm，同层立柱的最大标高偏差不应大于5mm，相邻两根立柱的距离偏差不应大于2mm。

10.47 幕墙工程金属框架的横梁安装有什么质量控制要求？

横梁一般为水平构件，分段嵌入立柱中，横梁两端与立柱连接尽量采用螺栓连接，连接处应用弹性橡胶垫。橡胶垫应有10%～20%的压缩性，以适应和消除横向温度变形的影响。

横梁安装应符合下列规定：

（1）应将横梁两端的连接件及垫片安装在立柱的预定位置并应安装牢固，其接缝应严密；

（2）相邻两根横梁的水平标高偏差不应大于1mm。同层标高偏差：当一幅幕墙宽度小于或等于35m时，不应大于5mm；当一幅幕墙宽度大于35m时，不应大于7mm。

10.48 幕墙工程其他主要附件安装有哪些质量控制要求？

幕墙工程其他主要附件安装应符合下列要求：

（1）有热工要求的幕墙，保温部分宜从内向外安装。当采用内衬板时，四周应套装弹性橡胶密封条，内衬板与构件接缝应严密；内衬板就位后，应进行密封处理；

(2) 防火保温材料的安装应锚钉牢固，防火保温层应平整，拼缝处不应留缝隙；

(3) 冷凝水排出管及附件应与水平构件预留孔连接严密，与内衬板出水孔连接处应设橡胶密封条；

(4) 其他通气留槽孔及雨水排出口等应按设计施工，不得遗漏；

(5) 立柱安装就位、调整后应及时紧固。幕墙安装的临时螺栓等在构件安装、就位、调整、紧固后应及时拆除；

(6) 现场焊接的钢构件或高强螺栓紧固的构件固定后，应及时进行防锈处理。与铝合金接触的螺栓及金属配件应采用不锈钢或轻金属制品；

(7) 不同金属的接触面应采用垫片作隔离处理。

10.49 玻璃幕墙玻璃安装有哪些质量控制要求？

玻璃幕墙的玻璃安装应按下列要求进行：

(1) 玻璃安装前应将表面尘土及污垢擦拭干净。热反射玻璃安装应将镀膜面朝向室内，非镀膜面朝向室外；

(2) 玻璃与构件不得直接接触。玻璃四周与构件凹槽底应保持一定空隙，每块玻璃下部应设不少于两块弹性定位垫块；垫块的宽度与槽口宽度应相同，长度不应小于 100mm；玻璃两边嵌入量及空隙应符合设计要求；

(3) 玻璃四周橡胶条应按规定型号选用，镶嵌应平整，橡胶条长度宜比边框内槽口长 1.5%～2%，其断口应留在四角；斜面断开后应拼成预定的设计角度，并应用粘结剂粘结牢固后嵌入槽内；

(4) 玻璃幕墙四周与主体结构之间的缝隙，应采用防火的保温材料填塞；内外表面应采用密封胶连续封闭，接缝应严密，不漏水。

10.50 金属板与石板安装有哪些质量控制要求？

金属板与石板安装应符合下列规定：

（1）应对横竖连接件进行检查、测量、调整；

（2）金属板、石板安装时，左右、上下的偏差不应大于1.5mm；

（3）金属板、石板空缝安装时，必须有防水措施，并应有符合设计要求的排水出口；

（4）填充硅酮耐候密封胶时，金属板、石板缝的宽度、厚度应根据硅酮耐候密封胶的技术参数，经计算后确定。

10.51 金属与石材幕墙竖向及横向板材组装质量控制项目的允许偏差有什么规定？

幕墙竖向和横向板材组装的允许偏差，应符合表10-22的规定：

竖向横向组装允许偏差（mm）　　表10-22

项　　目	尺寸范围	允许偏差	检查方法
相邻两竖向板材间距尺寸（固定端头）	—	±2.0	钢卷尺
两块相邻的石板、金属板	—	±1.5	靠　尺
相邻两横向板材的间距尺寸	间距小于或等于2m时	±1.5	钢卷尺
	间距大于2m时	±2.0	
分格对角线差	对角线长小于或等于2m时	≤3.0	钢卷尺或伸缩尺
	对角线长大于2m时	≤3.5	
相邻两横向板材的水平标高差	—	≤2	钢板尺或水平仪
横向板材水平度	构件长小于或等于2m时	≤2	水平仪或水平尺
	构件长大于2m时	≤3	
竖向板材直线度	—	2.5	2.0m靠尺、钢板尺
石板下连接托板水平夹角允许向上倾斜，不准向下倾斜	—	+2.0° 0	塞　规
石板上连接托板水平夹角允许向下倾斜	—	0 −2.0°	—

10.52 金属与石材幕墙安装质量控制项目的允许偏差有什么规定？

金属与石材幕墙安装的允许偏差，应符合表 10-23 规定：

金属与石材幕墙安装允许偏差　　表 10-23

<table>
<tr><th colspan="2">项　目</th><th>允许偏差(mm)</th><th>检查方法</th></tr>
<tr><td rowspan="5">竖缝及墙面垂直度</td><td>幕墙高度(H)(m)
H≤30</td><td>≤10</td><td rowspan="4">激光经纬仪或经纬仪</td></tr>
<tr><td>60≤H>30</td><td>≤15</td></tr>
<tr><td>90≤H>60</td><td>≤20</td></tr>
<tr><td>H>90</td><td>≤25</td></tr>
<tr><td colspan="3"></td></tr>
<tr><td colspan="2">幕墙平面度</td><td>≤2.5</td><td>2m 靠尺、钢板尺</td></tr>
<tr><td colspan="2">竖缝直线度</td><td>≤2.5</td><td>2m 靠尺、钢板尺</td></tr>
<tr><td colspan="2">横缝直线度</td><td>≤2.5</td><td>2m 靠尺、钢板尺</td></tr>
<tr><td colspan="2">缝宽度(与设计值比较)</td><td>±2</td><td>卡尺</td></tr>
<tr><td colspan="2">两相邻面板之间接缝高低差</td><td>≤1.0</td><td>深度尺</td></tr>
</table>

10.53 金属与石材单元幕墙安装质量控制项目的允许偏差有什么规定？

金属与石材单元幕墙安装的允许偏差，应符合表 10-24 规定：

单元幕墙安装允许偏差　　表 10-24

<table>
<tr><th colspan="2">项　目</th><th>允许偏差(mm)</th><th>检查方法</th></tr>
<tr><td>同层单元组件标高</td><td>宽度小于或等于 35m</td><td>≤3.0</td><td>激光经纬仪或经纬仪</td></tr>
<tr><td colspan="2">相邻两组件面板表面高低差</td><td>≤1.0</td><td>深度尺</td></tr>
<tr><td colspan="2">两组件对插件接缝搭接长度(与设计值比)</td><td>±1.0</td><td>卡尺</td></tr>
<tr><td colspan="2">两组件对插件距槽底距离(与设计值比)</td><td>±1.0</td><td>卡尺</td></tr>
</table>

10.54 幕墙施工过程中应对哪些性能进行检查?

幕墙工程施工过程中宜进行接缝部位的抗雨水渗漏性能检查。

根据 JG 3035 的有关规定,在一般情况下,应在幕墙组装两个层高,以 20m 长度作为一个试验段,要在镶嵌密封后,并在接缝上按照设计要求先进行防水处理后,再进行渗漏性检测。检测时喷射水头应垂直墙面,沿接缝前后缓缓移动,每处喷射时间约 5min(水压应根据条件而定),试验时在幕墙内侧检查是否漏水。经渗漏检查无问题后,方可砌筑内墙。

10.55 幕墙工程的检验批怎样划分?

幕墙工程检验批划分,依据三条原则:

(1) 相同设计、材料、工艺和施工条件的幕墙工程每 500～1000m^2 应划分为一个检验批,不足 500m^2 也应划分为一个检验批。

(2) 同一单位工程的不连续的幕墙工程应单独划分检验批。

(3) 对于异型或有特殊要求的幕墙,检验批的划分应根据幕墙的结构、工艺特点及幕墙工程规模,由监理单位(或建设单位)和施工单位协商确定。

10.56 每个检验批检查数量有什么规定?

每个检验批检查数量应符合下列规定:

(1) 每个检验批每 100m^2 应至少抽查一处,每处不得小于 10m^2。

(2) 对于异型或有特殊要求的幕墙工程,应根据幕墙的结构和工艺特点,由监理单位(或建设单位)和施工单位协商确定。

10.57 幕墙构件检验有什么要求?

幕墙构件应按同一种类构件的 5%进行抽样检查,且每种构件不得少于5件。当有一个构件抽检不符合规范规定时，应加倍抽样复验，全部合格后方可出厂。

10.58 幕墙工程验收时应检查什么文件和记录？

幕墙工程验收时，应检查下列文件和记录：

（1）幕墙工程的施工图、结构计算书、设计说明及相关设计文件。

（2）建筑设计单位对幕墙工程设计的确认文件。

（3）幕墙工程所用各种材料、五金配件、构件及组件的产品合格证书、性能检测报告、进场验收记录和复验报告。

（4）幕墙工程所用硅酮结构胶的认定证书和抽查合格证明；进口硅酮结构胶的商检证；国家指定检测机构出具的硅酮结构胶相容性和剥离粘结性试验报告；石材用密封胶的耐污染性试验报告。

（5）后置埋件的现场拉拔强度检测报告。

（6）幕墙的抗风压性能、空气渗透性能、雨水渗漏性能及平面变形性能检测报告。

（7）打胶、养护环境的温度、湿度记录；双组分硅酮结构胶的混匀性试验记录及拉断试验记录。

（8）防雷装置测试记录。

（9）隐蔽工程验收记录。

（10）幕墙构件和组件的加工制作记录；幕墙安装施工记录。

10.59 幕墙工程应对哪些项目进行隐蔽工程验收？

幕墙工程应对下列隐蔽工程项目进行验收：

（1）预埋件（或后置埋件）。

（2）构件的连接节点。

（3）变形缝及墙面转角处的构造节点。

（4）幕墙防雷装置。

（5）幕墙防火构造。

10.60 玻璃幕墙工程验收主控项目的质量要求是什么?

玻璃幕墙工程验收的主控项目质量要求如下:

(1) 玻璃幕墙工程所使用的各种材料、构件和组件的质量,应符合设计要求及国家现行产品标准和工程技术规范的规定。

(2) 玻璃幕墙的造型和立面分格应符合设计要求。

(3) 玻璃幕墙使用的玻璃应符合下列规定:

1) 幕墙应使用安全玻璃,玻璃的品种、规格、颜色、光学性能及安装方向应符合设计要求。

2) 幕墙玻璃的厚度不应小于 6.0mm。全玻幕墙肋玻璃的厚度不应小于 12mm。

3) 幕墙的中空玻璃应采用双道密封。明框幕墙的中空玻璃应采用聚硫密封胶及丁基密封胶;隐框和半隐框幕墙的中空玻璃应采用硅酮结构密封胶及丁基密封胶;镀膜面应在中空玻璃的第 2 或第 3 面上。

4) 幕墙的夹层玻璃应采用聚乙烯醇缩丁醛(PVB)胶片干法加工合成的夹层玻璃。点支承玻璃幕墙夹层玻璃的夹层胶片(PVB)厚度不应小于 0.76mm。

5) 钢化玻璃表面不得有损伤;8.0mm 以下的钢化玻璃应进行引爆处理。

6) 所有幕墙玻璃均应进行边缘处理。

(4) 玻璃幕墙与主体结构连接的各种预埋件、连接件、紧固件必须安装牢固,其数量、规格、位置、连接方法和防腐处理应符合设计要求。

(5) 各种连接件、紧固件的螺栓应有防松动措施;焊接连接应符合设计要求和焊接规范的规定。

(6) 隐框或半隐框玻璃幕墙,每块玻璃下端应设置两个铝合金或不锈钢托条,其长度不应小于 100mm,厚度不应小于 2mm,托条外端应低于玻璃外表面 2mm。

(7) 明框玻璃幕墙的玻璃安装应符合下列规定:

1）玻璃槽口与玻璃的配合尺寸应符合设计要求和技术标准的规定。

2）玻璃与构件不得直接接触，玻璃四周与构件凹槽底部应保持一定的空隙，每块玻璃下部应至少放置两块宽度与槽口宽度相同、长度不小于100mm的弹性定位垫块；玻璃两边嵌入量及空隙应符合设计要求。

3）玻璃四周橡胶条的材质、型号应符合设计要求，镶嵌应平整，橡胶条长度应比边框内槽长1.5～2.0mm，橡胶条在转角处应斜面断开，并应用粘结剂粘结牢固后嵌入槽内。

(8) 高度超过4m的全玻幕墙应吊挂在主体结构上，吊夹具应符合设计要求，玻璃与玻璃、玻璃与玻璃肋之间的缝隙，应采用硅酮结构密封胶填嵌严密。

(9) 点支承玻璃幕墙应采用带万向头的活动不锈钢爪，其钢爪间的中心距离应大于250mm。

(10) 玻璃幕墙四周、玻璃幕墙内表面与主体结构之间的连接节点、各种变形缝、墙角的连接节点应符合设计要求和技术标准的规定。

(11) 玻璃幕墙应无渗漏。

(12) 玻璃幕墙结构胶和密封胶的打注应饱满、密实、连续、均匀、无气泡，宽度和厚度应符合设计要求和技术标准的规定。

(13) 玻璃幕墙开启窗的配件应齐全，安装应牢固，安装位置和开启方向、角度应正确；开启应灵活，关闭应严密。

(14) 玻璃幕墙的防雷装置必须与主体结构的防雷装置可靠连接。

10.61 玻璃幕墙验收一般项目的质量要求是什么？

玻璃幕墙验收一般项目的质量要求如下：

(1) 玻璃幕墙表面应平整、洁净；整幅玻璃的色泽应均匀一致；不得有污染和镀膜损坏。

(2) 每平方米玻璃的表面质量和检验方法，应符合表10-25

的规定。

每平方米玻璃的表面质量和检验方法　　表 10-25

项次	项　目	质量要求	检验方法
1	明显划伤和长度＞100mm 的轻微划伤	不允许	观　察
2	长度≤100mm 的轻微划伤	≤8 条	用钢尺检查
3	擦伤总面积	≤500mm²	用钢尺检查

(3) 一个分格铝合金型材的表面质量和检验方法，应符合表10-26 的规定。

一个分格铝合金型材的表面质量和检验方法　　表 10-26

项次	项　目	质量要求	检验方法
1	明显划伤和长度＞100mm 的轻微划伤	不允许	观　察
2	长度≤100mm 的轻微划伤	≤2 条	用钢尺检查
3	擦伤总面积	≤500mm²	用钢尺检查

注：一个分格铝合金型材指该分格的四周铝合金型材框架构件。

(4) 明框玻璃幕墙的外露框或压条应横平竖直，颜色、规格应符合设计要求，压条安装应牢固。单元玻璃幕墙的单元拼缝或隐框玻璃幕墙的分格玻璃拼缝应横平竖直、均匀一致。

(5) 玻璃幕墙的密封胶缝应横平竖直、深浅一致、宽窄均匀、光滑顺直。

(6) 防火、保温材料填充应饱满、均匀，表面应密实、平整。

(7) 玻璃幕墙隐蔽节点的遮封装修应牢固、整齐、美观。

(8) 明框玻璃幕墙安装的允许偏差和检验方法，应符合表10-27的规定。

(9) 隐框、半隐框玻璃幕墙安装的允许偏差和检验方法，应符合表 10-28 的规定。

明框玻璃幕墙安装的允许偏差和检验方法　　表 10-27

项次	项目		允许偏差(mm)	检验方法
1	幕墙垂直度	幕墙高度≤30m	10	用经纬仪检查
		30m<幕墙高度≤60m	15	
		60m<幕墙高度≤90m	20	
		幕墙高度>90m	25	
2	幕墙水平度	幕墙幅宽≤35m	5	用水平仪检查
		幕墙幅宽>35m	7	
3	构件直线度		2	用 2m 靠尺和塞尺检查
4	构件水平度	构件长度≤2m	2	用水平仪检查
		构件长度>2m	3	
5	相邻构件错位		1	用钢直尺检查
6	分格框对角线长度差	对角线长度≤2m	3	用钢尺检查
		对角线长度>2m	4	

隐框、半隐框玻璃幕墙安装的允许偏差和检验方法　表 10-28

项次	项目		允许偏差(mm)	检验方法
1	幕墙垂直度	幕墙高度≤30m	10	用经纬仪检查
		30m<幕墙高度≤60m	15	
		60m<幕墙高度≤90m	20	
		幕墙高度>90m	25	
2	幕墙水平度	层高≤3m	3	用水平仪检查
		层高>3m	5	

续表

项次	项　目	允许偏差(mm)	检 验 方 法
3	幕墙表面平整度	2	用2m靠尺和塞尺检查
4	板材立面垂直度	2	用垂直检测尺检查
5	板材上沿水平度	2	用1m水平尺和钢直尺检查
6	相邻板材板角错位	1	用钢直尺检查
7	阳 角 方 正	2	用直角检测尺检查
8	接缝直线度	3	拉5m线,不足5m拉通线,用钢直尺检查
9	接缝高低差	1	用钢直尺和塞尺检查
10	接 缝 宽 度	1	用钢直尺检查

10.62　金属幕墙工程验收主控项目的质量要求是什么?

金属幕墙验收主控项目的质量要求如下:

(1) 金属幕墙工程所使用的各种材料和配件,应符合设计要求及国家现行产品标准和工程技术规范的规定。

(2) 金属幕墙的造型和立面分格应符合设计要求。

(3) 金属面板的品种、规格、颜色、光泽及安装方向应符合设计要求。

(4) 金属幕墙主体结构上的预埋件、后置埋件的数量、位置及后置埋件的拉拔力必须符合设计要求。

(5) 金属幕墙的金属框架立柱与主体结构预埋件的连接、立柱与横梁的连接、金属面板的安装必须符合设计要求,安装必须牢固。

(6) 金属幕墙的防火、保温、防潮材料的设置应符合设计要求,并应密实、均匀、厚度一致。

(7) 金属框架及连接件的防腐处理应符合设计要求。

(8) 金属幕墙的防雷装置必须与主体结构的防雷装置可靠连接。

(9) 各种变形缝、墙角的连接节点应符合设计要求和技术标准的规定。

(10) 金属幕墙的板缝注胶应饱满、密实、连续、均匀、无气泡，宽度和厚度应符合设计要求和技术标准的规定。

(11) 金属幕墙应无渗漏。

10.63 金属幕墙工程验收一般项目的质量要求是什么?

金属幕墙验收一般项目的质量要求如下：

(1) 金属板表面应平整、洁净、色泽一致。

(2) 金属幕墙的压条应平直、洁净、接口严密、安装牢固。

(3) 金属幕墙的密封胶缝应横平竖直、深浅一致、宽窄均匀、光滑顺直。

(4) 金属幕墙上的滴水线、流水坡向应正确、顺直。

(5) 每平方米金属板的表面质量和检验方法应符合表 10-29 的规定：

每平方米金属板的表面质量和检验方法　　表 10-29

项次	项　目	质量要求	检验方法
1	明显划伤和长度＞100mm 的轻微划伤	不允许	观察
2	长度≤100mm 的轻微划伤	≤8 条	用钢尺检查
3	擦伤总面积	≤500mm²	用钢尺检查

(6) 金属幕墙安装的允许偏差和检验方法应符合表 10-30 的规定：

金属幕墙安装的允许偏差和检验方法　　表 10-30

项次	项　目		允许偏差(mm)	检 验 方 法
1	幕墙垂直度	幕墙高度≤30m	10	用经纬仪检查
		30m＜幕墙高度≤60m	15	
		60m＜幕墙高度≤90m	20	
		幕墙高度＞90m	25	

续表

项次	项目		允许偏差(mm)	检验方法
2	幕墙水平度	层高≤3m	3	用水平仪检查
		层高>3m	5	
3	幕墙表面平整度		2	用2m靠尺和塞尺检查
4	板材立面垂直度		3	用垂直检测尺检查
5	板材上沿水平度		2	用1m水平尺和钢直尺检查
6	相邻板材板角错位		1	用钢直尺检查
7	阳角方正		2	用直角检测尺检查
8	接缝直线度		3	拉5m线,不足5m拉通线,用钢直尺检查
9	接缝高低差		1	用钢直尺和塞尺检查
10	接缝宽度		1	用钢直尺检查

10.64 石材幕墙工程验收主控项目的质量要求是什么?

石材幕墙验收主控项目的质量要求如下:

(1) 石材幕墙工程所用材料的品种、规格、性能和等级,应符合设计要求及国家现行产品标准和工程技术规范的规定。石材的弯曲强度不应小于8.0MPa;吸水率应小于0.8%。石材幕墙的铝合金挂件厚度不应小于4.0mm,不锈钢挂件厚度不应小于3.0mm。

(2) 石材幕墙的造型、立面分格、颜色、光泽、花纹和图案应符合设计要求。

(3) 石材孔、槽的数量、深度、位置、尺寸应符合设计要求。

(4) 石材幕墙主体结构上的预埋件和后置埋件的位置、数量及后置埋件的拉拔力必须符合设计要求。

(5) 石材幕墙的金属框架立柱与主体结构预埋件的连接、立柱与横梁的连接、连接件与金属框架的连接、连接件与石材面板的连接必须符合设计要求,安装必须牢固。

(6) 金属框架和连接件的防腐处理应符合设计要求。

(7) 石材幕墙的防雷装置必须与主体结构防雷装置可靠连接。

(8) 石材幕墙的防火、保温、防潮材料的设置应符合设计要求,填充应密实、均匀、厚度一致。

(9) 各种结构变形缝、墙角的连接节点应符合设计要求和技术标准的规定。

(10) 石材表面和板缝的处理应符合设计要求。

(11) 石材幕墙的板缝注胶应饱满、密实、连续、均匀、无气泡,板缝宽度和厚度应符合设计要求和技术标准的规定。

(12) 石材幕墙应无渗漏。

10.65 石材幕墙工程验收一般项目的质量要求是什么?

石材幕墙验收一般项目的质量要求如下:

(1) 石材幕墙表面应平整、洁净,无污染、缺损和裂痕。颜色和花纹应协调一致,无明显色差和修改痕迹。

(2) 石材幕墙的压条应平直、洁净、接口严密、安装牢固。

(3) 石材接缝应横平竖直、宽窄均匀;阴阳角石板压向应正确,板边合缝应顺直;凸凹线出墙厚度应一致,上下口应平直;石材面板上洞口、槽边应套割吻合,边缘应整齐。

(4) 石材幕墙的密封胶缝应横平竖直、深浅一致、宽窄均匀、光滑顺直。

(5) 石材幕墙上的滴水线、流水坡向应正确、顺直。

(6) 每平方米石材的表面质量和检验方法应符合表 10-31 的规定:

每平方米石材的表面质量和检验方法　　表 10-31

项次	项　目	质量要求	检验方法
1	裂痕、明显划伤和长度>100mm 的轻微划伤	不允许	观　察
2	长度≤100mm 的轻微划伤	≤8 条	用钢尺检查
3	擦伤总面积	≤500mm²	用钢尺检查

(7) 石材幕墙安装的允许偏差和检验方法应符合表 10-32 的规定：

石材幕墙安装的允许偏差和检验方法　　表 10-32

项次	项　目		允许偏差 (mm) 光面	允许偏差 (mm) 麻面	检验方法
1	幕墙垂直度	幕墙高度≤30m	10		用经纬仪检查
		30m<幕墙高度≤60m	15		
		60m<幕墙高度≤90m	20		
		幕墙高度>90m	25		
2	幕墙水平度		3		用水平仪检查
3	幕墙表面平整度		2	3	用垂直检测尺检查
4	板材立面垂直度		3		用水平仪检查
5	板材上沿水平度		2		用 1m 水平尺和钢直尺检查
6	相邻板材板角错位		1		用钢直尺检查
7	阳角方正		2	4	用直角检测尺检查

续表

项次	项　　目	允许偏差（mm）		检 验 方 法
		光面	麻面	
8	接缝直线度	3	4	拉 5m 线，不足 5m 拉通线，用钢直尺检查
9	接缝高低差	1	—	用钢直尺和塞尺检查
10	接 缝 宽 度	1	2	用钢直尺检查

10.66　幕墙工程的保养和维修有什么要求？

幕墙工程竣工验收后，应制定幕墙工程的保养、维修计划与制度，定期进行幕墙的保养和维修。

幕墙的保养应根据幕墙墙面积灰污染程度，确定清洗幕墙的次数与周期，每年至少应清洗一次。清洗幕墙的机械设备应安装牢固、安全可靠、操作灵活方便，避免擦伤幕墙表面。

幕墙在正常使用时，使用单位应每隔 5 年进行一次全面检查。应对板材、密封条、密封胶、硅酮结构密封胶等进行检查。

幕墙的检查与维修应按下列规定进行：

(1) 当发现螺栓松动，应及时拧紧；连接件锈蚀应除锈补漆或更换；

(2) 板材松动、破损时，应及时修补与更换；

(3) 密封胶或密封条脱落或损坏时，应及时修补与更换；

(4) 幕墙构件和连接件损坏，或连接件与主体结构的锚固松动或脱落时，应及时更换或采取加固修复；

(5) 应定期检查幕墙的排水系统，当发现有堵塞时，应及时疏通；

(6) 当五金件有脱落、损坏或功能障碍时，应进行更换和修复；

(7) 当遇台风、地震、火灾等自然灾害时，灾后应及时对幕墙进行全面检查，并视损坏程度进行维修加固。

幕墙的保养和维修作业，不得在4级以上风力或雨雪天气中进行；高处作业应遵守《建筑施工高处作业安全技术规范》JGJ 80的有关规定。

10.67 幕墙工程设计文件中常见问题及预防措施？

幕墙工程设计文件中常见的问题及预防措施，见表10-33：

幕墙工程设计文件中常见问题及预防措施　表 10-33

常见问题	产生原因	预防措施
1 没有幕墙设计资质或资质等级不够 2 既有建筑幕墙设计缺少原建筑设计单位的结构安全确认文件 3 缺少幕墙设计结构计算书 4 施工图深度不够，缺少节点大样图，缺少设计说明、材料使用说明及施工要求 5 避雷、防火、防排水措施设计不当 6 施工图纸缺少必要的审核签字	1 不了解幕墙工程设计中有关国家现行标准规范的规定 2 非专业人员设计，没有对幕墙进行必要的结构计算 3 土建与幕墙设计协调不够，配合不好 4 幕墙施工图设计深度不够 5 施工图审核不认真，缺少必要的质量控制程序	1 幕墙设计单位必须有相应的设计资质，并应有质量管理体系。应由有从业资格的专业人员进行设计 2 幕墙工程专业性比较强，设计单位应对国家现行标准规范了解，对幕墙工程构造、用料、各节点的处理等业务比较熟悉 3 幕墙涉及防排水、避雷、消防、金属加工、安装和结构、建筑设计等多个专业，在设计中，各专业人员应互相协调配合

10.68 幕墙工程材料选择中常见质量问题及预防措施？

幕墙工程材料选择中常见的问题及预防措施，见表 10-34。

10.69 幕墙工程构件制作中常见质量问题及预防措施？

幕墙工程构件制作中常见质量问题及预防措施见表 10-35。

10.70 幕墙工程施工中常见质量问题及预防措施？

幕墙工程施工中常见质量问题及预防措施见表 10-36。

幕墙工程材料选择中常见问题及预防措施 表 10-34

常见问题	现象	产生原因	预防措施
错用钢材型号、规格	1 部分材料、规格、型号不符规范要求 2 用刷防锈漆或冷镀锌代替热镀锌钢材 3 不锈钢材料生锈	1 用冷轧钢或不同型号的钢材未经试验就电焊加工制作预埋件和连接件，使钢材降低强度或断裂影响制作构件的质量 2 对各种防锈措施的效果不了解或为了降低成本而未采用热镀锌钢材构件 3 不锈钢由于所含成分不同构成多种不锈钢，或者不锈钢材料在贮运、安装过程中碰到腐蚀材料造成生锈，如施工中，电焊火花溅到不锈钢上引起生锈	1 加强对有关人员的教育，使之提高业务素质和质量意识 2 严格对材料进场的检查验收，加强对材料使用的质量控制 3 在贮运、安装过程中避免有害物质对钢材的腐蚀 4 电焊时对不锈钢或临近材料采取遮挡措施
铝合金型材选型不当	1 型材规格偏差较大 2 型材未经阳极氧化或其他表面处理，或者其厚度未达到处理厚度（T）要求，如阳极氧化膜厚度应：$20\mu m > T \geqslant 15\mu m$；静电粉末喷涂 $T \geqslant 60\mu m$；氟碳喷涂 $T \geqslant 40\mu m$；聚氨酯喷涂 $T \geqslant 60\mu m$；电泳涂漆 $T \geqslant 17\mu m$ 3 型材部分受力截面小于 3mm	1 未采用高精级或超高精级铝合金型材，或者到质保体系不健全，产品质量不保证的非正规单位加工或购买，因此产品规格偏差较大 2 为了降低成本或由于某种原因对型材表面不进行防腐处理，或采购、加工壁厚小于 3mm 的型材	1 杜绝用偷工减料或降低质量要求的方法来降低成本 2 加强对产品加工和进货时的检验 3 设计图纸资料应明确标注各部位、各截面的规格尺寸

续表

常见问题	现象	产生原因	预防措施
玻璃边缘处理不当	1 玻璃边缘未经磨边、倒棱、倒角处理，安装后边缘出现单独条状裂纹向外逐渐延伸。隐框、半隐框幕墙玻璃安装后，在阳光照射下玻璃边缘出现线状光线反射。下雨时有轻微渗水现象 2 夹丝玻璃边缘泛黄，出现裂纹或边缘玻璃爆裂 3 钢化玻璃角端部未倒角	1 普通玻璃裁割后未经磨边、倒棱、倒角就镀膜加工，使玻璃裁割时在边缘出现的细裂纹、锯齿状缺陷未处理掉，当受到温差出现的应力或外力影响使细裂纹或锯齿状部位的裂纹向外扩展延伸 2 由于玻璃边缘面未经磨边处理，其表面比较光，阳光折射时，其表面会反光，产生线状反射光增加污染 3 玻璃未经磨边缘，由于有细小裂纹，当注密封胶时，密封胶渗透不进这些部位，容易在这些部位出现渗漏现象 4 夹丝玻璃切割后，其低碳钢丝外露，不及时采取防锈处理，会出现钢丝锈蚀造成玻璃边缘因铁锈而泛黄，严重的由于铁锈产生的膨胀力使玻璃产生裂纹，甚至边缘爆裂 5 钢化玻璃和半钢化玻璃在角端部抗应力最薄弱，特别是钢化玻璃更弱，当在钢化前仅倒棱，不磨掉尖角时，这样的钢化玻璃安装后，在结构变动或受外力影响较大时，角部最易破损，从而引起整块玻璃破碎，这也是钢化玻璃容易自爆的原因之一	1 玻璃裁割后，在加工之前必须进行磨边、倒棱、倒角处理 2 夹丝玻璃切割后，应及时对玻璃边缘进行处理，将伸出边缘的钢丝割去，外露钢丝部位应进行防锈处理 3 在玻璃进货和安装前应进行检验，对不符合要求的玻璃应予剔除
玻璃表面平整度差	幕墙玻璃安装后，表面影射图像模糊	1 采用了一等品以下浮法玻璃或其他平板玻璃 2 玻璃钢化处理后，表面平整度受到影响	1 应按规范规定采用优等品或一等品平板玻璃及其加工的玻璃 2 选用平整度好的钢化玻璃或选用其他平整度较好的安全玻璃

续表

常见问题	现象	产生原因	预防措施
夹层玻璃有疵点	夹层玻璃有细小的点状或条状气泡	夹层玻璃目前有干法和湿法加工两种，当采用湿法加工的夹层玻璃容易产生此种情况	应采用干法加工的夹层玻璃，玻璃在进货和安装前应进行认真检查
铝塑复合板四角端部不密封	铝塑复合板角的端部有一条缝隙未封口	加工铝塑复合板四周弯边时，在四个角需根据角的厚度开一个口子，便于弯边，由于加工中对缝隙处理不当，这开口处就形成一条稀缝	铝塑复合板安装前应进行检查，对缝隙大的应予剔除。安装后对四个角的缝隙部位应注密封胶将缝封住，以防雨水和有杂质从密封中渗入铝塑复合板夹层中造成腐蚀
石板厚度不足，强度不符合标准规范要求，色差明显	石板厚度小于25mm。石材幕墙采用大理石或材质较差的花岗石板材，色差明显	1　对石材幕墙的规范不了解，不了解对石材幕墙所用石板的规定要求，仅参照一般饰面板安装工程的要求选用石材板，厚度仅20mm 2　将一些材质较差的石材用于幕墙工程上。石材板加工时不进行认真挑选、编号，将色差明显的材料混用	1　石材板为天然材料，属脆性材料。因其生成环境、开采、加工不同，其密实度、吸水率、压缩强度和弯曲强度均不同，在选用幕墙石板时，其抗压、抗弯强度经试验应达到设计要求。当设计未标明时，幕墙石板的干燥压缩强度不小于60MPa，弯曲强度不小于8MPa，表观密度应不小于2.5g/cm^2，吸水率不大于1%，石板厚度不小于25mm 2　由于大理石抗外界侵蚀能力较弱，一般也达不到以上要求，所以大理石不宜用于幕墙工程，应采用符合以上要求的花岗石作为石板幕墙的嵌板材料，在加工时要注意石板色差应基本一致 3　在安装幕墙石材板之前，应对石材板逐块进行检查，对有缺损、隐裂纹和色差明显的板块应予剔除

续表

常见问题	现象	产生原因	预防措施
硅酮结构胶、硅酮耐候密封胶性能差	硅酮结构胶、硅酮耐候密封胶的性能未达到要求，特别是硅酮结构胶的粘结强度未达到技术指标要求	1 将劣质的结构胶、密封胶代替合格产品使用 2 结构胶、密封胶有效期较短，有些产品从国外进口，从采购、进场、复试的时间较长，有些胶使用时已临近有效期限，甚至超过有效期 3 双组分结构胶搅拌不均匀	1 购买硅酮结构胶、密封胶时，应购买经国家批准销售的产品，各项技术性能指标应符合《硅酮结构密封胶》GB 16776 的要求 2 注意有效期限 3 在使用前，必须对其进行相容性和粘结强度的测试，符合要求后才能使用 4 双组分结构胶，在注胶前必须搅拌均匀，通过试验检查均匀程度和是否含有空气；通过拉断试验来检查结构胶的固化时间，符合要求后才能使用
橡胶密封条松动、开裂	1 橡胶密封条安装后有松动现象，从而产生雨水渗漏 2 橡胶条安装后一段时间产生收缩、老化、开裂	1 所用的橡胶条规格较小，橡胶条在槽内起不到密封作用，造成渗漏 2 橡胶条的技术指标未达到规范规定的要求	1 应根据槽口尺寸选用相应的型号、规格的橡胶条，以保证橡胶条的弹性在槽内起到密封作用 2 应选用耐紫外线、耐老化、变形小的胶条
防火、隔热保温材料不规范	1 楼板、隔墙与建筑幕墙间的空隙采用夹板封面 2 隔热保温材料采用了一些可燃、易燃的材料，或者用可燃、易燃的塑料薄膜作隔热保温材料的防水、防潮材料	1 不了解幕墙工程有关防火保温材料要求，对材料的防火等级不了解 2 只注意了保温和防潮作用而忽视了防火要求	1 施工管理人员严格按规范要求使用防火保温材料，采用防火等级为 A 或 B_1 的材料 2 当对材料不明确防火等级时，应进行检测，符合标准要求后方可使用

续表

常见问题	现象	产生原因	预防措施
配件材质、规格不规范	1　采用自攻螺丝、甚至镀锌自攻螺丝作铝合金构件的紧固材料 2　采用镀锌碳素钢，用刷防锈漆料的普通钢材制作的配件材料代替不锈钢或铝合金配件，甚至作铝合金型材的加强材料 3　配件规格偏小	1　有关人员对规范不熟悉 2　对自攻螺丝受力情况不了解 3　为了降低成本，利用其他材料替代	1　自攻螺丝不等截面，受到振动后，容易松动。特别是镀锌自攻螺丝，当拧入时因摩擦产生的高温，将镀锌层烧掉，这样就形成碳素钢同铝合金直接接触，由于电位差而产生电位腐蚀现象。因此在幕墙工程中不应采用自攻螺丝或镀锌自攻螺丝作铝合金型材的紧固件 2　与铝合金接触的螺栓及金属配件应采用不锈钢或轻金属制品，不同金属的接触面应采用垫片作隔离处理。当铝合金型材需加强时，应采用不锈钢或铝合金材料进行补强。不得采用刷防锈漆涂料的碳素钢作补强材料。也不宜用热镀锌钢材作铝合金型材的补强材料，当采用热镀锌钢材作铝合金补强材料时，必须采用其强度相当的绝缘材料作隔离处理，以免产生电化腐蚀并同时不影响补强作用 3　对所用配件在进货和使用前应予检查
低发泡间隔双面胶带粘性不足	双面胶与玻璃、铝合金表面粘结差，透过玻璃可见未粘结部位	1　双面胶带感压胶粘性不足 2　铝合金、玻璃表面有灰尘杂质未处理干净	1　自生产之日起超过 9 个月的双面胶带，其感压胶粘性开始衰弱。因此应采用自生产之日起 9 个月内的双面胶带 2　基材表面必须按要求进行净化处理，以保证胶带的粘结

构件制作常见质量问题及预防措施 **表 10-35**

常见问题	现　　象	产生原因	预防措施
构件变形、表面锤印、凹陷、划痕，外形尺寸有偏差	1 裁割端部毛刺未经处理 2 接缝部位缝隙偏差较大 3 构件变形，表面有锤印、凹瘪、划痕 4 构件平整度、外形尺寸偏差超过规范要求	1 加工制作人员疏忽遗漏，裁割后端部毛刺未处理 2 部分构件未在专门车间采用专用机具加工制作。而在现场手工加工制作、贮运、安装过程中造成的损伤	1 加强上、下道工序的质量检查 2 采用专门的机具设备，以保证精密度要求，定期进行计量检查。不得采用手工裁割，钻孔，开槽、榫，以保证其尺寸精确，接缝平整。连接处缝隙必须密封处理好 3 加强构件成品的检查 4 在贮运、安装过程中应采取必要措施，防止挤压、碰撞。注意产品保护
构件防排水系统不畅	1 构件内渗入水、结露水排水不畅，甚至造成幕墙渗水	1 构件制作过程中未按设计图纸要求钻泄水孔，或者使内排水通道和泄水孔受阻，甚至造成内外压不等	1 严格按照设计要求开孔，一般排水孔的直径不小于 8mm，最小尺寸为 5mm×15mm 的长方孔，排水孔水平间距不大于 60mm。 2 在组装时，应防止保温材料、密封条、结构密封胶阻塞排水通道和泄水孔
防火、隔热、保温材料安装不规范	1 隔热保温材料未固定在衬板上或贴在玻璃面未留出隔汽层 2 隔热保温材料未采用具有防水、防潮功能的复合材料 3 材料厚度不足	1 加工制作人员工作中的疏忽，未将隔热保温材料按图纸要求固定，或者贪图便宜，责任心差 2 降低成本	1 加强教育，做好技术交底，提高制作人员的质量意识 2 不能以偷工减料的方法来降低成本 3 加工制作过程中加强监督检查

续表

常见问题	现象	产生原因	预防措施
硅酮结构密封胶与基材剥离、有气泡或脱胶	1 在对组件进行切开剥离试验时，结构胶与基材剥离 2 密封胶与基材交界处有气泡或胶脱现象	1 注胶时，结构胶、密封胶已超过有效期 2 结构胶、密封胶与基材不相容 3 基材表面对紫外线不稳定 4 需对基材应用底漆时，未用底漆而直接注胶，影响粘结力 5 净化措施不力或用错清洗剂达不到净化要求 6 净化后，搁置时间过长或基材移动造成粘结面污染，影响净化程度 7 双组分结构胶未混合均匀 8 未用机械注胶	1 严格检查有效期，超过期限严禁使用 2 在粘结强度和相容性试验报告未出来前不得注胶 3 双组分结构胶应经蝴蝶试验表明已混合均匀无气泡后方可注胶 4 注胶前，对各与结构密封胶接触的表面必须清除油污、手指印、灰尘和污垢。清除时，必须按净化要求操作。净化后的构件应在1h内进行注胶，超过时间或再污染时，应重新净化 5 需涂底漆时，应在注胶前对需涂底漆的构件按工艺要求涂一薄层底漆，待底漆干后再注胶 6 在组装时，净化过的构件不能随意移动，以免再次污染影响粘结 7 对于双组分的结构胶必须用机械注胶，以保证注胶密实
硅酮耐候密封胶中有气泡等	透过玻璃或在切割剥离试验中发现有气泡	1 双组分结构胶搅拌时，未将混入的空气抽真空，使胶中混有小气泡 2 工人将注胶时多余的胶刮下后，再装入空缸中使用，使之混入空气与胶混在一起 3 对一些复杂构造的注胶面，用手工注胶压力不足，胶注不到位造成空隙	1 双组分胶搅拌后，必须抽真空，经蝴蝶试验无气泡后方可使用 2 注胶过程中，从构件上刮下的胶不得再装入空缸中使用 3 对于一些注胶面复杂的，必须用注胶机注胶

续表

常见问题	现象	产生原因	预防措施
预埋件用料及制作不规范	1 用冷轧钢筋作锚筋，锚筋长度不足，锚筋总截面小 2 钢板薄 3 焊缝不饱满，甚至点焊	1 设计对预埋件未出大样图 2 对预埋件制作不重视未按图施工 3 施工人员对材料性能不熟悉，贪图方便，就地取材 4 对预埋件受力情况不了解	1 设计对预埋件应进行计算，以确定锚筋的截面、长度、数量和锚板的厚度（一般锚筋直径不宜小于8mm，锚筋不宜少于4根，锚筋最小锚固长度不应小于250mm；焊缝高度不宜小于6mm；锚胶厚度应大于锚筋直径的0.6倍），并根据计算和规范要求画出预埋件的大样图和提出制作要求 2 加强对施工人员的培训教育，以了解预埋件的重要性和制作的技术要求 3 预埋件加工完毕后应进行检查，不合格的不能使用

施工中常见质量问题及预防措施　　表 10-36

常见问题	现象	产生原因	预防措施
预埋件安装不规范	1 预埋件同主钢筋焊接 2 预埋件在左右、前后、上下方向出现位移和倾斜 3 预埋件遗漏	1 贪图便宜 2 埋设预埋件时，尺寸出现偏差 3 预埋件未固定好，致使混凝土浇捣时造成预埋件位移 4 埋设后未经检查	1 埋设时，位置应复核无误后进行牢固固定，使之不受混凝土施工的影响 2 预埋件埋设后应检查无误后方可浇捣混凝土，浇捣时对预埋件部件应注意防止其位移

续表

常见问题	现　象	产生原因	预防措施
连接件焊接、加固不规范	1　采用钢筋、钢板、角铁等材料随意同预埋件连接接长，甚至采用对接平焊、点焊。接长材料与主体结构间未垫实 2　垫片采用楔形钢板或开口垫片，垫片未予固定。甚至用砂浆填嵌缝隙 3　连接件开孔离边缘太近，甚至连接件长孔切割后呈开放形 4　用膨胀螺栓加固无图、无测试	1　预埋件位移，采用的连接方案未经设计认可，更无图纸 2　施工马虎、不认真	1　发现预埋件位移时，应由设计出变更图，对材料、焊接等提出具体要求。当采用后置埋件时，应进行现场拉拔强度试验后采用。后置膨胀螺栓不得在连接件外缘用垫片螺帽固定 2　连接件孔位与边缘的距离应经设计确定，当设计未注明时，最小距离不宜小于 $2d$（d 为孔的直径） 3　加焊、加垫材料和部位应经检查符合要求后，方可进行下道工序
主柱与主体构件连接节点有缺陷	1　连接件与立柱安装节点无三维调节余量 2　钢材和铝合金立柱之间未设置绝缘垫片 3　采用一只角码或一只螺栓与立柱连接固定	1　无设计大样图或图纸标注不清 2　施工人员忽视了三维调节的要求 3　漏放绝缘片或绝缘片太小	1　通过设计确定三维调节裕量，并提出节点防位移、螺帽防松脱的措施 2　设计图纸应标注清楚、有节点详图 3　根据规范规定受力的铆钉和螺栓，每处不得少于 2 个的原则，凡受力节点处均不得少于 2 个连接角码和 2 个螺栓 4　安装立柱时，注意避免漏放绝缘垫片，绝缘片的大小不少于接触面积以保证铝合金立柱不与钢材连接件直接接触 5　加强工序间检查和隐蔽工程验收

续表

常见问题	现象	产生原因	预防措施
预埋件、连接件漏刷防锈漆	1 预埋件外露钢材、焊接部位、紧固件紧固后，镀锌层被损坏部位等漏刷防锈漆，或只刷防锈底漆不刷面漆 2 焊渣未清除或在焊渣面上刷防锈漆	1 施工马虎、不认真 2 构架安装就位、调整、紧固后未作检查，或检查时遗漏	1 加强工序间的检查 2 发现遗漏或不符要求处及时整改
立柱安装不垂直、直线度差	立柱左右、前后垂直度、直线度超过规范要求	1 在施工测量轴线时，由于风力和风向的作用，造成误差大于规范规定的范围 2 立柱在贮运过程中造成弯曲变形未调整顺直 3 施工中未每日定时测量校正修正 4 施工工序颠倒 5 立柱上下连接件与预埋件的连接均采用刚性连接构造，由于建筑物的变形和温度变形的影响，造成立柱弯曲 6 立柱安装后，未进行检查，使偏差值超过允许范围	1 施工测量轴线时，应在风力四级以下进行，并每日定时测量校核。对误差进行控制分配、消化，不使累积，以保证幕墙及立柱的垂直和位置的正确 2 材料在贮运过程中应采取措施，避免因自重或受外力的影响产生变形。在安装前，对变形的材料经校正后再安装 3 安装立柱时，应将立柱先与连接件连接，然后再与主体结构预埋件连接调整，不得颠倒施工顺序 4 立柱接头应有一定的空隙，并采用套筒连接法。当一根立柱有两个以上连接点时，其上连接点应采用刚接构造，下连接点采用铰接构造，使立柱始终处于受拉状态，以免造成立柱弯曲变形 5 立柱安装后，应按规定的允许偏差进行检测，不合格应及时予以调整

续表

常见问题	现　　象	产　生　原　因	预　防　措　施
立柱连接处理不规范	1　连接两立柱的芯管插入立柱长度不足，有的仅 50mm 2　连接芯管两端均用螺丝或螺栓固定，失去伸缩作用 3　连接芯管壁厚较薄 4　一根立柱有两个支撑点时，下支撑点无伸缩位移措施 5　墙底部立柱支撑点无伸缩位移措施，或无伸缩余量 6　两立柱连接处未用密封胶密封	1　对规范要求不熟悉、不了解 2　当安装其他构件时，忽视了立柱的伸缩，螺丝把芯管与上下立柱均固定住，使留出的伸缩缝失去作用 3　忽视了幕墙立柱属于受拉构件的要求，对立柱下支撑点未采用铰接连接，使立柱成为受压构件 4　底部立柱裁制时，未留出伸缩裕量，或安装底立柱时，其下端直接同楼地面接触 5　忽视了立柱接缝处的密封要求或漏注密封胶	1　保证芯管的长度，使连接芯管插入立柱每端的长度控制在 2 倍立柱截面高度。芯管截面的惯性矩不小于立柱的惯性矩，以保证该处能连接传递弯矩，以免影响幕墙的平面度 2　当在上下两立柱连接部位安装横梁和其他构件时，避免固定螺栓（丝）将连接芯管一起固定 3　一根立柱有两个以上支撑点时，应为上支点刚接构造，下支点铰接构造 4　立柱裁割时应考虑立柱的伸缩，上下两立柱连接处应留出 20mm 左右的间隙，该间隙应注密封胶予以密封，以防雨水顺着芯管外露部分渗入立柱腔内 5　底部立柱下端应同楼地面有一定的伸缩空隙，不得将此空隙填封
横梁安装不平	1　横梁变形 2　横梁上下平面内外不成水平状态 3　横梁两端水平高差超出规范规定	1　横梁在贮运过程中因自重或受到外力影响，产生弯曲变形未予校正 2　安装横梁的顶端连接件用一个螺丝固定，或者该连接件上平面安装不水平 3　安装横梁两端的连接件不在同一水平面上	1　横梁在贮运过程中，应采取保护措施。以防变形。在安装前应检查，有弯曲变形的应予校正 2　安装横梁，每端都应用两个螺丝固定连接件。在连接件和立柱上钻孔时，必须保证连接件上平面水平 3　安装横梁时，应对安装位置进行水平测量定位钻孔，以保证相邻横梁或同层横梁标高的水平度

续表

常见问题	现　象	产生原因	预防措施
横梁和立柱之间的节点处理不规范	1　横梁端部未设置弹性垫片和密封处理 2　横梁和立柱交接平面有高差 3　用镀锌角铁代替不锈钢或铝合金连接件	1　横梁裁割、安装时，忽视了温差变形的影响 2　在安装横梁连接件时，钻孔位置偏差造成横梁和立柱交接平面产生高差 3　贪图方便，或为降低成本而忽视了与铝合金接触的螺栓（丝）和金属配件应采取不锈钢或轻金属制品的规定	1　裁割横梁料时，应留出横梁热胀冷缩变形的余量。在安装横梁端部连接件时，应同时装上弹性垫片，以防止横梁与立柱直接接触变形时发出挤轧声，同时要确保该处缝隙密封严密，不渗漏 2　在安装连接件时应量好尺寸，以避免因连接件的偏移造成横梁与立柱交接平面的高差
防雷系统不规范	1　预埋件未同避雷接地连接 2　直接利用幕墙与主体结构连接件作避雷接地的连接体 3　避雷引出线截面太小，甚至用 $1mm^2$ 的铜芯作引出线 4　幕墙避雷点设置面积太大 5　无避雷系统设置	1　预埋件埋设，同主体结构的避雷系统未焊接连通 2　幕墙与主体结构连接的连接之间没有绝缘垫片 3　施工人员不了解雷电瞬时（几十微秒）每米电位差可达万伏甚至百万伏，将会和周围的金属体之间产生反击放电和电磁感应，大大超过正常用电的电位差 4　不了解高层建筑避雷要求 5　设计或施工时遗漏	1　预埋件设置时，应通过土建施工单位在绑扎钢筋时同时处理好同避雷系统的连接。并在浇捣混凝土之前应进行检查 2　应根据防雷规范要求，通过设计确定避雷接地系统的设置分布、引出线的材料和截面尺寸，并在设计图、大样图上标注清楚。敷设后，应进行测试，其电阻值不应大于 4Ω 3　加强工序间检查和隐蔽工程验收

续表

常见问题	现象	产生原因	预防措施
防火系统不规范	1 防火板未予锚钉牢固 2 防火材料敷设稀松、漏放 3 楼层上下面未用不燃材料封闭 4 防火材料敷设缝隙未予密封 5 幕墙四周与主体结构之间的缝隙，特别是左右两侧，未采用防火保温材料填塞，形成垂直通道	1 无设计大样图或标注不清，无法按图施工 2 施工马虎、不认真 3 为降低成本	1 加强对图纸的审核和技术交底 2 防火层与幕墙和立体结构间的缝隙，应用防火密封胶封闭 3 加强工序间检查和隐蔽工程验收
隔热保温材料安装不规范	1 保温材料未固定在衬板上 2 保温材料与玻璃之间无隔汽层 3 保温材料无防潮措施 4 保温层太薄 5 幕墙玻璃出现垂直于玻璃边缘而后向中间分叉的裂缝	1 施工马虎、不认真 2 保温材料同玻璃之间无隔汽层或保温材料同玻璃接触，由于阳光直接照射，使玻璃与保温材料接触部位和玻璃中间部位温度高于玻璃四周边缘的温度，当温度差产生的应力超过玻璃强度时，会造成玻璃出现裂缝甚至破碎 3 保温层太薄影响保温效果	1 保温材料应锚钉固定在衬板上。保温隔热材料应与玻璃之间保持一定距离，使有一个便于气体流动的空气层。避免保温层接触到玻璃 2 保温材料太薄会影响保温效果，因此应按设计规定的厚度设置

续表

常见问题	现象	产生原因	预防措施
变形缝处理不妥当	1 幕墙金属构架在变形缝处未断开，无变形构造处理 2 板材在变形缝处无变形构造处理 3 避雷导线在变形缝处未采用软导管和留出变形余量	1 变形缝处理无设计大样图或标注不明 2 施工人员未按图施工	1 变形缝处理必须由设计出具大样图，并做好技术交底 2 严格按图施工 3 加强工序间的检查，并做好隐蔽工程验收
玻璃安装面朝向装错	1 热反射镀膜玻璃镀膜面朝室外安装 2 单面为安全玻璃的中空玻璃，将安全玻璃面装在室内侧	1 对规范要求不熟悉 2 对玻璃反射性能要求和如何安装安全玻璃不了解 3 施工中的疏忽	1 熟悉、掌握规范要求和玻璃性能 2 用安全玻璃的，安全玻璃面应在室外面 3 施工中加强检查，发现问题及时纠正
隐框、半隐框幕墙压块安装不规范	1 无压块固定，或仅用双面胶固定 2 压块间距不规则，甚至一边仅1～2只 3 固定压块螺丝用镀锌自攻螺丝	1 设计图纸标注不清，无大样图 2 施工马虎，安装玻璃时不用机械固定，不用压块，而用双面胶固定玻璃，在现场直接注结构胶，并将结构胶代替耐候密封胶	1 隐框、半隐框玻璃安装，设计对用料、规格、数量、位置应有施工说明和大样图 2 玻璃安装注胶前应采用机械固定，并避免现场注结构胶 3 固定性压块的螺丝必须使用不锈钢螺丝，其直径不小于5mm 4 注耐候密封胶前对压块安装进行隐蔽工程验收，如遗漏或位置不对及时整改

续表

常见问题	现　　象	产　生　原　因	预　防　措　施
幕墙玻璃碎裂	1　幕墙未受外力撞击，玻璃碎裂 2　玻璃夹件处玻璃碎裂	1　玻璃面积偏大 2　安装时玻璃边缘直接与构件槽底接触，受温差应力或振动造成玻璃碎裂 3　隔热保温材料直接同玻璃接触或镀膜破损，使玻璃中部与边缘部分产生温差，其应力超过玻璃强度时，玻璃碎裂 4　玻璃切割面有伤痕，未经磨边、倒角、倒棱处理，受热时易产生破损 5　玻璃底部未设弹性支承定位垫块，左右未设间隔定位垫块，使玻璃一边或两边同构件接触，受温差应力或变形产生的压应力影响，造成玻璃碎裂 6　全玻幕墙底部用硬化性密封材料，当玻璃受挤压时，易使玻璃破损 7　幕墙三维调节消化余量不足，或主体结构变动的影响超过了幕墙三维调节所能消化的余量，造成玻璃碎裂 8　隐框玻璃间隙少，特别是顶棚四周底边间隙小，玻璃受到侧向压应力影响时，易造成碎裂 9　玻璃夹件处弹性垫片漏放或太薄，夹件紧固太紧造成该处玻璃碎裂 10　钢化玻璃自爆	1　设计必须采用大面积玻璃时，应采取相应措施，减小玻璃中央与边缘的温差 2　玻璃裁割加工时，应按规范规定留出每边与构件槽口的配合距离。裁割后边缘应磨边、倒棱、倒角处理后再加工 3　玻璃安装时，按规定设置弹性定位垫块，使玻璃与框有一定的间隙 4　避免保温材料同玻璃接触，并做好产品保护，防止涂膜层破损 5　全玻幕墙玻璃与主体结构间应用弹性导热率低的非硬化性密封材料嵌缝 6　通过设计确定幕墙三维调节的能力 7　如主体结构变动或构架刚度不足，则应根据设计要求进行加固补强。隐框幕墙玻璃拼缝宽度不宜小于15mm 8　夹件与玻璃夹接处必须设置一定厚度的弹性垫片，以免刚性夹件同脆性玻璃直接接触受外力影响时，造成玻璃碎裂 9　钢化玻璃为防自爆，可进行钢化防爆处理

续表

常见问题	现象	产生原因	预防措施
玻璃四周泛黄，密封胶变色、变脆	1 玻璃安装后，特别是夹层玻璃、中空玻璃和夹丝玻璃四周变色泛黄 2 明框幕墙橡胶条与密封胶粘结部位，橡胶条变硬发脆，密封胶泛黄 3 幕墙底部与屋面平台相交部位密封胶泛黄	1 密封胶是非中性胶或不合格胶，当呈酸碱性的密封胶同夹层玻璃中的PVB胶片、中空玻璃的密封胶和橡胶条接触后，因不相容，使PVB胶片、密封胶泛黄变色，使橡胶条变硬发脆 2 夹丝玻璃边缘未处理，使低碳钢丝生锈造成玻璃四周泛黄 3 不合格的密封胶在紫外线的照射下发生老化、变色、变脆 4 清洁剂的腐蚀或有害杂质污染引起密封胶泛黄	1 用于玻璃幕墙的密封胶必须是中性胶。使用前应做相容性测试，合格后使用 2 夹丝玻璃切割后，其边缘应及时修整并作防锈处理 3 清洗玻璃和铝合金件的清洁剂，应采用中性清洁剂，并应进行腐蚀性检验。玻璃和铝合金的清洁剂不能错用、混用，清洗时，应采取隔离保护措施，清洗后，应及时用清水冲洗干净 4 避免有害杂质的污染
耐候密封胶注胶起泡、开裂、污染	1 密封胶起泡 2 密封胶脱胶、开裂 3 密封胶污染	1 填充材料表面有有害杂质，密封胶与之不相容产生气泡、开裂或粘结不牢 2 基层表面有浮灰杂质，使密封胶与基层粘结不牢造成脱胶 3 注胶速度过快，夹杂进空气 4 密封胶注胶太薄 5 注胶时受到气候条件的影响 6 密封胶三面粘结，受拉时易被撕裂 7 注胶时，边缘未作保护措施，在玻璃或其他部位污染未清除	1 注胶前应对基材表面进行净化处理 2 控制注胶速度，保证注胶厚度不小于3.5mm 3 注胶时应注意气候条件，当基材表面温度达60℃以上时不宜注胶；当基材表面潮湿时，应擦干后注胶 4 注胶时应使密封胶形成相对两面粘结，避免三面粘结 5 注胶时做好防污染措施，一旦污染应清除干净

续表

常见问题	现　象	产生原因	预防措施
幕墙渗漏	1　幕墙接缝处渗漏 2　幕墙开启门窗部位渗漏 3　幕墙四周与主体结构之间渗漏	1　注密封胶前未达到净化要求或周围灰尘大，净化后再次污染 2　密封胶太薄，有稀缝、针眼等缺陷 3　密封条规格小，胶条搭接处未密封 4　幕墙内排水系统堵塞或不严密 5　开启部位密封不良，胶条弹性差，五金配件损坏或使用劣质五金配件 6　幕墙周边及压顶搭接长度不足，封口不严，密封胶漏打 7　幕墙的封闭接口部位与土建施工配合不协调	1　按要求将灰尘、污垢等清除后注胶 2　注胶时速度不宜太快，以免出现针眼、稀缝等现象。注胶时应控制胶的厚度不小于3.5mm，并避免三面粘结，以防止位移时拉裂密封胶 3　根据槽口尺寸选用相应的橡胶密封条，胶条在转角处应呈45°角割断，并在转角处和四边胶条每间隔500mm左右应用胶粘剂将胶条固定在槽内，接头应密封严密 4　注意各连接处连接严密，防止有阻水现象，保持内排水系统畅通，不渗漏 5　在开启部位和幕墙压顶及周边等构造复杂、易渗漏部位，应加强检查，材料性能达不到要求应及时更换 6　施工中，应分层进行抗雨水渗漏性能的淋水试验，及时发现调整、解决渗漏
幕墙玻璃结露	幕墙内侧玻璃结露、淌水	室内空气中所含的蒸汽当遇到幕墙玻璃、铝合金框等温度低于室内空气的露点时，产生结露现象	1　设计应采取措施提高幕墙的隔热性能 2　降低室内相对湿度
隐框幕墙表面起伏不平	玻璃安装后，表面不平整	1　框架立挺和横梁在安装时垂直度和平整度的偏差 2　玻璃板块加工时产生的误差。如注胶的厚度偏差等，在安装上墙时，未予调整或无法在可调范围内校正 3　安装玻璃时产生的偏差未予调整	1　安装立柱和横梁时，对垂直度和平整度应严格控制在规范规定的范围内 2　玻璃板块加工时，应注意注胶厚度、附框的平整度，在结构胶固化时间内避免受力等，以免加工产生较大的误差，影响安装平整 3　安装时，注意玻璃的垂直度和平整度

续表

常见问题	现象	产生原因	预防措施
隐框幕墙拼缝错位	1　拼缝间隙过大、错位、搭接不平	1　板块裁割、加工精度不够 2　现场安装疏忽或安装误差太大无法调整	1　板块裁割、加工时，其精确度应控制在规定范围之内 2　施工时，应随时检查调整板块安装的垂直和水平偏差，及时消化，避免累积
石板破损	1　石板有缺棱掉角现象 2　石板安装节点部位破损	1　石板在贮运、安装过程中受到撞击，造成缺棱掉角，甚至出现裂纹 2　刚性的不锈钢连接件直接同脆性的石板接触，当受到外力影响，造成与不锈钢连接件接触部的石板破损 3　施工中，为控制水平缝隙，在上下石板间用垫片控制，施工完毕后，垫片未撤除，造成上层石板的荷载，通过垫片传递到下层石板，当超过石板固有强度时，造成石板破损 4　安装石板的连接件松动或销子直接顶到下层石板，将上层石板荷载传递到下层石板上，当受到风荷载或结构变动时，造成下层石板破损	1　在贮运和安装过程中，采取相应措施防止石板受到撞击。安装前，应对石板进行检查，将破损石板剔除 2　安装石板的连接件与石板之间应用弹性材料隔离。石板槽穴间的空隙应用弹性材料填充。不得使用硬化性材料填充 3　安装石板的连接件应独自承受一层石板，避免采用既托上层石板，同时又勾住下层石板的构造，以免上下层石板力的传递。当采用上述构造时，安装连接件弯钩或销子的槽、孔应比弯钩、销子略宽和深，以免上层石板的荷载通过弯钩、销子顶压在下层石板的槽、孔底上 4　石板安装后，应将缝隙中的垫片撤除
开启窗安装不规范	1　开启无限位或限位不当 2　开启松紧不一 3　启闭失灵	1　五金配件安装时对开启角未予控制 2　两侧滑撑松紧不一，或有阻滞现象未予调整 3　五金配件安装位置偏差造成启闭失灵	1　安装五金配件时应将开启角度控制在15°左右 2　五金配件安装后，应进行启闭调试，确保五金配件安装牢固、位置正确、启闭灵活

11 涂饰工程

11.1 涂饰工程有几个分项工程？其适用范围是什么？

涂饰工程共有三个分项工程，分别是水性涂料涂饰、溶剂型涂料涂饰和美术涂饰。其中水性涂料涂饰适用于乳液型涂料、无机涂料、水溶性涂料等水性涂料涂饰工程，质量验收又分为薄涂料、厚涂料和复层涂料；溶剂型涂料涂饰适用于丙烯酸酯涂料、聚氨酯丙烯酸涂料、有机硅丙烯酸涂料等溶剂型涂料涂饰工程，质量验收又分为色漆和清漆；美术涂饰适用于套色涂饰、滚花涂饰、仿花纹涂饰等室内外美术涂饰工程。

11.2 建筑涂料是如何分类的？

建筑涂料的种类很多，功能各异，不同功能的建筑涂料组成成分也有所不同，但基本由主要成膜物质、次要成膜物质、稀释剂和助剂四类材料组成。其中基料、胶粘剂及固着剂为主要成膜物质，作用是将涂料中的其他组分融合在一起，并能牢固地附着在基层表面形成连续、均匀、坚韧的保护膜，是建筑涂料中的主体材料，它的性质影响着涂料的性能。目前我国建筑涂料所用的成膜物质主要以合成树脂为主，有乙烯醇系缩聚物、聚醋酸乙烯及其共聚物、丙烯酸酯及其共聚物、氯乙烯-偏氯乙烯共聚物、环氧树脂、聚氨酯树脂、氯磺化聚乙烯等。此外，还有氯化橡胶、水玻璃、硅溶胶等无机胶结材料。

建筑涂料一般采用下述几种分类方法：

1. 按建筑涂料所使用的主要成膜物质来划分

(1) 有机建筑涂料：一般采用有机高分子合成树脂作为主要

成膜物质，如苯丙树脂；

(2) 无机建筑涂料：一般采用无机高分子材料作为成膜物质，如水玻璃；

(3) 有机—无机复合建筑涂料：将两类成膜物质按一定比例配合使用，发挥两种成膜物质的优势。

2. 按建筑涂料所使用的分散体系来划分

(1) 将成膜物质分散在水中形成乳液：乳液类建筑涂料，即乳胶漆；

(2) 将成膜物质溶解在水中：水溶性建筑涂料；

(以上两类均为水性建筑涂料)

(3) 将成膜物质溶解在有机溶剂中：溶剂型建筑涂料。

3. 按涂层厚度或涂层的组成来划分

(1) 薄涂料：有水性薄涂料，如聚乙烯醇水玻璃类内墙涂料、聚乙烯醇缩甲醛胶类内墙涂料、合成树脂乳液类内外墙涂料等，薄涂料还有溶剂型内外墙涂料、无机(如硅酸盐和硅溶胶)内外墙涂料。

(2) 厚涂料：有合成树脂乳液厚涂料、合成树脂乳液砂壁状涂料(如彩砂涂料、砂粒涂料)、合成树脂乳液轻质涂料(如加入膨胀珍珠岩粉、蛭石、泡抹塑料粒子等涂料)、无机(如硅酸盐和硅溶胶厚涂料)和彩色砂粒薄抹灰涂料等。

(3) 复层涂料：一般由底涂层、主涂层、面涂层组成，但其中的聚合物水泥系、反应固化型环氧树脂系复层涂料无底涂层。

底涂层：用于封闭基层和增强主涂料的附着能力，改善界面；

主涂层：用于找平、造型，形成凹凸式形状装饰面；

面涂层：用于装饰面着色，主要作用是装饰面着色、提高耐候性、耐污染性、防水性并保护墙体等。

复层涂料按主涂层所用粘结料分为四种，见表 11-1。

4. 按涂层外观或质感来划分

如多彩涂料、仿石涂料、砂壁涂料、凹凸花纹涂料等。

复层涂料分类　　表 11-1

名　　称	代　号
聚合物水泥系复层涂料	CE
硅酸盐系复层涂料	Si
合成树脂系复层涂料	E
反应固化型合成树脂乳液系复层涂料	RE

5. 按涂层使用功能来划分

如防火涂料、防腐涂料、防炭化涂料、防水涂料、防霉涂料、防虫涂料、保温涂料、弹性涂料、耐擦洗涂料等。

6. 按涂料使用的部位来划分

如内墙涂料、外墙涂料、顶棚涂料、地面涂料、屋面防水涂料等。

11.3 涂饰工程有哪些特点？

建筑涂饰随着材料的进步，在我国发展非常迅速，据统计，我国现有建筑涂料厂家 1000 多家，每年生产的建筑涂料 130 多万吨，广泛用于建筑工程饰面。涂饰工程有几个主要的特点：

(1) 涂饰是材料附着于基体或基层的表面形成较薄的一层涂膜，因此它的质量很轻，非常安全，与很多装饰装修做法如贴面砖、挂各种装饰板材、幕墙等相比较，涂饰可以大大降低建筑物的自重，有利于建筑抗震。

(2) 涂饰工程施工简便，因此施工工效高，施工工期短。

(3) 涂饰工程的维修更新方便。饰面层可以在使用几年后重新粉刷，满足建筑色彩变化和更新的需求。

(4) 涂饰工程一次性投资低，比较经济。

(5) 涂饰工程由于材料品种、色彩和质感非常丰富，很多涂料具有保色耐候、防菌防霉、防水防潮、耐腐蚀、耐擦洗等实用功能，因此，涂饰工程集中体现了保护建筑物的主体结构或围护结构、完善建筑物的使用功能、美化建筑内外表面的特性，将建筑功能与建筑装饰完美和谐的融合。

(6) 涂饰工程是装饰装修工程最后的工序，从观感质量来说，涂饰工程代表着装饰装修工程最后的观感质量。

(7) 涂饰工程的质量与建筑基体或基层质量有直接关系，在进行涂饰施工前，首先应保证建筑基体或基层的质量满足涂饰工程质量的要求。

(8) 涂饰工程施工的环境条件，如环境温度、湿度、风力、清洁度等会对涂饰的质量产生很大的影响。因此，涂饰工程在施工过程和涂膜成膜期间，应当对环境因素进行控制，以保证涂饰质量。

11.4 涂饰工程在建筑外墙的应用前景如何?

我国的建筑外墙涂料有很大的发展，外墙涂料的产量占到涂料总产量的30%左右。近些年来，各地使用建筑涂料进行高级公共建筑、住宅小区以及一些工业建筑的外装修日益增多，如北京、上海、天津、大连、青岛等城市的新建高层或多层住宅小区建筑的外墙，普遍选用建筑外墙涂料进行装饰。丰富的建筑色彩装点着城市景观，美化我们的生活，建筑外墙涂饰越来越受到房地产开发商和建筑师的青睐。

外墙涂饰在一些经济发达国家得以广泛的应用，美国、日本、德国以及一些欧洲国家外墙涂料在建筑外墙装饰中，都占有较大的比例，不少国家已经发展成为外墙装饰的主导产品。据报道，早在1990年，建筑外墙装饰用涂料所占的比例:美国为45%、日本为50%～60%、德国为80%、瑞士为80%、意大利为66%。外墙涂料在这些经济发达国家得以广泛应用的主要原因:一是经济性，因为在外墙装饰中，采用涂料远比采用幕墙、石材或其他装饰板等外墙装饰造价低得多;二是涂料产品性能的提高，外墙涂料产品性能的进步是能够用于外墙的重要因素，如耐候性、保色性、耐久性、耐污染性等等。近年来国外又在研制开发一些新型外墙涂料，如高层建筑使用的耐候性可达20年的氟树脂涂料，具有优良防龟裂性和防水性、延伸率可达300%的弹性外墙涂料等等；三是涂饰可以重复更新，几年可以变化一次色彩，保持建筑色彩的新鲜、饱满；四是涂饰的安全性以及涂饰施工的简洁、快速等特性。

我国外墙涂料主要是乳胶涂料和溶剂型涂料两大类产品，乳胶涂料又称为乳胶漆，以聚苯乙烯-丙烯酸酯和聚丙烯酸类品种为主；溶剂型涂料是以丙烯酸酯类、丙烯酸聚氨酯和有机硅接枝丙烯酸类涂料为主。此外，我国近年还开发研制了含氟树脂涂料等新型产品。国产外墙涂料产品性能的提高和价格优势，进一步推动了涂料在建筑外墙装饰装修中的应用。

我国是一个多地震国家，为了保证建筑外饰面装饰装修工程的安全，一些大城市已发文限制高层建筑外墙粘贴陶瓷面砖，《建筑装饰装修工程质量验收规范》GB 50210中也明确了外墙粘贴饰面砖和建筑幕墙应用的高度限值。我国加入WTO和承办2008年奥运会，国际交往越来越多，城市化建设步伐加快。很多城市规定新建建筑的风格、色彩、造型必须与城市整体规划协调一致，既有建筑的原干粘石、水刷石或涂饰外墙应定期清洗，并至少每五年重新粉刷一次。这些因素都给建筑外墙涂饰带来良好的发展机遇，必将促进建筑外墙涂饰的应用。

11.5 涂料进场后应对哪些内容进行检查？

涂料进入施工现场后，应根据工程设计要求涂料的品种、型号和性能，对产品合格证和性能检测报告进行检查；同时检查涂料的包装、数量、名称、型号、批号、颜色、重量、生产厂名、生产日期及保质期。

11.6 涂料使用的配套要求是什么？

涂料的配套要求主要有4个方面：

(1) 涂料与基层表面的配套

金属表面应选用防锈性能较好的底层涂料，增强防锈涂料的附着力和防锈能力。木材表面可选用清油或油性清漆打底，为了提高涂层的光泽度，可以用木料封闭涂料打底，以防止面层清漆被木料吸收而影响光泽。混凝土或抹灰层的表面应选用抗碱封闭涂料打底，避免水泥析出的氢氧化钙对涂层表面产生破坏。

(2) 各涂层之间的配套

为了加强各涂层之间的粘结力，底层涂料、腻子、封闭底层涂料和面层涂料应配套。涂饰工程应该在大面积施工前，通过做试验或者做涂饰样板件，来检验各涂层之间的粘结力是否符合要求，是否相容。一般来说，同类型成分的涂料配套使用比较安全可靠。

(3) 涂料与溶剂、助剂的配套

很多建筑涂料要与溶剂、助剂配套使用，在进行配合使用时，必须注意使用的溶剂和助剂要与涂料是配套产品，否则会发生涂层质量问题。

(4) 与施工方法的配套

涂饰工程的施工方法较多，每一种涂饰应使用正确的施工方法，施工方法是保证涂饰质量和效果的重要因素。因此，必须根据涂料产品的性能和要求，严格按施工工艺要求进行施工操作。

11.7 涂饰工程对腻子有什么要求？

涂饰工程中的腻子对基体或基层的附着力、机械强度和耐老化性能起着重要作用，是涂饰工程中重要的材料。腻子的选用应该根据基层、底层涂料、封闭底层涂料和面层涂料的性质配套选用。

涂饰工程常用腻子的配比见表 11-2。

涂饰工程常用腻子的配比 **表 11-2**

混凝土表面、抹灰表面①		木材表面			金属表面
适用于室内的腻子	适用于外墙、厨房、浴厕间的腻子	石膏腻子	清漆的润水粉	清漆的润油粉	
聚醋酸乙烯	聚醋酸乙烯	石膏粉 20	大白粉 14	大白粉 24	石膏粉 20
乳液(即白乳胶) 1	乳液(即白乳胶) 1	熟桐油 7	骨胶 1	松香粉 16	熟桐油 5
滑石粉或大白粉 5	水泥 5	水 50	土黄或其他颜料	熟桐油 2	油性腻子或醇酸腻子 10
2%羧甲基纤	水 1		1		底漆 7
维素溶液 3.5			水 18		水 45

① 表面刷涂清漆后使用的腻子同木材表面石膏腻子的配合比。

11.8 建筑涂料主要的产品标准有哪些?

常用建筑涂料的国家和行业标准主要有:

(1)《合成树脂乳液砂壁状建筑涂料》GB 9153;

(2)《合成树脂乳液外墙涂料》GB 9755;

(3)《合成树脂乳液内墙涂料》GB 9756;

(4)《溶剂型建筑外墙涂料》GB 9757;

(5)《复层建筑涂料》GB 9779;

(6)《饰面型防火涂料通用技术标准》GB 12441;

(7)《外墙无机建筑涂料》GB 10222;

(8)《水泥地板用漆》HG/T 2004;

(9)《水溶性内墙涂料》JC/T 423;

(10)《多彩内墙涂料》JG/T 3003;

(11)《聚氨酯清漆》HG 2454;

(12)《聚氨酯磁漆》HG/T 2660 等。

11.9 建筑涂料是如何命名的?

根据国家标准《建筑涂料》GB 2705 对涂料命名作如下规定:

(1) 命名原则。

涂料全名=颜色或颜料名称+成膜物质+基本名称。

涂料颜色应位于涂料名称最前面。如果颜料对漆膜性能起显著作用,则可用颜料的名称代替颜色的名称,置于涂料名称的最前面。

(2) 命名中对涂料名称中成膜物质名称应作适当简化。例如:聚氨基甲酸酯简化为聚氨酯。如果漆基中含有多种成膜物质时,可选择其主要作用的一种成膜物质命名。

(3) 基本名称仍采用我国已经广泛使用的名称,例如清漆、磁漆等。

(4) 在成膜物质和基本名称之间,必要时可标明专业用途、特性等。

11.10 怎样识别建筑涂料的型号?

根据国家标准《建筑涂料》GB 2705 对涂料型号的命名方法作如下规定:

(1) 涂料型号。

涂料型号由三部分组成:第一部分是涂料的类别,用汉语拼音字母表示;第二部分是基本名称,用两位数字表示;第三部分是序号。

例:

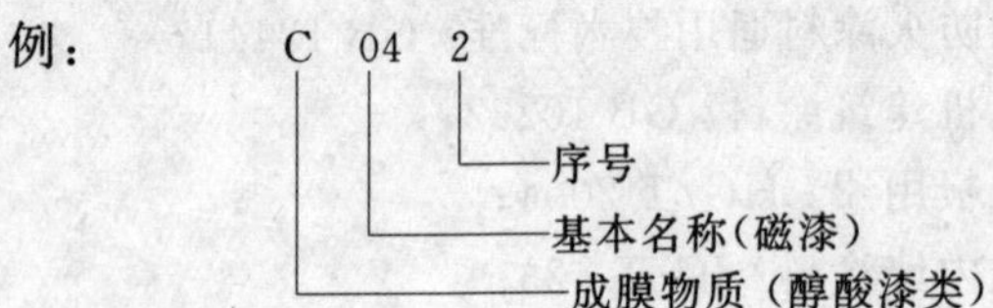

(2) 辅助材料型号。

辅助材料型号分两部分:第一部分是辅助材料种类;第二部分是序号。辅助材料种类按用途划分为:X—稀释剂、F—防潮剂、G—催干剂、T—脱漆剂、H—固化剂。

例:

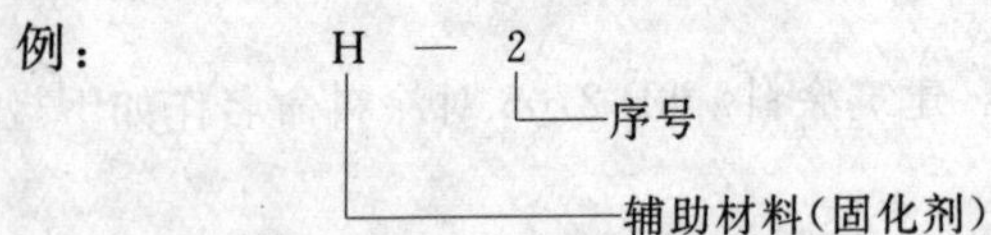

涂料的基本名称代号按《建筑涂料》GB 2705 规定,见表 11-3。

涂料的基本名称代号　　表 11-3

代号	基本名称	代号	基本名称	代号	基本名称
00	清油	11	电泳漆	20	铅笔漆
01	清漆	12	乳胶漆	22	木器漆
02	厚漆	13	水溶(性)漆	23	罐头漆
03	调和漆	14	透明漆	24	家电用漆
04	磁漆	15	斑纹漆	26	自行车漆
05	粉末涂料	16	锤纹漆	27	玩具漆
06	底漆	17	皱纹漆	28	塑料用漆
07	腻子	18	金属(效应)漆、	30	(浸渍)绝缘漆
09	大漆		闪光漆	31	(覆盖)绝缘漆

续表

代号	基本名称	代号	基本名称	代号	基本名称
32	抗狐(磁)漆、互感器漆	52	防腐漆	80	地板漆、地坪漆
		53	防锈漆	82	锅炉漆
33	(粘合)绝缘漆	54	耐油漆	83	烟筒漆
34	漆包线漆	55	耐水漆	84	黑板漆
35	硅钢片漆	60	防火漆	86	标志漆、路标漆、马路划线漆
36	电容器漆	61	耐热漆		
37	电阻漆、电位器漆	62	示温漆	87	汽车漆(车身)
38	半导体漆	63	涂布漆	88	汽车漆(底盘)
39	电缆漆、其他电工漆	64	可剥漆	89	其他汽车漆
40	防污漆	65	卷材涂料	90	汽车修补漆
41	水线漆	66	感光涂料	93	集装箱漆
42	甲板漆、甲板防滑漆	67	隔热涂料	94	铁路车辆用漆
43	船壳漆	70	机床漆	95	桥梁漆、输电塔漆及其他(大型露天)钢结构漆
44	船底漆	71	工程机械用漆		
45	饮水舱漆	73	发电、输配电设备用漆		
46	油舱漆	77	内墙涂料	96	航空、航天用漆
47	车间(预涂)底漆	78	外墙涂料	98	胶液
50	耐酸漆、耐碱漆	79	屋面防水涂料	99	其他

11.11 涂饰工程主要的施工方法是什么？

涂饰工程的施工方法很多，归纳起来主要施工方法如下：

1. 刷涂

适用于刷涂的涂料，一般多为流平性较好的内外墙用乳液类平涂料及加云母粉类乳液涂料，常用的工具有羊毛刷、排笔、鬃刷等，用前将其在水中浸泡 12h 以上，除去易掉的浮毛。刷涂一般要刷涂料 2～3 道(涂料要均匀，干燥后为一道)，每道涂料的方向应均匀一致，两道之间涂刷的方向应相互垂直，间隔时间应大于涂料的表干时间。涂刷工具在工歇时间应浸泡在清水中，再用时应将刷子上的水甩干。更换不同颜色涂料时，必须将刷子上的涂料洗净后备用。

2. 滚涂

使用不同类型的辊具将涂料滚涂到建筑物基体或基层上，不同类型的辊具可以达到不同的装饰效果。例如，使用滚花辊具施工，能在涂层表面滚涂出各种印花图案；使用泡沫塑料滚花辊具能饰涂层表面形成各种粒状花纹图案；使用刻有立体花纹的硬橡皮滚花辊具能将厚质涂料在涂层表面滚出立体感十分强的花纹来。滚涂操作时，操作人员应根据涂料的稀释状态确定适当的蘸料量。一般在滚涂过程中要向上用力，向下时轻轻回带，否则容易造成流淌。滚花辊具用过后必须马上清洗干净备用。

3. 喷涂

喷涂是使用喷枪将涂料喷涂到墙面上，用于喷涂施工的机具很多，如利用压缩空气进行喷涂的喷枪、喷斗等，还有无气喷涂机。喷涂方法的特点是施工速度快、质地均匀，质感强。几乎所有类型的建筑涂料都可以采用喷涂方法施工。在喷涂施工中，对不需要喷涂或不需要进行同种同色涂料进行喷涂的部位要进行遮挡，一般用塑料薄膜和不干胶条，在涂料喷完形成涂膜干燥前再拆去遮挡物，并注意成品保护。对含有硬骨料的涂料喷涂施工时，操作人员要备有防护用具，如护目镜等。喷涂前首先要将喷涂机具调试好，一次喷涂不宜过厚，喷枪要垂直墙面进行喷涂，喷嘴距墙面约30～40cm为宜，过近或过远效果都不佳。喷枪(喷斗)应有规则的移动，不能无规则的乱喷、斜喷或局部重复喷。尤其要注意连接部位的喷涂方法，如上下连接时不宜在横杆部位从上往下喷，正确的方法是从下往上喷，否则容易造成喷涂不均匀，接茬明显，影响涂饰质量。

4. 弹涂

弹涂是使用弹涂器将各种颜色的厚质涂料弹射到建筑物基体或基层上，形成立体感强的彩色点状涂层。弹涂做法先在墙面上刷一道底涂层，待其干燥后，再用弹涂器分几次将不同颜色的厚质涂料弹在底涂层上，形成2～5mm大小不等的扁圆形色点，不同的颜色相互衬托，产生类似于干粘石的装饰效果。弹涂的主要设备是弹涂器，它通过转动的弹棒将厚质涂料以圆点的形式弹到墙上。弹涂器有手动式和电动式两种。手动式比较机动灵活，适于小面积或局部施工。电动式功效高、速度快，适用于大面积施工。

5. 抹涂

抹涂施工是装饰装修工程中的一项传统作法，用于抹涂施工的抹子种类很多，从材质上分，有塑料、不锈钢的；从用途上分：有抹平面的、抹阴角的、抹阳角的及专门用于勾缝等用途的抹子。抹涂施工要求施工人员有一定的抹灰技术，还要选用适用的工具。在抹涂施工中，一般采用塑料抹子或不锈钢抹子，铁抹子不能使用。

6. 联合式施工方法

为了提高装饰装修效果，增强涂层质感，保证涂层施工质量，涂饰工程常采用联合式施工方法。

(1) 刷涂—弹涂—滚涂联合施工：在复层涂料的施工中，使用排笔涂刷封底涂料，然后喷涂中间层厚质涂料，使用橡皮辊具滚涂罩面涂料。采用这类施工方法可以涂刷成质感很强的凹凸彩色复层涂层。

(2) 刷涂—喷涂—滚涂联合施工：使用排笔涂刷封底涂料，然后使用弹涂器弹涂厚涂料，最后使用羊毛辊具滚涂罩面涂料。采用这种联合施工方法可以涂刷成质感很强的彩色弹点涂层。

实际上在喷涂或弹涂施工过程中，为了保证质量都应涂刷封底涂料，因此在实际施工过程中大多采用不同程度的联合施工方法。

11.12 涂饰工程对基体或基层的质量要求?

涂饰工程基体或基层质量好坏直接关系到涂饰面层的质量，表面处理是涂饰工程施工前重要的工序。涂饰工程对基体或基层有 5 个方面的要求：

(1) 新建筑物的混凝土或抹灰基层在涂饰涂料前应涂刷抗碱封闭底漆。这是因为混凝土或抹灰基层均含有一定的碱性，如果直接进行涂饰，容易发生化学反应，造成涂饰颜色变花等质量问题，涂刷抗碱封闭底漆的目的是避免或减少基层对涂饰层的碱化作用。

(2) 旧墙面在涂饰涂料前应清除疏松的旧装修层，并涂刷界面剂。

装饰装修工程经常在既有建筑中进行墙面涂饰，无论是混凝土旧墙面、抹灰旧墙面还是其他轻质墙体旧墙面，都会有不同程度的表面缺陷，因此，首先要对旧墙面表面进行处理。处理的内容包括清除油渍、污垢，表面疏松面层的剔凿、修补，表面应涂刷界面剂等，使基层的质量满足涂饰工程的要求。目的是保证旧墙面基层的强度和表面平整度、增强涂料与基层的粘附力。应当注意，如果混凝土或者抹灰旧墙面的局部经过 1∶3 水泥砂浆或聚合物水泥砂浆修补，应该养护一段时间，使修补面的含水率与旧墙面基本保持一致，并在新修补的水泥砂浆表面刷抗碱底漆，否则，容易发生涂层成膜不好、泛碱、空鼓或颜色不均匀等问题。一般来说，应在涂饰工作进行前的半个月进行旧墙面的修补。

(3) 混凝土或抹灰基层涂刷溶剂型涂料时，含水率不得大于8%；涂刷乳液型涂料时，含水率不得大于10%。木材基层的含水率不得大于12%。不同类型的涂料对混凝土或抹灰基层含水率的要求不同，涂刷溶剂型涂料时，参照国际一般做法规定为不大于8%；涂刷乳液型涂料时，基层含水率控制在10%以下时涂饰质量较好，同时，国内外建筑涂料产品标准对基层含水率的要求均在10%左右，故规范规定涂刷乳液型涂料时基层含水率不大于10%。木材基层的含水率是根据原《木结构工程施工及验收规范》GB 50206 制定。

(4) 基层腻子应平整、坚实、牢固，无粉化、起皮和裂缝；内墙腻子的粘结强度应符合《建筑室内用腻子》(JG/T 3049)的规定。

(5) 厨房、卫生间墙面必须使用耐水腻子。很多涂饰质量出现问题表明，对于湿度较大的房间，如果仅靠使用防潮腻子，耐水性比较差，还不能解决涂层起鼓、开裂、脱落等问题，为保证涂饰工程质量，空气湿度较大的房间墙面，必须使用耐水腻子。

11.13 基体或基层的含水率如何测定和计算？

涂饰工程基体或基层的含水率是影响涂饰质量的重要因素，可以采用下面常用方法测定和计算基层含水率。

（1）测定和计算方法：

基体或基层中水分的质量（以水分的重量表示）对材料烘干衡量时的质量（以重量表示）之比叫做含水率，以百分率（%）表示。计算公式为：

$$含水率(W)=\frac{湿材质量\ (G_{湿})-全干材质量\ (G_{干})}{全干材质量\ (G_{干})}\times 100\%$$

测算全干材料质量的方法是在施工前选择有代表性的基体或基层部位，裁切面积为 150mm×150mm 或 100mm×100mm（深度为 100mm）的松散块，并立即称出松散块的质量（即重量）并做好纪录，然后将松散块放入温度为 105±5℃的烘箱内烘干至衡重的质量，就是基体或基层材料的全干质量。

用称重法测定基体或基层的含水率，优点是数据比较可靠，但是测定的时间较长。

（2）使用一些可以现场测定建筑材料、基体或基层含水率的新型仪器来测定含水率，可以快速的了解基体或基层的含水率。

（3）很多实践经验丰富的工程技术人员也可以凭经验，通过目测、手摸，或其他一些办法对基体或基层的含水率进行估量。由于是估量的经验值，所判断的基体或基层含水率常会有误差。重要工程基体或基层的含水率还应采用测定和计算的方法。

11.14 涂饰工程为什么要做样板件？

涂饰工程涉及表面颜色、图案、花纹、质感、光泽度、光滑度等定性的质量指标，定性的质量评判在有些时候会因每个人的主观认识不同而出现差异。涂饰工程施工质量与材料、基层、环境温度、工艺、工人操作技能等因素有关，其中某一个因素的不稳定都会给涂层质量带来影响。因此，涂饰工程应预先在相同的基体或基层上做好样板件，一是通过样板件的施工对影响质量的因素进行检验和预控；二是样板件可以作为工程质量验收时的评判依据。

11.15 涂饰工程的质量控制要求是什么？

在需要进行涂饰施工的基体或基层质量合格后，涂饰工程各工序的质量控制可按表11-4进行：

涂饰工程质量控制　　表11-4

质量控制	质量标准	质量控制检查		
		方法	时间	要求
漆膜与基层粘结	粘结牢固，无脱层、无起皮	观察	刷漆之前	基层清理、含水率、底漆性能符合要求
漆膜厚度	涂刷遍数，无漏刷、透底和反锈	观察	刷最后一道面漆之前	保证腻子、打磨、刷漆的遍数和质量符合要求
颜色、光泽、图案	均匀一致，符合设计要求	观察	完活之后及时检查	符合设计要求
刷纹，分色线，污染	无刷纹（普通）或刷纹通顺（高级），装饰线、分色线直线度允许偏差2mm（普通）、1mm（高级），对设备口等其他材料表面无污染	观察尺量检查	完活之后及时检查	符合质量标准要求并及时修补
色漆面层	光泽一致，光滑，无裹楞、流坠、皱皮	观察手摸检查	完活之后及时检查	及时修补
清漆面层	木纹清晰，光泽一致，光滑，柔和，无裹楞、流坠、皱皮	观察手摸检查	完活之后及时检查	及时修补
美术涂饰面层	套色、花纹符合设计要求，无流坠，不移位，轮廓清晰	观察	完活之后及时检查	及时修

11.16 如何进行涂饰工程管理及工艺控制?

涂饰工程管理及工艺控制见表11-5。

涂饰工程管理及工艺控制　　表11-5

控制项目	控制内容	检查时间	责任人
管理要求	1. 涂料品种、性能、颜色、质量符合设计要求	材料进场	材料员
	2. 基层清洁、平整、含水率等符合规范要求	涂刷之前	质检员
	3. 施工工序中涂料涂刷遍数、刮腻子、打砂纸应保证实施	涂刷之间	质检员
工艺要求	1. 施工工艺: 材料检验→基层清理→刮腻子打磨→底涂料→二遍涂料→刮腻子打磨→面层涂料	涂刷之前	技术员
	2. 选择适宜的施工工具,保证工效和涂饰质量	涂刷之前	操作者
	3. 预先在相同基层上作涂饰样板墙,对工艺、操作、质量进行预控	大面积涂刷之前	质检员
操作要求	1. 对操作工人进行必要的技术交底和培训,掌握正确的操作要求	涂刷之前	技术员
	2. 对每一道工序应进行自检、互检、交接检,不合格不允许下道工序施工	涂刷之中	操作者
	3. 保护周围物体不受污染,严格遵守消防、环保、文明施工规定	涂刷之中	操作者

11.17 涂饰工程施工环境温度的要求是什么?

涂饰工程对施工环境的要求有温度、相对湿度、风力以及清洁度等。一般来说,施工的环境温度不应低于5℃,水性涂料涂饰施工的环境温度应在5℃~35℃之间,相对湿度不大于60%。涂饰施工的环境温度应保持均衡,避免环境温度突变。

涂饰工程施工时应注意天气变化,当遇到大风、雨雾天气时应停止施工,在涂层养护期内应注意防止雨淋、尘土污染等。

11.18 涂饰工程的涂层养护期是多少天?

涂饰工程涂层养护期是指涂料从开始涂刷到涂膜固化的过程。一般涂料的成膜期为 7～15d 左右。

11.19 各种涂饰的施工操作程序是什么?

涂饰工程的施工操作程序对于保证涂饰工程质量是非常重要的,施工应严格按照工序要求操作。施工工序可以按照涂饰的部位、涂饰基层材料和涂料类型来操作。

(1) 内墙、顶棚薄质涂料涂饰主要程序,见表 11-6。

内墙、顶棚薄涂料涂饰主要程序　　表 11-6

项次	工序名称	水性薄涂料		乳液薄涂料			溶剂型薄涂料			无机薄涂料	
		普通	中级	普通	中级	高级	普通	中级	高级	普通	中级
1	清扫	+	+	+	+	+	+	+	+	+	+
2	填补腻字、局部刮腻子	+	+	+	+	+	+	+	+	+	+
3	磨平	+	+	+	+	+	+	+	+	+	+
4	第一遍满刮腻子	+	+	+	+	+	+	+	+	+	+
5	磨平	+	+	+	+	+	+	+	+	+	+
6	第二遍满刮腻子		+		+	+		+	+		+
7	磨平		+		+	+		+	+		+
8	干性油打底						+	+	+		
9	第一遍涂料	+	+	+	+	+	+	+	+	+	+
10	复补腻子		+		+	+		+	+		+
11	磨平(光)		+		+	+		+	+		+
12	第二遍涂料	+	+	+	+	+	+	+	+	+	+
13	磨平(光)					+		+	+		
14	第三遍涂料					+		+	+		
15	磨平(光)								+		
16	第四遍涂料								+		

注:1. 表中“+”表示应进行的工序;

2. 湿度较大或局部遇明水的房间,应用耐水腻子和涂料;

3. 机械喷涂可不受表中遍数的限制,以达到质量要求为准;

4. 高级内墙、顶棚薄涂料工程,必要时可增加刮腻子的遍数及 1～2 遍涂料。

（2）外墙薄涂料涂饰主要程序，见表 11-7。

外墙薄涂料涂饰主要程序 表 11-7

项次	工序名称	乳液薄涂料	溶剂性薄涂料	无机薄涂料
1	修补基层	+	+	+
2	清扫	+	+	+
3	填补缝隙，局部刮腻子	+	+	+
4	磨平	+	+	+
5	第一遍涂料	+	+	+
6	第二遍涂料	+	+	+

注：1. 表中"+"号表示应进行的工序；

2. 机械喷涂可不受表中涂料遍数的限制，以达到质量要求为准；

3. 如施涂二遍涂料后，装饰效果未达到质量要求时，应增加涂料的施涂遍数。

（3）外墙厚涂料涂饰主要程序，见 11-8。

外墙厚涂料涂饰主要程序 表 11-8

项次	工序名称	合成树脂乳液厚涂料合成树脂乳液砂壁状涂料	无机厚涂料
1	基层修补	+	+
2	清扫	+	+
3	填补缝隙、局部刮腻子	+	+
4	磨平	+	+
5	第一遍厚涂料	+	+
6	第二遍厚涂料	+	+

注：1. 表中"+"号表示应进行的工序；

2. 合成树脂乳液厚涂料和无机厚涂料有云母状、砂粒状两种；

3. 机械喷涂的遍数不受表中涂饰遍数的限制，以达到质量要求为准。

（4）外墙复层涂料涂饰主要程序，见表 11-9。

外墙复层涂料涂饰主要程序 表 11-9

项次	工序名称	合成树脂乳液复层涂料	硅溶胶类复层涂料	水泥系复层涂料	反应固化型复层涂料
1	基层修补	+	+	+	+
2	清扫	+	+	+	+
3	填补缝隙、局部刮腻子磨平	+	+	+	+
4	施涂封底涂料	+	+	+	+
5	施涂主层涂料	+	+	+	+
6	滚压	+	+	+	+

续表

项次	工序名称	合成树脂乳液复层涂料	硅溶胶类复层涂料	水泥系复层涂料	反应固化型复层涂料
7	第一遍罩面涂料	+	+	+	+
8	第二遍罩面涂料	+	+	+	+
9		+	+	+	+

注：1. 表中"+"号表示应进行的工序；

2. 如需要半球面点状造型时，可不进行滚压工序；

3. 水泥系主层涂料喷涂后，应先干燥 24h 后，才能施涂罩面涂料。

(5) 内墙、顶棚复层涂料涂饰主要程序，见表 11-10。

内墙、顶棚复层涂料涂饰主要程序　　表 11-10

项次	工序名称	合成树脂乳液复层涂料	硅溶胶类复层涂料	水泥系复层涂料	反应固化型复层涂料
1	基层清扫	+	+	+	+
2	填补缝隙、局部刮腻子磨平	+	+	+	+
3	磨平	+	+	+	+
4	第一遍满刮腻子	+	+	+	+
5	磨平	+	+	+	+
6	第二遍满刮腻子	+	+	+	+
7	磨平	+	+	+	+
8	施涂封底涂料	+	+	+	+
9	施涂主层涂料	+	+	+	+
10	滚压	+	+	+	+
11	第一遍罩面涂料	+	+	+	+
12	第二遍罩面涂料	+	+	+	+

注：1. 表中"+"号表示应进行的工序；

2. 如需要半球面点状造型时，可不进行滚压工序；

3. 水泥系主层涂料喷涂时，应先干燥 24h，然后洒水养护 24h，再干燥 12h 后，才能施涂罩面涂料。

(6) 金属表面涂料涂饰主要程序，见表 11-11。

金属表面刷涂涂料的主要工序　　表 11-11

项次	工序名称	普通	中级	高级
1	除锈、清扫、磨砂纸			+
2	刷涂防锈涂料		+	+
3	局部刮腻子		+	+

续表

项 次	工 序 名 称	普 通	中 级	高 级
4	磨 光	+	+	+
5	第一遍满刮腻子	+	+	+
6	磨 光	+	+	+
7	第二遍满刮腻子	+	+	+
8	磨 光			+
9	第一遍涂料			+
10	复补腻子		+	+
11	磨 光		+	+
12	第二遍涂料	+	+	+
13	磨 光		+	+
14	湿布擦净		+	+
15	第三遍涂料	+	+	+
16	磨光(用水砂纸)		+	+
17	湿布擦净		+	+
18	第四遍涂料			+

注：1. 表中"+"表示应进行的工序；

2. 薄钢板屋面、檐沟、水落管、泛水等刷涂涂料，可不刮腻子。刷涂防锈涂料不得少于两遍；

3. 高级涂料做磨退时，应用醇酸树脂涂料涂刷，并根据厚度增加 1～3 遍涂料和磨退、打砂蜡、打油蜡、擦亮等工序；

4. 金属构件和半成品安装前，应检查防锈涂料有无损坏，损坏处应补刷；

5. 钢结构刷涂涂料，应符合现行《钢结构工程施工质量验收规范》GB 50205 的有关规定。

(7) 木材表面刷涂溶剂型混色涂料涂饰主要程序，见表 11-12。

木材表面刷涂溶剂型混色涂料的主要操作程序　　表 11-12

项 次	工 序 名 称	普通级	中 级	高 级
1	清扫、起钉子、除油污等	+	+	+
2	铲除脂囊、修补平整	+	+	+
3	磨 砂 纸	+	+	+
4	结疤处点漆片	+	+	+
5	干性油或带色干性油打底	+	+	+
6	局部刮腻子、磨光	+	+	+
7	腻子处涂干性油	+		
8	第一遍满刮腻子		+	+

续表

项次	工序名称	普通级	中级	高级
9	磨光		+	+
10	第二遍满刮腻子			+
11	磨光			
12	刷涂底层涂料		+	+
13	第一遍涂料	+	+	+
14	复补腻子	+	+	+
15	磨平	+	+	+
16	湿布擦净		+	+
17	第二遍涂料	+	+	+
18	磨光(高级涂料用水砂纸)		+	+
19	湿布擦净		+	+
20	第三遍涂为		+	+

注：1. 表中"+"号表示应进行的工序；

2. 高级涂料做磨退时，宜用醇酸树脂涂料涂刷，并根据涂膜厚度增加 1～2 遍涂料和磨退、打砂蜡、打油蜡、擦亮的工序；

3. 木地(楼)板刷涂涂料不得少于 3 遍。

(8) 木材表面刷涂清漆涂料涂饰主要程序，见表 11-13。

木材表面涂饰清漆的主要操作程序　　表 11-13

项次	工序名称	中级	高级
1	清扫、起钉子、除去油污等	+	+
2	磨砂纸	+	+
3	润粉	+	+
4	磨砂纸	+	+
5	第一遍满刮腻子	+	+
6	磨光	+	+
7	第二遍满刮腻子		+
8	磨光		+
9	刷油色	+	+
10	第一遍清漆	+	+
11	拼色	+	+
12	复补腻子	+	+
13	磨光	+	+

续表

项　次	工　序　名　称	中　级	高　级
14	第二遍清漆	+	+
15	磨　光	+	+
16	第三遍清漆	+	+
17	木砂纸磨光		+
18	第四遍清漆		+
19	磨　光		+
20	第五遍清漆		+
21	磨　退		+
22	打　砂　蜡		+
23	打　油　蜡		+
24	擦　亮		+

注：1. 表中“+”号表示应进行的工序；

2. 木地（楼）板刷涂涂料不得少于3遍；

3. 油色：将厚漆、稀释剂、熟桐油、清油按一定比例混合搅拌。

11.20 涂饰工程的检验批怎样划分？

涂饰工程中各分项工程检验批是按室外涂饰和室内涂饰来划分：

室外涂饰工程每一栋楼的同类涂料涂饰的墙面每500～1000 m^2应划分为一个检验批，不足500 m^2也应划分为一个检验批。

室内涂饰工程同类涂料涂饰的墙面每50间（大面积房间和走廊按涂饰面积30m^2为一间）应划分为一个检验批，不足50间也应划分为一个检验批。

11.21 每个检验批的检查数量有什么规定？

每个检验批的检查数量应符合下列规定：

室外涂饰工程每100m^2应至少检查一处，每处不得小于10 m^2。

室内涂饰工程每个检验批应至少抽查10%，并不得少于3间；不足3间时应全数检查。

11.22　水性涂料涂饰工程质量验收如何分类?

水性涂料涂饰工程质量验收分为薄涂料、厚涂料和复层涂料。

11.23　水性涂料涂饰工程质量验收的主控项目是什么?

水性涂料涂饰工程质量验收的主控项目是:

(1) 水性涂料涂饰工程所用涂料的品种、型号和性能应符合设计要求。

(2) 水性涂料涂饰工程的颜色、图案应符合设计要求。

(3) 水性涂料涂饰工程应涂饰均匀、粘结牢固,不得漏涂、透底、起皮和掉粉。

(4) 水性涂料涂饰工程的基层处理应符合要求。

11.24　水性涂料涂饰工程质量验收的一般项目是什么?

水性涂料涂饰工程质量验收的一般项目分别以薄涂料、厚涂料和复层涂料制定外观质量标准和检查方法。见表 11-14、表 11-15、表 11-16。

薄涂料的涂饰质量标准和检验方法　　11-14

项次	项　目	普通涂饰	高级涂饰	检验方法
1	颜　色	均匀一致	均匀一致	观　察
2	泛碱、咬色	允许少量轻微	不允许	
3	流坠、疙瘩	允许少量轻微	不允许	
4	砂眼、刷纹	允许少量轻微砂眼,刷纹通顺	无砂眼,无刷纹	
5	装饰线、分色线直线度允许偏差(mm)	2	1	拉 5m 线,不足 5m 拉通线,用钢直尺检查

厚涂料的涂饰质量标准和检验方法　　表 11-15

项次	项目	普通涂饰	高级涂饰	检验方法
1	颜色	均匀一致	均匀一致	观察
2	泛碱、咬色	允许少量轻微	不允许	
3	点状分布	——	疏密均匀	

复层涂料的涂饰质量标准和检验方法　　表 11-16

项次	项目	质量要求	检验方法
1	颜色	均匀一致	观察
2	泛碱、咬色	不允许	
3	喷点疏密程度	均匀，不允许连片	

涂层与其他装修材料和设备衔接处应吻合，界面应清晰。

11.25　溶剂型涂料涂饰工程质量验收如何分类？

溶剂型涂料涂饰工程质量验收分为色漆涂料和清漆涂料两种。

11.26　溶剂型涂料涂饰工程质量验收的主控项目是什么？

溶剂型涂料涂饰工程质量验收的主控项目是：

(1) 溶剂型涂料涂饰工程所选用涂料的品种、型号和性能应符合设计要求。

(2) 溶剂型涂料涂饰工程的颜色、光泽、图案应符合设计要求。

(3) 溶剂型涂料涂饰工程应涂饰均匀、粘结牢固，不得漏涂、透底、起皮和反锈。

(4) 溶剂型涂料涂饰工程的基层处理应符合要求。

11.27　溶剂型涂料涂饰工程质量验收的一般项目是什么？

溶剂型涂料涂饰工程质量验收的一般项目分别以色漆涂料和

清漆涂料制定外观质量标准和检查方法。见表11-17、表11-18。

色漆涂饰质量标准和检验方法 **表 11-17**

项次	项　　目	普通涂饰	高级涂饰	检验方法
1	颜　　色	均匀一致	均匀一致	观　　察
2	光泽、光滑	光泽基本均匀 光滑无挡手感	光泽均匀一致 光　　滑	观察、手摸检查
3	刷　　纹	刷纹通顺	无刷纹	观　　察
4	裹棱、流坠、皱皮	明显处不允许	不允许	观　　察
5	装饰线、分色线直线度允许偏差(mm)	2	1	拉5m线,不足5m拉通线,用钢直尺检查

注：无光色漆不检查光泽。

清漆涂饰质量标准和检验方法 **表 11-18**

项次	项　　目	普通涂饰	高级涂饰	检验方法
1	颜　　色	基本一致	均匀一致	观　　察
2	木　　纹	棕眼刮平、 木纹清楚	棕眼刮平、 木纹清楚	观　　察
3	光泽、光滑	光泽基本均匀 光滑无挡手感	光泽均匀一致 光　　滑	观察、手摸检查
4	刷　　纹	无刷纹	无刷纹	观　　察
5	裹棱、流坠、皱皮	明显处不允许	不允许	观　　察

涂层与其他装修材料和设备衔接处应吻合,界面应清晰。

11.28　美术涂料涂饰工程质量验收的主控项目是什么?

美术涂料涂饰工程主要为套色涂饰、滚花涂饰、仿花纹涂饰等。质量验收的主控项目是:

(1) 美术涂饰所用材料的品种、型号和性能应符合设计要求。

(2) 美术涂饰工程应涂饰均匀、粘结牢固,不得漏涂、透底、起皮、掉粉和反锈。

(3) 美术涂饰工程的基层处理应符合要求。

(4) 美术涂饰的套色、花纹和图案应符合设计要求。

11.29 美术涂料涂饰工程质量验收的一般项目是什么?

美术涂料涂饰工程质量验收的一般项目是:

(1) 美术涂饰表面应洁净,不得有流坠现象。

(2) 仿花纹涂饰的饰面应具有被模仿材料的纹理。

(3) 套色涂饰的图案不得移位,纹理和轮廓应清晰。

11.30 涂饰工程质量验收主要的检查方法是什么?

涂饰工程的质量检查和质量控制与其他工程有所不同,质量检查主要是通过观察、手摸检查来评判是否符合质量验收规范中的质量指标,大多数质量指标很难通过量测数据去评判,因此,涂饰工程主要是一种定性的质量检查。

按照质量验收规范的要求,每个检验批抽查样本应全部符合主控项目的规定;80%应符合一般项目的规定,允许有20%以下的抽查样本存在不影响使用功能或明显影响装饰效果的缺陷。实际上80%或20%也只能是一个通过目测观察评判的估量。

11.31 涂饰工程如何避免色差?

颜色在建筑装饰装修工程中是非常重要的因素。就涂饰工程来说,颜色取决于涂料的性质、涂饰基层、环境光源和观赏者,因为颜色是一种视觉,是不同波长的光刺激人眼睛之后,给大脑的反映。如果建筑装饰装修面的涂饰出现色差,就破坏了色彩的和谐统一,直接影响到建筑的装饰效果。由于涂饰工程的色差是较为常见、必须进行控制的质量问题,因此,应当了解涂饰色差产生的原因,加以预防。

1. 色差产生的主要原因

(1) 同一品种、同一颜色,不同批号的涂料可能产生色差;

(2) 基层的材料、结构、吸水率的差异,会造成色差;

(3) 表面光泽不同也会产生色差;

(4) 先后涂刷时间间隔过长，可能产生色差；

(5) 当原材料变化或配色的色浆批号变化时，有可能产生色差；

(6) 使用的色卡是印刷品，会与墙面实际涂层的颜色在视觉上不同；

(7) 环境条件不同，同一颜色在视觉上也可能不同等。

2. 色差的度量

大多数涂料生产企业是根据用户所选定的色卡颜色进行样板生产，产品按国家标准进行目测对比，色差在允许范围内，认其为合格。但是，目测标准因人而异，基本属于定性的检验方法。

现在很多涂料产品的色差控制是采用测色仪检测，根据国家标准对涂料颜色进行定量测试，并设置定量的色差控制指标，对色差进行定量控制。

应该说人眼的目测与现代测试仪器相结合，是度量色差最有效的方法。

3. 色差控制范围

根据建筑涂料的实际情况，厂家对于客户的第一批订单，一般控制实际生产涂料颜色和标准色板颜色的色差在 $\Delta E \leqslant 2 \sim 3$ 是比较经济合理的。对于补色，色差 ΔE 的控制要严格的多。比如，同一小区不同的建筑物，色差是 $\Delta E \leqslant 1$；同一建筑物不同的墙面，色差是 $\Delta E \leqslant 0.6$；同一墙面，一般不能用二批涂料，万不得已非要用二批涂料时，$\Delta E \leqslant 0.4$。由于人眼对不同颜色的敏感程度不一样，ΔE 值还要根据具体颜色具体分析。

4. 避免色差的措施

涂饰工程应在材料、时间间隔等几个方面进行控制，色差是可以避免的。

(1) 一幢建筑同一墙面，应采用同一批号的涂料。对于大型墙面或高层建筑，争取在短时间内涂饰完毕；

(2) 工程所用涂料应按品种、批号、颜色分别存放。当同一品种同一颜色的涂料批号不同时，应在大容器中搅拌均匀，确保一幢建筑同一墙面所用涂料不会产生色差的情况下再使用；

（3）不同批号的涂料其使用分区应控制在墙面转角或是墙面分格缝处；

（4）当采用复层涂料时，至少同一墙面面层涂料应是同一批号；

（5）外墙尽量采用双排脚手架或吊篮施工，以避免脚手架孔洞修补造成色差。如确需修补脚手架孔洞等部位，应注意基层应使用原材料，并在尽可能短的时间内用与原批号相同的涂料修补。

11.32 溶剂型涂料涂饰工程涂层流坠的原因是什么？如何防治？

溶剂型涂料涂饰工程出现涂层流坠（或流挂）是较常见的质量问题，表现形式是在涂层表面或线角的凹槽处，涂层产生下垂状流坠，形成如泪痕或下垂帷幕状，手感明显凸凹不平。

1. 涂层流坠的原因分析

（1）涂料中加稀释剂过多，降低了涂料正常的施工黏度，涂料不能附着在物体表面而流淌下坠；使用的稀释剂挥发太快，在涂膜未形成前已挥发，造成涂料流平性能差，而形成涂膜厚薄不均；使用的稀释剂挥发太慢，涂料流动性太大，也容易发生流坠。

（2）涂刷的漆膜太厚，涂料在分子聚合与氧化作用未完成前，由于自重造成流坠。

（3）施工环境温度过低使涂料成膜过慢，也易形成流坠。

（4）基体或基层凹凸不平、有油垢、锈斑等，容易造成涂刷不均匀，厚薄不一致，较厚处就易流坠。

（5）基体或基层的棱角、转角处或线角的凹槽处，如果涂料一次涂刷过厚容易造成流坠。

（6）选用的刷子太大，刷毛太软；或涂刷涂料时蘸油太多，均易造成油漆涂刷厚薄不均，较厚处自然下坠。

（7）喷涂时，选用喷嘴孔径太大，喷枪距离物面太近或距离不能保持一致，喷枪的气压过大或过小，都容易造成涂料不均而自然下坠。

(8) 涂料中含重质颜料过多(如红丹粉、重晶石粉等);颜料研磨不均匀;颜料湿润性能不良,也会使涂层流坠。

2. 涂层流坠的防治措施

(1) 选用和易性优良的涂料和适宜的稀释剂。

(2) 基体或基层表面处理应平整、洁净、棱角顺直。

(3) 施工环境温度和湿度要选择适当。不应低于5℃。一般情况下环境温度在10℃以上、相对湿度50%～75%为最适宜的施工环境。

(4) 选用适宜的涂料黏度。一般采用喷涂方法施工涂料黏度要小一些,采用刷涂方法施工涂料黏度要略大些。

(5) 每次涂刷的涂层不宜太厚。

(6) 用喷涂法施工时,喷枪距基体或基层表面控制在250～300mm之间。一般喷涂头遍漆时要近些,以后每道要略远些。气压应保持在0.3～0.4MPa之间,喷头遍后逐渐减低。如用大喷枪,气压在0.45～0.65MPa之间为宜。喷涂时,喷枪嘴应垂直于基体或基层表面。

(7) 选择适宜的刷子。刷毛要有弹性,根粗而梢细,鬃厚口齐。刷门窗可使用2英寸(50.8mm)刷子;大面积涂刷,使用2.5～3英寸(63.5～76.2mm)刷子。刷面层涂料或黏度大的涂料时,可用七八成新的旧刷子;刷底层涂料或黏度小的涂料时,可以用新刷子等。

(8) 涂刷工序操作应先开涂,再横涂、斜涂,最后理涂(顺涂)。将涂层上下(或顺木纹)理平整,做到涂层厚薄均匀一致,不要横涂乱抹。在线角和棱角处要用刷子轻按一下,将多余的涂料蘸起顺开,避免涂料过厚而流坠。

(9) 涂膜未完全干燥时如局部有流坠,可用铲刀将多余的涂料铲除后进行修补。

(10) 如果涂膜已完全干燥,对于轻微的涂层流坠,可以用砂纸将其打磨平整。对于大面积涂层流坠,可用水砂纸磨平或用铲刀铲除干净,并在修补腻子后,再满刷涂料进行修补。

11.33 溶剂型涂料涂饰工程涂膜皱纹的原因是什么？如何防治？

溶剂型涂料涂饰工程出现涂膜表面皱纹是较常见的质量问题，表现形式是在涂膜干燥后，收缩形成许多弯弯曲曲的棱脊，影响表面光滑和光亮。

1. 涂膜皱纹的原因分析

(1) 涂料中含桐油太多，炼制聚合不佳的清漆，或含有沥青成分的黑磁漆，往往涂膜尚未流平而黏度已经增稠，出现皱纹。

(2) 刷涂料时或刷完后涂料在成膜期间的环境温度过高、太阳曝晒或催干剂添加得过多，使涂层表面先干燥成膜，内部尚未干燥，就容易形成表面皱纹。

(3) 在长油度涂膜上，加涂短油度涂层，也易产生皱纹。

(4) 在涂料中使用挥发快的溶剂，要比挥发慢的溶剂易于产生皱纹。

(5) 底层涂料过厚，未干透或黏度太大，涂料表层先干结成膜，隔绝了下层和空气的接触，造成外干里不干而形成皱纹。

2. 涂层皱纹的防治措施

(1) 注意涂料的选择。酯胶调合漆含桐油较多，易于产生皱纹；醇酸调和漆树脂含量较多，不易产生皱纹。

(2) 涂料中加入催干剂必须适量。

(3) 高温、日光曝晒及寒冷、风大的气候不宜涂刷。

(4) 避免在长油度涂膜上，加涂短油度涂层；或在底层涂料未完全干透的情况下涂刷面层涂料。

(5) 对于黏度大的涂料，可以适量加入稀释剂，使涂料易刷。涂刷时，要使涂膜厚度均匀，必须纵横展开涂层，特别在边棱、线角、转角处要涂刷均匀一致。涂刷黏度较大的涂料又不能稀释时，要选用刷毛短而硬的刷子进行涂刷。

(6) 对于产生皱纹的涂膜，应待涂膜完全干燥后，用水砂纸轻轻将皱纹打磨平整。皱纹较严重不能磨平的，需在凹陷处刮腻子找平，再进行涂层修补。

11.34 溶剂型涂料涂饰工程涂膜表面刷纹的原因是什么？如何防治？

溶剂性涂料涂饰工程出现涂膜表面刷纹是较常见的质量问题，表现形式是涂料在成膜后表面仍存在一条条的刷纹，故又称丝状纹，影响涂层表面光滑和光亮。

1. 涂膜表面刷纹的原因分析

（1）涂料中的填料吸油量大；颜料中有水分存在；涂料中油质不足或涂料中未使用熟炼油都会造成涂料的流平性差（表面张力大），再加上操作不熟练，涂刷后，涂膜显露刷纹。

（2）涂料储存时间较长，遇水形成乳化悬垂体，使涂料黏度增大呈假厚状态；涂料中挥发性溶剂过多或涂料的黏度较大等，涂膜都易留下刷纹。

（3）刷子太小或刷毛太硬，易出现涂膜未流平表面易干燥，因而刷痕较重。

2. 涂膜表面刷纹的防治措施

（1）选择优良的涂料，不使用挥发性过快的溶剂，涂料黏度应调配适度。

（2）进行操作技术培训，掌握涂刷要领。

（3）涂膜出现较严重的刷纹，需用水砂纸轻轻的打磨平整光滑后，再涂刷一遍涂料即可。

11.35 溶剂型涂料涂饰工程涂膜透底的原因是什么？如何防治？

溶剂型涂料涂饰工程出现涂膜透底是较常见的质量问题，表现形式是涂膜缺乏覆盖底层的能力，失去光泽。

1. 涂膜透底的原因分析

（1）调配涂料时，加入过多稀释剂，破坏了原材料的黏度。

（2）没有严格按操作规程进行涂刷，任意减少涂刷遍数而使涂层太薄。

2. 涂膜透底的预防措施

(1) 选择涂料要适宜，不得任意在涂料中加入过量的稀释剂；严格按工艺标准施工，不得任意减少涂刷遍数。

(2) 如涂膜太薄、光亮不足，可将表面适当处理后，再加刷一道面层涂料。

11.36 溶剂型涂料涂饰工程木纹浑浊的原因是什么？如何防治？

溶剂型涂料涂饰工程出现木纹浑浊是较常见的质量问题，表现形式是使用清漆在木基层涂刷后，显露木纹不清晰，涂膜不透彻、不光亮。

1. 木纹浑浊的原因分析

(1) 涂料存放时间较长，颜料下沉，造成上部浅下部深，操作时，未搅拌均匀，涂刷颜色较深处，覆盖木纹而出现木纹浑浊。

(2)工人操作技术不熟练，重刷处色深；刷毛太硬或太软也容易造成色泽不一致。

(3)木材质地不同，着色不均匀，一般木质软者易着色，木质较硬者不易着色。

2. 木纹浑浊的防治措施

(1) 木材染色颜料宜选用酒色或水色，尽量不使用油色。如果木材本身色泽明显不一致时，深色部分可采用漂白脱色方法，破坏木质素使之变浅后，再进行木材染色；浅色部分可进行染色，使色调统一。

(2) 用比重较大的颜料配制的染色材料，使用时要经常搅拌，保持颜色均匀。

(3) 对于不同材质的基层，应选用不同的施工方法染色，操作要迅速、熟练，防止重叠反复涂刷，个别地方可进行修色，取得色调一致。

(4) 木纹浑浊、色泽深浅不一致较严重的，需要将涂层全部清洗干净后，再重新刷色。

11.37 溶剂型涂料涂饰工程涂膜脱落的原因是什么？如何防治？

溶剂型涂料涂饰工程出现涂膜脱落是较常见的质量问题，表现形式是涂膜失去与基层应有的粘附力，以致成小片或整张涂层脱落。

1. 涂膜脱落的原因分析

(1) 基层不干净，表面有油渍、水汽、灰尘或化学药品等。

(2) 混凝土或水泥抹灰基层的含水率过高，涂料与基层粘结不良。

(3) 底层涂膜的硬度过大，涂膜表面光滑，使底层涂料和面层涂料的结合力较差。

2. 涂膜脱落的防治措施

(1) 涂刷前，应将基层表面处理干净。

(2) 基层应当干燥，霉染物等先除去再刷涂料。

(3) 控制每遍涂刷层厚度。

(4) 注意底层涂料和面层漆料的配套，应选用附着力和润湿性较好的底层涂料。

11.38 溶剂型涂料涂饰工程涂膜开裂的原因是什么？如何防治？

溶剂型涂料涂饰工程出现涂膜开裂是较常见的质量问题，表现形式是涂料涂刷后不久出现裂纹、产生龟裂。

1. 涂膜开裂的原因分析

(1) 涂料成膜后，硬度过高，柔韧性较差。

(2) 干燥剂用量过多或各种干燥剂搭配不当。

(3) 涂膜过厚，表层已干燥，但里面还未干燥。

(4) 受有毒气体的侵蚀，如二氧化硫、氨气等。

(5) 木材面上的松脂未除干净，在高温下易渗出涂膜，造成涂膜龟裂。

(6) 混色涂料在使用前未搅拌均匀。

(7) 面层涂料中的挥发成分太多，影响成膜的结合力。

2. 涂膜开裂的防治措施

(1) 面层应选用柔韧性较好的涂料。

(2) 掌握好干燥剂的用量和干燥剂的搭配。

(3) 施工中每遍涂料不能涂得过厚。

(4) 应避免施工现场有害气体的侵蚀。

(5) 木材中的松脂应先除掉,并用封底涂料封底后再涂面层涂料。

(6) 涂刷混色涂料,应先搅拌均匀后再用。

(7) 控制面层涂料的挥发成分。

11.39 溶剂型涂料涂饰工程涂膜生锈的原因是什么?如何防治?

溶剂型涂料涂饰工程出现涂膜生锈是较常见的质量问题,表现形式是在金属基层涂刷后,涂膜表面开始略透黄色,然后逐渐破裂出现锈斑。

1. 涂膜生锈的原因分析

(1) 涂刷时有漏涂,易产生锈班。

(2) 基层表面有铁锈、酸液等未清除干净或表面潮湿,易产生铁锈。

(3) 涂膜太薄,水汽或腐蚀气体透过涂膜层,到达涂层内部的钢铁基层表面,产生针蚀而逐步发展到一定面积的锈蚀。

2. 涂膜生锈的防治措施

(1) 刷涂前,必须把金属基层表面的锈斑清除干净,处理后要尽快刷上底漆,防止再生锈。

(2) 金属表面涂普通防锈漆时,涂膜要略厚一些,最后涂两遍防锈漆,防止出现针孔或漏涂等。

(3) 可选用带锈防锈新型涂料,如氯磺化聚乙烯带锈防锈防腐涂料。

(4) 对已产生锈蚀的涂膜,要铲除涂膜,基层清除锈斑后,重新进行涂刷。

11.40 水性涂料涂饰工程涂层掉粉的原因是什么？如何防治？

水性涂料涂饰工程出现涂层掉粉是较常见的质量问题，表现形式是在涂层干燥后，局部色淡且该处易掉粉末。

1. 涂层掉粉的原因分析

(1) 使用涂料时未搅拌均匀。桶内上部料稀，色料上浮，遮盖力差；下面料稠，填料沉淀，色淡，涂刷后易脱粉。

(2) 涂料质量不合标准，耐水性能不合格。

(3) 混凝土及水泥砂浆抹灰基层的龄期短，含水率高，碱度大。

(4) 涂刷时，气温低于涂料最低成膜温度，或涂料未成膜即被水冲洗。

(5) 涂料加水过多，涂料太稀，成膜不完善。

2. 涂层掉粉的防治措施

(1) 基层须干燥，含水率应符合规范，对不同基层含水率的要求(若选用湿墙涂料另作考虑)。基层应清理干净，并作必要的表面处理。若修补找平时，应用水泥砂浆或水泥乳胶腻子。

(2) 施工环境温度不宜过低，最低不应低于5℃，阴雨潮湿天气不宜施工。

(3) 基层材料龄期必须符合有关规定，如混凝土应28d以上；水泥砂浆不少于7d。

(4) 涂料加水，必须严格按材料说明书要求的配比进行配制，不得任意加水稀释。

(5) 根据不同基层，正确选用涂料和配制腻子。如氯偏共聚乳液涂料不能和有机溶剂、石灰水一起使用；过氯乙烯涂料与石膏反应强烈，不能直接涂于石膏腻子基层上等。

11.41 水性涂料涂饰工程涂层粘结不牢、起鼓、脱落的原因是什么？如何防治？

水性涂料涂饰工程出现涂层与基体或基层粘结不牢、起鼓、脱落是较常见的质量问题，表现形式是涂层粘结差、局部起鼓、脱落。

1. 涂层粘结差、局部起鼓、脱落的原因分析

(1) 基层面不干净，受油污、粉尘、浮灰等杂物污染。

(2) 混凝土或水泥砂浆基层湿度大(湿墙涂料除外)，碱性也大，析出结晶粉末而造成起鼓、起皮。

(3) 基层面强度太低。

(4) 涂料稀释时，用水过度。

(5) 中涂层未充分干燥即涂面涂层。

(6) 使用了劣质涂料。

(7) 基层表面太光滑，腻子强度较低，造成涂膜起皮脱落。

2. 涂层粘结差、局部起鼓、脱落的防治措施

(1) 应检查基层是否干燥，干净，含水率应符合规范要求。

(2) 对基层缺陷进行修补平整；除掉表面油污、浮灰等。基层清理干净后，可涂两遍底涂层。

(3) 涂料进行稀释时，应严格按标准合理配比。

(4) 保证涂刷合理的技术间隔时间，在 20℃时，底涂间隔 2h，中涂间隔 4h，面涂间隔 24h。

(5) 外墙过干，施涂前可稍加湿润，然后涂抗碱底漆或封闭底漆。

(6) 使用合格的涂料产品。

11.42 水性涂料涂饰工程涂层花纹图案不均匀、局部涂层流坠、有明显接槎的原因是什么？如何防治？

水性涂料涂饰工程出现涂层花纹图案不均匀、局部涂层流坠、有明显接槎是较常见的质量问题，表现形式是彩色花纹图案的涂层不协调、部分涂层出现泪痕样或下垂帷幕状的流坠、在某些部位出现明显的接茬，影响涂饰的美观。

1. 花纹图案不均匀、局部涂层流坠、有明显接槎的原因分析

(1) 喷涂中层涂料时，骨料稠度改变，空压机压力变化过大，喷枪嘴距基层距离和角度不一致，喷涂快慢掌握不均匀等都会造

成花纹图案不均匀、局部涂层流坠。

(2) 基层局部潮湿、局部喷涂时间过长、喷涂量过大及骨料添加不及时,造成花纹图案不一致或局部流淌下坠。

(3) 操作工艺掌握不准确,如斜喷、重复喷,未在分格缝处接槎,随意停喷,或虽然在分格处接槎,但未遮挡,未成活一面溅上部分骨料等,造成明显接槎。

2. 花纹图案不均匀、局部涂层流坠、有明显接槎的防治措施

(1) 控制好骨料稠度,用专人负责搅拌;空压机压力、喷枪嘴距基层面距离、角度、移动速度等应保持一致。

(2) 基层含水率应一致。如基层表面有明显接槎,须事先修补平整。脚手架搭设应保证不影响喷枪嘴垂直对准基层面。

(3) 防止放"空枪",应有专人加骨料;局部成片出浆、流坠,要及时铲去重喷。

(4) 喷涂要连续作业,保持工作面"软接槎",到分格缝处停歇。

(5) 停歇前,应有专人做好未成活部位的遮挡工作,若已溅上骨料应及时清除。

11.43 水性涂料涂饰工程涂层咬底的原因是什么?如何防治?

水性涂料涂饰工程出现涂层咬底是较常见的质量问题,表现形式是面层涂料把底层涂料的涂膜软化、膨胀、咬起。

1. 涂层咬底的原因分析

(1) 在一般底层涂料上刷涂强溶剂型的面层涂料。

(2) 底层涂料未完全干燥就涂刷面层涂料。

(3) 涂刷面层涂料,动作不迅速,反复涂刷次数过多。

2. 涂层咬底的防治措施

(1) 底层涂料和面层涂料应配套使用。

(2) 应待底层涂料完全干透后,再刷面层涂料。

(3) 涂刷强溶剂型涂料,应技术熟练、操作准确、迅速,反复次数不宜过多。

（4）出现咬底后应将涂层铲除干净，待干燥后，再进行涂饰修补施工。

11.44 水性涂料涂饰工程涂层起皮、局部开裂的原因是什么？如何防治？

水性涂料涂饰工程出现涂层起皮、局部开裂是较常见的质量问题，表现形式是涂层起皮、部分涂层的涂膜开裂或有片状的卷皮。

1. 涂层起皮、开裂的原因分析

（1）混凝土或水泥砂浆抹灰基层面太光滑或有油污、灰尘、隔离剂等未清除干净；

（2）涂料黏性太小，涂膜附着力差；涂膜表层厚，收缩大等。

（3）基层腻子黏性太小，而涂膜表层黏性又太大，形成"外焦里嫩"的状态，表层则易开裂或卷皮。

2. 涂层起皮、开裂的防治措施

（1）基层表面的灰尘要清扫干净，如有油污、隔离剂等，应用5%～10%的烧碱溶液涂刷1～2遍，再用清水洗净。

（2）如遇基层表面较光滑，可用钢丝刷适当锉毛，然后扫净，可以涂一些配套的界面剂。

（3）基层聚合物浆料的黏性不能太小，表面涂料的黏性也不能过大，以聚合浆料有较强附着力，涂膜又不掉粉为准。

（4）涂层不宜太厚，以盖住基层，涂膜丰满为佳。

（5）对已起皮的涂膜，要将起皮部分铲除干净，根据起皮原因，进行修补处理。

11.45 水性涂料涂饰工程涂层表面有起泡、气孔的原因是什么？如何防治？

水性涂料涂饰工程出现涂层表面有起泡、气孔是较常见的质量问题，表现形式是涂层在干燥过程中表面出现许多大小不均、圆形的突起泡，有些地方出现许多针孔状圆形小穴。

1. 表面有起泡、气孔的原因分析

(1) 涂料施工黏度过大，施工场所温度较低，涂料搅拌后，气泡未消就被使用，容易出现气孔。

(2) 溶剂搭配不当，低沸点挥发性溶剂用量过多，造成涂膜表面迅速干燥，而底部的溶剂不易逸出也容易出现气孔。

(3) 在高温环境下喷涂或刷涂含有低沸点挥发快的涂料。

(4) 喷涂施工中喷枪压力过大，喷嘴直径过小，喷枪和被涂面距离太远。

(5) 涂料中有水分，空气中有灰尘等。

(6) 混凝土或水泥砂浆抹灰基层的含水率过高易使涂层起泡。

(7) 木材本身含有芳香油或松脂，当其自然挥发时，使涂层起泡。

2. 表面有起泡、气孔的防治措施

(1) 涂料黏度不宜过大，施工温度环境温度适宜。涂料搅拌后，应停一段时间再用。

(2) 注意溶剂的搭配，应控制低沸点溶剂用量。

(3) 应掌握好喷涂操作技术。风沙天、大风天不宜施工。

(4) 应在基层充分干燥后，才进行涂饰施工。

(5) 对木材中含有的芳香油或松脂应进行清除处理。

11.46 美术涂饰工程有哪些常见的质量问题？如何进行防治？

美术涂饰工程常见的质量问题与防治措施，参见表11-19。

美术涂料工程常见质量问题及防治措施 表 11-19

质量问题	产生原因分析	防治措施
线条弯曲不顺直、粗细不均匀	操作用力不均匀，划线时手势不稳，有抖动	执笔应稳，用力均匀，匀速移动。选用窄于线宽的划笔线，先镶上线，后镶下线，掌握好笔与饰面的角度

续表

质量问题	产生原因分析	防治措施
露底、流坠	水性涂料划线时，划线次数太多，容易把墙面涂层揭起而产生露底。蘸油后没有匀油，划线时用力不均，均可产生流坠	掌握涂料稠度，划线时，不能停顿，一条直线一次划成，用力应均匀
叠　纹	绘制的仿木纹颜色干燥过快，两纹之间距离太近	颜色稀稠应适中，两纹间的距离应掌握恰当，不密不疏
纹形模糊 多色花纹纹形模糊	底层涂料未干透即绘木纹，手势过重或过轻	应待底层涂料干透后再绘木纹，且应用力均匀
	涂饰搭花时挨得太近，以致花纹重叠；手势不匀；搭花用具软弱无筋骨；彩纹重复涂	搭花时应按顺序，从左至右、从上至下搭，手势应均匀；搭花用具软弱时，应立即更换；彩纹涂饰应一次成活
刷纹、刷痕	1　涂料中的施工黏度过高，而稀释剂的挥发速度又太快 2　涂料中的填料吸油性大，或涂料中混进了水分，使涂料的流平性较差 3　在木制品刷涂中，没有顺木纹方向平行操作 4　选用的刷子过小或刷毛过硬 5　被涂物面对涂料的吸收能力过强，涂刷困难	1　调整涂料施工黏度，选用配套的稀释剂 2　刷涂所选用的涂料应具有较好的流平性、挥发速度适宜。若涂料中混入水，应用滤纸吸除后再用 3　应顺木纹的方向进行施工 4　涂刷磁性漆时，要用较软的油刷，理油动作要轻巧。油刷用完后，应用稀释剂洗净，妥善保管，刷毛不齐的油刷应尽量不用 5　先用黏度低的涂料封底，然后再进行正常涂刷 6　出现刷纹、刷痕应用水砂纸轻轻打磨平整，并用湿布擦净，然后再涂刷一遍涂料

12 裱糊工程

12.1 裱糊工程的发展进程如何？

墙壁裱糊装饰最初是使用壁画和挂毯。19世纪末，印花和压花纸开始问世。20世纪50年代末，PVC塑料涂布压花墙纸进入市场，随后引用凹版图案印刷与压花技术结合生产出的印花压纹墙纸，同时圆网印花发泡浮雕型墙纸亦相继登场。随着社会科技的进步，适合内墙面装饰的墙纸可谓千姿百态，品种花色琳琅满目。

目前，豪华型织锦缎墙纸、深压花工程墙纸、回归自然的文化砖石、木、竹、草纺织物浮雕墙纸、布艺纹理墙纸、儿童卡通墙纸等品种层出不穷。色泽既有闪光型的，亦有亚光型的。可以根据建筑使用功能要求的不同进行选择，从而为室内设计开拓了更多的空间视野。将原本简单粗糙的水泥结构房间营造出具有生活气息的多种风格品味的高雅氛围，同时墙纸具有色彩多样、图案丰富、豪华气派、安全环保、施工方便、价格适宜等多种特点，故在欧美、东南亚、日本等发达国家和地区得到相当程度的普及。据调查了解，国外墙纸的使用量平均以10%～20%的年增长率递增，英国、法国、意大利、美国等国的室内装饰墙纸普及率达到了90%以上，美国、日本的墙纸用量均为我国的三倍之多，欧洲各国更是墙纸之乡。随着经济的高速增长，日益严重的环境问题威胁着人们的健康，人们渴望回归大自然，追求健康生活。在我国颁布了《室内装饰装修材料壁纸中有害物质限量》(GB 18585—2001)标准之后，壁纸从生产技术、工艺和使用上来讲，会更趋向环保，成为室内墙面装饰首选的材料之一。国内一些比较有实力的墙纸生产企业都取得了 ISO 14001 环保认证，确保产品生产全过程无污染，使用过程无污染。

12.2 采用壁纸（墙布）裱糊装饰的优点是什么？

采用壁纸或墙布等材料对建筑物室内墙面、顶棚及其他构件表面进行裱糊装饰，由于品种丰富、颜色花样各异、功能多样、施工简便等多种优点，越来越成为中高档装饰设计的首选材料。它的主要特点是：

（1）装饰效果丰富多样

壁纸（墙布）裱糊材料有很多种，主要有高分子材料（玻璃纤维、树脂、聚氯乙烯）、纸质、纺织物（主要由丝、毛、棉、麻等天然材料织成）、天然材料（草、麻、树叶、草席、木材）、金属等多种材料。

各种材料的制作工艺也不尽相同，有采用压延或涂布，有在基材上印花、压花，有纺织而成，有直接压制成型，有在基层上涂布金属膜等很多各不相同方法。图案多姿多彩，千变万化，一般分为图案型、花型、格子型、抽象型、组合型、儿童卡通型、特别效果型等几种。

由于裱糊材料的颜色多姿、花纹图案丰富，通过精心设计和施工，使装饰具有优良的质感和立体感，具有很好的装饰效果。

（2）具有多种实用功能

裱糊材料本身的固有特性使其具有吸声、隔热、防霉、防菌、耐水等特点。近些年随着技术的进步可以根据不同使用需求添加不同添加剂，使得裱糊材料增加了更多的功能，如防火、防虫、防污、抗菌、消臭、吸放湿性、透湿性、表面强化、发光、蓄光、生态、防污水、防皱、防静电等功能。

（3）易保养、寿命长

除少数几种裱糊材料外（如锦缎墙布、纺织纤维壁纸等），大都具有表面不吸水、耐磨耗、可擦洗、不老化、耐污染等特点，较油性涂料易保养、寿命长。

（4）施工、更新方便

墙纸的一个主要特点是施工便捷，成本低，可以随时更新。若想更换已贴的壁纸，只需把壁纸润湿、直接撕下，再贴上新设计的壁纸，立即使室内环境焕然一新，满足了现代人求新求异的心理需求。壁纸保养也十分简单，一旦发现有污迹，可用湿布抹干净，然后再用干布擦干即可。

12.3 裱糊工程材料主要有哪些、它们的特点及适用范围有哪些？

墙纸可以分为以下多种类型：

1. 按裱糊材料材质分

(1) 纸质壁纸——在特殊耐热的纸上直接印花、压纹的壁纸。

特点：亚光、环保、自然、舒适、亲切。

(2) 胶面壁纸——表面为PVC材质的壁纸。

① 纸底胶面壁纸——目前使用最广泛的产品。

特点：色彩多样、图案丰富、价格适宜、施工周期短、耐脏、耐擦洗。

② 底胶面壁纸—— 分为十字布底和无纺布底。

(3) 纺织壁纸（壁布）——表面为纺织材料，也可以印花、压纹。

特点：视觉舒适、触感柔和、吸音、透气、亲和性佳、典雅、高贵。

① 纱线壁布——用不同式样的纱或线构成图案和色彩；

② 织布类壁纸——有平织布面、提花布面和无纺布面；

③ 植绒壁布——将短纤维植入底纸，产生质感极佳的绒布效果。

(4) 金属类壁纸——用铝箔制成的特殊壁纸，以金色、银色为主要色系。

特点：防火、防水、华丽、高贵。

(5) 天然材质类壁纸——用天然材质如草、木、藤、竹、叶材纺织而成。

特点：亲切自然、休闲、舒适，环保。

① 植物纺织类；

② 软木、树皮类壁纸；

③ 石材、细砂类壁纸。

(6) 防火壁纸——用防火材质纺织而成，常用玻璃纤维或石棉纤维纺织而成。

特点：防火性极佳，防水、防霉，常用于机场或公共建设。

(7) 特殊效果壁纸：

① 防火壁纸。

② 无机质壁纸——以无机素材为主要原材料的壁纸，属于防火系列，适用于对防火要求很高的场所。

③ 防虫壁纸——采用加入微量的防虫剂，防止在墙壁上产生虫蛆。

④ 防污壁纸——壁纸表面贴有特殊薄膜，对于日常生活污渍用一般中性剂就可除去。

⑤ 抗菌壁纸——对于房间空气里的数种细菌、霉菌的增值具有抑制作用，采用无机质和有机质两种抗菌剂，适用于对空间环境有一定要求的建筑物。

⑥ 消臭壁纸——通过壁纸中的消臭剂能吸收、分解壁纸表面的恶臭 ANNMONIA，达到降低恶臭的效果，适用于卫生间、客厅、人流密集的公共场所。

⑦ 吸放湿性壁纸——对湿气具有吸收、放出效果的壁纸，特别适合装有空调的密闭房间。

⑧ 透湿性壁纸——具有透湿、通气效果的壁纸。由于具有透湿性、通气性的功能，地下的湿气会在壁纸表面干燥，不会在壁纸表面结露。

⑨ 荧光壁纸——在印墨中加有荧光剂，在吸收了紫外线灯光后，由于电子的运动引起发光，在太阳光和一般照明下，壁纸呈现本色，但在紫外灯下会出现鲜艳的色彩。

⑩ 蓄光壁纸——是一种吸收了太阳光、荧光灯能后，在暗处具有发光功能的材料，在关灯后 2～20 min 内发光，发光时间根据墨水量比例而不同，在紫光灯照明下会持续发光。

⑪ 生态壁纸——采用天然生长的棉花，在生产中不采用有机

农药和化肥，在加工过程中不采用色剂，使产品更具有环保性。

⑫ 防静电壁纸——经过特殊处理后，具有防静电、防尘效果的壁纸。适用于需要防止静电的空间。

⑬ 安全墙纸——是一种有弹性的纤维绒，这种纤维绒不含金属，具传导性能。安全墙纸装备有电子传感器，能探测出由于墙壁、顶棚、地板或其他建筑层面破裂而引起的损害。

⑭ 抗电子干扰和辐射壁纸——适用于测量、通讯、电子数据加工系统避免受到干扰，如实验室，数据存储器，医院急救系统，电脑中心等等场合。

2. 按裱糊材料纹理图案分

(1) 花卉图案型：含自然花卉及抽象设计花卉图案以及儿童卡通图案。

(2) 工程图案型：如大理石纹理、石膏纹理抽象朦胧图案、布艺纹理等。

(3) 文化砖、石、竹、木、草编纹理型(发泡浮雕墙纸)

(4) 规则几何图案型

3. 目前国际流行的裱糊材料主要有以下几种：

(1) 纸底胶面墙纸：此种墙纸可洗可擦，比较容易裱贴。

(2) 发泡胶面墙纸：有弹性，具浮雕感，易裱贴，特别有吸附蚊子等小虫的特性。

(3) 纸质墙纸：由于其透气性好，所以夹缝不易爆裂，因其良好的环保特性，在许多国家被指定为儿童专用墙纸。

(4) 金属墙纸：其表面经过灯光的折射会产生金碧辉煌的效果，多用于酒店、餐厅及夜总会。为了较好地表现墙纸的效果，对墙面的要求比较高，要很平滑，金属墙纸还具耐用的特点。

(5) 草制墙纸：由天然纤维人工制成，色调柔和，在国外很有销路，我国为生产大国。

(6) 针织墙纸：由不同纺线粘在纸面，高雅大方，但价格较贵，对裱糊的技术要求很高。

(7) 布底胶面墙纸：与其他墙纸不同的是它用纱布做底，非常结实耐用。主要用于客流量大的公用场所的装饰。

12.4 裱糊工程中原材料的检验项目有哪些?

裱糊工程中原材料的检验项目见表 12-1。

裱糊工程中原材料的检验项目 表 12-1

名 称	试 验 项 目
聚氯乙烯壁纸	褪色性(级)、耐磨擦、色牢度试验(级)、遮蔽性(级)、湿润拉伸负荷、胶粘剂可拭性、可洗性、外观质量
玻璃纤维墙布	密度、断裂强度、含油率组织
无纺贴布	重量、强度、粘贴牢度
胶 粘 剂	外观、适用期、晾置时间、湿粘性和干粘性

12.5 怎样选择墙纸?

选择墙纸应注意以下几个方面:

1. 装饰风格的设计构思

装饰风格是在整个房间内建立一个主调:它可能是别致的乡村风貌、童趣盎然的儿童卧室,亦可能是返朴归真、回归自然或舒适、富有休闲感的起居室,温馨、宁静的卧室,激情奔放的娱乐场所等等。可以说,装饰风格的设计构思,基本上反映了主人的文化品味和生活质量,而公用场所的设计原则上围绕其自身的特点功能而展开。所以,装饰风格确立以后,正确选择相适应的墙纸就至关重要。目前,国内墙纸行业制造商基本上都能满足市场对各种品味、风格墙纸的需求。

2. 墙纸品种及色彩的选择使用

(1) 花卉系列墙纸。

以来源于大自然的花饰图案为主,会让人有一种温馨亲昵的感觉,营造出一个舒适自在的居住空间,因此,被更多的家庭居室采用。但其中规则几何图案印花压纹(或发泡)墙纸主要用于室内顶棚的装修,而卡通图案及海洋世界图案更是儿童卧室的最佳首选。

(2) 工程系列墙纸。

工程系列墙纸多见于宾馆、酒店及写字楼办公室的装修，以体现整层楼面的整体性。最近流行的布艺纹理墙纸，与卧室的窗帘、床罩、沙发布相配可创出浑然一体的情调。

(3) 文化砖石、竹木系列、浮雕发泡墙纸。

该类深色调的墙纸最能营造出返朴归真的氛围，如住房的起居室墙面装修、英式火炉的点缀装修、茶坊、酒吧、咖啡屋、餐厅等公用休闲场所的装修，均应是最佳的选择。

(4) 腰带(缘饰墙纸)系列墙纸。

为了让墙壁的表面更加迷人，使用印花墙纸与腰带墙纸的组合不但会让墙纸体现干净清新的感觉，而且使墙面之间视觉顿时变得活泼起来。例如，墙壁顶端或沿着护壁板上部以及壁炉、门框的周边等，很自然为墙面做了空间的区隔。也可使原本沉闷不振的角落变得亮丽夺目。可以说，腰带墙纸的边缘装饰为墙纸的整体装饰起到画龙点睛的作用。

3. 色彩的处理

不同的颜色会为房间塑造不同的气氛，甚至还会影响主人的心情。

粉红色或玉色：给人以温馨柔和的感觉，适宜于卧室墙纸。

绿色：会带来自然的舒适清新感，给人松弛的平静的心情。

鲜黄色：令人觉得精力充沛、精神为此一振。

普遍来讲，温暖舒适的颜色包括深红、粉红、赭黄和鲜绿色，而艳黄、淡绿和青绿色则会增添光线与空间的效果。紫色与宝蓝色偏冷色调，墙纸装修不宜多用，且不易与其他颜色作搭配，但与白色作对比性组合，似有不错的效果，简单鲜明，非常适合于浴室或客厅。近来流行的桃红色、黄色或绿色，不但在视觉上较柔和，住在里面感觉亦舒适，因为它们在白天显得鲜明，而在晚上则有温馨、悦人之感。在公共娱乐、餐饮场所，深红、墨绿等深色或金银色的抢眼跳跃色调总是主角。

总之，墙纸的图案及色彩的选择是烘托主人房间装饰主调的关键。

12.6 聚氯乙烯壁纸有什么特点？

聚氯乙烯壁纸是以纸为基层，聚氯乙烯树脂为罩面的一种壁纸，是目前国内使用最普遍的壁纸。它是将聚氯乙烯树脂与增塑剂、稳定剂、颜料、填充料等经混炼后，进入压延机成薄膜，然后再与纸基热压复合，再经过印刷、压纹而成的墙纸，一般分为普通型、发泡型及特种型几个品种。这种墙纸由于在聚氯乙烯薄膜的配合比中填充料的掺量较大，再加上压纹的作用，因此克服了单纯聚氯乙烯薄膜的不透气的缺点，使这类墙纸有较好的透气性，可以在已干燥但尚未干透的基层上施工。裁前裱糊对花比较容易，拼缝采用对接拼缝。

聚氯乙烯壁纸设备的工艺条件较好，可以同步压印多种深浅不同的质感与色彩，花色图案丰富，且有凹凸花纹，富有质感及艺术感，其装饰效果较好。

聚氯乙烯壁纸可以擦洗，无毒、防霉，并且遇水、胶后膨胀，干后收缩，横向膨胀率为 0.5%～1.2%，收缩率为 0.2%～0.8%。故具有一定的伸缩性和耐裂强度，允许基层结构有一定程度的裂缝。

12.7 裱糊工程中对聚氯乙烯壁纸有哪些规定的质量检验项目？

聚氯乙烯壁纸按成品壁纸的段数及段长、外观质量、可洗性等检测应符合下列规定：

(1) 成品壁纸的段数及段长性。

成品壁纸的宽度为 530mm ± 5mm 或 900 ～ 1000mm ± 10mm。530mm±5mm 宽的成品壁纸每卷长度为 10m+0.05m，每卷为一段。900～1000mm±10mm 宽的成品壁纸每卷长度为 50m+0.50m。

50m/卷壁纸的段数及段长见表 12-2。

50m/卷的成品壁纸每卷的段数及段长　　表 12-2

级　别	每卷段数　不多于	最小段长　不小于
优等品	2 段	10m
一等品	3 段	3m
合格品	6 段	3m

（2）成品壁纸的外观质量。

应符合表 12-3 规定。

聚氯乙烯壁纸外观质量　　表 12-3

项次	缺　陷	优 等 品	一 等 品	合 格 品
1	色　差	不允许有	不允许有明显差异	允许有明显差异，但不能影响实用
2	伤痕和皱折	不允许有	不允许有	允许基纸有明显折印，但壁纸表面膜不允许有死折
3	气　泡	不允许有	不允许有	不允许有影响外观的气泡
4	套印精度	偏差不大于 0.7mm	偏差不大于 1mm	偏差不大于 2mm
5	露　底	不允许有	不允许有	允许有 2mm 的露底，但不允许密集
6	漏　印	不允许有	不允许有	不允许有影响外观的漏印
7	污染点	不允许有	不允许有目视明显的污染点	允许有目视明显的污染点，但不允许密集

（3）成品壁纸的可洗性。

应符合表 12-4 规定。

聚氯乙烯壁纸的可洗性　　表 12-4

项　目			指标 优等品	指标 一等品	指标 合格品
褪色性（级）			＞4	≥4	≥3
耐摩擦色牢度试验（级）	干摩擦	纵向	＞4	≥4	≥3
		横向			
	湿摩擦	纵向	4	≥4	≥3
		横向			

续表

项目		指标		
		优等品	一等品	合格品
遮蔽性(级)		>4	≥3	≥3
湿润拉伸负荷 N/15mm	纵向	>2.0	≥2.0	≥2.0
	横向			
胶粘剂可拭性	横向	20次无外观上的损伤和变化		

注：可洗性按使用要求分可洗(30次外观上的损伤和变化)、特别可洗(100次外观上的损伤和变化)、可刷洗(40次外观上的损伤和变化)。

12.8 复合纸质壁纸有什么特点?

复合纸质壁纸是一种色彩丰富、层次清晰、花纹深，花型持久，图案有强烈的立体浮雕效果的饰面材料，它是以双层纸(表纸和底纸)通过施胶，层压复合一起后，再经印刷、压花、涂布等工艺印制而成。

由于采用纸质材料复合加工而成，复合纸质壁纸成本低廉，施工简单，可直接对花，没有塑料的异味，在火灾中发烟低，不易燃，不产生有毒气体，属于环保产品。

一般在产品表面涂覆透明涂层，可擦洗，耐洗性达“耐洗级”。

复合纸质壁纸适用于一般饭店、民用住宅等建筑的内墙、顶棚、梁柱等贴面装饰。

12.9 玻璃纤维墙布有什么特点?

玻璃纤维墙布是以玻璃纤维布为基材，表面涂布树脂、印花而成的一种新型卷材。玻璃纤维墙布的基材是用中碱玻璃纤维织成，以聚丙烯酸甲、乙酯，增进剂、着色颜料等作为原料，进行染色及挺括处理，形成彩色坯布。再以醋酸乙酯、醋酸丁酯、环已酮、聚醋酸乙烯酯及聚氯乙烯树脂配置适量色浆印花，经切边、卷筒即为成品。这种墙纸本身有布纹质感，经套色印花后有较好的装饰效果，色彩鲜艳，花色繁多，具有防潮、不褪色、不老化性能，但不能像聚氯乙烯壁纸那样根据设计需要压成不同凹凸程度的纹理质感。除了可以耐水洗擦、价格相对低廉、裱糊工艺比较简单外，玻璃纤维墙布的另一个特点是非燃烧体，有利于减少建筑物内部装修材料的燃烧荷载。不足之处是它的盖底能力稍差，当基层颜色有深浅变化时，容易在裱糊面上显现出来；涂层一旦磨损破碎时有可能散落出少量玻璃纤维，故需注意保养。玻璃纤维墙布适用于招待所、旅馆、饭店、宾馆、展览馆、会议室、餐厅、工厂净化车间、居室等内墙及梁柱等部位粘贴。

12.10 裱糊工程中对玻璃纤维墙布有哪些规定的质量检验项目?

玻璃纤维墙布常用规格和性能检测见表12-5。

常用规格和性能检测　　表12-5

规　　格(mm)	重　　量(g/m²)	耐火性	耐浇性
宽度:910±5 厚度:0.18	200	离火自熄	在1%肥皂水中煮不褪色
宽度:880 厚度:0.19±0.01 长度:50000/匹	8kg/匹		
宽度:850~900 厚度:0.17	170~200		
宽度:900	170~200		

12.11 无纺贴墙布有什么特点?

无纺贴墙布是一种技术上比较先进的新产品，它是采用棉、麻等天然纤维或涤、腈等合成纤维，经过无纺成型、上树脂、印制彩色花纹而成的新型较高级饰面材料。无纺贴墙布富有弹性，挺括而有韧性，色彩鲜艳，图案雅致，表面光洁又有羊绒毛感，不褪色，具有一定透气性。可擦洗，施工方便。由于使用天然材料，不易折断，纤维不老化、不散失，对皮肤无刺激，有一定的透气性和防潮的特性，适用于各种建筑的室内装饰，但价格比较昂贵，涤纶棉无纺贴墙布特别适合高级宾馆和高级住宅。

12.12 裱糊工程中对无纺贴墙布有哪些规定的质量检验项目?

无纺贴墙布规格及技术指标检测应符合表12-6。

无纺贴墙布规格及技术指标　　表12-6

<table>
<tr><th rowspan="2">名　称</th><th rowspan="2">规格(mm)</th><th colspan="3">技　术　指　标</th></tr>
<tr><th>重量
(g/m^2)</th><th>强力
(MPa)</th><th>粘贴牢度(N/2.5cm)</th></tr>
<tr><td>涤纶无纺贴墙布</td><td rowspan="2">厚度：
0.1～0.18
宽度：
850～900</td><td>75</td><td>2.0</td><td>5.5(粘贴在混合砂浆抹面上)
3.5(粘结在油漆墙面上)</td></tr>
<tr><td>麻无纺贴墙布</td><td>100</td><td>1.4</td><td>2.0(粘贴在混合砂浆抹面上)
1.5(粘结在油漆墙面上)</td></tr>
</table>

注：表中"粘贴牢度"系指用白胶和化学浆糊粘贴的牢度。

12.13 胶粘剂有什么特点?

壁纸的胶粘剂种类很多,从普通的淀粉浆糊到使用方便的壁纸粉都各有特点。壁纸胶粘剂不仅要求其具有一定的粘接强度还要具有较好的耐水、防潮、杀菌、防霉作用,有的还要求耐高温。

选择胶粘剂要依据基层状况、壁纸性质而定,不同基层所用胶粘剂略有差别。

壁纸胶粘剂按其材性和应用分为两大类,见表12-7。

壁纸胶粘剂分类　　表12-7

I类	II类
粉型(1F) 调制型(1H) 成品型(1Y)	粉型(2F) 调制型(2H) 成品型(2Y)
适用于一般纸基壁纸粘贴的胶粘剂	具有高湿黏性、高干黏性,适用于各种基底壁纸粘贴的胶粘剂

12.14　裱糊工程中对胶粘剂的要求是什么？

（1）胶粘剂的一般技术要求：

① 具有防霉和耐久性能。

② 对基层和底纸有良好的粘结力。

③ 是水溶性类型的，以便操作方便。

④ 有一定的防潮性。

⑤ 干燥后仍有一定的柔性。

⑥ 如有防火要求，应具有耐高温不起层性能。

⑦ 宜装在塑料桶内贮存，装在金属容器内宜腐蚀，易变色。

⑧ 具有一定的耐胀缩性，适应阳光、温度、湿度等变化因素引起材料胀缩，不致产生开胶脱落。

（2）壁纸胶粘剂技术指标应符合表12-8。

壁纸胶粘剂技术要求　　表12-8

序号	项目		技术指标			
			第Ⅰ类		第Ⅱ类	
			优等品	合格品	优等品	合格品
1	成品胶外观		均匀无团块胶液			
2	pH值		6～8			
3	适用期		不变质（不腐败、不变稀、不长霉）			
4	晾置时间（min）　不小于		15		10	
5	湿粘性	标记线距离（min）	200	150	300	250
		30s移动距离（min）　小于	5			
6	干粘性	纸破率（%）	100			
7	滑动性（N）　不大于		2		5	
8	防霉性等级（仅测防霉型产品）		1		0	1

12.15　裱糊工程中对腻子的要求是什么？

腻子是用作修补、填平基层表面麻点、钉孔等。强度应符合

《建筑室内用腻子》(JG/T3049)N 型的规定。腻子应坚实牢固,不得起皮和裂缝。工程中一般使用聚醋酸乙烯酯乳液(白胶)腻子和石膏油腻子。常见腻子配合比见表 11-9。

常用腻子配合比(质量比) **表 12-9**

名　称	石　膏	羧甲基纤维素	醋酸乙烯酯乳胶	适用范围
乳胶石膏腻子	10	6(浓度 2%)	0.5～0.6	无纸面石膏板
油性石膏腻子	20		50	纸面石膏板

12.16 裱糊工程中对基层的要求是什么?

裱糊工程要求基层具有一定的强度和较好的表面平整度,基层不松散、起粉、脱落,不得有飞刺、麻点及砂粒等缺陷。具体如下:

(1) 新建筑物的混凝土或抹灰基层墙面在刮腻子前应涂刷抗碱封闭底漆。

(2) 旧墙面在裱糊前应清除疏松的旧装修层,并涂刷界面剂。

(3) 混凝土或抹灰基层含水率不得大于 8%。木材基层的含水率不得大于 12%。

(4) 基层腻子应平整、坚实、牢固,无粉化、起皮和裂缝,腻子的粘结强度应符合《建筑室内用腻子》(JG/T3049)N 型的规定。

(5) 基层表面平整度、立面垂直度及阴阳角方正应达到一般抹灰工程中的高级抹灰要求。

(6) 基层表面颜色一致。

(7) 裱糊前应用封闭底胶涂刷基层。

12.17 怎样保证墙壁纸粘贴好?

主要掌握两个要素:一是要选择优质的墙纸和墙纸粉。国内生产厂家已经获得 ISO 9002 质量和 ISO 14001 环保认证,对产品的质量和环保性能都有很好的监控,消费者可以放心选用。其次,是施工时要注意墙面的处理。施工前要确保墙面光滑、平整及干燥，最好先涂上一层光油。新建的楼房由于墙壁湿气重，更应注意墙面的防潮层。近年来，由于不断改良工艺，提高产品质量，甚至采用加厚的原纸，使墙纸的施工性能大大提高，对墙面的要求也相对降低了。

12.18 裱糊工程如何进行基层处理？

裱糊工程的基层一般分为混凝土及抹灰基层、轻质隔板（木质、石膏板等）基层、旧墙（混凝土及抹灰）基层。不同的基层由不同的处理方法，处理好的基层应平整光滑，阴阳角线通畅、顺直、无裂纹、无砂眼、麻点，主要有以下几种方法：

1. 混凝土及抹灰基层处理

在混凝土及抹灰基层上，应满刮腻子一遍并磨砂纸，如果基层有气孔、麻点、凹凸不平时，应增加满刮腻子和磨砂纸的遍数，空裂处应剔凿重做。满刮腻子的遍数应视基层的平整情况而定，刮腻子的目的不仅是为了找平，主要是增加壁纸之间的粘结性能。抹灰基层表面强度较高，也比较密实，不满刮腻子，粘结剂中的水分不易被基层所吸收，粘结剂的性能受到影响。

刮腻子之前，须将基层清扫干净。抹灰基层应按高级抹灰工艺施工，新的水泥墙面必须清洁干燥，最好有 4 个月的干燥时间，无浮灰。旧的塑料墙纸，用带齿状刮刀将表面的塑料层刮掉，墙面坑洼处用腻子填料处理，最后用掺加胶粘剂的白水泥在墙面罩一层，干后用砂纸打磨平整。

刮腻子时要用刮板有规律的操作，凸处薄刮，凹处厚刮，大面积找平。腻子干后打磨砂纸、扫净。需要增加满刮腻子遍数的基层表面，应先将表面的裂缝及坑洼部分刮平，再满刮腻子，打磨砂纸。

局部墙面的潮湿之处，要找出原因，做好处理。

2. 轻质隔板基层处理

木基层要求接缝不显接茬，不外露钉头、接缝、钉眼，板与板间的缝隙为 2mm 左右，用腻子补平并满刮腻子一遍，用砂纸磨平，腻子的厚度应减薄，在五至六成干时，用塑料刮板有规律地压光，最后用干净布将表面擦净。

木质基层一般粘结比较牢靠，但如果木质表面有色差或油脂渗出，也要进行处理。

对于纸面石膏板，板面用油性石膏腻子找平，用嵌缝石膏腻子及穿孔纸带（玻璃纤维网格胶带）进行嵌缝处理，一般要进行四道做法，才能保证纸嵌缝质量。对于无纸面石膏板，板面应先刮一遍乳胶石膏腻子，找平大面，再用第二遍腻子进行修整，直至平整为止。

3. 旧墙（混凝土及抹灰）基层处理

用相同的砂浆修补墙面脱灰、孔洞、空裂较大的缺陷，再用腻子找平麻点、凹凸不平、接缝、裂纹；清理原有的油漆、污点、飞刺等，对原有的溶剂型涂料墙面应进行打毛处理。修补后要与基层颜色一致，否则影响裱糊墙纸后的装饰效果。

4. 不同材质基层的接缝处理

不同基体材料的对接处，都应粘贴接缝带。

5. 基层含水率的控制

一般情况下，抹灰面含水率低于8%，木质基层含水率低于12%时可以施工。对于湿度较大的基层表面裱糊壁纸时，应采用防水壁纸及相应的粘接材料。

6. 涂刷封闭层

为避免基层吸水太快，胶水迅速被吸掉，一般在基层验收合格后，涂刷一道防潮底油（底胶）作为封闭层。待其干后再开始操作，对于吸水性特别大的基层，需涂刷两遍。涂刷封闭层的主要作用是使基层的吸收性均匀；封闭基层表面的碱类物质，使壁纸不会变色或变花；为基层提供一个粗糙面，增强壁纸的粘接强度等。

12.19 聚氯乙烯壁纸工程施工如何进行质量控制？

聚氯乙烯壁纸裱糊的质量控制着重注意以下几个方面：

(1) 掌握合理的施工程序

基层处理→刷底胶→弹线→裁纸→闷水→裱糊→修整。

(2) 弹线

根据房间的大小、门窗的位置、壁纸的类型、图案及规格尺寸进行选配，注意图案的对称，一般取线位置从墙的阴角起，弹出垂线，宽度以小于墙纸幅 1～2cm 为宜，搭入阴角 1～2cm，每个墙面的首张位置必须准确。

(3) 裁纸

根据墙面高度分幅拼花裁切，裁纸的长度应按墙面的高度和拼花的要求来裁取，但要比实际高度长 10cm，以便上下修正，同时在纸背标明方向和顺序，按产品的箱号、卷号顺序施工。开料前，先要确定花纹的方向，分清上下。裁墙纸时，以地脚线的顶端为起点，用钢卷尺量出墙身的高度。裁切时用力均匀，刀的运行方向一致，一气呵成，中间不得停顿或变换持刀角度，裁切后的墙纸边缘应平直整齐，不得有毛刺，裁切后的纸要卷起平放不得立放。采用直接对花的壁纸，在对花处不可裁切。

(4) 闷水

由于壁纸有遇水膨胀的特性，将裁好的壁纸放入水槽里浸泡 3～5min，使其充分膨胀后，拿出抖掉明水，静置 10min 左右再裱糊。或者用排笔在纸背刷水，满刷均匀，保持 10min 也可达到使其膨胀作用。

(5) 裱糊

根据壁纸种类、裱糊部位、裱贴工艺，可以采用以下裱糊方法：无图案的壁纸裱贴墙面，采用搭接法裱糊；有图案的壁纸裱贴墙面，采用拼接法裱糊；天棚裱贴壁纸，采用推贴法裱糊。

选择颜色、图案一致的壁纸粘贴在一处，在壁纸的背面涂刷胶粘剂，胶液稠度要适宜，从壁纸上半部开始，先刷边缘，再刷中央，涂刷时要从里向外，以免污损正面；上半部刷完，对折壁纸，用同样方法涂刷下部。从阴角开始裱糊，第一幅位置必须准确，从第二副开始，先上后下，先立面后平面，先小面后大面，对缝严密，不显接槎，对花必须吻合端正，壁纸由刮板或胶辊抹刮平整，并用湿毛巾将拼缝中的胶液擦拭干净。

阴阳角严禁甩缝，墙纸要裹过阳角不小于 20cm，阴角搭接时，应先裱糊压在里面的壁纸，在粘贴上面的壁纸。

12.20 复合纸质壁纸工程施工如何进行质量控制？

复合纸质壁纸裱糊的质量控制类似于聚氯乙烯壁纸的粘贴方法，它的的施工程序为：

基层处理→刷底胶→弹线→裁纸→裱糊→修整。

与聚氯乙烯壁纸相比，复合纸质壁纸由于两层均为纸质，湿强度较差，将其浸泡在水中会引起表面花纹变形，从而影响装饰效果，故复合纸质壁纸不需闷水。

12.21 玻璃纤维墙布、无纺墙布工程施工如何进行质量控制？

玻璃纤维墙布及无纺墙布裱糊与聚氯乙烯壁纸的裱糊工程方法基本相同，它的质量控制与聚氯乙烯壁纸裱糊控制有以下几个方面不同：

(1) 施工程序

基层处理→刷底胶→弹线→裁纸→裱糊→修整。

(2) 基层处理

玻璃纤维墙布及无纺贴墙布的裱糊工程的基层要求与聚氯乙烯壁纸裱糊的基层处理方法类似，但玻璃纤维墙布和无纺贴墙布的盖底能力较聚氯乙烯壁纸的差，如果基层颜色较深或与相邻基层颜色有差异时，可在胶粘剂中掺加适量白色涂料，以免裱糊后墙纸色泽不一致，从而影响装饰效果。

(3) 裱糊

粘贴用的胶粘剂应随用随配，当天配制的要当天用完，羧甲基纤维素应先用水熔化，经过 10h 左右用细眼纱过滤，除去杂质，再与其他材料调配。墙布较薄可直接在基层刷粘胶剂，如在墙布背面涂胶时，胶液可能渗透墙布，表面出现胶迹，影响外观质量。

由于玻璃纤维墙布和无纺贴墙布不具有吸水膨胀的特性，因此不需闷水。另外，玻璃纤维不伸缩，对花时切忌横拉斜扯，以防墙布变形脱落。

12.22 裱糊工程有哪些施工技巧?

(1) 从窗边或靠门边的位置着手,这样,当做收尾工作时,即便不太紧密,也不容易显眼。贴第一幅墙纸前必须以铅垂线标出基准线(铅垂线上涂抹彩色粉笔后轻弹)。

(2) 若纸面涂胶,一般均匀涂抹二次,并放置一段时间,使胶糊可以渗进纸基。

(3) 粘贴墙纸时应使用软硬适当的专用平整刷刷平墙纸,并且将其中的皱纹与气泡顺势刷除,但不宜施加大压力,以免塑料墙纸绷得太紧而产生干后收缩,从而影响接缝和上下对花质量。

(4) 不要将宽度刚好的墙纸整个粘贴在角落的墙面连接处,应设法分成二段粘贴。

(5) 在处理开关与插座周边位置时,先关掉电源,以正常方式贴平墙纸,然后再将盖过开关与插座部位的墙纸自中央向四个角落切开,每一角落须向外多切开 2.5cm 长度,随后松开螺丝,从切开部位的纸缘折入盖内,裁掉多余的部份。

(6) 用湿毛巾或湿海绵清除玷污在墙纸面上的余胶。

(7) 施工时,应首先粘贴 3～5 幅墙纸,确认产品无质量问题后再继续施工。如发现有明显色差等质量问题时,应暂停施工,找出原因。

12.23 裱糊工程冬期施工有哪些注意事项?

(1) 应在采暖条件下进行施工。当需要在室外施工时,其最低环境温度不应低于 5℃,遇有大风、雨、雪时,应停止施工。

(2) 混凝土或抹灰基层含水率不应大于 8%,施工中当室内温度高于 20℃,且相对湿度大于 80%时,应开窗换气,防止壁纸皱折起泡。

(3) 壁纸要自然阴干。夏季因为空气潮湿,为了使墙壁尽快干透，可以开门窗通风透气。秋冬季气候干燥，壁纸在铺贴前一般要再刷胶铺贴。如果这时大开门窗，刚铺贴好的壁纸因为迅速失水而收缩变形。所以粘贴壁纸后要自然阴干。

12.24 裱糊工程墙纸的使用量怎样计算？

墙纸需要视墙面的长、高，印花图案的大小与墙纸的宽度而定。进料时最好一次购齐，由于有损耗，一般购买的数量应比实际裱贴面积多3%～4%。

(1) 环绕房间测出总长度，扣除落地窗与嵌入式壁橱，一般门窗面积必须计算进去。

(2) 由踢脚板起，向上到要张贴的最高点高度。若采用大型图案墙纸，必须再加拼接图案所需耗费的墙纸数量。即全部使用数量。

实用提示：

(1) 要确定所买墙纸每一种型号仅为一个生产批号。

(2) 建议多买一卷额外墙纸，以防发生错误或将来需修补时用。

(3) 选择胶粘剂要注意有质量保证及信誉的品牌。

(4) 施工宜在房间其他装潢结束后进行，否则在施工中有油漆大量挥发的有机溶剂会污染墙纸表面。

(5) 工作前，务必将每卷墙纸摊开检查，看是否有残缺之处或明显色差。

12.25 裱糊工程质量验收的检验批怎样划分？检查数量有何规定？

裱糊工程检验批的划分应符合下列规定：

同一品种的裱糊每50间(大面积房间和走廊按施工面积30m² 为一间)应划分为一个检验批，不足50间也应划分为一个检验批。

每个检验批应至少抽查10%，并不得少于3间，不足3间时应全数检查。

12.26 裱糊工程验收时应检查哪些文件和记录？

（1）裱糊工程的施工图、设计说明及相关设计文件。

（2）饰面材料的样板及确认文件。

（3）材料的产品合格证书、性能检测报告、进场验收记录和复验报告。

（4）施工记录。

12.27 裱糊工程验收的主控项目有哪些？

裱糊工程验收的主控项目如下：

（1）壁纸、墙布的种类、规格、图案、颜色和燃烧性能等级必须符合设计要求及国家现行标准的有关规定。

（2）裱糊工程基层处理质量应符合本章 12.18 的要求。

（3）裱糊后各幅拼接横平竖直，拼接处花纹、图案应吻合，不离缝，不搭接，不显拼缝。

（4）壁纸、墙布应粘贴牢固，不得有漏贴、补贴、脱层、空鼓和翘边。

12.28 裱糊工程验收的一般项目有哪些？

裱糊工程验收的一般项目如下：

（1）裱糊后的壁纸、墙布表面应平整，色泽应一致，不得有波纹起伏、气泡、裂缝、皱折及斑污，斜视时应无胶痕。

（2）复合压花壁纸的压痕及发泡壁纸的发泡无损坏。

（3）壁纸、墙布与各种装饰线、设备线盒应交接严密。

（4）壁纸、墙布边缘应平直整齐，不得有纸毛、飞刺。

（5）壁纸、墙布阴角处搭接顺直，阳角处应无接缝。

12.29 裱糊工程腻子裂纹产生的原因及怎样预防控制？

刮抹在裱糊基层表面的腻子，部分或大面积出现小裂纹，特别是在凹陷坑洼处裂纹较严重，甚至脱落。

1. 质量问题产生的原因

(1) 腻子胶性较小，太稠，失水快，腻子面层出现裂纹。

(2) 凹陷坑洼处表面不干净导致粘接不牢。

(3) 凹陷坑洼处刮抹腻子有半眼、蒙头等缺陷，或一次刮抹太厚，形成裂纹。

2. 主要预防措施

(1) 调制腻子时加适量胶液，稠度适合。

(2) 清除基层或基体表面灰尘、隔离剂、油污，先涂刷一层胶粘剂，再刮腻子，每遍腻子不宜太厚。

(3) 对于裂纹较大且已经脱离基层的腻子，要铲除干净，基层处理干净后在重新刮抹一遍腻子，对于孔洞处的半眼、蒙头腻子必须挖出，处理后分层刮腻子直至孔洞饱满平整。

12.30 裱糊工程腻子翻皮现象产生的原因及怎样预防控制？

在混凝土或抹灰基层刮腻子时，出现腻子翘起或呈鱼鳞皱结的现象。

1. 质量问题产生的原因

(1) 腻子太稠。

(2) 基层表面有灰尘、隔离剂、油污。

(3) 基层表面过于光滑或有冰霜。

(4) 在表面温度较高时刮抹腻子。

(5) 基层干燥，腻子刮抹的太厚。

2. 主要预防措施

(1) 调制腻子时加适量胶液，稠度适合。

(2) 对孔洞凹陷处要注意清除灰尘、隔离剂、油污及半眼。

(3) 在光滑或清除油污的表面涂刷一层胶粘剂后再刮腻子。

(4) 每遍腻子不宜刮抹的太厚。

(5) 不在光滑、有冰霜、干燥及温度高的情况下刮抹腻子。

12.31 裱糊工程基层透底、咬色现象产生的原因及怎样预防控制？

浆膜未将基层覆盖严实而露出底色，特别在阴阳角等处，或部分地方出现颜色改变。

1. 质量问题产生的原因

(1) 基层或基体表面有油污、太光滑或颜色太深。

(2) 基层预埋件未处理或未涂刷防锈漆及白涂料覆盖。

(3) 基层原有颜色较深，表面刷浅色浆时，覆盖不住底色，显露出底色。

2. 主要预防措施

(1) 清除表面油污，表面太光滑时，先喷一遍清胶液；颜色太深时，先涂刷一遍浆液。

(2) 粉饰颜色较深，应用细砂纸打磨或刷水起底色，再刮腻子刷底油。

(3) 挖掉基层或基体有裸露铁件，否则需刷防锈漆和白厚漆覆盖。

(4) 对有透底或咬色的粉饰，要进行局部修补，再喷 1～2 遍面浆覆盖。

12.32 裱糊工程污染变色、起泡、长霉现象产生的原因及怎样预防控制？

壁纸表面被污染，颜色变化，出现发霉现象。

1. 质量问题产生的原因

(1) 基层或基体表面的含碱层未被封闭。

(2) 房间湿冷、浆糊干燥缓慢。

2. 主要预防措施

(1) 新建筑物的混凝土或抹灰基层墙面在刮腻子前应涂刷抗碱封闭底漆。防止壁纸的印色脱色或变色。

(2) 施工环境温度不应低于 15℃，避免胶粘剂干燥过慢，使壁纸起泡、长霉。施工过程中和干燥前应防止穿堂风。

12.33 裱糊工程表面死褶现象产生的原因及怎样预防控制？

在壁纸表面上有皱纹棱脊凸起，影响壁纸美观。

1. 质量问题产生的原因

(1) 铺贴工艺不正确。

(2) 壁纸材质不良或壁纸较薄。

2. 主要预防措施

(1) 裱糊时，用手将壁纸舒平后，用板均匀赶压，出现皱褶时，需轻轻揭起壁纸慢慢推平，待无皱折时在赶压平整。

(2) 发现死褶，若壁纸未完全干燥可揭起重新裱糊，若已干结则撕下壁纸，基体处理后重新裱糊。

(3) 选用优质壁纸，同时仔细检验，合格方可使用。

12.34 裱糊工程表面翘边现象产生的原因及怎样预防控制？

壁纸边沿脱胶离开基层而卷翘起来。

1. 质量问题产生的原因

(1) 基层或基体不清洁，表面干燥或潮湿。

(2) 壁纸与胶粘剂不匹配。

(3) 阴阳角未处理好。

2. 主要预防措施

(1) 基层或基体表面清除干净，控制含水率，表面凸凹不平时，用腻子刮抹。

(2) 不同壁纸选择相应的胶粘剂，在施工前最好做样板间试贴。

(3) 阴角接缝时，先裱贴在里面的壁纸，再用粘性较大的胶粘剂粘贴面层，搭接宽度 3cm，纸边搭在阴角处，保持垂直无毛边；严禁阳角接缝，壁纸应裹过阳角 2cm，包角须用粘结性强的胶粘剂，并压实，不得有气泡。

(4) 如翘边已坚硬，应加压，待粘牢平整后才能去掉压力或撕掉重裱。

12.35 裱糊工程壁纸脱落、卷边、幅面间对花不齐现象产生的原因及怎样预防控制？

壁纸粘贴不牢靠，发生脱落、卷边的现象，花纹未对接整齐。

1. 问题产生的原因

(1) 基层或基体不洁净。

(2) 基层或基体孔隙过多,粘结剂多被吸收,使裱糊层粘结差。

(3) 防水部位未处理好。

(4) 裱糊面的晶化作用,降低粘结剂的粘结性,使壁纸变色及起化学作用。

(5) 刷胶方法不正确,使壁纸浸泡不够或过度,粘结性下降。

2. 主要预防措施

(1) 将基层或基体清洁干净,并按要求处理基层或基体。

(2) 做好卫生间墙面防水处理,注意浴缸下扣处及穿墙管部位,防止局部渗水。

(3) 胶粘剂在规定时间内用完,否则重新配制。

(4) 刷胶要均匀,不得有遗漏或重复,壁纸刷胶后放置一定时间,使壁纸浸泡张力均匀,粘结性适宜。

12.36 裱糊工程表面空鼓(气泡)现象产生的原因及怎样预防控制?

壁纸表面出现小块凸起,用手按压时,有弹性和与基层附着不实的感觉,敲击时有鼓声。

1. 产生的原因

(1) 基层或壁纸背面胶粘剂涂刷不均匀。

(2) 基层或基体含有潮气或空气。

(3) 房间湿冷。

(4) 粘贴壁纸时,赶压不当,使胶液干结失去粘结作用,或赶压力量太小,多余胶液未能赶压出去,形成胶囊,或未将壁纸内空气赶压出去形成气泡。

2. 主要预防措施

(1) 胶粘剂涂刷需厚薄均匀,避免漏刷,为了防止不均,涂刷后可用刮板刮一遍，刮板由里向外刮抹，将气泡和多余胶液赶出。

(2) 基层或基体含有潮气或空气，应用刀子割开壁纸，放出潮气或空气，或者用注射器将空气抽出，再注射胶液贴压平实，壁纸内多余胶液时也可用注射器吸出胶液后再压实。

(3) 施工环境温度不得低于15℃。

12.37 裱糊工程颜色不一致现象产生的原因及怎样预防控制？

壁纸表面有花纹，色相不统一，与原壁纸颜色不一致。

1. 产生的原因

(1) 壁纸材质不良有色差、易褪色。

(2) 施工过程中未仔细对花。

(3) 施工环境不适宜，基层潮湿或日晒使壁纸变颜色。

(4) 发生咬色透底现象。

2. 主要预防措施

(1) 选用不易褪色且较厚的优质壁纸，色泽不一，可裁掉部分不合格壁纸。

(2) 施工过程中仔细选择颜色一致壁纸粘贴在一处，预先试拼，对有对称花纹或无规则花纹壁纸有色差时可用掉头粘贴法。

(3) 有严重颜色不一的饰面，须撕掉重新裱糊。

(4) 基层或基体的含水率不得超标，避免在阳光直射下或在有害气体环境中裱糊。

12.38 裱糊工程中壁纸离缝或亏纸现象产生的原因及怎样预防控制？

相邻壁纸间的连接缝隙超过允许范围称为离缝，壁纸的上口与挂镜线(无挂镜线时，为弹的水平线)，下口与踢脚线连接不严，显露基面为亏纸。

1. 产生的原因

(1) 裱糊前未认真试拼、下料。

(2) 第1张壁纸裱糊后，在裱糊第2张时，未连接准确就压实，或连接准确赶压底胶不实，壁纸内留有气泡；或连接准确赶压底胶用力过猛使壁纸伸张，在干燥过程中回缩，造成离缝或亏纸。

（3）搭接裱糊时壁纸裁切的接缝不是一刀裁切到底，在中途换刀刃方向或钢尺偏移，造成壁纸有离缝或亏纸现象。

2. 主要预防措施

（1）壁纸裁前应复核墙面实际尺寸，裁切时要手用劲均匀，一气呵成，不得中间停顿或变换持刀方向，壁纸尺寸可比实际尺寸略长 1～3cm，裱糊后上下口压尺分别裁割多余的壁纸。

（2）裱糊的壁纸与前一张连接要准确无缝隙，在赶压胶液时，由拼缝处横向往外赶压，不得斜向或由两侧向中间赶压。

（3）离缝或亏纸轻微的壁纸，可用同色的乳胶漆点描在缝隙内，对于较严重的部位可用相同的壁纸补贴或撕开重贴。

12.39 裱糊工程裱贴不垂直现象产生的原因及怎样预防控制？

相邻两张壁纸的接缝不垂直，阴阳角处壁纸不垂直；或者壁纸的接缝虽垂直，但花纹不与纸边平行，造成花饰不垂直等现象。

1. 产生的原因

（1）壁纸的花纹与纸边不平行。

（2）裱糊前弹线不准确，第一幅壁纸粘贴不垂直。

（3）阴阳角裱糊不符合要求。

2. 主要预防措施

（1）采用接缝法裱贴画饰壁纸时，先检查壁纸的花饰与纸边是否平行，如不平行，应裁割后方可裱贴。

（2）第二张与第一张壁纸的拼接，采用接缝法时，应注意将壁纸放在案子上，根据尺寸大小、规格要求和花饰对称等裁割，在裱糊时对接起来。采用搭缝法时，对于一般无花纹的壁纸，应注意使壁纸间的拼缝重叠 2～3cm，对于有花饰的壁纸，可使两张壁纸花纹重叠，对花准确后，在准备拼缝的部位用钢直尺将重叠处压实，由上而下一刀裁割，将切去的余纸撕掉。

（3）裱糊前对每一墙面应先弹一垂线，裱贴第一幅壁纸需紧贴垂线边缘，检查垂直无偏差后，方可裱贴第二幅；裱贴 2～3 张后，用吊锤在接缝外检查垂直度，出现问题及时纠正。

(4) 阴阳角须垂直、平整、无凹凸。

12.40 裱糊工程表面粗糙、有疙瘩现象产生的原因及怎样预防控制？

表面有凸起或颗粒，不光洁。

1. 产生的原因

(1) 基层表面不清洁，凸起部分没有打磨平整。

(2) 操作现场有粉尘或异物污染裱糊材料，未能及时清理干净。

(3) 基层表面干燥，施工温度过高。

2. 主要预防措施

(1) 基层表面一定要清理干净，尤其是混凝土流坠的灰浆或接槎棱印，须打磨光滑。

(2) 使用的材料要过筛，保持施工现场的环境和工具材料的洁净，避免污染。

(3) 施工环境要保持一定湿度及温度。

12.41 裱糊工程表面气光（质感不强）现象产生的原因及怎样预防控制？

表面有星点或部分光亮，与壁纸整体光泽不一致。

1. 产生的原因

(1) 壁纸表面有胶迹未清擦干净，胶膜反光。

(2) 带花饰或较厚的壁纸，裱糊时用力赶胶时力量过大，壁纸表面压扁，致使壁纸表面光滑反光。

2. 主要预防措施

(1) 壁纸表面用毛巾或棉丝清理干净。

(2) 挤压壁纸内部的胶液和空气时，不得用力过猛，压力不得超过壁纸的弹性极限。

13 软 包 工 程

13.1 软包工程的适用范围和特点是什么？

软包工程是建筑装饰装修工程的一个分项工程，属于裱糊与软包子分部工程。适用于建筑室内墙面、柱面、门等装饰。软包饰面具有柔软、吸声、色彩丰富、营造氛围温馨等特点，适用于防止碰撞及有声学要求的房间，如多功能厅、KTV间、餐厅、影剧院、会议厅等。

13.2 软包材料进场后应对哪些内容进行检查？

软包墙面的材料由饰面材料、芯材、基层龙骨和板材构成。软包饰面材料主要有各种纺织品、皮革、人造革等。芯材通常采用阻燃型泡沫塑料或矿渣棉。

按照《建筑装饰装修工程质量验收规范》GB 50210的规定，材料进场后应通过观察、检查产品合格证书及性能检测报告等，使软包面料、内衬材料及边框的材质、颜色、图案、燃烧性能等级、木材的含水率以及材料当中的有害物质限量等均应符合设计要求及国家现行标准规范的要求。

其中木龙骨及木质基层板以及露明的木框、压条的含水率均不应高于12%，且不得有腐朽、结疤、劈裂、扭曲等疵病。施工时预先做防火、防潮等处理。

13.3 软包芯材特点、规格和性能是什么？

软质聚氯乙烯泡沫塑料板和矿渣棉的特点、规格性能如下：

(1) 软质聚氯乙烯泡沫塑料板。

特点：聚氯乙烯泡沫塑料具有轻质、导热系数低、不吸水、不燃烧、耐酸碱、耐油及良好保温、隔热、吸声、防震等性能。规格性能见表 13-1。

规 格 性 能 **表 13-1**

规 格(mm)	技 术 性 能					
4503450317 5003500355	表观密度(kg/m³)	抗张强度(MPa)	体积收缩率(%)	吸水性(kg/m³)	可燃性	导热系数(W/(m²·K))
	10.0	≥0.1	≤15	≤1	—	0.054

(2) 矿渣棉

特点:矿渣棉又称矿棉。是利用工业废料矿渣为主要原料制成的丝状无机纤维,具有轻质、导热系数低、不燃烧、防蛀、耐腐蚀、化学稳定性强、吸声性能好等特点。规格性能见表 13-2。

矿渣棉板规格性能 **表 13-2**

产品名称	规格(mm)	技 术 性 能					
		表观密度(kg/m³)	导热系数(W/(m·K))	吸湿率(%)	使用温度(℃)	沥青含量(%)	胶含量(%)
矿棉半硬板	100037003(40~70)	80~120	<0.041	2	<400	—	2.5~3.5
矿棉软板	—	<120	<0.37	—	<400	—	—

13.4 软包饰面材料的品种和性能特点是什么?

软包饰面材料品种、性能特点见表 13-3。

软包材料品种性能 **表 13-3**

种 类		性 能
织物	纯棉装饰布	强度大、静电小、蠕变性小、无毒、无味、环保,用于歌舞厅等公共场所要进行阻燃处理。
	人造纤维布	强度大、质轻、无毒、无味、透气、易清洗、耐酸碱腐蚀、易产生静电吸灰,本身不具有 难燃性能的人造纤维和织物需进行难燃处理

续表

种类	性能
皮革(人造革)	可加工成各种厚度、柔韧、有弹性、观感质感和耐火性、耐擦洗性较好

13.5 软包织物的阻燃处理方式及要求是什么?

(1) 软包织物的阻燃处理方式分为原丝的阻燃改性和阻燃整理两类。

(2) 按照《建筑内部装修设计防火规范》GB 50222 的规定,地下、单层、多层、高层民用建筑内部各部位装修材料的燃烧性能等级要求中,不同用途装饰织物分别要满足 B1、B2 燃烧等级。

13.6 软包工程施工基层处理的质量控制要点是什么?

软包按面料分为织物面层、皮革、人造革面层,其基层处理分别如下:

(1) 织物饰面软包基层处理

首先进行基层剔凿、修补等工作,使基层的表面平整度、垂直度达到设计要求;刷冷底子油,铺贴一毡二油防潮层,然后安装木龙骨及衬板。

(2) 皮革、人造革饰面软包的基层处理

皮革、人造革软包,要求基层牢固,构造合理。如果是将它直接装设于建筑墙体及柱体表面,为防止墙柱体的潮气使其基面板翘曲变形而影响装饰质量,要求基层做抹灰和防潮处理。通常的做法是,采用 1∶3 的水泥砂浆抹灰做至 20mm 厚。然后刷涂冷底子油一道并作一毡二油防潮层。然后安装木龙骨及墙板。

13.7 压条直接分块的明压条软包工程施工质量控制的要点是什么?

此种属于直接在木基层上做软包墙面,其施工质量控制要点如下:

(1) 基层处理、做防潮层、固定木龙骨同明压条绷布法。

(2) 立墙筋:墙筋为20～50mm×40～50mm的木方,长度视软包墙面高度、宽度确定;木方贴五合板的面应刨光。将木墙筋钉牢于预埋木砖或木楔上,并应找平、找直,刨光的一面都在同一垂直平面上。

(3) 按设计要求尺寸裁割五合板,将板边刨平,并将沿一个方向的两条边刨出斜面(木墙筋的间距应按此尺寸固定于墙上)。

(4) 用规格尺寸大于纵横向木墙筋中距50～80mm的人造革或织物面料,包矿渣棉于五合板上。用刨斜的边压人造革或织物面料,压长在20～30mm,用汽枪钉钉于木墙筋上。拉撑人造革或织物面料的另一端,使其平伏在五合板及矿渣棉上,紧贴木墙筋。用相邻的一块包有矿渣棉、皮革或织物面料的五合板将其压紧,同时压紧自身的软包面料,一起用气枪钉钉固于木墙筋上。以这种方法铺装整个软包墙墙面,最后一块的另一侧人造革或织物面料拉平后,连同盖压木装饰线钉牢于木墙筋上。

(5) 在暗钉钉完以后用电化铝帽头顶钉于软包分格的交叉点上。

13.8 明压条软包工程施工质量控制的要点是什么?

明压条软包施工有多种方法,现就直接在木基层上做软包墙面施工质量控制要点说明如下:

(1) 基层处理(见前题)。

(2) 施工质量控制要点。

1) 做防潮层、固定木龙骨:根据标高线和龙骨线位置,钻孔孔距600mm左右,孔深60mm,用$\phi 6$～$\phi 20$mm冲击钻头钻孔。木楔经防腐处理后,打入孔中,塞实塞牢。在抹灰墙面涂刷冷底子油或在砌体墙面、混凝土墙面铺沥青油毡或油纸做防潮层。涂刷冷底子油要满涂、刷匀,不漏涂;铺油毡、油纸,要满铺,铺平、不留缝。木龙骨施工前涂刷防腐、防火涂料。固定木龙骨用水准尺找平、找垂直,用铁钉钉在木楔上,边钉边找平,找垂直,控制龙骨整体表面平整度及整体立面垂直度，木龙骨架与胶合板接触的一面应刨光。

2）安装三层胶合板。用气钉枪将三合板钉在木龙骨上。钉固时从板中向两边固定，接缝应在木龙骨上且钉头沉入板内使其牢固、平整。三合板在铺钉前，应先在其板背涂刷防火涂料，涂满、涂匀。

3）在木基层上铺钉九厘板条块：依据设计图在木基层上划出墙、柱面上软包的外框及造型尺寸线，并按此尺寸线锯割九厘板拼装到木基层上，九厘板围出来的部分为准备做软包的部分。钉装造型九厘板的方法同钉三合板一样。

4）按九厘板围出的软包的尺寸，裁出所需的泡沫塑料块，并用建筑胶粘贴于围出的部分。

5）从上往下用装饰饰面布或皮革包覆泡沫塑料块。先裁剪装饰布或皮革，压角木线和木线长度尺寸按软包边框裁制，在 90°角处按 45°割角对缝，装饰布或皮革应比泡沫塑料块周边宽 50～80mm。将裁好的装饰布或皮革连同作保护层用的塑料薄膜覆盖在泡沫塑料上，用压角木线压往织锦缎的上边缘，展平、展顺织锦缎以后，用汽枪钉钉牢木线。

6）钉装压角木线，压紧、钉牢，织锦缎面应展平不起皱。最后裁下多余的织锦缎与塑料薄膜。

13.9 暗压条绷布软包工程施工质量控制的要点是什么？

暗压条绷布软包工程施工质量控制要点：

(1) 基层处理、安装木龙骨以及安装胶合板，同明压条软包。

(2) 施工质量控制要点

1）先将装饰布按需要宽度裁下后，在布的一端背面用加工好的木条压住，钉在木龙骨上，同时找好布的经纬线、垂直度和木条的垂直度。

2）把装饰布翻过来，面朝上，朝相反方向拉紧，同时用第二根木条贴紧第一根木条，把布双折反向钉于木龙骨上，再将装饰布翻到正面拉紧，使之形成两根木条在装饰布下，正立面仅可见到一条布缝的固定方式。

3）把装饰布翻到正面拉紧后，同上法钉于下面木龙骨上，每条间 400mm 或按设计要求。

4）结尾处宜先将装饰布把木条裹起，两端找直绷紧后，把钉帽砸扁，或用无头钉钉于木龙骨上，再把钉帽压住的布纤维挑起、整理。

13.10 木框绷布软包工程施工质量控制的要点是什么？

此种施工方法属于预制软包拼块方法，采用凹槽榫工艺拼装软包板块。

（1）基层处理、做防潮层、固定木龙骨同明压条绷布法。

（2）施工质量控制要点。

1）制作木框：在钉装完龙骨后，选用干燥木条（木条尺寸规格由设计图纸确定，一般为 20mm×35mm），用圆铁钉按设计要求钉成规格木框，并将五层胶合板或纤维板钉在木框上，再把木框周边加工整齐方正。在木框竖向裁 8mm、宽 5mm 的深凹槽。

2）制作榫条：用 12mm 厚木板条制作成"T"形榫条，榫条宽度由设计决定，榫条两侧裁口深度≤5mm，宽度 8mm。

3）绷布或皮革前，将填充芯材在木框内的胶合板上粘好；绷布或皮革时，将防火装饰布或皮革平整地铺在木框上，四边折向木框背面，然后用气枪钉固定在木框背面（也可用小铁钉固定），角边压进长约 20～30mm 面料。

4）用砸扁钉帽的圆钉，把加工好的榫条固定在木龙骨上，需要时，将预制软包块用塑料布包好（做成品保护用），钉一条榫条插一块软包面板，直至最后。钉固榫条时应先弹线，一边保证垂直度、水平度要求。

5）横向两块装饰面板间缝，可用与榫条同厚度的木条钉于其间。

6）木框与框间预留缝隙，可制作统一标准木方作标尺来控制。

13.11 皮革和人造革软包工程施工质量控制的要点是什么？

在装饰工程中，用皮革和人造革装饰局部墙裙、柱体、酒吧台及服务台立面等，已成为新的时尚。因此，在施工中应注意研究它的施工工艺，保证施工质量。

(1) 基层处理

人造革包覆室内固定设置，要求基层牢固，构造合理。如果是将它直接装设于建筑墙体及柱体表面，为防止墙、柱体的潮气使其基面板翘曲变形而影响装饰质量，要求基层做抹灰和防潮处理。通常的做法是，采用1∶3的水泥砂浆抹灰20mm厚。然后刷涂冷底子油一道并作一毡二油防潮层。

(2) 木龙骨及墙板安装

当在建筑墙柱、面做皮革或人造革装饰时，应采用墙筋木龙骨，墙筋一般为20～50mm×40～50mm截面的木方条，钉于墙、柱体的预埋木砖或打入的木楔上，木砖或木楔的布置间距，与墙筋的排布尺寸一致，一般为400～600mm，按设计图纸的要求进行分格或平面造型形式进行划分。常见形式为450mm×450mm见方划分。

固定好墙筋之后，即铺钉五层胶合板作基面板；然后以人造革包矿棉、泡沫塑料、玻璃棉或棕丝等填塞材料覆于基面板之上，采用暗钉将其固定于墙筋位置；最后以电化铝帽头钉按分格或其他形式的划分尺寸进行钉固。也可同时采用压条，压条的材料可用不锈钢、铜或木条，既方便施工，又可使其立面造型丰富。

(3) 面层固定

皮革和人造革饰面的铺钉方法，主要有成卷铺装和分块固定两种形式。此外尚有压条法、平铺泡钉压角法等，由装饰设计而定。

① 成卷铺装法

由于人造革材料可成卷供应，当较大面积施工时，可进行成卷铺装。但需注意，人造革卷材的幅面宽度应大于横向木筋中距

50～80mm;并要保证基面五夹板的接缝置于墙筋上。

② 分块固定

先将皮革或人造革与五层胶合板按设计要求的分格、划块尺寸进行预裁,然后一并固定于木筋上。安装时,以五夹板压住皮革或人造革面层,压边 20～30mm,用圆钉钉于木筋上;然后将皮革或人造革与木夹板之间填入衬垫材料进而包覆固定。操作要点是:首先必须保证五夹板的接缝位于墙筋中线;其次,五夹板的另一端不压皮革或人造革而是直接钉于木筋上;再就是皮革或人造革剪裁时必须大于装饰分格划块尺寸,并足以在下一个墙筋上剩余 20～30mm 的料头。如此,第二块五夹板又可包覆着第二片革面压于其上进而固定,照此类推完成整个软包饰面。这种做法,多用于酒吧台、服务台等部位的装饰。

13.12 如何防止软包墙面高低不平,垂直度差?

出现这样的质量问题,原因在于龙骨、衬板、边框等安装时位置控制不准,或者所用木材含水率太高,在施工后的干燥过程中发生翘曲、开裂、变形。无论采取何种软包的施工方法,均要对龙骨、衬板、榫条、边框严格控制垂直度、平整度,在安装龙骨时应在墙面基层弹线,并通过拉线控制龙骨表面在同一立面上。安装榫条或边框时也应通过弹线或吊重锤等器具或仪器来控制垂直度。

对所用的木龙骨、板条等要控制含水率不大于12%。

13.13 如何防止卷材接缝、花纹不平直、不对称?

在粘贴卷材或者制作拼块软包面板时,必须认真通过吊垂线、用水平尺、直角检测尺等找方正,并要仔细的对花和拼花。由于门窗口两边或有柱子时容易产生花纹不对称的问题,最好通过做样板间,在过程中发现问题,通过合理的排版下料找到解决方法。

13.14 如何防止软包表面装饰布松弛变形或开裂？

首先在施工中绷布时应绷压不严密，如布绷压不严密，经过一段时间，软包面料会因为失去张力而松垂、出皱；应保证单块软包上的面料为整张的，不能拼接面料，否则在拼接处容易产生开裂。即使没有发生开裂，拼接部分也影响到装饰效果。此外，在设计时，应优先选用张力以及韧性较好的面料。

13.15 如何防止软包的明框、明压条的色差及花纹在视觉上的不协调？

当软包的明压条或明框为清漆饰面时，视觉效果决定于木料的本色和花纹。在选材上若能控制好，使其基本协调一致，就能避免产生色差过大、花纹差别过大，整体效果不协调的后果。

13.16 如何防止离缝、亏料、翘边现象的发生？

相邻卷材间接缝不严合，露出基底称为离缝；卷材的上口与挂镜线，下口与踢脚线等接缝不严显露基底称为亏料。主要原因是粘贴卷材时产生歪斜，出现离缝。卷材裁割不方正，下料过短或裁割余料不仔细造成。

软包的饰面接缝和边缘处胶粘剂刷涂过少，或局部漏刷、边缝未压实，干后出现翘边、翘缝现象。施工时应避免这些问题发生。

13.17 如何防止产生分块不方正的视觉效果？

在固定压条、榫条时不但要控制其垂直度、水平度，还要测量其对角线长度的偏差，使其满足设计要求和《建筑装饰装修工程质量验收规范》GB 50210—2001 的允许偏差的规定。

13.18 如何防止软包表面不平、侧视有颗粒状突起？

产生这种现象通常由于填充芯材质量不合格，表面过于粗糙，或施工时在绷布过程中混入小颗粒等，应严格控制材料质量，同时避免粗糙施工。

13.19 软包工程质量验收时应检查那些文件和记录？

软包工程在验收时检查的文件和记录：

(1) 软包工程的施工图、设计说明及相关文件。

(2) 饰面材料的样板及确认文件。

(3) 材料的产品合格证书、性能检测报告、进场验收记录及复验报告。

(4) 施工记录。

13.20 软包工程检验批怎样划分？检查数量有什么规定？

同一品种的裱糊或软包工程每50间(大面积房间和走廊按施工面积30m^2为一间)应划分为一个检验批，不足50间也应划分为一个检验批。

软包工程每个检验批应至少抽查20%，并不得少于6间，不足6间时应全数检查。

13.21 软包工程质量验收的主控项目是什么？

软包工程质量验收的主控项目是：

(1) 软包面料、内衬材料及边框的材质、颜色、图案、燃烧性能等级和木材的含水率应符合设计要求及国家现行标准的有关规定。

(2) 软包工程的安装位置及构造做法应符合设计要求。

(3) 软包工程的龙骨、衬板、边框应安装牢固，无翘曲，拼缝应平直。

(4) 单块软包面料不应有接缝，四周应绷压严密。

13.22 软包工程质量验收的一般项目是什么？

软包工程质量验收的一般项目是：

(1) 软包工程表面应平整、洁净，无凹凸不平及皱折；图案应清晰、无色差,整体应协调美观。

(2) 软包边框应平整、顺直、接缝吻合。其表面涂饰质量应符合《建筑装饰装修工程质量验收规范》GB 50210 第 10 章的有关规定。

(3) 清漆涂饰木制边框的颜色、木纹应协调一致。

(4) 软包工程安装的允许偏差和检验方法,应符合表 13-4 的规定:

软包工程安装的允许偏差和检验方法　　　表 13-4

项　次	项　　目	允许偏差(mm)	检　验　方　法
1	垂　直　度	3	用 1m 垂直检测尺检查
2	边框宽度、高度	0;-2	用钢尺检查
3	对角线长度差	3	用钢尺检查
4	裁口、线条接缝高低差	1	用钢直尺和塞尺检查

14 细部工程

14.1 细部工程有几个分项工程？其适用范围是什么？

细部工程共分为五个分项工程，分别是橱柜制作与安装；窗帘盒、窗台板、散热器罩制作与安装；门窗套制作与安装；护栏和扶手制作与安装；花饰制作与安装。

其中橱柜制作与安装工程适用于位置固定的壁柜、吊柜等的制作与安装；窗帘盒、窗台板、散热器罩制作与安装工程适用于窗帘盒、窗台板、散热器罩制作与安装；门窗套制作与安装工程适用于门窗套制作与安装；护栏和扶手制作与安装工程适用于护栏和扶手制作与安装；花饰制作与安装工程适用于混凝土、石材、木材、塑料、金属、玻璃、石膏等花饰制作与安装。

14.2 对橱柜制作所用材料有哪些要求？

制作橱柜所用材料的主要要求有：

(1) 制作橱柜所用材料的材质、规格应符合设计要求及相应标准的有关规定。

(2) 木材的含水率不应超过 12%，燃烧性能指标等级应符合防火规范要求，人造木板的甲醛含量应符合《民用建筑工程室内环境污染控制规范》(GB 50325—2001)的规定，并应按其要求进行甲醛含量的复验。

(3) 花岗石等具有放射性材料应根据其类别严格控制其使用范围。其中 A 类使用范围不受限制。B 类不可用于Ⅰ类民用建筑的内饰面，但可用于Ⅱ类民用建筑的外墙面及其他一切建筑物的内外饰面。C 类只可用于建筑物的外饰面及室外其他用途。

（4）使用的胶粘剂、木器涂料中有害物质限量应符合国家现行标准的有关规定。

14.3 护栏和扶手制作与安装工程对护栏玻璃有何要求？

《建筑装饰装修工程质量验收规范》（GB 50210—2001）中规定：护栏玻璃应使用公称厚度不小于 12mm 的钢化玻璃或钢化夹层玻璃。当护栏一侧距楼地面高度为 5m 及以上时，应使用钢化夹层玻璃。

14.4 橱柜制作与安装工程在建筑发展过程中有何变化？

橱柜制作与安装工程在建筑发展过程中的变化主要有几个方面：

（1）用途上的变化

起初橱柜主要是为了充分利用空间，在室内的一些死角设置壁柜；室内上部的多余空间设置吊柜，主要用途是为了储物。随着经济的发展和生活水平的提高，逐步发展成为了合理利用空间，保证生活或工作的使用功能和方便，美化生活空间而在相应位置制作安装相应的橱柜。

（2）材料上的变化

原制作橱柜的主要材料为木材和胶合板，随着建材行业的发展，橱柜制作的材料在不断扩展，逐步发展到使用木材、胶合板、纤维板、金属包箱、硬质 PVC 塑料板、石材、玻璃、各种复合板材等多种材料。

（3）型式上的变化

原橱柜主要指壁柜和吊柜，有专门颁布的标准图集以供选用，使用功能和材料较单一。随着使用功能的多样化、材料使用的多样化，发展成为型式多样的橱柜，具有家具的功能并向固定式家具的方向扩展。现在橱柜的立面设计、造型设计都要结合室内设计作艺术处理，将它们与室内设计有机结合起来，增加室内空间的多变性。

（4）制作与安装工艺上的变化

橱柜的制作与安装随着其使用功能和所用材料的变化，逐渐从原来标准型式制作、安装与结构工程配合，按规定工艺安装的方式，向依据设计要求和材料性质，而采取多种制作和安装工艺发展的方向转变。

14.5 橱柜制作与安装分为几种方式？

橱柜的制作与安装大体分为如下几种方式：

（1）根据设计要求，采购材料，在现场制作安装。

（2）在场外加工车间或加工厂家制作成半成品，现场组装、安装。

（3）在场外加工车间或加工厂家制作成成品，现场进行安装。

14.6 橱柜制作与安装工程有哪些质量控制要点？

橱柜制作与安装过程中应注意如下方面的质量控制：

（1）安装橱柜时要做到安装准确，配件应齐全，安装应牢固。

（2）柜扇裁口应顺直、表面平整光滑。

（3）柜门和抽屉安装应开关灵活、稳定、无回弹和侧倾，回位正确。

（4）柜的盖口条、压缝条、装饰线应尺寸一致、准确、顺直。

（5）橱柜表面应平整、洁净、色泽一致，不得有裂缝、翘曲及损坏，封边严密。

（6）五金安装位置适宜，槽深一致，边缘整齐，尺寸准确。五金规格符合要求，数量齐全，木螺丝拧紧卧平，插销、锁开关灵活。

14.7 窗帘盒有哪些种类和常用尺寸？常用材料有哪些？

窗帘盒分为明窗帘盒和暗窗帘盒。明窗帘盒整体露明，常采用的有通长窗帘盒和单个窗帘盒，一般是先加工成半成品，再在施工现场安装。暗窗帘盒其主要特点是与吊顶部分结合在一起，常见的有内藏式和外接式两种。暗装内藏式窗帘盒需要在吊顶施工时一并做好，其主要形式是在窗顶部分的吊顶处作出一条凹槽，以便在此安装窗帘导轨。暗装外接式窗帘盒是在平面吊顶上做出一条通贯墙面长度的遮挡板，窗帘轨就装在吊顶平面上，但由于施工质量难以控制，目前较少采用。

窗帘盒内净空宽度根据窗帘轨情况，一般单轨时净宽度为140mm，双轨时净宽度为200mm。窗帘盒的高度为140mm。窗帘盒的长度应比窗洞口宽度大360mm以上，保证窗帘打开时不影响窗的采光面积。

制作窗帘盒的材料以木材占多数，现主要以人造板材为主，也有用塑料或铝合金等其他材料制作的。

14.8 木窗帘盒制作要点有哪些？

窗帘盒由面板、端板、盖板及支架组成。木窗帘盒制作时，其制作要点如下：

(1) 木窗帘盒制作时，首先根据施工图或标准图的要求，进行选料、配料，先加工成半成品，再细致加工成型。窗帘盒应保证要求的净高度和净宽度，窗帘盒盖板厚度不宜小于15mm，薄于15mm的盖板应用螺栓固定窗帘轨，否则容易造成轨道脱落。

(2) 用胶合板加工时，应按设计施工图要求下料，细刨净面各边。需要起线或封边时，宜采用粘贴木线的方法。线条要光滑顺直，深浅一致，接头应锯成45°斜角，连接严密。当制作窗帘盒需板材加长时，最佳结构方式是采用45°全暗燕尾铆榫，也可采用45°斜角钉胶结合，暗装内藏式也可在窗帘盒背面衬板加以固定。对于通长窗帘盒为防止面板弯曲变形，应采取相应措施。

(3) 组装时，先抹胶，再用钉钉牢，将溢胶及时抹净，不得有明榫，不得露钉帽。明装窗帘盒应根据设计要求进行表面饰面的安装。

(4) 目前窗帘盒常在工厂加工成半成品，在现场组装即可。

14.9 窗帘盒安装时应注意哪些问题?

窗帘盒安装时应注意以下几个问题:

(1) 为了保证窗帘盒安装牢固,位置正确,应预先检查窗帘盒预埋件的尺寸、位置及数量是否符合设计要求,如有差错,应采取补救措施。

(2) 确定窗帘盒安装的标高。对于明窗帘盒应根据室内标准水平线往上量。对于暗窗帘盒应根据吊顶标高确定其安装标高。在同一墙面上或同一房间内有几个窗帘盒时,安装时应拉通线,使其高度一致。

(3) 安装窗帘盒时,应将窗帘盒的中线对准窗洞口中线,使其两端伸出洞口的长度尺寸相同。并用水平尺检查,使其两端高度一致。窗帘盒靠墙部分应与墙面紧贴,无缝隙。

(4) 窗帘盒的支架宜用 35mm×5mm 扁钢弯制,不设盖板的窗帘盒支架宜用 20mm×20mm×3mm 角钢弯制。支架与墙面,支架与窗帘盒都要安装牢固,暗窗帘盒应根据设计要求与吊顶施工时一并做好;塑料窗帘盒、铝合金窗帘盒自身具有固定耳,可通过固定耳将窗帘盒用膨胀螺栓固定于墙面。

14.10 窗台板有哪些常用材料?

窗台板的制作材料通常有木制窗台板、水泥窗台板、水磨石窗台板、天然或人工石材窗台板、金属窗台板等。其中木制窗台板以在现场制作安装为主;水泥窗台板以现场抹制为主;水磨石、石材、金属窗台板以场外加工,现场安装为主要方式。

14.11 如何进行窗台板制作安装?

窗台板制作安装:

(1) 定位与划线

根据设计要求的窗下框标高、位置,划窗台板的标高、位置线,有暖气罩的同时核对暖气罩的高度,并弹暖气罩的位置线。为使同房间或连通窗台板的标高和纵横位置一致，安装时应统一抄平，拉通线，使标高、出墙厚度统一。

(2) 检查预埋件，安装支架

找位与划线后，检查窗台板安装位置的预埋件，是否符合设计与安装的连接构造要求，如有误差应进行修正。构造上需要设窗台板支架的，安装前应核对固定支架的预埋件，确认标高、位置无误后，根据设计构造进行支架安装，窗台板超过 1500mm 时，除靠窗口两端下木砖或铁件外，中间应每 500mm 间距增埋木砖或铁件，跨空窗台板应按设计要求的构造设定支架。窗台板与暖气罩连体的，其埋件及支撑骨架应按设计构造要求进行制作安装。

(3) 窗台板的安装

① 木窗台板安装：在窗下墙顶面木砖处，横向钉梯形断面木条(高度大于 1m 时，中间应以间距 500mm 左右加钉横向梯形木条)，用以找平窗台板底线。窗台板宽度大于 150mm 的，拼合板面底部横向应加暗带。采用大芯板等人造板作为衬板的，可按设计构造要求进行安装，安装时应插入窗框下帽头的裁口，两端伸入窗口墙的尺寸应一致，保持水平，找正后用砸扁钉帽的钉子钉牢，钉帽冲入板面 1～2mm。

② 预制水泥窗台板、预制水磨石窗台板、石材窗台板安装：按设计要求找好位置，进行预装，标高、位置、出墙尺寸等符合要求，接缝平顺严密，固定件无误后，按其构造的固定方式正式固定安装。

③ 金属窗台板安装：按设计构造要求，核对标高、位置、固定件后，先进行预装，经检查无误后，再正式固定安装。

14.12 制作安装窗台板时有哪些质量控制要点和质量要求?

质量控制要点和质量要求：

(1) 安装窗台板应在窗框安装、框与墙体间缝已填塞完成后进行，窗台板与暖气罩连体的，应在墙面、地面装修层完成后进行。

(2) 窗台板制作材料的品种、材质、颜色应按设计选用，木制品应为烘干材料，其含水率在12%以内，并应做好相应的防腐、防火处理，不允许有扭曲变形。

(3) 预埋木砖或铁件每樘窗不少于2块，除两端外，中间应每500mm间距设木砖或铁件，通常窗台板、与暖气罩联体窗台板，需设支架窗台板，应按设计构造要求进行骨架和支架的安装，其标高、位置、尺寸应符合设计要求。

(4) 窗台板上表面应向室内略有倾斜(泛水)，坡度为1%

(5) 木制窗台板表面为清油时，其板材应无明显色差，纹理相近，安装时纹理方向应符合设计要求。

(6) 预制水磨石、石材、金属窗台板制作前应根据现场实际情况进行测量，确定加工尺寸，对于异形窗台板应放大样。在加工时选材应无明显色差，纹理相似。尺寸、厚度应准确，磨边、倒角应光滑、顺直、无缺陷。

(7) 窗台板必须按设计的构造安装牢固、无松动。表面平直、光滑、接缝严密，线条及边角顺直，棱角方正无缺陷，色泽一致。不得有裂缝、翘曲及损坏。与其他部位衔接严密、胶缝顺直，其安装尺寸偏差达到验收标准要求。

14.13 暖气罩的作用、形式和常用材料有哪些?

暖气罩是室内装饰的重要组成部分之一，其主要作用是防护暖气片过热烫伤人员，使冷热空气对流均匀和散热合理，美化和装饰环境。

暖气罩就其安装形式可分为活动架式暖气罩和固定架板式暖气罩。其常用材料主要有木材和金属。木材采用硬木条、人造木板;金属采用铝合金、不锈钢、钢、铁艺等。暖气罩的上顶面也经常采用石材。

14.14 暖气罩有哪些构造要求?

(1) 暖气罩的上半部和底部要做成通透式，保证空气的流通，不能影响暖气的散热。其底部冷空气流通口高度不小于120mm，上部热风出口在暖气罩立面时，高度不小于300mm。

(2) 暖气罩的内部净空应不小于180mm，暖气罩立面与暖气片间的距离不小于60mm。暖气罩顶面距暖气片高度不小于100mm，并应加隔热材料。

(3) 暖气罩设置在窗洞口下方时，暖气罩的长度应比窗洞口宽度大，以利于安装。暖气管道接口处、阀门处必须做活门，暖气罩不论何种形式，都应保证暖气的正常开关和维修。

14.15 门窗套的组成和常用材料有哪些？

门窗套通常由筒子板和贴脸两部分组成。常用材料有木材、人造板材、石材、不锈钢等。

14.16 安装石材、不锈钢门窗套有哪些质量控制要点？

质量控制要点：

1. 石材门窗套的安装

(1) 石材门窗套一般为现场测量尺寸、厂家加工、现场安装。安装方法有粘贴、干挂法。

(2) 材料进场时要对材料的数量、尺寸、厚度、磨边、倒角、花纹等进行检查，以保证其安装质量。

(3) 安装前应对基体进行检查，基体应干燥无松动，窗框与墙体间已填塞密实，且已做好防护。预埋件已安装完成，位置准确、牢固。

(4) 采用粘贴法安装时，其胶粘剂应符合设计要求。施工温度应符合胶粘剂固化的要求(一般要求温度应在5℃以上)。采用干挂法安装时，干挂件应符合设计要求。

(5) 石材门窗套安装应牢固，表面平整光洁，线条顺直，接缝严密，色泽一致，花纹相近，无缺损。

(6) 密封胶的颜色应与石材颜色配套，胶缝应顺直、光滑。

2. 不锈钢门窗套的安装

(1) 衬板的制作和安装：衬板制作时应牢固、平整、尺寸准确。

(2) 不锈钢门窗套安装时,先装横向部分,后装竖向部分,安装时注意不得用锤直接击打板面,不能硬塞,如安装不上,应对衬板进行修整后,再进行安装。

(3) 密封胶的颜色宜为透明胶,胶缝应顺直,光滑。

14.17 木制门窗套制作安装有哪些质量控制要点?

质量控制要点:

1. 木筒子板龙骨制作与安装

(1) 安装前应检查洞口,并根据设计要求,找好标高、平面位置、竖向尺寸进行弹线。弹线后检查预埋件、木砖是否符合设计及安装要求,不符合的进行修整或补装。

(2) 制作木骨架应根据洞口实际尺寸,用木方制成木龙骨架。一般骨架分三片,洞口上部一片,两侧各一片。每片两根立杆,当筒子板宽度大于500mm 或需要拼缝时,中间适当增加立杆。横撑间距根据面板厚度决定,当面板厚度为 10mm 时,间距不大于400mm;面板厚度为 5mm 时,间距不大于 300mm;面板厚度在15mm 以上时,间距扩大到 450mm。龙骨架表面应刨光,其他三面做防腐处理。

(3) 木骨架安装必须牢固,安装后平、正、直,装钉龙骨时顶留出面板厚度,安装不平时可用木垫垫实找平,每个木垫至少用两个钉子钉牢。

2. 筒子板面板的装钉

(1) 装饰面板应挑选木纹和颜色近似者用在同一房间或部位,使安装后从观感上木纹、颜色近似一致。

(2) 裁板时,尺寸要略大于龙骨架的实际尺寸,按龙骨排尺,在板上划线裁板。木材板面应刨净;胶合板、贴面板的板面严禁刨光,小面皆需刮直。当采用厚木板时,板背面应做卸力槽,以免板面弯曲。卸力槽一般间距为 100mm,槽深 10mm,深度 5～8mm。

(3) 安装时木纹根部向下,长度方向需要对接时,木纹应通顺,其接头位置应避开视线平视范围。一般窗面板拼缝应在室内地坪 2m 以上，门洞面板拼缝离地面 1.2m 以下。同时接头位置必须留在横撑上。

(4) 面板安装前，对龙骨位置、平直度、钉设牢固情况，防潮构造要求等进行检查，合格后进行安装。面板配好后进行试装，面板尺寸、接缝、接头处构造完全合适，木纹方向、颜色的观感达到要求的情况下，才能进行正式安装。

(5) 板面与木龙骨间要涂胶，固定面板一般用钉枪，所用钉条长度为面板厚度的 3 倍，间距为 100mm；若用圆钉，钉帽要砸扁，并用尖冲子将钉帽顺木纹方向冲入面层 1～2mm，面板里侧要装进门窗框预先留好的凹槽里，外侧要与墙面平齐，割角要严密方正。

3. 贴脸的安装

(1) 安装条件：门窗框安装完毕，有筒子板的已安装完毕，墙面已做好，即可安装贴脸。

(2) 贴脸料应进行挑选，花纹、颜色应与框料、筒子板面料近似。贴脸规格尺寸、宽窄、厚度应一致。装钉贴脸板，一般是先钉横的，后钉竖的。先量出横向贴脸板所需的长度，两端锯成 45°斜角(即割角)。圆钉帽砸扁，顺木纹冲入板表面 1～2mm，一般较多用钉枪，钉长宜为板厚的两倍，钉距 100～150mm。

(3) 贴脸板的宽度大于 80mm 时，其接头应做暗榫；其四周与抹灰墙面须接触严密，内边沿至门窗框裁口的距离应一致，搭盖墙的厚度一般为 20mm，但不少于 10mm，横竖贴脸板的线条要对正，割角应准确平整，对缝严密，安装牢固。

(4) 木贴脸板下部要有门墩。门墩要稍厚于踢脚板。不设门墩时，木贴脸板的厚度不能小于踢脚板的厚度，以免踢脚板冒出，影响美观。

14.18 玻璃栏板的基本构造是什么？有哪些施工注意事项及质量控制要点？

玻璃栏板或玻璃扶手，是采用大块的透明安全玻璃，固定于地面的基座上，上面加设不锈钢、铜或木扶手而成。玻璃栏板的构造主要由扶手、钢化玻璃板、栏板底座三部分组成。

施工注意事项：

(1) 扶手两端的固定：扶手两端锚固点应该是不发生变形的牢固部位，如墙、柱和金属附加柱等。对于墙体或柱，可以预先在主体结构上埋铁件，然后将扶手与铁件连接。因此在墙、柱施工时，应注意锚固扶手的预埋件的埋设，并保证位置正确。

(2) 玻璃栏板底座施工时，注意固定件的埋设应符合设计要求。需加立柱时，应确定立柱的位置。各段立柱的安装尺寸要求准确。

(3) 当需要补装锚固铁件时，应符合设计的要求，最好不采用市场上的普通膨胀螺栓，建议采用喜得利安卡锚栓或德国“慧鱼”等建筑锚栓。必要时，应作锚固试验，以便保证埋件牢固。

(4) 扶手与铁件的连接，可用焊接或螺栓连接。扶手安装完毕，需对扶手表面进行保护，当扶手较长时，需考虑扶手的侧向弯曲，在适当的部位加设临时立柱，减少变形。若变形较大，一般较难调直，应重新安装。

(5) 栏板玻璃的周边加工一定要磨平，外露部分应磨光倒角。栏板玻璃周边切口必须平整，不仅是为了施工操作的安全，也可以减少玻璃的自爆。

(6) 玻璃的安装尺寸应符合相关规定，具体参见表14-1。立放玻璃的下部要有氯丁橡胶垫块，玻璃与边框、玻璃与玻璃之间要有空隙，以适应玻璃热胀冷缩的变化。玻璃的上部和左右的空隙大小，应便于玻璃的安装和更换。

单片玻璃、夹层玻璃的最小安装尺寸(mm) **表14-1**

玻璃厚度	前部余隙或后部余隙		嵌入深度	边缘余隙
	塑料填料、密封剂或嵌缝材料的安装	预成型弹性材料(如聚氯乙烯或氯丁橡胶密封垫)的安装		
12	3.0	3.0	12	5
15	5.0	4.0	12	8
19	5.0	4.0	15	10
25	5.0	4.0	18	10

(7) 玻璃栏板直接与地面安装，多采用角钢、钢板焊成连接固定槽，固定玻璃的铁件或固定槽高度不宜小于100mm，固定铁件的中距不宜大于450mm，在安装时，玻璃与铁板之间及固定槽底面应填上氯丁橡胶垫，用螺丝将玻璃紧固。

(8) 玻璃栏板安装时一定要注意不要在玻璃周边造成破损或缺陷，由于缺陷的存在，易发生炸裂。对于螺栓固定的玻璃栏板，玻璃上预先钻孔的位置必须十分准确，固定螺栓与玻璃留孔之间要有空隙，并用胶垫圈隔开，若发现玻璃留孔位置与螺栓配合时没有空隙，应重新加工玻璃，绝不能硬性安装。

(9) 不锈钢、铜扶手和玻璃的表面在交工前应进行清洁，将残留在其表面的污物和胶痕清除。金属表面必要时还应抛光处理。

(10) 注意施工中的安全：安装1m以上玻璃时，应使用玻璃吸盘器，防止玻璃倾倒或坠落伤人。

(11) 注意施工放线的准确：由于钢化玻璃加工好后就不能再裁切，所以各段立柱的安装尺寸要求十分准确，应根据现场实际放线的数据，绘制施工放样详图，然后按照放样图加工栏板的各个构配件，在安装前严格检验加工件的尺寸，把好原材料质量关。

(12) 注意成品保护：在装饰施工阶段，通常是多专业的工种交叉作业，甚至是出现多家施工单位同时施工。所以在施工中和完工后，要特别注意防止成品受到碰击破损和变形。在人员交通频繁或突出部位应有必要的保护遮挡措施，并加强施工现场的管理。

14.19 不锈钢栏杆、扶手制作安装的质量控制要点有哪些？

质量控制要点：

(1) 栏杆、扶手加工前，应到现场实测放线。因土建施工偏差及装饰设计图纸之间的误差，会造成与实际尺寸的不符合。所以必须根据现场实测尺寸绘制施工放样详图。特别对拐点位置和弧形栏杆的立柱定位尺寸要更加注意。

(2) 对预埋件进行数量、位置、牢固检查，对不符合要求的进行修整，未设置的应按设计要求进行补装，埋件应固定于足够强度的基层上。

(3) 应选择合格的原材料。要求管径、管壁厚度、表面质量均应满足设计要求和使用功能的要求。一般大立柱和扶手的管壁厚度不宜小于 1.2mm。扶手的弯头配件应选用正规工厂的产品。

(4) 要控制加工成型工序。所用配件和杆件应尽量采用成品配件，因目前加工技术水平受人员技术素质影响较大，不易控制工程的整体质量，因此对造型栏杆扶手应统一样板构件，加工产品要逐件检查，保证成品的质量、尺寸统一。

(5) 安装和焊接时，应先竖立直线段两端的立柱，检查就位正确和校正垂直度，然后用拉通线方法逐个安装中间立柱，顺序焊接其他杆件。焊接要满焊，不能仅点焊几点。对设有玻璃栏板的栏杆，固定玻璃栏板的夹板或嵌条应对齐在同一平面上，否则会造成玻璃嵌缝不均匀，不平直或使安装发生困难。

(6) 对于镀钛的栏杆、扶手，应将栏杆和扶手合理地分成若干单元，加工好后在现场试装，检查调整合适后再拆下镀钛。现场氩弧焊接会破坏镀层，安装点焊位置应设置在不明显处，或采用套管等其他联结方法。

(7) 打磨和抛光应使用配套的专用机具，目前一些安装企业缺乏小型专用磨机和异型磨头，其质量较多取决于工人的手艺，易造成打磨高低不平，立杆与扶手的连接焊缝不易打磨和抛光。对镜面不锈钢焊接缝处的打磨和抛光，应按照操作工艺由粗砂轮片到超细砂轮磨片逐步打磨，最后用抛光轮抛光，对于发纹不锈钢和镀钛不锈钢管的接头不宜采用焊接，最好选用有内衬的专用配件或用套管联结。

14.20 石材扶手的制作安装应注意哪些问题?

石材扶手的制作安装应注意下面几个问题：

(1) 在实际测量对扶手分段时，应注意圆弧曲线形扶手的分段尺寸不宜太大。否则在安装时扶手会出现明显的死弯硬角。在实际订货时，对起始和拐折处需现场加工拼接处的扶手长度要留出足够的余量。

(2) 扶手的安装多采用粘接和销钉的方法。在安装过程中必须注意配件的尺寸、规格达到设计要求，安装应牢固，在接头部位宜做倒角。

(3) 由于石材扶手不能将弯头拐点作成连续构件，只能靠拼接连接，所以在施工拐点拼接时要进行仔细放线和试拼，切割时稍留有余量，再按试拼后情况逐渐磨削到位，且应角度准确，断面宜细磨或抛光。对于旋转曲线楼梯的扶手分段要根据楼梯半径的大小合理分段，半径愈小分段也应愈小，安装后对拼接处要局部磨平溜顺。

14.21 木扶手安装有哪些质量控制要点？

质量控制要点：

(1) 安装前要检查木扶手的扁钢是否平顺和牢固，扁钢上要钻好固定木螺丝的小孔，并刷好防锈漆。

(2) 测量各段楼梯实际需要的木扶手长度，按所需长度尺寸略加余量下料。当扶手长度较长需拼接时，最好先在工厂专用开榫机开手指榫。但每一梯段上的榫接头不宜超过 1 个。

(3) 预制木扶手须经预装。安装扶手由下往上进行，首先按设计要求做好起步点的弯头，再接着安装扶手。粘接时操作环境温度不应低于 5℃。用木螺丝拧紧固定，固定木扶手的螺钉间距宜小于 400mm，操作时应在固定点处先将扶手钻孔，再将木螺丝拧入，不得用锤子直接打入。木螺丝应拧紧，螺钉头不能外露，钉帽平正。

(4) 当扶手断面的宽度或高度超过 70mm 时，除粘接外，还应在下面做暗榫或用铁件铆固。

(5) 木扶手末端与墙或柱的连接必须牢固，不能简单将扶手伸入墙内，因为水泥砂浆不能和木扶手牢固结合，水泥砂浆的收缩裂缝会使木扶手入墙部分松动。

(6) 沿墙木扶手在与预埋件和安装连接件固定时，必须拉通线找准位置，安装牢固。

(7) 木扶手安装完毕后，需对所有构件的连接进行检查，木扶手的拼接要平顺光滑，对不平整处要用小刨净光，使其折角清晰，坡度合适，弯曲自然，断面一致，再用砂纸打磨光滑。

14.22 花饰在运输、贮存时应注意哪些问题？

花饰在运输、贮存过程中应注意以下问题：

(1) 加强装卸运输过程的管理，运输时要妥善包装，避免受到剧烈的振动。装卸时要轻拿轻放，选好受力支撑点，防止晃动、碰撞损坏、磨损花饰。

(2) 贮存时要垫放平稳，堆放方式合理，不准悬挑太长，堆放过高，要防止日光暴晒，并防止雨淋、受潮。

(3) 运输和贮存过程中，在未涂饰油漆前，要严格保持花饰表面干净，以免造成涂饰时的困难，或无法清理而影响花饰的观感质量。

14.23 花饰安装应注意哪些问题？

花饰安装应注意下面几个问题：

(1) 购买、外委的花饰制品或自行加工的预制花饰，应经检查验收，其材质、规格、图式应符合设计要求。水泥、石膏预制花饰制品的强度应达到设计要求，并满足硬度、刚度的要求标准。

(2) 安装花饰的工程部位，其前道工序项目必须施工完毕，基体强度应具备要求，基层必须达到安装花饰的要求。

(3) 重型花饰的位置应在结构施工时，事先预埋锚固件。

(4) 按照设计的花饰品种，安装前应确定好固定方式(如粘贴法、木螺丝固定法、螺栓固定法、焊接固定法等)。

(5) 正式安装前，应在拼装平台做好安装样板，经检查鉴定合格后，方可正式安装。

14.24 花饰安装有哪些质量控制要点？

质量控制要点：

(1) 基层处理。预制花饰安装前应将基层或基体清理干净，表面平整，并仔细检查基底是否符合安装花饰的要求。

(2) 对重型花饰，在安装前应检查预埋件及木砖的位置和固定情况是否符合设计要求。

(3) 预制花饰分块，在正式安装前，应对规格、色调进行检验和挑选，按设计图案在平台上组拼，经预检验合格后进行编号，作为正式安装的顺序号。

(4) 在预制花饰安装前，确定安装位置线。按设计位置弹好花饰位置中心线及分块的控制线。

(5) 花饰粘贴法安装，一般轻型预制花饰采用此法安装。粘贴材料根据花饰材料的品种选用。水泥砂浆花饰和水泥水刷石花饰，使用水泥砂浆或聚合物水泥浆粘贴；石膏花饰宜用快粘粉粘贴；木制花饰和塑料花饰可用胶粘剂粘贴，也可用钉子固定的方法；金属花饰宜用螺丝固定，根据构造也可选用焊接安装。

(6) 预制混凝土花格或浮面花饰制品，应用 1∶2 水泥砂浆砌筑，拼块的相互间用钢销子系固，并与结构连接牢固。

(7) 较重的大型花饰采用螺丝法固定安装。安装时将花饰预留孔对准结构预埋固定件，用铜或镀锌螺丝适量拧紧固定，花饰图案应精确吻合，固定后用 1∶1 水泥砂浆将安装孔眼堵严，表面用同花饰颜色一样的材料修饰，不留痕迹。

(8) 重量大、大体型花饰采用螺栓固定法安装。安装时将花饰预留孔对准安装位置的预埋螺栓，按设计要求基层与花饰表面规定的缝隙尺寸，用螺母或垫块板固定，并加临时支撑。花饰图案应精确，对缝吻合。花饰与墙面间隙的两侧和底面用石膏临时堵住。待石膏凝固后，用 1∶2 水泥砂浆分层灌入花饰与墙面的缝隙中，由下而上每次灌 100mm 左右的高度，下层终凝后再灌上一层。待灌缝砂浆达到强度后才能拆除支撑，清除周边临时堵缝的石膏，并修饰完整。

(9) 大、重型金属花饰采用焊接固定法安装。根据花饰块体的构造，采用临时固挂的方法，按设计要求找正位置，焊接点应受力均匀，焊接质量应满足设计及有关规范的要求。

14.25　细部工程验收时应检查哪些文件和记录？

细部工程验收时应检查下列文件和记录：

(1) 施工图、设计说明及其他设计文件。

(2) 材料的产品合格证书、性能检测报告、进场验收记录和复验报告。

(3) 隐蔽工程验收记录。

(4) 施工记录。

14.26　细部工程应对哪些材料进行复验？

细部工程应对人造木板的甲醛含量进行复验。

14.27　细部工程应对哪些部位进行隐蔽工程验收？

细部工程应对下列部位进行隐蔽工程验收：

(1) 预埋件(或后置埋件)。

(2) 护栏与预埋件的连接节点。

14.28　细部工程各分项工程的检验批怎样划分？

细部工程同类制品每50间(处)应划分为一个检验批，不足50间(处)也应划分为一个检验批。

每部楼梯应划分为一个检验批。

14.29　每个检验批的检查数量有什么规定？

每个检验批的检查数量：

(1) 橱柜制作与安装工程每个检验批至少抽查3间(处)，不足3间(处)时应全数检查。

(2) 窗帘盒、窗台板和散热器罩制作与安装工程每个检验批应至少抽查3间(处),不足3间(处)时应全数检查。

(3) 门窗套制作与安装工程每个检验批应至少抽查3间(处),不足3间(处)时应全数检查。

(4) 护栏和扶手制作与安装工程每个检验批的护栏和扶手应全数检查。

(5) 花饰制作与安装工程。

① 室外每个检验批应全部检查。

② 室内每个检验批应至少抽查3间(处),不足3间(处)时应全数检查。

14.30 橱柜制作与安装工程质量验收的主控项目是什么?

橱柜制作与安装工程质量验收的主控项目:

(1) 橱柜制作与安装所用材料的材质和规格、木材的燃烧性能等级和含水率、花岗石的放射性及人造木板的甲醛含量应符合设计要求及国家现行标准的有关规定。

(2) 橱柜安装预埋件或后置埋件的数量、规格、位置应符合设计要求。

(3) 橱柜的造型、尺寸、安装位置、制作和固定方法应符合设计要求。橱柜安装必须牢固。

(4) 橱柜配件的品种、规格应符合设计要求。配件应齐全,安装应牢固。

(5) 橱柜的抽屉和柜门应开关灵活、回位正确。

14.31 橱柜制作与安装工程质量验收的一般项目是什么?

橱柜制作与安装工程质量验收的一般项目:

(1) 橱柜表面应平整、洁净、色泽一致,不得有裂缝、翘曲及损坏。

(2) 橱柜裁口应顺直、拼缝应严密。

(3) 橱柜安装的允许偏差和检验方法应符合表14-2的规定。

橱柜安装的允许偏差和检验方法　　表 14-2

项　次	项　　目	允许偏差(mm)	检　验　方　法
1	外型尺寸	3	用钢尺检查
2	立面垂直度	2	用 1m 垂直检测尺检查
3	门与框架的平行度	2	用钢尺检查

14.32 窗帘盒、窗台板和散热器罩制作与安装工程质量验收的主控项目是什么?

窗帘盒、窗台板和散热器罩制作与安装工程质量验收的主控项目:

(1) 窗帘盒、窗台板和散热器罩制作与安装所使用材料的材质和规格、木材的燃烧性能等级和含水率、花岗石的放射性及人造木板的甲醛含量应符合设计要求及国家现行标准的有关规定。

(2) 窗帘盒、窗台板和散热器罩的造型、规格、尺寸、安装位置和固定方法必须符合设计要求。窗帘盒、窗台板和散热器罩的安装必须牢固。

(3) 窗帘盒配件的品种、规格应符合设计要求,安装应牢固。

14.33 窗帘盒、窗台板和散热器罩制作与安装工程质量验收的一般项目是什么?

窗帘盒、窗台板和散热器罩制作与安装工程质量验收的一般项目:

(1) 窗帘盒、窗台板和散热器罩表面应平整、洁净、线条顺直、接缝严密、色泽一致,不得有裂缝、翘曲及损坏。

(2) 窗帘盒、窗台板和散热器罩与墙面、窗框的衔接应严密,密封胶缝应顺直、光滑。

(3) 窗帘盒、窗台板和散热器罩安装的允许偏差和检验方法应符合表 14-3 的规定。

窗帘盒、窗台板和散热器罩安装的允许偏差和检验方法　　表 14-3

项次	项目	允许偏差(mm)	检验方法
1	水平度	2	用 1m 水平尺和塞尺检查
2	上口、下口直线度	3	拉 5m 线，不足 5m 拉通线，用钢直尺检查
3	两端距窗洞口长度差	2	用钢直尺检查
4	两端出墙厚度差	3	用钢直尺检查

14.34　门窗套制作与安装工程质量验收的主控项目是什么?

门窗套制作与安装工程质量验收的主控项目：

（1）门窗套制作与安装所使用材料的材质、规格、花纹和颜色、木材的燃烧性能等级和含水率、花岗石的放射性及人造木板的甲醛含量应符合设计要求及国家现行标准的有关规定。

（2）门窗套的造型、尺寸和固定方法应符合设计要求，安装应牢固。

14.35　门窗套制作与安装工程质量验收的一般项目是什么?

门窗套制作与安装工程质量验收的一般项目：

（1）门窗套表面应平整、洁净、线条顺直、接缝严密、色泽一致，不得有裂缝、翘曲及损坏。

（2）门窗套安装的允许偏差和检验方法应符合表 14-4 的规定。

门窗套安装的允许偏差和检验方法　　表 14-4

项次	项目	允许偏差(mm)	检验方法
1	正、侧面垂直度	3	用 1m 垂直检测尺检查
2	门窗套上口水平度	1	用 1m 水平检测尺和塞尺检查
3	门窗套上口直线度	3	拉 5m 线，不足 5m 拉通线，用钢直尺检查

14.36 护栏与扶手制作与安装工程质量验收的主控项目是什么？

护栏与扶手制作与安装工程质量验收的主控项目：

(1) 护栏和扶手制作与安装所使用材料的材质、规格、数量和木材、塑料的燃烧性能等级应符合设计要求和国家现行标准。

(2) 护栏和扶手的造型、尺寸及安装位置应符合设计要求。

(3) 护栏和扶手安装预埋件的数量、规格、位置以及护栏与预埋件的连接节点应符合设计要求。

(4) 护栏高度、栏杆间距、安装位置必须符合设计要求。护栏安装必须牢固。

(5) 护栏玻璃应使用公称厚度不小于12mm的钢化玻璃或钢化夹层玻璃。当护栏一侧距楼地面高度为5m及以上时，应使用钢化夹层玻璃。

14.37 护栏与扶手制作与安装工程质量验收的一般项目是什么？

护栏与扶手制作与安装工程质量验收的一般项目：

(1) 护栏和扶手转角弧度应符合设计要求，接缝应严密，表面应光滑，色泽应一致，不得有裂缝、翘曲及损坏。

(2) 护栏和扶手安装的允许偏差和检验方法应符合表14-5的规定。

护栏和扶手安装的允许偏差和检验方法 **表 14-5**

项次	项目	允许偏差(mm)	检验方法
1	护栏垂直度	3	用1m垂直检测尺检查
2	栏杆间距	3	用钢尺检查
3	扶手直线度	4	拉通线，用钢直尺检查
4	扶手高度	3	用钢尺检查

14.38 花饰制作与安装工程质量验收的主控项目是什么？

花饰制作与安装工程质量验收的主控项目：

(1) 花饰制作与安装所使用材料的材质、规格应符合设计要求。

(2) 花饰的造型、尺寸应符合设计要求。

(3) 花饰的安装位置和固定方法必须符合设计要求,安装必须牢固。

14.39 花饰制作与安装工程质量验收的一般项目是什么?

花饰制作与安装工程质量验收的一般项目:

(1) 花饰表面应洁净,接缝应严密吻合,不得有歪斜、裂缝、翘曲及损坏。

(2) 花饰安装的允许偏差和检验方法应符合表14-6的规定。

花饰安装的允许偏差和检验方法　　表14-6

项次	项目		允许偏差(mm)		检验方法
			室内	室外	
1	条型花饰的水平度或垂直度	每米	1	2	拉线和用1m垂直检测尺检查
		全长	3	6	
2	单独花饰中心位置偏移		10	15	拉线和用钢直尺检查

14.40 如何防止橱柜翘曲、弯曲变形?

防止橱柜翘曲、弯曲变形,主要从以下几个方面控制:

(1) 加工所用木材、木制品的含水率不得超过12%

(2) 场外加工的成品、半成品进场后要认真检查验收,有窜角、翘扭、弯曲、劈裂缺陷的,应修理合格后再进行拼装。

(3) 柜子进场验收合格后应尽快刷底漆一遍,存放平整,保持通风,不宜露天存放,以防受潮变形。

(4) 对安装位置靠墙,贴地面部位应涂防腐涂料,进行防潮处理。

(5) 对于尺寸较大的柜门应采取相应的防变形措施,如一般厂家制作的板式橱柜门扇都在门扇内侧加防止变形的拉杆。

(6) 对拼装就位后因碰撞受潮变形的柜子要进行修理。

14.41 如何保证橱柜安装牢固、不松脱?

橱柜由于木砖、预埋件、紧固件松动或固定点少原因,造成橱柜安装不牢,会造成严重的安全隐患,严重的将发生生命财产事故。橱柜安装时应采取相应的控制措施:

(1) 装修时,壁柜、吊柜的框和架应在室内抹灰前完成,这样抹灰后使框架更加牢固,同时减少抹灰修补量,木制框架应做防腐处理。

(2) 橱柜与墙的连接点间距应不大于 50cm,预埋的木砖、埋件首先要牢固,并进行相应的防腐、防锈处理。

(3) 轻骨料砌块预埋件和木砖应专门制作,预埋件和木砖的混凝土砌块,砌于橱柜需固定的位置。

(4) 石膏板墙等轻质隔墙板上不得安装吊柜。如需安装应在墙内设置承载骨架,或上框固定于楼板底面,下框应用吊杆吊于楼板底下。不能直接受力于板墙上。

(5) 框与木砖的连接钉子要牢固,钢框与铁件要焊接牢固或用螺栓紧牢,场外加工的成品柜安装要按设计要求进行,紧固件应牢固。板式柜体连接要牢固。吊柜如使用荷载较大时(如碗柜),要适当加密紧固点。

14.42 窗帘盒的质量通病有哪些,产生原因是什么?有哪些预防措施?

1. 窗帘盒的质量通病及产生原因

(1) 窗帘盒弯曲变形,接缝不严。产生原因是木材含水率控制不严,安装后产生收缩变形。通长窗帘盒面板未采取固定加强措施。

(2) 窗帘盒安装不牢固、松脱。产生原因是窗帘盒安装时未按设计要求预埋木砖和铁件;木砖或埋件松动未采取措施加固;固定件、连接件使用不当。

(3) 窗帘盒的安装铁脚、支架外露。产生原因是预埋固定铁脚用料及支架外形尺寸过大;安装固定方式不合理。

(4) 窗帘盒位置偏差,不水平。产生原因是安装前未认真找准水平线、中心线,未拉通线定出水平。

(5) 窗帘盒影响窗帘正常使用,窗帘轨道脱落。产生原因是窗帘盒制作尺寸不符合要求,安装窗帘轨道的盖板厚度不足或轨道安装不牢固。

2. 预防措施

(1) 制作窗帘盒的木材含水率应不大于12%,安装前应检查有无扭曲变形现象,如有应采取修整措施。窗帘盒安装前后要防止受潮变形及污染。对于暗装式通长窗帘盒,宜在面板背后加固定点防止变形,间距在1m左右为宜。也可在面板背后加装衬板或加筋,以防止面板弯曲变形。

(2) 安装窗帘盒前检查埋件或木砖的位置是否合适,尤其是重新预埋的埋件或木砖要采取有效措施,保证其牢固,埋件及支架不宜用设钉枪打钉固定,可用膨胀螺栓固定。应保证间距及安装方法符合设计及标准图集的要求,紧固件要拧紧,不得松动。

(3) 预埋的铁件及支架不宜过大,埋件及支架安装后不应凸出墙面,表面应随墙面装修进行修补处理,安装后,在室内任何位置应看不见窗帘盒上部的埋件及支架。窗帘盒的安装方法应根据窗帘盒的类型,选用适当的方案。

(4) 窗帘盒安装应根据标高要求找准水平线,安装应以水平线为准。同一房间内安装,应拉通线找平,保证多个窗帘盒在同一水平标高,并保证各自水平。窗帘盒安装时,应找出洞口和窗帘盒的中线,安装时中线对齐,保证窗帘盒伸出窗洞口以外的长度一致。

(5) 窗帘盒的制作和安装要保证设计和标准图集要求的净尺寸要求,以保证不影响窗帘的正常使用。窗帘盒的盖板厚度不宜太薄,一般不小于15mm,以便于安装窗帘轨。薄于15mm的盖板,应用机螺栓固定窗帘轨道。如为重窗帘时,轨道应加机螺丝固定，或加密轨道安装件。

14.43 暖气罩常出现的质量问题有哪些？如何防治？

1. 暖气罩的质量问题

(1) 构造尺寸不符合要求，影响暖气片的正常使用和维修。

(2) 木制暖气罩开裂、扭曲变形，

(3) 油漆变色起皮、开裂、脱落。

(4) 制作粗糙，安装松动。

(5) 安装不水平，出墙尺寸不一致。

2. 防止措施

(1) 暖气罩制作、安装应符合设计及相关标准的构造要求，应保证暖气罩的正常使用和维修。

(2) 木材的含水率应在12%以内，暖气罩在安装前应进行检查，对开裂、扭曲变形的进行维修，不能维修或影响观感的不得安装。

(3) 暖气罩的油漆必须具有一定的耐热性，保证在采暖期间油漆不会变色或开裂。

(4) 暖气罩的骨架制作应尺寸准确，面层应安装牢固、平整，接缝严密，留缝均匀。线条、封边、花饰安装应顺直，无缺损，接头要做45°角接口，风口的百叶应顺直，分格均匀。

(5) 安装前应核对安装高度，弹位置线，保证暖气罩单体水平，多个暖气罩标高统一，其上下线水平、垂直，两端出墙厚度一致。

14.44 门窗套安装工程有哪些质量通病，如何防治？

1. 面板木纹错乱，色差过大，对头缝花纹颜色不近似

(1) 产生原因

① 轻视选料，操作人员未认真选料，未按板的色泽、木纹先行预排。

② 木板表面未用细刨净面而显得很粗糙。

(2) 防治措施

① 对面层板的选择，当表面采用清漆时，应严格选择好的面层板。在同一位置应挑选色泽、花纹基本一致的面层板。

② 板的木纹应根部向下，顶部向上，不得倒头使用，一般将木花纹大的使用在下部位，花纹小的使用在上部，特别是在主要立面处，应精心选用色泽一致、木纹匀称的面板。

2. 面板对头缝不严密、有黑纹

(1) 产生原因

① 安装面板时，先装钉上面的板，后装下面的板，压力小，未钉牢。

② 胶粘剂刷得过厚，未用力将胶挤出，使缝内有余胶，或胶挤出后板缝被污染，产生黑纹。

③ 面板下料不准，安装后产生缝隙。

(2) 防治措施

① 接对头缝时，正面与背面的缝要严，背后不能出现虚缝。

② 安装顺序应先安装下面板，后接上面板，接头缝的胶不能太厚，胶应稍稀一点，将胶刷匀，接缝时用力挤出余胶，并及时清理余胶，防止污染板面及拼缝，以防拼缝不严和出现黑纹。

③ 面板下料要稍大，预排时进行精细修整，防止尺寸过小，产生缝隙。

3. 面板表面不平、中间鼓面

(1) 产生原因

① 龙骨不平或衬板不平。

② 面板厚度不一致。

③ 面板安装不牢，或安装方法不当。

④ 基层湿度大，且未采取防潮措施。

(2) 防治措施

① 安装面板前，必须对龙骨和衬板进行检查，必须保证方正、水平、平整，对龙骨与门框之间预留槽进行检查，预留槽大了容易出现接触不严，小了容易出现鼓面。

② 对于木板应将板材厚度刨成统一厚度，对于人造饰面板应选择合格板材，且应选择厚度一致者在同一部位。

③ 饰面板安装时，胶粘剂必须涂刷均匀，不得漏涂，装钉的钉距应适当，防止钉距过大而造成面板起鼓或板边角翘起。

④ 当采用木板时，为防止木板可能因干缩变形，应将木板的年轮凸面向内放置，同时作卸力槽。采用圆钉时，应将圆钉的钉帽打扁，以减少对木纹的影响，装钉时应使用小锤，施钉时应将打扁钉帽的圆钉顺木纹方向钉入，锤击时应平整，避免出现锤印，再用钉冲将钉帽冲入板面下 1～2mm。

⑤ 安装门窗套前应检查基体的情况，基体应干燥。龙骨及衬板要做防腐处理，设计有要求时，应做防潮层，以防止木材受潮变形。

4. 钉眼较大，钉帽外露凸起

(1) 产生原因

① 钉帽未打扁，又未顺着木纹向里冲，铁冲子太粗。

② 木材含水率大，安装后干缩使钉帽外露凸起。

③ 钉枪气压不足或枪针需更换。

(2) 防治措施

① 圆钉施钉时，钉帽要打扁，顺木纹钉入，将铁冲子磨成扁圆形和钉帽一般粗细，用冲子将钉帽冲入木板内 1～2mm 深。

② 木材应使用烘干材，含水率不得超过 12%。

③ 使用钉枪施钉前，气泵压力要调整适中，钉枪应试钉，无误后方能装钉，且钉枪枪针宽度方向应顺木纹方向施钉。

14.45 玻璃栏板安装有哪些质量通病，如何防治？

1. 质量通病

(1) 玻璃尺寸过大或过小。

(2) 边缘有缺口，磨边不齐或有破损和缺陷。

(3) 玻璃安装不平或松动。

(4) 注胶胶缝高低不平，污染玻璃和框架，胶缝脱胶不牢。

(5) 玻璃表面不干净，有裂缝。

2. 防治措施

(1) 按施工放样图加工放线和裁割时所用的量具要符合标准并统一，裁割前尺寸要测量准确，裁割时要严格掌握操作方法。必须保证玻璃嵌入尺寸满足要求。

(2) 应在大型正规的玻璃加工厂加工玻璃，切勿用人工砂磨机打磨。对嵌入边的加工质量不能忽视，更不能为降低成本而忽视对嵌入边的磨平。

(3) 安装玻璃前要清除槽内的所有杂物和砂粒，铺垫氯丁橡胶块要均匀平整。

(4) 对连续长度较大的全玻式栏板，宜用低发泡间隔双面胶带先封平嵌缝的一侧，减少嵌缝型钢接头处不平的影响，使嵌缝整体均匀平整有保证。

(5) 固定玻璃的预埋钢槽、配件的制作和安装要牢固、平齐。

(6) 在灌注玻璃结构胶和嵌缝胶前，应将注胶处的槽口和玻璃表面擦干净，要使用专用清洁剂和白布，并检查胶缝中的嵌条有无突起，要保证胶缝的设计厚度。

(7) 要严格按照有关设计规范对胶缝的宽度和厚度进行计算，选用有质量保证和力学性能保证的品牌胶种，不应使用过期失效的胶。

(8) 注胶前对槽口和玻璃的清洁，不应用湿布和水擦洗，接触面必须干燥和干净。施工温度应满足胶的使用要求。

(9) 注胶人员应为专业技术工人，注胶前在胶缝两侧必须先仔细粘贴纸胶带，注胶时滴漏下的胶要及时用干净布擦掉。采用专用工具，注胶后进行溜缝处理。

(10) 玻璃加工及进场时要严格检查，对有气泡、水印、棱脊、波筋、裂缝、缺陷、未磨边倒角的玻璃不应使用。玻璃储存时要防止受潮、雨淋，通风条件良好。玻璃安装后，要采取必要的保护措施，避免其他专业施工造成污染和损坏，在交工验收前应进行全面清理，对有质量问题的玻璃进行更换。

14.46 不锈钢栏杆、扶手易发生哪些质量通病，如何防治？

1. 质量通病

(1) 管材表面光亮度不够，颜色发暗，镀钛管材表面色差大。

(2) 栏杆、扶手整体刚度不够，用手拍击扶手有颤抖感。

(3) 立柱不垂直，排列不在同一直线上，晃动不牢固。

(4) 扶手拐弯处不通顺。

(5) 管材连接处有缝隙。

(6) 圆弧形扶手弧线不通顺，有折棱。

(7) 焊缝处管壁被磨透，抛光度不够。

(8) 表面有划痕、凹坑。

2. 防治措施

(1) 首先应选用质量合格的管材。不同牌号的管材所含元素量不同，即使在同一工厂内镀钛，其成品表面颜色也有色差。因此，应注意选用同一类别和牌号的不锈钢管。

(2) 对因选用管壁太薄，使整体强度不足原因，应选用壁厚≥1.2mm的管材作扶手。立管管径不能太小，当扶手直线段长度较长时，立柱设计应有侧向稳定加强措施。

(3) 注意安装方法。施工时必须精确弹线，先用水平尺校正两端基准立柱和固定，然后拉通线按各立柱定位、固定。施焊前应加强检查预埋件，发现有问题的埋件应加固好。应防止固定立柱底座用的胀管螺栓太短，或饰面石材下的水泥砂浆层不饱满。应加强每道施工工序的质量检查，以便及时纠正质量问题。

(4) 提高加工技术。应尽量采用专业工厂生产的直角弯头，非标准角度弯管，可按施工放样详图专门加工。加工厂应有专用生产设备。如用手工煨管，加工管材两端都要留出足够的余量，煨管后再将容易变形的端部切除。

(5) 焊接应满焊。应派有经验的焊工施工；严格按操作规程施工；最好采用有内衬的套管。

(6) 选用专用设备加工成型。应选择具有专用设备的工厂加工,要加强对加工构件的质量检查,防止不合格品流入施工区。

(7) 应选用厚度合适的管材,对焊时最好附加内衬套管。

(8) 做好成品保护。防止在交叉作业中被物体碰撞、划伤。应合理安排施工工序,最好将扶手安装工作安排到后期进行。对已完工的栏杆扶手成品应进行必要的隔离和保护。

14.47 木扶手安装的常见通病有哪些、产生原因是什么?如何进行防治?

1. 质量通病及产生原因

(1) 扶手弯曲、接头不严、不平整、开裂、脱胶。主要原因是扶手制作加工粗糙,加工后的成品放置不当造成扶手变形、弯曲。木材不干燥,含水率过高,干缩产生开裂。在接头处未咬榫或咬榫处未加胶,采用木材品种不合适。

(2) 弯头不顺,表面不平整。主要原因是弯头加工粗糙,拐弯生硬;弯头修整时没有仔细划线,或余量太小,造成尺寸误差。

(3) 扶手安装不顺,塌腰不平顺。产生原因是木材含水率过高;扶手断面过小,且细长,加工后放置不当,受潮受热造成变形;栏杆、铁件安装未调直,铁件太薄。

(4) 花纹色泽不一致。产生原因是未认真选材,选用树种不一致或木材采伐时间间距过大。

(5) 连接铁件接头焊渣不平,木螺丝钉头斜露。主要是焊渣未清理干净,未锉平;螺丝孔位不合适,不方便施工或工人操作不认真。

2. 防治措施

(1) 木扶手宜选用优质硬木制作;木材含水率不大于12%;接头处必须咬双榫且加胶,严禁用铁钉连接;宽度(高度)大于70mm的扶手要做暗大榫,拼接的弯头应做45°角榫接,以保证拐角处方正。

(2) 制作弯头的毛料先划线制成毛坯,按设计尺寸和坡度先加工好底部平面,将制好的毛坯放在实际位置并在弯头顶部划线,再加工成半成品，安装好再逐步与扶手找平顺。

(3) 加工成型的木扶手应达到圆弧正确，表面光滑，起槽整齐，并加强产品的保护，避免暴晒或受潮。

(4) 安装扶手前，要检查栏杆的平整，斜度和垂直，使其符合要求后再进行安装，扶手底部的扁铁必须平整，焊接处应认真清理。

(5) 硬木扶手的螺钉应先钻孔，以避免拧断、拧歪，钻孔深度为螺钉长度的 2/3，然后拧螺丝，将扶手和弯头牢固地固定在栏杆扁铁上。

(6) 木扶手选料要严格按设计要求选择同树种的板材加工，加工前还要仔细对色。

(7) 栏杆的焊接要用正式焊工施焊，焊渣应清理干净，并将焊缝锉平，螺钉孔位靠近立柱的上方向，便于操作拧紧，施工人员操作要认真。

14.48 花饰安装不牢、空鼓产生的原因是什么，如何防治？

1. 产生原因

(1) 花饰与预埋件未连接牢固。

(2) 基层预埋件或预留孔洞位置不正确、不牢固。

(3) 基层清理不好。

(4) 在抹灰面上安装时，基层未硬化，含水率过大。

(5) 安装方法不适宜。

2. 防治措施

(1) 花饰与预埋件在结构中的锚固件应连接牢固，安装时应认真操作。

(2) 基层预埋件或预留孔洞应正确，尺寸准确、牢固。

(3) 基层应清理清洁平整，符合要求，确保花饰粘结牢固。

(4) 在抹灰面上安装花饰，必须待抹灰层硬化干燥后进行。安装花饰的基层应干燥，含水率不宜超过 8%。

(5) 安装花饰前应根据花饰的材质和轻重，选择合理安装固定方法。

14.49 花饰安装位置不准确，产生原因是什么？如何防治？

1. 产生原因

(1) 基层预埋件或预留孔洞位置不正确。

(2) 安装前未按设计要求在基层上弹出花饰位置的中心线、标高线。

(3) 复杂分块花饰未预先试拼、编号，安装时花饰图案拼合不精确。

2. 防治措施

(1) 安装前应检查基层预埋件或预留孔洞的位置是否正确，不符合要求的要进行修整。

(2) 按设计要求在基层上弹出花饰位置的中心线，多个花饰安装时要找出水平通线，保证安装标高一致。

(3) 复杂分块花饰的安装，必须预先试拼、分块编号，安装时花饰图案应精确吻合。

14.50 花饰拼装接缝不平，整体饰面不平，花饰与基体有缝隙的产生原因是什么，如何防治？

1. 产生原因

(1) 安装花饰前未经挑选，使用的花饰有翘曲变形或厚薄不一。

(2) 在花饰固定时，没有找平、找直。

(3) 在粘结材料未凝固前碰动花饰。

2. 防治措施

(1) 安装前应事先对花饰制品进行挑选，对翘曲变形且又不能调整的不应使用，将误差接近的组合后安装。安装时必须接缝平整，整体线条顺直。

(2) 安装时，花饰必须在找平后才能固定，对未粘贴牢固的花饰不能碰动，要加强成品保护措施。

(3) 石膏类粘结剂及组分类粘结剂应选用正确的配合比，计量必须正确，配料宜在规定时间内用完。

15　建筑装饰装修工程质量验收

15.1　装饰装修工程质量验收的组织和程序是什么？

建筑装饰装修工程质量验收的程序和组织应符合《建筑工程施工质量验收统一标准》GB 50300 第 6 章的规定。主要要求如下：

(1) 检验批及分项工程应由监理工程师(建设单位项目技术负责人)组织施工单位项目专业质量(技术)负责人等进行验收。

(2) 子分部、分部工程应由总监理工程师(建设单位项目负责人)组织施工单位项目负责人和技术、质量负责人等进行验收。幕墙工程、外墙饰面板工程的设计单位的工程项目负责人和施工单位技术、质量部门负责人也应参加质量验收。

(3) 单位工程完工后，施工单位应自行组织有关人员进行检验评定，并向建设单位提交工程验收报告。

(4) 建设单位收到工程验收报告后，应由建设单位(项目)负责人组织施工(含分包单位)、设计、监理等单位(项目)负责人进行单位(子单位)工程验收。

(5) 单位工程有分包单位施工时，分包单位对所承包的工程项目应按本标准规定的程序检查评定，总包单位应派人参加。分包工程完成后，应将工程有关资料交总包单位。

(6) 当参加验收各方对工程质量验收意见不一致时，可请当地建设行政主管部门或质量监督机构协调处理。

(7) 单位工程质量验收合格后，建设单位应在规定时间内将工程竣工验收报告和有关文件，报建设行政管理部门备案。

15.2　检验批验收合格判定的规定是什么？

装饰装修工程检验批验收合格判定的规定有三条：

(1) 检验批抽查样本均应符合《建筑装饰装修工程质量验收规范》(GB 50210—2001)主控项目的规定。

由于主控项目是对工程安全、卫生、环境保护以及主要使用功能起决定作用的检验项目，因此。规范规定每一个分项工程的主控项目要全部合格。

(2) 检验批抽查样本的80%以上应符合《建筑装饰装修工程质量验收规范》(GB 50210—2001)一般项目的规定。其余抽查样本不得有影响使用功能或明显影响装饰效果的缺陷，其中有允许偏差的检验项目，其最大偏差值不得超过本规范规定允许偏差值的1.5倍。

在建筑装饰装修工程质量验收规范中，每一个分项工程检验批验收的一般项目大部分是外观质量要求，考虑到有些不涉及安全、防火、卫生及使用功能的缺陷，多次返修或返工加大工程成本，而效果并不十分理想，故规范允许存在20%以内的缺陷，但是，这些缺陷必须是不影响使用功能，同时不明显影响装饰效果的缺陷。如果是可以尺量的检测项目，那么，20%以内的不合格点，其最大的偏差值不得大于规范规定的允许偏差值的1.5倍，这是一个极限偏差的规定，超出这个规定是不允许的。

(3) 检验批应具有完整的施工操作依据和质量检查记录。

15.3　分项工程验收有什么规定？

一个分项工程所包含的若干个检验批均验收合格之后，意味着分项工程完成，分项工程的验收需要填写相应的验收记录表格。根据统一标准规定，分项工程合格的条件与检验批基本相同，即：各检验批质量均应达到合格，且应具有完整的施工操作依据和质量检查记录。

15.4 子分部工程验收有什么规定?

各分项工程的质量均验收合格之后,即可进行子分部工程的验收。子分部工程验收时,应符合下列规定:

(1) 应检查《建筑装饰装修工程质量验收规范》GB 50210 中各子分部工程规定检查的文件和记录,文件和记录应完整、真实、准确。

(2) 应具备本书附录D所规定的有关安全和功能的检测项目的合格报告。

(3) 观感质量应符合《建筑装饰装修工程质量验收规范》GB 50210 各分项工程中一般项目的要求。

子分部工程的质量验收合格后应按《建筑工程施工质量验收统一标准》GB 50300 附录F的格式记录。

15.5 分部工程验收有什么规定?

分部工程中各子分部工程的质量均验收合格之后,应进行建筑装饰装修分部工程的验收。并应按子分部验收时的3条规定再进行一次核查。分部工程的质量验收应按《建筑工程施工质量验收统一标准》GB 50300 附录F的格式记录。

当建筑工程只有装饰装修一个分部工程时,该工程应作为单位工程进行验收,这种情况常见于既有建筑的装饰装修改造。这时验收记录格式应该按照《建筑工程施工质量验收统一标准》GB 50300 附录G的格式记录。

15.6 有特殊要求的装饰装修工程质量验收有什么规定?

建筑装饰装修工程常常会应用不同的材料、构造或形体去满足不同的使用功能,例如建筑声学、光学、绝缘、屏蔽、超净、防辐射、防腐等等,具有这些特殊的使用功能要求的建筑装饰装修工程,竣工验收时可以按合同的约定和有关标准去检测相关技术指标。

15.7 装饰装修工程室内环境质量验收有什么规定？

建筑装饰装修工程在完工 7d 之后、交付使用之前，进行室内空气中氡、游离甲醛、苯、氨和总挥发性有机挥发物（TVOC）五种污染物浓度的检测。

1. 检测结果

检测结果应符合国家现行标准《民用建筑工程室内环境污染控制规范》GB 50325 的规定，见表 15-1。

民用建筑工程室内环境污染物浓度限量　　表 15-1

污染物	Ⅰ类民用建筑	Ⅱ类民用建筑
氡（Bq/m^3）	≤200	≤400
游离甲醛（mg/m^3）	≤0.08	≤0.12
苯（mg/m^3）	≤0.09	≤0.09
氨（mg/m^3）	≤0.2	≤0.5
TVOC（mg/m^3）	≤0.5	≤0.6

注：表中污染物浓度限量，除氡外均应以同步测定的室外空气相应值为空白值。

2. 抽检数量

民用建筑工程验收时，应抽检有代表性的房间进行检测，数量不得少于 5%，并不得少于 3 间；房间总数少于 3 间时，应全数检测。

如果已经进行了样板间室内环境污染物浓度检测且检测结果合格的，抽检数量减半，并不得少于 3 间。

3. 检测点布置

民用建筑工程验收时，室内环境污染物浓度检测点应按房间面积设置：

（1）房间使用面积小于 $50m^2$ 时，设 1 个检测点；

（2）房间使用面积 $50\sim100m^2$ 时，设 2 个检测点；

（3）房间使用面积大于 $100m^2$ 时，设 3～5 个检测点。

当房间内有 2 个以上检测点时，应取各点检测结果的平均值作为该房间的检测值。

民用建筑工程验收时，室内环境污染物浓度现场检测点应距内墙面不小于0.5m、距楼地面高度0.8～1.5m。检测点应均匀分布，避开通风道和通风口。

4. 检测条件

民用建筑工程室内环境中游离甲醛、苯、氨和总挥发性有机挥发物（TVOC）四种污染物浓度的检测，对采用集中空调的工程，应在空调正常运转的条件下进行；对采用自然通风的工程，检测应在对外门窗关闭1h后进行。

氡浓度的检测，对采用集中空调的工程，应在空调正常运转的条件下进行；对采用自然通风的工程，检测应在对外门窗关闭24h后进行。

5. 合格判定

当室内环境污染物浓度的全部检测结果符合规定时，可判定该工程室内环境质量合格。室内环境质量验收不合格的民用建筑工程，不能投入使用。

6. 二次检测要求

当室内环境污染物浓度检测结果不符合规定时，应查找原因并采取措施进行处理，并可以进行再次检测。再次检测时，抽查数量应增加一倍。再次检测的结果全部符合规定，方可判定室内环境质量合格。

15.8 装饰装修工程质量不符合要求应如何处理？

当装饰装修工程质量不符合要求时，应按照《建筑工程施工质量验收统一标准》GB 50300 第5.0.6条的规定进行处理：

（1）返工重做或更换器具、设备的检验批，应重新进行验收。

（2）经有资质的检测单位检测鉴定能够达到设计要求的检验批，应予以验收。

（3）经有资质的检测单位检测鉴定达不到设计要求、但经原设计单位核算认可能够满足结构安全和使用功能的检验批，可予以验收。

(4) 经返修或加固处理的分项、分部工程，虽然改变外形尺寸但仍能满足安全使用要求，可按技术处理方案和协商文件进行验收。

15.9 未经竣工验收合格的建筑装饰装修工程能否使用？

未经竣工验收合格的建筑装饰装修工程不能投入使用。此时应按照《建筑工程施工质量验收统一标准》GB 50300 第5.0.6条的规定进行返修或加固处理，处理达到要求时再进行验收。处理后仍达不到要求的，如果能满足安全使用和主要功能要求的，可以按技术处理方案和协商文件进行让步验收。

16 建筑装饰装修工程施工标准强制性条文

16.1 工程建设标准强制性条文产生的背景是什么？

强制性条文的全称是《中华人民共和国工程建设标准强制性条文》。2000 年以后颁布的工程建设标准规范均采用黑体字标出强制性条文，强制性条文对工程活动具有重要的作用，在我国标准化历史上具有深远的影响。

国务院《建设工程质量管理条例》中有七处出现“强制性标准”一词。第四十四条规定：国务院建设行政主管部门等应当加强对有关建设工程质量的法律、法规和强制性标准执行情况的监督检查。同时该条例规定对违反强制性标准的建设活动各方责任主体，应给予严厉的处罚。建设部 81 号令进一步规定了强制性条文是国务院质量条例的配套文件，在全国范围内必须严格贯彻执行。这些规定为强制性条文出台奠定了基础。

强制性条文是在以下背景下出台的：

(1) 国家立法将强制性标准与法律、法规并列起来配套使用，使得强制性标准在效力上与法律、法规等同，从而确立了强制性标准具有法律效力的属性，也就是说强制性标准本身虽然不是法规，但条例赋予了其法律效力。

(2) 国家立法明确了各级建设行政主管部门实施强制性标准监督检查的职责，同时也明确了国务院铁路、交通、水利等有关行政主管部门对实施工程建设强制性标准监督检查的职责。《标准化法》规定了标准化工作的三大任务，即制定标准、实施标准和对标准实施的监督，但长期以来对标准的实施监督一直是薄弱环节。

而强制性条文的出台，使对标准实施的监督得到了加强。

(3) 国家立法明确规定从事建设活动各方应当严格执行强制性标准，将执行标准作为保证工程质量最基本、最重要的措施。工程建设中发生的质量事故或安全事故，虽然呈现的结果是多种多样的，但其原因都是违反标准的规定，特别是违反强制性标准的规定。如果严格按照标准、规范去执行，在正常设计、正常施工、正常使用的条件下，工程的安全和质量是能够得到保证的，不会出现桥垮屋塌的现象。

(4) 长期以来在工程建设各项活动中，标准规范的执行情况不理想。现有标准规范的数量很多，但力度不够。以往经常采取事后监督、事后评判、验证的办法。也就是说，在具体的建设活动过程中，当工程出现事故和问题以后，才对照标准规范来进行判定，违反了强制性标准才给予处罚。綦江虹桥垮塌事故再次表明违反标准、蛮干造成事故是必然的，但造成事故后人民和国家的生命财产损失已经无法挽回。因此，执行强制性标准必须要进行事前的预防和过程中的监控。要达到事前的预防和过程中的监控，仅靠标准的力度是不够的，还需要制定法规。建设部已经提出，不久后，强制性条文将上升为建筑技术法规，它与标准配合，能够较好地达到既进行事前预防，又进行过程中监控的效能。

(5) 从1988年《标准化法》颁布以后，各级标准在批准颁布时就明确了它的属性。十几年来，我国已经批准大约3600项工程建设国家标准、行业标准，其中强制性标准为2700多项，占整个标准数量的75%，条款有15万多条，数量十分庞大，重点不够突出。如果按照这样巨量的强制性条款去要求，实难完全做到。显然，需要精简强制执行的条款。强制性条文就是在这样的背景下出现的。

(6) 我国的标准规范体制与世界许多国家不同。世界许多国家特别是经济比较发达的国家，是采用法规加标准的方式进行管理，效果良好。而我国长期以来则仅依靠标准进行管理。为了与国际惯例接轨，认真学习各国先进管理经验，逐步完善我国的标准体制，我国出台强制性条文并逐步过渡到建筑技术法规，是我国加入 WTO 后一项带有战略性的重大改革措施。

16.2 强制性条文的意义是什么？

强制性条文的意义主要有四个方面：

(1) 颁布强制性条文，是贯彻《建设工程质量管理条例》的一项重大举措

近几年来，四川綦江大桥、辽宁高速公路、云南昆碌高速公路、宁波大桥、河南焦作天堂歌舞厅等发生了一系列重大的恶性工程事故和火灾事故，在社会上引起了强烈的反应。对于这些事故，党中央、国务院十分重视，国家领导同志做过许多专门的批示和讲话。血的教训警示人们，一定要加强工程建设全过程的管理，一定要把工程建设和使用过程中的质量、安全隐患消灭在萌芽状态。2000 年 1 月 30 日，国务院第 279 号令发布了《建设工程质量管理条例》，这是国务院对如何在市场经济条件下，建立新的建设工程质量管理制度和运行机制做出的重大决定。《建设工程质量管理条例》发布实施，为从根本上扭转工程质量问题，提供了必要和关键的法律依据和条件。

国务院发布实施的《建设工程质量管理条例》，与历史上国家制定的有关建设工程质量管理的法规规章相比，有三个大的突破。一是对业主的行为进行了规范。过去的项目法人责任制，通俗说就是业主想怎么干就怎么干，业主在工程建设中有很大权力，却没有质量责任。所以，业主将工程项目随意发包、随意分包的事层出不穷，钱花不到工程上，工程质量如何能得到保障？因此，《条例》专门就业主的行为作了十几条规定，要求业主应依法对工程质量承担责任，而且这个责任会一直跟随着他，不管他以后调到什么岗位，只要出了事，都要依法惩处；二是对建设单位、勘察设计单位、施工单位和监理单位的质量责任及其在实际工作中容易出问题的重要环节做出了明确的规定，是谁的责任谁负责。今后政府对工程质量的监督管理，将从过去的重在对工程实体的监督，转到对工程建设各方主体行为的监督管理，这是一个很大的转变；三是首次

对执行国家强制性标准作出了严格规定。过去，对执行国家强制性标准，无论怎样要求，但总是有人不理解、不执行。现在《条例》规定，不执行国家强制性技术标准就是违法，就要受到相应的处罚，这是迄今为止，国家对不执行强制性标准而做出的最为严厉的行政规定。《条例》对国家强制性标准实施监督的严格规定，打破了传统的单纯依靠行政管理保证建设工程质量的概念，开始走上了管理和技术并重的保证建设工程质量的道路。这一重大变化，必将从根本上为解决在我国社会主义市场经济条件下建设工程可能出现的各种质量和安全问题，奠定了基础。

工程建设标准化是在建设领域有效地实行科学管理、强化政府宏观调控的基础和手段，对规范建设市场行为、确保建设工程质量和安全、提高建设工程经济效益和社会效益等具有重要作用。到目前为止，我国现行的工程建设国家标准、行业标准和地方标准数量已经多达 3600 余项，这些标准、规范覆盖了各类建设工程的各个建设环节，基本上能够满足工程建设的需要。另外，还有一大批标准规范目前正在制订、修订之中，批准发布后将使我国的工程建设标准形成较完整的体系，技术水平达到国际上 20 世纪 90 年代末的水平。如果我们按照《条例》的有关规定，严格贯彻、实施好这些标准，无疑可以使建设工程质量从技术上得到保证和提高。

(2) 强制性条文的出台，是推进工程建设标准体制改革所迈出的关键性的一步我国现行的工程建设标准体制是强制性与推荐性相结合的标准体制，这一体制是在计划经济体制下确立的，显然不能适应社会主义市场经济体制的需要，需要进行改革。

世界上大多数国家对建设市场的技术控制，采取的是技术法规与技术标准相结合的管理体制，技术法规是强制性的，是把那些涉及建设工程安全、人体健康、环境保护和公众利益的技术要求，用法规的形式规定下来，严格贯彻在工程建设实际工作中，不执行技术法规就是违法，就要受到法律的处罚，而技术标准自愿采用。他们的这套体制，由于技术法规的数量比较少、重点内容比较突出，因而执行方便，运作起来力度大，既能满足建设市场运行管理的需要，也不会给建设市场的发展、技术的进步造成障碍，运行效果良好。国际上的这种做法，对我国工程建设标准体制的改革具有重要的借鉴意义。改革工程建设标准体制，建立起技术法规与技术标准相结合的技术控制体制，已经不仅是需要，而且是十分迫切的了。

过去，在工程建设标准体制改革方面，我们走过了从标准项目上划分强制性与推荐性的路，走过了从内容上把强制性标准中的推荐性技术要求剔出去的路，但依靠标准本身，不可能从根本上理顺标准的体制，结果绕了很大的弯路。现在我们认识到，只有建立技术法规与技术标准相结合的体制，才能有效地管理好工程建设。这一思路，是在系统分析、论证技术法规的概念、体系框架、内容构成基础上得出的。并且与国际惯例一致。新体系以目前强制性标准中涉及安全、人体健康、环境保护等公众利益的内容为基础，逐步形成技术法规，取代现行的强制性标准。由于形成技术法规，在全国范围内按照技术法规与技术标准体制运作还需要有一个法律的准备过程，在形成技术法规的过程中还有许多工作要做，因此，强制性条文是一个由现行体制向技术法规与技术标准体制过渡的中间成果。但是，这项工作启动了工程建设标准体制的改革，是工程建设标准体制改革从研究、探索到具体实施，迈出的关键性的一步，未来将通过对强制性条文内容的不断完善和改造，逐步形成我国的工程建设技术法规体系，与国际惯例接轨。

(3) 强制性条文对保证工程质量、安全，规范建筑市场具有重要的作用

按照建设部令 81 号《实施工程建设强制性标准监督规定》，工程建设强制性标准是指直接涉及工程质量、安全、卫生及环境保护等方面的工程建设标准强制性条文。它是技术法规，是工程质量管理的核心，也是工程质量管理以法为本的关键。1999 年的全国质量大检查和 2001 年整顿和规范建筑市场的检查，均将是否执行强制性标准作为一项重要内容来检查。从建设部检查的结果看，

工程质量问题令人担忧。在受检的275项工程中，共查出有结构隐患的工程14个，占5.1%；可能存在结构隐患的工程51个，占18.6%。从检查中发现的在勘察中不按规定布置探孔，钻孔深度不符要求，取样或原位测试数量不足，取岩土试样组数不满足规范要求，抗震设防区没有划分场地类别，地层划分不规范，对地下水腐蚀性未做判定或判定错误等等，这种状况势必导致勘察的结论性意见不合理。这都是违反涉及质量、安全、卫生和公众利益的工程建设强制性标准问题，都应按照《建设工程质量管理条例》的规定予以处理。建设部领导多次强调：今后，对在自然灾害中垮塌的建筑必须审查有关单位的贯彻执行强制性标准情况，对违规者要追究法律责任。实践证明通过抓质量、抓安全、整顿建筑市场等活动，把标准规范的地位提到了一个很高的位置，把这项工作作为核心工作来抓，树立一丝不苟的精神，也是符合强制性标准作为一项技术法规，是人们对客观自然认识的反映，违反强制性标准，就会受到自然的惩罚。我们必须认识到，只有严格贯彻执行标准规范，才能保证建筑的使用寿命，才能使建筑经得起自然灾害的检验。

(4) 严格执行强制性标准，是应对加入世界贸易组织（WTO）重要措施

我国加入世界贸易组织，对我们的各项制度和要求提出了新的要求。世界贸易组织为了消除贸易壁垒而制定的一系列协定，被称为关税协定和非关税协定。技术贸易壁垒协定（WTO/TBT）作为非关税协定的重要组成部分，将技术标准、技术法规和合格评定作为三大技术贸易壁垒。根据我国多次与世界贸易组织谈判的结果，我国制定的强制性标准与技术贸易壁垒协定所规定的技术法规是等同的，我国制定的推荐性标准与贸易技术壁垒协定所规定的技术标准是等同的。技术法规是指政府颁布的强制性文件，技术法规是一个国家的主权体现，必须执行；技术标准是竞争的手段和自愿采用的。也就是说加入世界贸易组织，在中国境内从事工程建设活动的任何企业和个人必须严格执行中国的强制性标准。

因此，尽快完善和强化执行我国的强制性标准，既能保证工程质量、安全、规范建筑市场，又能切实保护我们的民族工业，是促进具有中国特色的规范应对加入世界贸易组织的挑战，维护广大人民群众的根本利益的重要举措，也是政府管理标准规范和制定技术法规的根本指导思想。

16.3 强制性条文的确定原则是什么？

世界贸易组织（WTO）制定的“技术贸易壁垒协定”，对技术法规给出的范围为：国家安全、防止欺骗、保护人体健康和安全、保护动植物的生命和健康、保护环境。我国强制性条文确定的基本原则是：直接涉及工程质量、安全、卫生及环境保护等方面内容，且为现行标准中条文。

无论是国际上还是我国，在确定强制性条文的基本原则上是相近的。因为强制性条文与法律法规具有相近的性质，所以它由政府部门确定。作为政府，首要关心的是人民的利益，表现为维护公共安全、健康、环境保护等。人民的这些利益必须通过强制性获得。

上述基本原则落实到具体的条文中，可以是定量的要求，也可以是定性规定。国外规范最初以定量规定为主，定量规定便于检查监督，但也会带来规定过细，限制新技术的发展，现在国外发展到性能规范，以规定房屋的性能为目标，规定的内容较为原则。我国工程建设强制性条文是从现行标准中摘录出来的，条文规定的内容较为具体详细，这样也便于检查操作。从发展方向来讲，随着我国的法制建设的完善，强制性条文逐步向走技术法规，以性能为主的规定将会越来越多。

根据上述基本原则确定的 2002 年版强制性条文，共分 9 篇、1447 条、107 项标准，与 2000 年版相比，保留 6 项，替换 33 项，新增 13 项，减少条文 82 条，占 2%，标准更新率达 42%。这些条文的具体确定，主要根据下列原则：

(1) 凡条文规定的内容可操作性差，不得作为强制性条文；

(2) 标准条文制定中争议较大，且未完全取得一致的意见，不得作为强制性条文；

(3) 其他标准的内容已经纳入到强制性条文中，不再重复列入；

(4) 强制性条文采用“必须、严禁”和“应、不应、不得”等用词，不采用“宜”、“可”等用词；

(5) 标准条文引用的其他标准或条文，如果其他标准中不强制的内容，不得作为强制性条文，避免扩大强制性条文的范围。

(6) 几本标准的强制性条文内容相同，仅具体文字或要求稍有不同的，可同时列入强制性条文，但文字表述上不重复，仅给予注释。

16.4 如何判定是否符合强制性条文？

符合强制性条文的判定，是执行强制性条文重要内容。不仅涉及到按照规范进行施工，而且还涉及到参建各方主体的责任裁定。判定时应注意以下情况：

(1) 经检查确认符合强制性条文的要求，各项内容满足规定，应判定为符合强制性条文。

(2) 经检查明显违反强制性条文规定的行为或工程质量，应判定为违反强制性条文。对违反强制性条文规定的行为或工程质量，应及时加以纠正，并应根据后果和情节进行处理。

(3) 发现可能违反强制性条文的行为或质量情况，但是仅凭现场检查难以立即作出结论，需要作进一步判定，这时可通过检测单位检测，以及经设计单位核算后，再作出判定。

(4) 对违反强制性条文的某些情况，如果尚未严重影响工程质量或安全，经过整改能够达到要求的，可以责令整改使之达到要求，此时可以不作为违反强制性条文处理。但是，如果未经过验收就投入使用，或者验收以后不符合规范要求，而继续进行下一工序施工的，应判定为违反强制性标准。

(5) 对造成质量安全事故，留下质量隐患等情况，应视为严重违反强制性条文，应按照国家有关规定严肃处理。

16.5 发现不符合强制性标准规定时，对工程应如何处理？

应按照《建筑工程施工质量验收统一标准》GB 50300 第 5 章的规定，对建筑工程质量不符合要求的应采取返工、鉴定、复核、加固等办法：

(1) 经返工重做或更换器具、设备的检验批，应重新进行验收；

(2) 经有资质的检测单位检测鉴定能够达到设计要求的检验批，应予以验收；

(3) 经有资质的检测单位检测鉴定达不到设计要求、但经原设计单位核算认可能够满足结构安全和使用功能的检验批，可予以验收；

(4) 经返修或加固处理的分项、分部工程，虽然改变外形尺寸但仍能满足安全使用要求，可按技术处理方案和协商文件进行验收。

如果采取上述四种办法后，仍不能满足安全使用要求，则应严禁验收。

16.6 对违反强制性标准的行为应如何处罚？

建设部令 81 号《实施工程建设强制性标准监督规定》，对参与建设活动各方责任主体违反强制性标准的处罚做出了具体规定，这些规定与《建设工程质量管理条例》是一致的。

(1) 建设单位

建设单位不履行或不正当履行其工程管理的职责的行为是多方面的，对于强制性标准方面，建设单位有下列行为之一的，责令改正，并处以 20 万元以上 50 万元以下的罚款：

1) 明示或暗示施工单位使用不合格的建筑材料、建筑构配件和设备的；

2) 明示或暗示设计单位或施工单位违反建设工程强制性标

准,降低工程质量的。

建设单位是建设市场的重要责任主体,是工程建设过程和建设效果的负责方,拥有按照法律、法规规定选择勘察、设计、施工、监理单位,确定建设项目的规模、功能、外观、使用材料设备等权力。在工程建设各个环节负责综合管理工作,居于主导地位。建设单位的行为在整个建设工程活动中是否规范,是影响建设工程质量的关键因素。

建设行政主管部门和其他有关部门在建设工程监督管理过程中,发现建设单位有以上两方面违法行为之一的,应首先责令建设单位停止违法行为,其次责令建设单位按工程建设强制性标准的规定进行改正,即:建设单位应严格要求施工单位使用合格的建筑材料、建筑构配件和设备并进行监督;建设单位应明确要求设计单位或施工单位严格执行质量标准,提高工程质量。

(2) 勘察、设计单位

勘察、设计单位违反工程建设强制性标准进行勘察、设计的,应责令改正,并处以10万元以上30万元以下的罚款。

有前款行为,已经造成工程质量事故的,责令停业整顿,降低资质等级;情节严重的,吊销资质证书;造成损失的,依法承担赔偿责任。

勘察、设计工作是工程建设的首要环节,工程建设强制性标准是勘察、设计工作重要的基本技术依据,只有满足工程建设强制性标准才能保证质量,才能满足工程对安全、卫生、环保等多方面的质量要求。如果勘察设计工作偏离强制性标准就有可能出现严重的质量问题。因此,勘察、设计单位必须按照工程建设强制性标准进行勘察、设计,并对其勘察、设计的质量负责。

勘察、设计单位在没有标准的情况下,其出具的勘察、设计文件中规定采用新技术、新材料有可能影响建设工程质量和安全的,按照建设部令81号《实施工程建设强制性标准监督规定》第五条的规定,经审查同意后,就不属于违反标准的行为。

勘察、设计单位违反工程建设强制性标准进行勘察、设计,不论是否造成质量事故，不论所承接勘察、设计业务的取费多少，均由有关部门对勘察、设计单位处以10万元以上、30万元以下的罚款，当然首先是责令勘察、设计单位修正勘察、设计成果。对造成工程质量事故的，则在罚款的基础上，还要对责任单位处以停业整顿，降低勘察、设计资质，直至吊销资质的处罚。如果以上违法行为给有关单位和个人造成损失的，还要依法赔偿损失。可见，处罚的轻重是随着后果和情节的加重而加重的。

(3) 施工单位

施工单位违反工程建设强制性标准的，责令改正，处工程合同价款2%以上4%以下的罚款；造成建设工程质量不符合规定的质量标准的，负责返工、返修，并赔偿因此造成的损失；情节严重的，责令停业整顿，降低资质等级或者吊销资质证书。

工程建设强制性标准是有关各方必须共同遵守的行为准则。施工阶段是建设工程实物质量的形成阶段，勘察、设计工作质量均在这一阶段得以实现，确保建设工程质量的重点对象就是施工单位。施工单位是建设工程质量责任的主要主体，其行为对建设工程质量起关键性作用。根据《中华人民共和国建筑法》和《建设工程质量管理条例》，遵守工程建设强制性标准是施工单位的法定义务。

依据违反法定义务应当承担民事责任的条件是：

第一，违法行为一经发生并被发现，施工单位将被责令改正并处以罚款。责令改正是确保建设工程质量所必须的，罚款是对其违反工程建设强制性标准的行为的惩罚。

第二，当违法行为已经发生；因违法行为已造成建设工程质量不符合规定的质量标准，使建设单位蒙受损失时，承担责任的形式有：

1) 罚款。罚款幅度是工程合同价款2%以上4%以下。

2) 返工。是建筑施工单位因违法行为造成建筑工程质量不符合规定的质量标准，而又无法返修的情况下，重新进行施工。

3) 返修。是建筑施工单位因违法行为造成建筑工程质量不符合规定的质量标准，而又有修复可能的情况下，对工程进行修补使其达到质量标准的要求。返工与返修往往密切联系在一起。这是民法上保护财产权的一个重要补救性措施。我国《合同法》第二百八十一条规定："因施工人的原因致使建设工程质量不符合约定的，发包人有权要求施工人在合理期限内无偿返修或者返工、改建。经过返修或者返工、改建后，造成逾期交付的，施工人应当承担违约责任。"

4）赔偿损失。赔偿损失是指因施工单位违法行为，致使工程质量不符合规定标准，对由此造成损失给予补偿的责任方式。我国《合同法》第二百八十二条规定："因承包人的原因致使建设工程在合理的使用期限内造成人身财产损失的，承包人应当承担损害赔偿责任。"工程质量造成的损失包括财产损失和非财产损失。财产损失主要是可用金钱计算的损失，非财产损失主要是身体、健康、生命的损害，也必然会产生一系列财产补偿。

第三，当违法行为已经发生时；因违法行为已造成建设工程质量不符合规定的质量标准，使建设单位蒙受损失的，违法行为情节严重的。承担责任的形式除罚款、返工、返修和赔偿损失外，还有：1）责令停业整顿。由行政机构责令违法施工单位停止其生产、经营活动，进行全面的清理整顿。2）降低资质等级或者吊销资质证书。

（4）工程监理单位

工程监理单位与建设单位或施工单位串通，弄虚作假、降低工程质量的；违反强制性标准规定，将不合格的建设工程以及建筑材料、建筑构配件和设备按照合格签字的，责令改正，处50万元以上100万元以下的罚款，降低资质等级或者吊销资质证书；有违法所得的，予以没收；造成损失的，承担连带赔偿责任。

监理单位受建设单位委托，代表建设单位，对工程施工过程进行监督管理，以确保工程建设质量，充分发挥投资效益。监理单位从事工程监理活动，应当遵循守法、诚信、公正、科学的准则。监理过程中不能与建设单位串通，损害被监理的施工企业的利益；也不能与施工单位串通，弄虚作假，降低工程质量，损害建设单位的利益。监理单位必须实事求是，遵循客观规律，按工程建设的科学要求进行监理活动，客观、公正地对待各方当事人，没有偏私，认真地进行监督管理，这是对工程监理单位执行监理任务的基本要求。

监理单位不能公正执行监理任务，与建设单位恶意串通，弄虚作假，通常是损害国家利益或公众利益以及施工单位的利益；如果与施工单位串通弄虚作假、降低工程质量，通常是损害建设单位利益。这两种情况有时可能同时并存，有时是单独存在。

监理单位将不合格的建设工程、建筑材料、建筑构配件和设备按照合格签字，其要害也是监理单位失去了公正性，并且给工程质量造成损害或造成隐患。

(5) 事故单位和人员

违反工程建设强制性标准造成工程质量、安全隐患或者工程事故的，按照《建设工程质量管理条例》有关规定，对事故责任单位和责任人进行处罚。

(6) 建设行政主管部门和有关人员

建设行政主管部门和有关行政主管部门工作人员，玩忽职守、滥用职权、徇私舞弊的，给予行政处分；构成犯罪的，依法追究刑事责任。

具体的处罚是：

1) 建设行政主管部门和有关行政主管部门工作人员玩忽职守、滥用职权、徇私舞弊，造成后果，但尚不构成犯罪的，依法给予行政处分。根据《行政监察法》和《国家公务员暂行条例》的规定，对于国家公务员的行政处分的形式包括警告、记过、记大过、降级、撤职、开除等。

2) 建设行政主管部门和有关行政主管部门工作人员玩忽职守、滥用职权，致使公共财产、国家和人民利益遭受重大损失的，根据《刑法》规定，处三年以下有期徒刑或者拘役；情节特别严重的，处三年以上七年以下有期徒刑。国家机关工作人员徇私舞弊，犯本款罪的，处五年以下有期徒刑或者拘役；情节特别严重的，处五年以上十年以下有期徒刑。

16.7 怎样理解《建筑装饰装修工程质量验收规范》GB50210中第3.1.1条强制性条文?

《建筑装饰装修工程质量验收规范》GB 50210 第 3.1.1 条原文是:**"建筑装饰装修工程必须进行设计,并出具完整的施工图设计文件。"**

本条规定是为了制约目前建筑装饰装修工程存在的设计深度不够,甚至不进行设计的现象。其中包含两方面的要求,一是所有的建筑装饰装修工程必须首先进行设计,禁止无设计施工或边设计边施工;二是设计单位出具的设计文件内容应完整,深度应符合指导施工的要求。本条规定既是对设计单位的要求,也是对建设、监理、施工等各方提出的要求。

按照《建设工程质量管理条例》的有关规定,设计文件应当符合国家规定的设计深度要求并注明工程的合理使用年限。设计单位在设计文件中选用的建筑材料、建筑构配件和设备应当注明规格、型号、性能等技术指标,其质量要求必须符合国家规定的标准。建设单位应当将施工图设计文件报县级以上人民政府建设行政主管部门或者其他有关部门审查,未经审查批准的,不得使用。设计单位应当就审查合格的施工图设计文件向施工单位做出详细说明。

虽然有上述规定,但在实际执行中,仍有相当多的装饰装修工程存在着重视装饰效果,轻视质量安全的问题。有些工程只做方案设计,没有进行深入的扩初设计和施工图设计;有些工程仅用几张效果图指导施工;少数工程甚至不做设计。由于设计深度不够或不做设计,致使许多应当由设计确定并承担责任的重要内容实际上是由施工单位自行处理的。施工过程中在装饰装修材料的选择、细部构造的处理等方面存在的随意性,导致装饰装修工程所涉及的结构安全、防火、卫生、环保等国家标准得不到很好的贯彻执行,给工程带来许多安全隐患。由于设计深度不够,还导致对工程质量进行监督时缺少设计依据；当工程质量或装饰效果达不到建设单位预期要求时，常常发生质量责任纠纷。

因此，建筑装饰装修工程必须进行设计并应经过审查，其设计深度应能指导施工，以满足国家标准中有关结构安全、防火、卫生、环保等方面的要求，同时满足装饰效果的要求。

做到本条要求的主要措施有三条：

(1) 首先要把设计单位和施工单位的质量责任划分清楚。设计单位要对设计文件的质量负责，施工单位要对施工质量负责。当设计单位授权施工单位进行施工图细部节点设计时，应有授权文件；设计单位只作口头授权时，施工单位应主动要求提供书面授权。

(2) 在建筑装饰装修工程施工前，建设单位应委托有资质的设计单位进行设计。

(3) 施工图设计文件应按规定程序报审。

对本条的检查内容主要是：

(1) 建筑装饰装修工程是否进行了设计。

(2) 设计单位是否具备规定的资质等级。

(3) 施工图设计文件是否按有关规定进行了审查。

(4) 施工图设计文件是否经注册执业人员签字。

(5) 施工图设计文件的设计深度是否满足施工要求。

当出现下述情况之一时，视为违反强制性条文：

(1) 建筑装饰装修工程未进行设计。

(2) 设计单位不具备规定的资质等级。

(3) 施工图设计文件未按有关规定进行审查。

(4) 只有效果图或简图，无施工图设计文件。

16.8 怎样理解《建筑装饰装修工程质量验收规范》GB 50210 中第 3.1.5 条强制性条文？

《建筑装饰装修工程质量验收规范》GB 50210 第 3.1.5 条原文是：**“建筑装饰装修工程设计必须保证建筑物的结构安全和主要**

使用功能。当涉及主体和承重结构改动或增加荷载时，必须由原结构设计单位或具备相应资质的设计单位核查有关原始资料，对既有建筑结构的安全性进行核验、确认。”

工程设计首先要保证结构的安全，装饰装修设计属于工程设计的范畴，因此，装饰装修设计应在保证结构安全的前提下满足使用功能和装饰效果的要求。本条规定建筑装饰装修设计必须首先满足结构安全和主要使用功能的需要，这是对设计单位的基本要求。同时也规定了改动建筑主体和承重结构，或增加荷载时，必须经有资质的设计单位核验、认可，目的是为了保证建筑物的使用安全。《建设工程质量管理条例》规定：涉及建筑主体和承重结构变动的装修工程，建设单位应当在施工前委托原设计单位或者具有相应资质等级的设计单位提出设计方案；没有设计方案的，不得施工。房屋建筑使用者在装修过程中，不得擅自变动房屋建筑主体和承重结构。

在装饰装修工程设计中，尤其是既有建筑的装饰装修设计，常常由于建筑使用功能的变化而需要对主体结构或承重结构作些改动，如使用石材一类的材料做地面、墙面等部位的装饰装修，从而给建筑结构增加了荷载。对于这种情况，必须由原结构设计单位或具备相应资质的设计单位对建筑物结构的安全性进行核验，避免给主体结构造成安全隐患。

做到本条要求的主要措施有三条：

(1) 建设单位应对工程的质量和安全负责。建设单位应充分认识到结构安全的重要性，使用功能和装饰效果应服从结构安全的需要，绝对不可一味追求外观豪华，造成安全隐患。

(2) 设计单位应对设计文件负责。设计单位应充分认识到结构安全的重要性，对既有建筑物的装饰装修工程进行设计之前，应根据建筑物主体结构的实际情况进行充分的勘查、核验。

(3) 施工单位应对施工质量负责，在进行主体结构或承重结构改动或增加荷载施工时，如没有具备相应资质设计单位的确认文件，应拒绝施工。

对本条的检查内容主要是：

(1) 设计单位是不是原设计单位，或具备相应资质的设计单位。

(2) 有无结构安全性的核验、确认文件。

(3) 有无涉及主体和承重结构改动或增加荷载的施工图设计文件。

(4) 施工图设计文件是否按有关规定进行了审查。

当出现下述情况之一时，视为违反强制性条文。

(1) 设计单位既不是原设计单位，也不具备相应的资质。

(2) 无结构安全性的核验、确认文件。

(3) 施工图设计文件未经注册执业人员审核。

16.9 怎样理解《建筑装饰装修工程质量验收规范》GB 50210 中第 3.2.3 条强制性条文？

《建筑装饰装修工程质量验收规范》GB 50210 第 3.2.3 条原文是：**"建筑装饰装修工程所用材料应符合国家有关建筑装饰装修材料有害物质限量标准的规定。"**

装饰装修材料所含有害物质对室内环境造成污染的问题，已经引起全社会的关注，要解决这个问题，必须严格控制装饰装修材料的有害物质含量。目前与装饰装修材料有害物质限量有关的国家标准有以下 11 项：

(1)《室内装饰装修材料人造板及其制品中甲醛释放限量》(GB 18580—2001)；

(2)《室内装饰装修材料溶剂型木器涂料中有害物质限量》(GB 18581—2001)；

(3)《室内装饰装修材料内墙涂料中有害物质限量》(GB 18582—2001)；

(4)《室内装饰装修材料胶粘剂中有害物质限量》(GB 18583—2001)；

(5)《室内装饰装修材料木家具中有害物质限量》(GB

18584—2001)；

(6)《室内装饰装修材料壁纸中有害物质限量》(GB 18585—2001)；

(7)《室内装饰装修材料聚氯乙烯卷材地板中有害物质限量》(GB 18586—2001)；

(8)《室内装饰装修材料地毯、地毯衬垫及地毯胶粘剂有害物质释放限量》(GB 18587—2001)；

(9)《建筑材料放射性核素限量》(GB 6566—2001)；

(10)《混凝土外加剂中释放氨的限量》(GB 1858—2001)；

(11)《民用建筑工程室内环境污染控制规范》(GB 50325—2001)(第3章)。

按照《建设工程质量管理条例》的规定，施工单位必须按照工程设计要求、施工技术标准和合同约定，对建筑材料、建筑构配件、设备和商品混凝土进行检验，检验应当有书面记录和专人签字；未经检验和检验不合格的，不得使用。建筑装饰装修工程所用材料除了应符合产品标准的性能要求外，尚应符合上述标准有关有害物质限量的要求。

做到本条要求的主要措施是：

(1) 设计单位应掌握国家标准关于有害物质限量的技术要求，避免采用有害物质含量超标的装饰装修材料；同时还应考虑即使材料合格，但单位空间用量太大而产生的累积效应。

(2) 施工单位应尽量选择有害物质含量低的材料品牌，并应要求供货方提供材料的合格检测报告。

(3)《建筑装饰装修工程质量验收规范》GB 50210 规定进行有害物质含量复验的材料项目包括人造木板的甲醛含量、室内用花石岩的放射性，施工单位应在进场材料中抽取样品，并送有资质的检测单位进行复验。复验不合格的材料不得用于工程。合格的复验报告原件应存档。

(4) 如对供货方提供的检测报告的真实性有怀疑，应进行见证检测。

对本条的检查内容主要有：

(1) 国家标准对室内装饰装修材料的有害物质限量做出规定的，应检查有无规定项目的合格检测报告。

(2) 检查有无人造木板的甲醛含量复验合格报告。

(3) 检查有无室内用花岗石的放射性复验合格报告。

对违反本条的判定是：

当施工单位采用了不合格的室内装饰装修材料，造成室内环境污染超标，并且未采取有效的处理措施时，视为违反强制性条文。

16.10 怎样理解《建筑装饰装修工程质量验收规范》GB 50210中第3.2.9条强制性条文？

《建筑装饰装修工程质量验收规范》GB 50210第3.2.9条原文是：**“建筑装饰装修工程所使用的材料应按设计要求进行防火、防腐和防虫处理。”**

建筑装饰装修工程采用的材料种类非常多，其中许多材料属于可燃物，如木制品和纺织品；也有一些属于易腐材料，如木材、金属；还有一些木材属于易蛀树种。本条规定装饰装修工程采用的材料应按设计要求进行防火、防腐和防虫处理，其中大部分处理过程是在施工现场进行的，施工单位应严格按规定步骤处理并保证处理效果。如果处理过程是材料进场前由生产单位进行的，进场时应进行验收。

据消防部门统计，大多数火灾的发生与电器故障有关，而火灾迅速蔓延的主要原因则是采用了较多的可燃装饰装修材料。为了防止和减少建筑物火灾的危害，设计单位进行建筑装饰装修工程设计时，应按照《建筑内部装修设计防火规范》GB 50222及有关规定对材料的燃烧性能提出要求。需要进行防火、防腐和防虫处理才能达到使用要求的材料，设计单位应做出具体说明，施工单位应按照设计提出的要求对材料进行处理。目前，在实际执行中存在着设计单位不按规定提出处理要求和施工单位不按设计要求进行处理的现象，如果装饰装修材料达不到《建筑内部装修设计防火规范》GB 50222 的规定，可能会造成火灾隐患；易腐、易蛀材料不进行有效处理，也会影响到建筑物的合理使用年限，因此必须引起重视。

执行本条应采取的措施主要有：

(1) 设计单位应按照《建筑内部装修设计防火规范》GB 50222 及有关规定对材料的燃烧性能提出要求，需要进行防火、防腐和防虫处理的材料应做出具体说明。

(2) 施工单位应认识到防火、防腐、防虫处理的重要性，严格按设计要求对材料进行处理。

(3) 监理工作应到位，保证各项处理措施得到落实，防止发生减少处理步骤、偷工减料的现象。

对本条的检查内容是：

(1) 观察是否使用了易燃、易腐、易蛀材料。

(2) 检查设计有无关于防火、防腐和防虫处理的要求。

(3) 检查施工记录。

当出现下述情况之一时，视为违反强制性条文。

(1) 设计单位未按有关标准规定和合同要求提出处理方案。

(2) 施工单位未按设计文件的要求进行防火、防腐和防虫处理。

16.11 怎样理解《建筑装饰装修工程质量验收规范》GB 50210 中第 3.3.4 条强制性条文？

《建筑装饰装修工程质量验收规范》GB 50210 第 3.3.4 条原文是：**“建筑装饰装修工程施工中，严禁违反设计文件擅自改动建筑主体、承重结构或主要使用功能，严禁未经设计确认和有关部门批准擅自拆改水、暖、电、燃气、通讯等配套设施。”**

本条规定是针对施工中擅自拆改的现象制定的，其中包含两方面的要求，一是严禁违反设计文件擅自改动建筑主体、承重结构或主要使用功能，二是严禁未经设计确认和有关部门批准擅自拆改水、暖、电、燃气、通讯等配套设施。《建设工程质量管理条例》规定：施工单位必须按照工程设计图纸和施工技术标准施工，不得擅自修改设计，不得偷工减料。设计文件是施工单位施工操作的依据，正常情况下不应出现上述现象。但在实际执行中，尤其是既有建筑的装饰装修中，由于使用功能的变化或装饰效果的需要而对线路、设施进行改动时，经常发生施工单位未与设计单位洽商，擅自修改设计或不按设计要求施工的现象。当涉及建筑主体和承重结构时，可能造成安全隐患；当涉及拆改水、暖、电、燃气、通讯等线路、设施时，既可能损害使用功能，也可能引起安全事故。

执行本条的主要措施是：

(1) 施工单位应认识到擅自拆改的严重后果，杜绝擅自拆改的行为。即使建设单位提出此类要求，也应经过设计单位提供相关设计修改文件。

(2) 所有涉及建筑主体、承重结构或水、暖、电、燃气、通讯等的改动，应按施工图或设计变更要求进行，并应与正式施工一样进行质量控制与验收。

对本条的检查内容有：

(1) 通过实地观察或检查施工记录，了解有无改动建筑主体、承重结构或主要使用功能的现象。如有拆改，应检查设计单位有无相关设计内容。

(2) 通过实地观察或检查施工记录，了解有无拆改水、暖、电、燃气、通讯等配套设施的现象。如有拆改，应检查设计单位有无相关设计内容，是否经过有关部门的批准。

当出现下述情况之一时，视为违反强制性条文。

(1) 在无设计文件情况下，施工单位擅自改动建筑主体、承重结构或主要使用功能。

(2) 在无设计文件情况下，施工单位擅自拆改水、暖、电、燃气、通讯等配套设施，其中不包括施工单位对室内照明电线和电话线进行的简单改装。

(3) 拆改燃气设备及管道时,无有关部门的批准文件。

16.12 怎样理解《建筑装饰装修工程质量验收规范》GB 50210 中第3.3.5条强制性条文?

《建筑装饰装修工程质量验收规范》GB 50210 第 3.3.5 条原文是:**“施工单位应遵守有关环境保护的法律法规,并应采取有效措施控制施工现场的各种粉尘、废气、废弃物、噪声、振动等对周围环境造成的污染和危害。”**

保护环境是国家的基本政策,近年来中央和地方政府制定了一系列有关环境保护的法律、法规、规章,如《环境噪声污染防治法》、《大气污染防治法》等。其中涉及建筑施工的章节条款,施工单位应给予足够重视,在施工过程中应严格遵守。客观上,建筑施工易产生多种污染源,尤其是既有建筑的装饰装修,多数情况下是局部施工,建筑物仍在正常使用,如何减少对周围环境造成的污染和干扰显得更为重要。由于建筑施工造成的污染事故和扰民纠纷屡见不鲜,施工单位应积极采取有效措施对施工造成的各种污染加以控制。

执行本条的主要措施是:

(1) 施工单位应积极开展文明施工教育,增强员工的环保意识,自觉维护施工环境。

(2) 施工单位应制定环境保护施工方案,切实采取有效措施,控制各种粉尘、废气、建筑垃圾对周围环境造成的污染以及噪声、振动等产生的危害。

本条检查内容是:

(1) 施工现场易挥发、易扬尘材料的保管及废弃物的处理进行抽查,观察有无污染环境的现象。

(2) 根据量测或感觉判断施工噪声和振动是否得到有效控制。

当出现下述情况之一时,视为违反强制性条文。

(1) 施工现场的粉尘、废气、废弃物、噪声、振动等对周围环境造成严重的污染和危害。

（2）在接到投诉并确认不符合有关环保规定的情况下，未采取有效的控制措施。

16.13 怎样理解《建筑装饰装修工程质量验收规范》GB 50210中第4.1.12条强制性条文？

《建筑装饰装修工程质量验收规范》GB 50210 第4.1.12条原文是：**“外墙和顶棚的抹灰层与基层之间及各抹灰层之间必须粘结牢固。”**

抹灰工程质量的关键是粘结牢固。如果粘结不牢，出现开裂、空鼓、脱落等质量问题，不仅会降低对墙体的保护作用，影响装饰效果，还可能造成安全隐患。外墙抹灰位置较高，顶棚抹灰则直接处于人员活动空间的上方，万一脱落会造成严重的人身安全事故。北京市为解决混凝土顶棚抹灰层脱落问题，规定混凝土顶棚不得抹灰，用腻子找平即可，取得了良好的效果。本条虽然没有规定顶棚不得抹灰，但要求必须粘结牢固，不允许出现脱落现象。

执行本条的主要措施是：

（1）抹灰前，基层表面的尘埃、疏松物、脱模剂和油渍应清理干净。

（2）表面光滑的基层，抹灰前应做毛化处理。

（3）不同材料基体交接处表面的抹灰层容易开裂，应采取加强措施。

（4）基层表面的含水率应适宜。如基层表面干燥，砂浆中的水分很快被基层吸收，将会影响砂浆的粘结力。

（5）一次抹灰不应过厚，干缩率较大会影响抹灰层与基层粘结牢固。

对本条的检查内容是：

（1）观察抹灰层有无裂缝、脱落现象。

（2）轻击检查抹灰层有无空鼓现象。

（3）检查有无水泥的复验合格报告。

(4) 检查隐蔽工程验收记录和施工记录。

当出现下述情况之一时，视为违反强制性条文。

(1) 外墙抹灰层或顶棚抹灰层脱落造成人身伤亡事故或重大财产损失。

(2) 外墙抹灰层或顶棚抹灰层大面积裂缝、空鼓、脱落，导致在合理使用期内全面返工。

16.14 怎样理解《建筑装饰装修工程质量验收规范》GB 50210 中第 5.1.11 条强制性条文？

《建筑装饰装修工程质量验收规范》GB 50210 第 5.1.11 条原文是：**“建筑外门窗的安装必须牢固。在砌体上安装门窗严禁用射钉固定。”**

本条规定的“建筑外门窗的安装必须牢固”，其中包含框、扇和玻璃的安装。门窗安装是否牢固既影响使用功能又涉及安全，尤其是外墙门窗，对安全性的要求更为重要。因此，无论采用何种方法固定，建筑外墙门窗的框、扇和玻璃均必须确保安装牢固。当然，内墙门窗安装也必须牢固，考虑到与人身安全相关的程度不同，《建筑装饰装修工程质量验收规范》GB 50210—2001 将内墙门窗安装牢固的要求列入主控项目而非强制性条文。砌体结构的砌块及砌筑砂浆强度较低，受冲击容易破碎，故规定在砌体上安装门窗时严禁用射钉固定。

执行本条的主要措施是：

(1) 预埋件的数量、位置、埋设方式、与框的连接方式必须符合设计要求。

(2) 建筑外门窗为推拉门窗时，推拉门窗扇必须有防脱落措施。

(3) 建筑外门窗为组合窗时，拼樘料的规格、尺寸应符合设计规定，材料质量应严格要求。

对本条的检查内容主要有：

(1) 检查门窗安装的外观质量、固定点的数量和间距是否符合规范和设计规定。

（2）进行开启、关闭检查，观察安装是否牢固。

（3）检查推拉门窗扇是否有防脱落措施。检查方法除观察外，还应试验其防脱落能力，如将扇置于不同位置，用手向上抬举，试验其是否脱落。

（4）查阅隐蔽工程验收记录和施工记录，检查安装在砌体上的门窗是否采用了射钉固定。

当出现下述情况之一时，视为违反强制性条文。

（1）在正常使用情况下，建筑外门窗的框、扇或玻璃脱落导致人身伤亡事故或重大财产损失。

（2）在砌体上安装门窗采用射钉固定。

16.15 怎样理解《建筑装饰装修工程质量验收规范》GB 50210 中第 6.1.12 条强制性条文？

《建筑装饰装修工程质量验收规范》GB 50210 第 6.1.12 条原文是：**“重型灯具、电扇及其他重型设备严禁安装在吊顶工程的龙骨上。”**

吊顶工程在考虑龙骨承载能力的前提下，允许将一些轻型设备如小型灯具、烟感器、喷淋头、风口篦子等安装在吊顶龙骨上。但如果把大型吊灯、电扇、或一些重型构件也固定在龙骨上，则可能会造成脱落伤人事故，故本条规定严禁安装在吊顶工程的龙骨上。吊顶是一个由吊杆、龙骨、饰面板组成的整体，受力相互影响，因此，即使加大龙骨断面，也不得将大型吊灯、电扇、或重型构件安装在龙骨上，而应经过计算安装在主体结构上。

执行本条的措施主要是：

（1）设计单位不得将重型灯具、电扇及其他重型设备设计安装在龙骨上。

（2）施工单位不得将重型灯具、电扇及其他重型设备安装在龙骨上。

本条的检查内容有：

(1) 观察顶棚有无重型灯具、电扇或其他重型设备。

(2) 检查重型灯具、电扇或其他重型设备的安装施工图纸

(3) 检查隐蔽工程验收记录和施工记录。

当出现下述情况之一时,视为违反强制性条文。

(1) 由于重型灯具、电扇或其他重型设备固定在龙骨上导致脱落伤人或重大财产损失。

(2) 检查时发现重型灯具、电扇或其他重型设备安装在龙骨上。

16.16 怎样理解《建筑装饰装修工程质量验收规范》GB 50210 中第 8.2.4 条强制性条文?

《建筑装饰装修工程质量验收规范》GB 50210 第 8.2.4 条原文是:**"饰面板安装工程的预埋件(或后置埋件)、连接件的数量、规格、位置、连接方法和防腐处理必须符合设计要求。后置埋件的现场拉拔强度必须符合设计要求。饰面板安装必须牢固。"**

装饰装修工程在内外墙体上安装饰面板是较普通的一种做法。预埋件或后置埋件是饰面板安装的重要受力构件,饰面板的固定连接方法是直接保证其安装是否牢固的重要施工构造工艺;对金属材料的防腐处理是关系到其耐久性的重要处理工序,上述各项要求都直接关系到饰面板安装的安全,因此,必须符合设计要求。后置埋件安装质量的影响因素比较多,其材质、数量、位置、安装方法和承载力都是重要的检验项目,其中拉拔强度是评判其承载力是否符合设计要求的关键检测项目,故应现场测试确认。

执行本条的措施是:

(1)《建筑装饰装修工程质量验收规范》GB 50210 涉及饰面板安装的分项工程有四个:饰面板安装、玻璃幕墙、金属幕墙、石材幕墙,在检查执行强制性条文情况时应首先确认是否正确选择了分项工程。

(2) 饰面板工程的预埋件、后置埋件、连接件的施工必须按施

工技术方案施工，其数量、规格、位置、安装方法和承载力必须符合设计要求。

(3) 后置埋件必须进行现场拉拔强度检测，检测数量、部位应由施工方与监理方商定，检测结果必须符合设计要求。

对本条的检查内容有：

(1) 观察饰面板有无脱落。

(2) 检查后置埋件的现场拉拔强度检测报告。

(3) 检查隐蔽工程验收记录。

当出现下述情况之一时，视为违反强制性条文。

(1) 在正常使用情况下，饰面板脱落导致人身伤亡事故或重大财产损失。

(2) 预埋件、后置埋件、连接件的数量、规格、位置、连接方法和防腐处理不符合设计要求。

(3) 不做后置埋件的现场拉拔强度检测或检测结果不符合设计要求而不进行纠正处理。

16.17 怎样理解《建筑装饰装修工程质量验收规范》GB 50210 中第 8.3.4 条强制性条文？

《建筑装饰装修工程质量验收规范》GB 50210 第 8.3.4 条原文是：**“饰面砖粘贴必须牢固。”**

采用饰面砖装饰内外墙面是一种非常普遍的做法，外墙饰面砖脱落曾导致多起人身伤亡事故，故本条规定饰面砖必须粘贴牢固。《外墙饰面砖工程施工及验收规程》JGJ 126 中第 6.0.6 条第 3 款规定：“外墙饰面砖工程，应进行粘结强度检验，其取样数量、检验方法、检验结果判定均应符合现行行业标准《建筑工程饰面砖粘结强度检验标准》JGJ 110 的规定。”由于《建筑工程饰面砖粘结强度检验标准》JGJ 110 规定的方法为破坏性检验，破损饰面砖不易复原，且检验操作有一定难度。故《建筑装饰装修工程质量验收规范》GB 50210 第 8.1.7 条规定“外墙饰面砖粘贴前和施工过程中，均应在相同基层上做样板件，并对样板件的饰面砖粘结强度进行检验”。制作样板件时监理应在场，应在相同的环境条件下，在相同的基层上，由同一批施工人员采用相同的施工工艺进行粘贴，养护条件也应一致，以便反映饰面砖工程的实际质量状况。

执行本条的主要措施是：

(1) 在贯彻本条文时应结合《外墙饰面砖工程施工及验收规程》JGJ 126 中有关设计、材料和施工的要求。

(2) 位于寒冷地区的外墙饰面砖工程，应严格控制饰面砖的吸水率。饰面砖坯体中存在的水在冻结时会导致饰面砖脱落，对工程质量有较大的影响，此前发生人身伤亡事故的饰面砖工程都位于北方寒冷地区，必须引起足够的重视。按照《建筑装饰装修工程质量验收规范》GB 50210 第 8.1.3 条的规定，在寒冷地区和严寒地区，应对外墙陶瓷面砖的吸水率和抗冻性进行复验，复验不合格的产品严禁用于外墙。

(3) 严格控制用于粘贴饰面砖的水泥的质量。用于粘贴饰面砖的水泥的规格应符合《外墙饰面砖工程施工及验收规程》JGJ 126 的规定。按照《建筑装饰装修工程质量验收规范》GB 50210 第 8.1.3 条的规定，应对粘贴用水泥的凝结时间、安定性和抗压强度进行复验，复验不合格的产品严禁用于粘贴饰面砖。按照建建(2000)211 号文，用于拌制混凝土和砌筑砂浆的水泥必须实施见证取样和送检，该规定适用于粘贴饰面砖的水泥。

本条的检查内容有：

(1) 观察饰面砖有无脱落。

(2) 敲击检查饰面砖有无空鼓。

(3) 检查有无水泥、面砖的复验合格报告。

当出现下述情况之一时，视为违反强制性条文。

(1) 正常使用情况下，饰面砖脱落导致人身伤亡事故或重大财产损失。

(2) 外墙饰面砖大面积脱落，导致在合理使用期内全面返工。

16.18 怎样理解《建筑装饰装修工程质量验收规范》GB 50210 中第 9.1.8 条强制性条文?

《建筑装饰装修工程质量验收规范》GB 50210 第 9.1.8 条原文是:**“隐框、半隐框幕墙所采用的结构粘结材料必须是中性硅酮结构密封胶,其性能必须符合《建筑用硅酮结构密封胶》GB 16776 的规定;硅酮结构密封胶必须在有效期内使用。”**

硅酮结构密封胶是幕墙工程重要的粘结密封材料,其性能直接关系到建筑幕墙的使用安全,故必须使用通过认可的合格产品。硅酮结构密封胶的有效期比较短,储存时间较长或储存温度过高均会影响硅酮结构密封胶的粘结性能,因此必须在有效期内使用。

为保证隐框、半隐框幕墙工程的使用安全,我国于 1997 年成立了国家经贸委硅酮结构密封胶工作领导小组,对结构胶的生产、进口,销售及检测工作进行了严格管理。目前通过认可的国内生产企业有 8 个,国外生产企业有 4 个,共有 25 个品牌的结构胶产品。国家指定的检测机构有三家,分别在北京、苏州和成都。《建筑用硅酮结构密封胶》GB 16776 是强制性标准,对结构胶的物理性能和相容性试验做出了规定。在贯彻本条文时应了解该标准的技术要求和获得认可的结构胶产品情况。对产品质量有疑问时,应送国家指定的检测机构进行检测。

执行本条的主要措施是:

(1) 供货商应提供结构胶生产企业和产品牌号获得认可的文件以及年检合格的证明。进口结构胶应提供商检合格证。

(2) 供货商应提供针对该工程的相容性试验报告和质量保证书。10m 以上临街建筑应送国家指定检测机构进行相容性试验。

(3) 结构胶必须在有效期内使用。最好不要使用快要过期的产品。

(4) 结构胶的储存温度应低于 27℃。

本条的检查内容有:

(1) 所使用的结构胶产品是否通过了国家认可，年检是否合格。

(2) 10m 以上临街建筑的相容性试验报告是否由国家指定的检测机构提供。

(3) 进口结构胶是否具有商检合格证。

(4) 查阅施工记录，检查是否在有效期内打胶。

当出现下述情况之一时，视为违反强制性条文。

(1) 使用非国家经贸委认可的硅酮结构密封胶。

(2) 使用超过有效期的结构胶。

(3) 由于上述原因导致幕墙构件脱落。

(4) 由于上述原因导致大面积返工。

16.19 怎样理解《建筑装饰装修工程质量验收规范》GB 50210 中第 9.1.13 条强制性条文？

《建筑装饰装修工程质量验收规范》GB 50210 第 9.1.13 条原文是：**"主体结构与幕墙连接的各种预埋件，其数量、规格、位置和防腐处理必须符合设计要求。"**

本条是对幕墙工程预埋件的要求。预埋件是安装幕墙面板的重要受力构件，直接关系到幕墙的使用安全，故本条从数量、规格、位置和防腐处理等四个方面提出要求。目前幕墙工程预埋件存在的问题较多，有的是由于主体结构施工时埋设位置不准确造成一部分预埋件不能使用，有的是因为设计方案变更造成一部分预埋件废弃，很多工程的预埋件只能用上一半。因此，应在主体结构施工之前确定幕墙设计方案，并尽量避免由于设计方案变更而造成预埋件废弃。当需要采用后置埋件或需要补充后置埋件时，应按设计要求设置，并进行现场拉拔强度检测。

执行本条的主要措施是：

严格按照设计要求施工。并注意在贯彻本条文时，应结合《玻璃幕墙工程技术规范》JGJ 102 和《金属与石材幕墙工程技术规范》JGJ 133 中有关设计、材料和施工的要求。

本条的检查内容有：

(1) 检查预埋件设计文件。

(2) 检查预埋件安装施工验收记录。

当出现下述情况之一时，视为违反强制性条文。

(1) 预埋件的数量、规格、位置、连接方法和防腐处理不符合设计要求。

(2) 由于预埋件的数量、规格、位置、连接方法和防腐处理不符合设计要求而导致幕墙面板脱落。

16.20 怎样理解《建筑装饰装修工程质量验收规范》GB 50210 中第 9.1.14 条强制性条文？

《建筑装饰装修工程质量验收规范》GB 50210 第 9.1.14 条原文是：**“幕墙的金属框架与主体结构预埋件的连接、立柱与横梁的连接及幕墙板的安装必须符合设计要求，安装必须牢固。”**

幕墙安装的构造连接节点是关系到工程质量和人身安全的重要部位，故每一个连接节点均应保证安装牢固可靠。严格按照设计要求进行施工，是保证安装牢固的基础。

执行本条的主要措施是：

(1) 在贯彻本条文时应结合《玻璃幕墙工程技术规范》JGJ 102 和《金属与石材幕墙工程技术规范》JGJ 133 中有关设计、材料和施工的要求。

(2)《建筑装饰装修工程质量验收规范》GB 50210 涉及饰面板安装的分项工程有四个：饰面板安装、玻璃幕墙、金属幕墙、石材幕墙，在检查执行强制性条文情况时应首先确认是否正确选择了分项工程。

(3) 饰面板工程的预埋件、后置埋件、连接件的施工必须按施工技术方案施工，其数量、规格、位置、安装方法和承载力必须符合设计要求。

(4) 后置埋件必须进行现场拉拔强度检测，检测数量、部位应由施工方与监理方商定，检测结果必须符合设计要求。

本条的检查内容有：

(1) 观察幕墙面板有无脱落。

(2) 检查幕墙设计单位的资质证书及相关设计文件。

(3) 检查幕墙施工单位的资质证书及隐蔽工程验收记录。

(4) 检查后置埋件现场拉拔强度的检测报告。

出现下述情况之一时，视为违反强制性条文：

(1) 墙面板脱落。

(2) 金属框架与主体结构预埋件的连接、立柱与横梁的连接及幕墙板的安装不符合设计要求。

16.21 怎样理解《建筑装饰装修工程质量验收规范》GB 50210 中第 12.5.6 条强制性条文？

《建筑装饰装修工程质量验收规范》GB 50210 第 12.5.6 条原文是：**“护栏高度、栏杆间距、安装位置必须符合设计要求。护栏安装必须牢固。”**

护栏的高度、栏杆的间距及安装质量涉及人身安全。曾发生多起由于护栏高度不够造成人员坠落或栏杆间距过大造成儿童坠落的恶性事故，因此，应充分强调护栏质量的重要性，保证按照设计进行施工，并保证施工质量，尤其是重视护栏安装的牢固性。

执行本条的主要措施是：

(1) 设计单位在设计护栏时应严格执行有关规范，不能为了美观而遗留安全隐患。

(2) 施工单位应严格按设计文件施工，任何变更均应经过设计单位书面认可。

本条的检查内容有：

(1) 对照图纸检查护栏高度、栏杆间距和安装位置。

(2) 检查隐蔽工程验收记录。

(3) 手推检查是否牢固。

当出现下述情况之一时，视为违反强制性条文：

(1) 在正常使用情况下，护栏倒伏或脱落。

（2）护栏高度、栏杆间距、安装位置不符合设计要求。

16.22 怎样理解《金属与石材幕墙工程技术规范》JGJ 133 中第 6.5.1 条强制性条文？

《金属与石材幕墙工程技术规范》JGJ 133 中第 6.5.1 条原文是：**“金属与石材幕墙构件应按同一种类构件的 5% 进行抽样检查，且每种构件不得少于 5 件。当有一个构件抽检不符合上述规定时，应加倍抽样复验，全部合格后方可出厂。”**

本条对幕墙构件的出厂检验做出具体规定。幕墙构件的质量直接关系到幕墙的使用安全，故出厂时应严格把关。同一种类的构件最少要抽查 5%，构件生产单位应根据生产实际情况确定抽查数量，目的是保证所有构件的质量。

执行本条的主要措施是：

（1）构件制作单位应制定完整详细的构件质量标准和抽样检查制度。

（2）幕墙构件制作单位应指定专门人员进行抽样检查。

（3）抽样检查应有详细记录。

本条检查内容有：

（1）检查是否制定了构件质量标准和抽样检查制度。

（2）检查构件的抽样检查记录。

当出现下述情况之一时，视为违反强制性条文：

（1）未制定构件质量标准和抽样检查制度。

（2）无抽样检查记录。

16.23 怎样理解《金属与石材幕墙工程技术规范》JGJ 133 中第 7.2.4 条强制性条文？

《金属与石材幕墙工程技术规范》JGJ 133 中第 7.2.4 条的原文是：**“金属、石材幕墙与主体结构连接的预埋件，应在主体结构施工时按设计要求埋设。预埋件应牢固，位置准确，预埋件的位置误差应按设计要求进行复查。当设计无明确要求时，预埋件的标高**

偏差不应大于10mm,预埋件位置差不应大于20mm。"

本条是对幕墙工程预埋件的要求,共有三点:一是应在主体结构施工时按设计要求埋设;二是预埋件应牢固;三是预埋件的位置应准确。预埋件是安装幕墙面板的重要受力构件,为了保证幕墙施工质量,必须对预埋件的位置进行复查,其误差不得超过设计规定,设计无规定时不得超过本条规定。

执行本条的主要措施是:

(1) 在主体施工之前应确定幕墙设计方案,并尽量避免由于设计方案变更造成的预埋件废弃。

(2) 主体结构施工时应注意预埋件的埋设位置。

(3) 幕墙施工单位应对预埋件的位置进行复查,测量预埋件的位置差,并做记录。

本条检查内容有:

(1) 检查幕墙设计单位的资质证书及相关设计文件。

(2) 检查幕墙施工单位的资质证书。

(3) 检查预埋件复查记录。

当出现下述情况之一时,视为违反强制性条文:

(1) 预埋件的数量、规格、位置不符合设计要求。

(2) 未对预埋件进行复查。

(3) 由于预埋件的数量、规格、位置不符合设计要求而导致幕墙面板松动或脱落。

16.24 怎样理解《金属与石材幕墙工程技术规范》JGJ 133 中第7.3.4条强制性条文?

《金属与石材幕墙工程技术规范》JGJ 133 中第7.3.4条的原文是:**"金属板与石板安装应符合下列规定:**

1 应对横竖连接件进行检查、测量、调整;

2 金属板、石板安装时,左右、上下的偏差不应大于1.5mm;

3 金属板、石板空缝安装时,必须有防水措施,并应有符合设计要求的排水出口;

4 填充硅酮耐候密封胶时，金属板、石板缝的宽度、厚度应根据硅酮耐候密封胶的技术参数，经计算后确定。”

本条是对幕墙工程安装质量的要求，共有四款。第1、2款是对面板安装质量的要求；第3、4款是对板缝处理的要求。为了保证幕墙施工质量，施工单位应严格按设计进行安装并保证安装质量。

执行本条的主要措施是：

(1) 施工单位安装面板的质量和对板缝的处理，应达到本条规定的要求。

(2) 施工单位应按本条规定进行自查，并做记录。

本条检查内容有：

(1) 条件允许的情况下，对施工过程进行现场检查。

(2) 检查施工记录和自查记录。

当出现下述情况之一时，视为违反强制性条文：

(1) 幕墙面板的安装质量和对板缝的处理未达到本条规定的要求。

(2) 由于幕墙面板的安装质量和对板缝的处理未达到本条规定，导致全面返工。

16.25 怎样理解《金属与石材幕墙工程技术规范》JGJ 133 中第 7.3.10 条强制性条文？

《金属与石材幕墙工程技术规范》JGJ 133 中第 7.3.10 条的原文是：**“幕墙安装施工应对下列项目进行验收：**

1 主体结构与立柱、立柱与横梁连接节点安装及防腐处理；

2 幕墙的防火、保温安装；

3 幕墙的伸缩缝、沉降缝、防震缝及阴阳角的安装；

4 幕墙的防雷节点的安装；

5 幕墙的封口安装。”

本条规定了幕墙安装施工阶段应验收的项目，其中1至4款为隐蔽工程验收项目。按本条规定进行验收时，各项指标应符合

《金属与石材幕墙工程技术规范》JGJ 133 的规定，同时应满足《建筑装饰装修工程质量验收规范》GB 50210 的相关要求。

执行本条的主要措施是：

当合同约定按《金属与石材幕墙工程技术规范》JGJ 133 对金属幕墙和石材幕墙的安装施工进行验收时，监理方应按本条规定进行验收，并形成验收记录。

本条的检查内容是：

检查安装施工阶段的验收记录。

当出现下述情况之一时，视为违反强制性条文：

(1) 无按本条规定进行验收的记录。

(2) 验收项目不完整。

16.26 怎样理解《建筑地面工程施工质量验收规范》GB 50209 中第 3.0.3 条强制性条文？

《建筑地面工程施工质量验收规范》GB 50209 第 3.0.3 条原文是：**“建筑地面工程采用的材料应按设计要求和本规范的规定选用，并应符合国家标准的规定；进场材料应有中文质量合格证明文件、规格、型号及性能检测报告，对重要材料应有复验报告。”**

建筑地面类型繁多，其面层牵涉到的材料也是各式各样，严格控制材料质量，对确保建筑地面质量极为重要。如，大理石、花岗石等天然石材的放射性比活度、涂料、胶粘剂中游离甲醛和有机挥发物（TVOC）含量、木地板的含水率等是否超标（限量），以及其规格、尺寸是否符合设计要求，有否色差、翘曲、变形、又如，水泥、砂、石子等原材料是否符合规定，水泥的强度、出厂日期是否符合要求，砂、石含泥量是否超标等等，如果以上的材料各项指标没有控制好，会造成建筑地面出现质量问题，严重的会对人体健康和安全构成危害，因此，材料对建筑地面工程质量的影响是直接的。

执行本条的主要措施是：

为防止以上建筑地面工程施工质量问题的发生，施工企业应对进场材料（包括建设单位提供的）的合格证明文件及检测报告进行检查，对一些重要材料，如水泥、防水材料、大理石、花岗石等材料应按照其产品标准进行复测，对不合格的材料不得使用。

本条的检查内容有：

进场施工材料应进行检查。检查方法：主要查阅此类材料有无合格证明文件和检测报告，并检查一些重要材料的复验报告是否符合本规范的规定；检查数量：可按该产品标准规定的数量进行检查或抽检。如对有关材料有疑问，应进行复检。

对检查、抽查、复查不合格的材料不得在工程中使用；对经过处理能够使用的材料，须经建设单位、监理单位认可签证后方能使用；对使用不合格的材料造成建筑地面工程施工质量问题的，应按情节轻重对有关责任单位或责任人按规定进行返工、返修，并承担相应经济责任。

16.27 怎样理解《建筑地面工程施工质量验收规范》GB 50209 中第 3.0.6 条强制性条文？

《建筑地面工程施工质量验收规范》GB 50209 第 3.0.6 条原文是：**"厕浴间和有防滑要求的建筑地面的板块材料应符合设计要求。"**

厕浴间和有防滑要求的建筑地面，在设计上必须考虑选用防滑材料。如果未采用防滑材料，用户有可能在卫生间或桑拿浴池不慎滑倒，还有的行人在门厅的踏步上或坡道上（因雨水、冰雪）滑跌倒，引起骨折或其他伤害，而诉诸法律，造成民事纠纷。

执行本条的主要措施是：

(1) 设计单位在施工图设计中必须对厕浴间和有防滑要求的建筑地面的板块材料提出要求；施工图设计的审查机构应对此进行审查；建设单位、监理单位和施工企业在图纸会审时，应确定厕浴间和有防滑要求的建筑地面的板块材料的性能、型号、品种、规格。

(2) 施工企业在施工前可在样板间进行试铺，采取泼水后着光底鞋行走的办法进行检验。

本条检查内容有：

厕浴间和有防滑要求的建筑地面的板块材料应进行实地检查。检查方法：泼水后着光底鞋行走检查，以不打滑为符合标准。检查数量：抽检。

当出现下述情况之一时，视为违反强制性条文：

设计单位对厕浴间和有防滑要求的建筑地面的板块材料提出要求的，施工企业未按设计要求选用进行施工的，应责成施工企业进行返工处理；设计单位未对厕浴间和有防滑要求的建筑地面的板块材料提出要求的，应由设计单位负责任；建设单位又未提出异议，并未采取防滑措施的，其产生的后果应由建设单位负责。

16.28 怎样理解《建筑地面工程施工质量验收规范》GB 50209 中第 3.0.15 条强制性条文？

《建筑地面工程施工质量验收规范》GB 50209 第 3.0.15 条原文是：**“厕浴间、厨房和有排水（或其他液体）要求的建筑地面面层与相连接各类面层的标高差应符合设计要求。”**

一般情况下，厕浴间、厨房和有排水（或其他液体）要求的建筑地面面层与其相连接各类面层应有一定的标高差，通常为 15～20mm，这主要是防止厕浴间、厨房和有排水（或其他液体）要求的建筑地面面层的水可能浸入到其他面层上，造成其他面层（特别是木、竹类面层）因浸水而损坏。

执行本条的主要措施是：

施工图设计中应考虑到厕浴间、厨房和有排水（或其他液体）要求的建筑地面面层与其相连接各类面层之间有一定的标高差，这应在楼板现浇时设置，或在其面层施工时设置。施工图设计的审查机构应对此进行审查；建设单位、监理单位和施工企业在图纸会审时，应对此项提出要求。

本条检查内容有：

厕浴间、厨房和有排水（或其他液体）要求的建筑地面面层与相连接各类面层之间的标高差应进行实地检查。检查方法:观感检查,或用尺量。检查数量:可全数检查或抽检。

当出现下述情况之一时,视为违反强制性条文:

设计单位对厕浴间、厨房和有排水(或其他液体)要求的建筑地面面层与相连接各类面层之间的标高差提出要求的,施工企业未按设计进行施工的,应责成施工企业进行返工、返修等处理;设计单位未对厕浴间、厨房和有排水(或其他液体)要求的建筑地面面层与相连接各类面层之间的标高差提出要求的,建设单位又未提出异议,并未采取相应措施的,其产生的后果应由责任双方负责。

16.29 怎样理解《建筑地面工程施工质量验收规范》GB 50209 中第 4.9.3 条强制性条文?

《建筑地面工程施工质量验收规范》GB 50209 第 4.9.3 条原文是:**"有防水要求的建筑地面工程,铺设前必须对立管、套管和地漏与楼板节点之间进行密封处理;排水坡度应符合设计要求。"**

有防水要求的建筑地面工程,一般是指厕浴间、厨房或阳台。厕浴间、厨房的上、下水管道比较多,又涉及到土建和安装两个专业的施工,上、下水管及地漏穿过楼板处节点 如果配合不好,处理不当,对地下房间的使用产生影响,因此,在铺设地面之前,应对立管套管和地漏等与楼板之间进行密封处理,避免在铺设地面后发生渗水。

有防水要求的建筑地面工程,在设计上必须有排水坡度的要求。

施工时应保证这些地面的排水坡度满足设计要求。

执行本条的主要措施是:

施工企业在施工有防水要求的建筑地面工程时,立管、套管和地漏与楼板节点之间进 行密封处理的施工做法,目前仍可参照原国家标准《建筑地面工程施工及验收规范》GB 50209 第 5.0.5 条的规定进行,或按照企业工法施工,具体做法是:在铺设找平层前,应对立管、套管和地漏与楼板节点之间进行密封处理，并在管四周留出深 8～10mm 的沟槽，采用防水涂料或密封胶裹住管口周边。施工完毕后，在立管及地漏周围应作蓄水检验，蓄水深度为 20～30mm，24h 内无渗漏为合格，并做记录。

本条检查内容有：

对有防水要求的建筑地面面层应进行实地蓄水检验和泼水检查。检查方法：查阅蓄水检验记录，泼水检查，或坡度尺检查，有无渗漏和倒返水现象。检查数量：抽检。

立管、套管和地漏与楼板节点之间确有渗漏，或有防水要求的建筑地面工程有倒返水现象，应由施工企业进行返修处理；严重的，还应追究有关责任单位的责任。工程验收交付使用后，因装饰装修造成的渗漏，其后果应由责任方或住户自己负责。

16.30 怎样理解《建筑地面工程施工质量验收规范》GB 50209 中第 4.10.8 条强制性条文？

《建筑地面工程施工质量验收规范》GB 50209 第 4.10.8 条原文是：**“厕浴间和有防水要求的建筑地面必须设置防水隔离层。楼层结构必须采用现浇混凝土或整块预制混凝土板，混凝土强度等级不应小于 C20；楼板四周除门洞外，应做混凝土翻边，其高度不应小于 120mm。施工时结构层标高和预留孔洞位置应准确，严禁乱凿洞。”**

厕浴间和有防水要求的建筑地面出现渗漏是建筑工程中常见的质量通病之一，规范中规定“厕浴间和有防水要求的建筑地面必须设置防水隔离层”这一条文的设置，主要是从防止楼板渗漏的角度来考虑的。厕浴间和有防水要求的建筑地面长期处在潮湿、有水的环境中，如果不设置防水层，极易产生渗漏现象。本条规定：“楼层结构必须采用现浇混凝土或整块预制混凝土板，混凝土强度等级不应小于 C20；楼板四周除门洞外，应做混凝土翻边，其高度不应小于 120mm”，主要是在施工过程中针对楼板及其墙体之间的缝隙、墙体的渗漏的控制。对“施工时结构层标高和预留孔洞位置应准确，严禁乱凿洞”的规定有三层意思：一是厕浴间和有防水要求的建筑地面与室内地面应有标高差，防止水浸入到室内地坪上；二是厕浴间和有防水要求的建筑地面的立管的预留洞口应准确，防止由于预留洞口不准确造成乱凿洞的行为，破坏防水层，从而引起渗漏；三是如果预留孔洞位置有误，或有变更，需要重新凿洞，必须征得设计和监理的同意，并采取可靠的措施后方能施工。

执行本条的主要措施是：

施工企业在厕浴间和有防水要求的建筑地面施工前，应认真审查图纸，编制施工方案，选择符合规定的防水材料，对地坪的标高、预留孔洞的位置要进行复核，对厕浴间和有防水要求的建筑地面的楼板四周（除门洞外），应做混凝土翻边，其高度不应小于120mm。对涉及到层高和砖模数的因素，其翻边高度可相应增加，具体翻边高度由施工企业和监理单位根据实际情况确定。铺设防水材料时，在靠近墙面处，防水材料应向上铺涂，并应高出面层 200～300mm，或按设计要求。施工完毕后，在厕浴间和有防水要求的建筑地面上作蓄水检验，蓄水深度为 20～30mm，24h 内无渗漏为合格，并做检验记录。

施工中，确因使用功能要求变更，而影响预留孔洞的位置时，须经监理单位认可同意后才能变更，并应做好记录。

本条检查内容有：

厕浴间和有防水要求的建筑地面应进行实地蓄水检查。检查方法：查阅蓄水检验记录和钢尺检查翻边高度是否符合要求，有无渗漏。检查数量：抽检。

16.31 怎样理解《建筑地面工程施工质量验收规范》GB 50209 中第 4.10.10 条强制性条文？

《建筑地面工程施工质量验收规范》GB 50209 第 4.10.10 条原文是：**“防水隔离层严禁渗漏，坡向应正确、排水通畅。”**

防水隔离层通常是指厕浴间、厨房和有排水（或其他液体）要求的建筑地面（如阳台）。防水隔离层严禁渗漏，其坡度方向应准确，地漏排水应畅快。

执行本条的主要措施是：

防水隔离层的施工应严格按照国家标准《屋面工程质量验收规范》的要求进行施工和验收。防水材料必须符合规定，有出厂合格证和复验报告；当铺设防水隔离层时，其下一层的表面应平整、洁净和干燥，并不得有空鼓、裂缝和起砂现象；防水卷材铺设应粘实、平整，不得有皱折、空鼓、翘边和封口不严等缺陷。防水隔离层施工完毕后，应作蓄水检验，蓄水深度为20～30mm，24h内无渗漏为合格，并做检验记录。

本条检查内容有：

防水隔离层应进行实地检查。检查方法：查阅蓄水检验记录，泼水检查，或坡度尺检查，有无渗漏和倒返水现象。检查数量：抽检。

防水隔离层严禁渗漏。工程在验收前，防水隔离层出现渗漏，应及时责成施工企业进行返修处理，直至无渗漏为止。

16.32 怎样理解《建筑地面工程施工质量验收规范》GB 50209 中第 5.7.4 条强制性条文？

《建筑地面工程施工质量验收规范》GB 50209 第 5.7.4 条原文是：**“不发火（防爆的）面层采用的碎石应选用大理石、白云石或其他石料加工而成，并以金属或石料撞击时不发生火花为合格；砂应质地坚硬、表面粗糙，其粒径宜为 0.15～5mm，含泥量不应大于 3%，有机物含量不应大于 0.5%；水泥应采用普通硅酸盐水泥，其强度等级不应小于 32.5；面层分格的嵌条应采用不发生火花的材料配制。配制时应随时检查，不得混入金属或其他易发生火花的杂质。”**

本条是针对有不发火（防爆）要求的水泥类特殊面层施工提出的。如汽油库、弹药库、烟花生产厂房、仓库等建筑地面。这类地面如果按照常规的水泥类建筑地面来施工，就会留下极大的隐患。部件之间摩擦，或重物撞击建筑地面后，会产生火花，极易引起爆炸事故。

执行本条的主要措施是：

由于不发火（防爆的）面层对原材料的要求比较高，因此，应按规范中的规定选择砂、石、水泥等原材料，配制时，应严格检查，防止混入金属或其他易发生火花的杂质。不发火（防爆的）面层采用的石料应在金刚砂轮上作摩擦试验，试验时应符合国家标准《建筑地面工程施工质量验收规范》(GB 50209—2002)附录A的规定，并做好记录。

本条检查内容有：

对不发火（防爆的）面层应试件和石料摩擦试验进行检查。检查方法：查阅检测报告和材质合格证明文件。检查数量：全数检查

不发火（防爆的）面层因其特殊性，必须严格按照本条文进行设计和施工。对未按照不发火（防爆的）面层的设计进行施工和检测的，应进行抽样检测，如果达不到试验规定的，应责成施工单位返工重做。

附录 A

建筑装饰装修工程各子分部工程验收时应检查的文件和记录

序号	子分部工程名称	验收时应检查的文件和记录
1	抹灰工程	1. 抹灰工程的施工图、设计说明及其他设计文件 2. 材料的产品合格证书、性能检测报告、进场验收记录和复验报告 3. 隐蔽工程验收记录 4. 施工记录
2	门窗工程	1. 门窗工程的施工图、设计说明及其他设计文件 2. 材料的产品合格证书、性能检测报告、进场验收记录和复验报告 3. 特种门及其附件的生产许可文件 4. 隐蔽工程验收记录 5. 施工记录
3	吊顶工程	1. 吊顶工程的施工图、设计说明及其他设计文件 2. 材料的产品合格证书、性能检测报告、进场验收记录和复验报告 3. 隐蔽工程验收记录 4. 施工记录
4	轻质隔墙工程	1. 轻质隔墙工程的施工图、设计说明及其他设计文件 2. 材料的产品合格证书、性能检测报告、进场验收记录和复验报告 3. 隐蔽工程验收记录 4. 施工记录

续表

序号	子分部工程名称	验收时应检查的文件和记录
5	饰面板（砖）工程	1. 饰面板（砖）工程的施工图、设计说明及其他设计文件 2. 材料的产品合格证书、性能检测报告、进场验收记录和复验报告 3. 后置埋件的现场拉拔检测报告 4. 外墙饰面砖样板件的粘结强度检测报告 5. 隐蔽工程验收记录 6. 施工记录
6	幕墙工程	1. 幕墙工程的施工图、结构计算书、设计说明及其他设计文件 2. 建筑设计单位对幕墙工程设计的确认文件 3. 幕墙工程所用各种材料、五金配件、构件及组件的产品合格证书、性能检测报告、进场验收记录和复验报告 4. 幕墙工程所用硅酮结构胶的认定证书和抽查合格证明；进口硅酮结构胶的商检证；国家指定检测机构出具的硅酮结构胶相容性和剥离粘结性试验报告；石材用密封胶的耐污染性试验报告 5. 后置埋件的现场拉拔强度检测报告 6. 幕墙的抗风压性能、空气渗透性能、雨水渗漏性能及平面变形性能检测报告 7. 打胶、养护环境的温度、湿度记录；双组份硅酮结构胶的混匀性试验记录及拉断试验记录 8. 防雷装置测试记录 9. 隐蔽工程验收记录 10. 幕墙构件和组件的加工制作记录；幕墙安装施工记录
7	涂饰工程	1. 涂饰工程的施工图、设计说明及其他设计文件 2. 材料的产品合格证书、性能检测报告和进场验收记录 3. 施工记录

续表

序号	子分部工程名称	验收时应检查的文件和记录
8	裱糊与软包工程	1. 裱糊与软包工程的施工图、设计说明及其他设计文件 2. 饰面材料的样板及确认文件 3. 材料的产品合格证书、性能检测报告、进场验收记录和复验报告 4. 施工记录
9	细部工程	1. 施工图、设计说明及其他设计文件 2. 材料的产品合格证书、性能检测报告、进场验收记录和复验报告 3. 隐蔽工程验收记录 4. 施工记录
10	地面工程	1. 建筑地面工程设计图纸和变更文件等 2. 原材料的出厂检验报告和质量合格证保证文件、材料进场检(试)验报告(含抽样报告); 3. 各层的强度等级、密实度等试验报告和测定记录; 4. 各类建筑地面工程施工质量控制文件; 5. 各构造层的隐蔽验收及其他有关验收文件

附录B

建筑装饰装修工程各子分部工程隐蔽工程验收项目

序号	子分部工程名称	隐蔽工程验收项目
1	抹灰工程	抹灰总厚度大于或等于35mm时的加强措施
		不同材料基体交接处的加强措施
2	门窗工程	预埋件和锚固件
		隐蔽部位的防腐、填嵌处理
3	吊顶工程	吊顶内管道、设备的安装及水管试压
		木龙骨防火、防腐处理
		预埋件或拉结筋
		吊杆安装
		龙骨安装
		填充材料的设置
4	轻质隔墙工程	骨架隔墙中设备管线的安装及水管试压
		木龙骨防火、防腐处理
		预埋件或拉结筋
		龙骨安装
		填充材料的设置

续表

序号	子分部工程名称	隐蔽工程验收项目
5	饰面板(砖)工程	预埋件(或后置埋件)
		连接节点
		防水层
6	幕墙工程	预埋件(或后置埋件)
		构件的连接节点
		变形缝及墙面转角处的构造节点
		幕墙防雷装置
		幕墙防火构造
7	细部工程	预埋件(或后置埋件)
		护栏与预埋件的连接节点
8	地面工程	各构造层

附录C

建筑装饰装修工程的现场检测项目

序号	子分部工程	现场检测项目
1	饰面板(砖)工程	饰面板后置埋件的现场拉拔强度
		饰面砖样板件的粘结强度
2	幕墙工程	幕墙后置埋件的现场拉拔强度

附录D

建筑装饰装修工程有关安全和功能的检测项目

项次	子分部工程	检测项目
1	门窗工程	1. 建筑外墙金属窗的抗风压性能、空气渗透性能和雨水渗漏性能 2. 建筑外墙塑料窗的抗风压性能、空气渗透性能和雨水渗漏性能
2	饰面板(砖)工程	1. 饰面板后置埋件的现场拉拔强度 2. 饰面砖样板件的粘结强度
3	幕墙工程	1. 硅酮结构胶的相容性试验 2. 幕墙后置埋件的现场拉拔强度 3. 幕墙的抗风压性能、空气渗透性能、雨水渗漏性能及平面变形性能
4	地面工程	1. 有防水要求地面的蓄水检验记录,并抽查复验认定 2. 板块面层和木、竹面层采用的天然石材、胶粘剂、沥青胶结料和涂料等材料证明文件

附录 E

装饰装修工程施工强制性条文检查记录表

工程名称			结构类型	
建设单位			受检部位	
施工单位			负责人	
项目经理		技术负责人	开工日期	

《建筑地面工程施工质量验收规范》GB 50209

条号	项目	检查内容	判定			
3.0.3	建筑地面材料	材质证明文件、规格、型号及性能检测报告	A	B	C	D
3.0.6	厕浴间材料	材料防滑性能	A	B	C	D
3.0.15	厕浴间标高	与相连面层标高差是否符合设计要求	A	B	C	D
4.9.3	立管、地漏等节点	与楼板间密封处理和排水坡度	A	B	C	D
4.10.8	厕浴间及防水地面隔离层构造	结构应采用现浇混凝土或整块预制混凝土板、混凝土翻边高度大于120mm，其标高和预留洞位置是否正确	A	B	C	D
4.10.10	防水隔离层	蓄水检查、泼水检验记录	A	B	C	D
5.7.4	不发火(防爆的)面层	材质合格证明及试件检测报告	A	B	C	D

《建筑装饰装修工程质量验收规范》GB 50210

条号	项目	检查内容	判定
3.1.1	设计	设计单位是否具备规定的资质等级	A B C D
		施工图设计文件是否按有关规定进行了审查	A B C D
		施工图设计文件的设计深度是否满足施工要求	A B C D
3.1.5	设计的结构安全和主要使用功能	设计单位是不是原设计单位，或具备相应资质的设计单位	A B C D
		有无结构安全性的核验、确认文件	A B C D
		有无涉及主体和承重结构改动或增加荷载的施工图设计文件	A B C D
3.2.3	材料中的有害物质	国家标准做出规定的，应检查有无规定项目的合格检测报告	A B C D
		检查有无复验合格报告	A B C D
3.2.9	防火处理	如设计有要求，检查防火处理施工记录	A B C D
	防腐处理	如设计有要求，检查防腐处理施工记录	A B C D
	防虫处理	如设计有要求，检查防虫处理施工记录	A B C D

续表

条号	项　目	检　查　内　容	判	定		
3.3.4	施工的结构安全和主要使用功能	如有改动建筑主体、承重结构或主要使用功能的现象，检查有无相关设计内容	A	B	C	D
		是否经过有关部门的批准	A	B	C	D
3.3.5	施工过程的环保	检查易挥发、易扬尘材料保管情况和废弃物处理情况	A	B	C	D
		检查施工噪声和振动是否得到有效控制	A	B	C	D
4.1.12	外墙和顶棚抹灰	检查抹灰层有无裂缝、脱落、空鼓现象	A	B	C	D
		检查有无水泥的复验合格报告	A	B	C	D
		检查隐蔽工程验收记录和施工记录	A	B	C	D
5.1.11	门窗安装	进行开启、关闭检查，观察安装是否牢固	A	B	C	D
		检查推拉门窗扇是否有防脱落措施	A	B	C	D
		查阅隐蔽工程验收记录和施工记录，检查安装在砌体上的门窗是否采用了射钉固定	A	B	C	D
6.1.12	重型吊灯	检查隐蔽工程验收记录和施工记录	A	B	C	D
8.2.4	饰面板安装	观察饰面板有无脱落	A	B	C	D
		检查后置埋件的现场拉拔强度检测报告和隐蔽工程验收记录	A	B	C	D

续表

条号	项目	检查内容	判定
8.3.4	饰面砖粘贴	观察饰面砖有无脱落、空鼓	A B C D
		检查有无水泥、面砖的复验合格报告	A B C D
9.1.8	幕墙结构胶	检查所使用的结构胶是否国家认可产品，进口结构胶是否具有商检合格证	A B C D
		查阅施工记录，检查是否在有效期内打胶	A B C D
9.1.13	幕墙预埋件	检查预埋件设计文件和验收记录	A B C D
9.1.14	幕墙安装	观察幕墙面板有无脱落	A B C D
		检查后置埋件现场拉拔强度的检测报告和隐蔽工程验收记录	A B C D
12.5.6	护栏	检查护栏高度、栏杆间距和安装位置是否符合设计要求，手推检查是否牢固	A B C D
		检查隐蔽工程验收记录	A B C D

《金属与石材幕墙工程技术规范》JGJ 133

条号	项目	检查内容	判定
6.5.1	构件抽查	是否制定了构件质量标准和抽样检查制度	A B C D
		检查构件的抽样检查记录	A B C D
7.2.4	金属、石材幕墙预埋件	检查幕墙设计、施工单位的资质证书及相关设计文件	A B C D
		检查预埋件复查记录	A B C D

续表

条号	项目	检查内容	判定			
7.2.4	金属板与石板安装	在条件允许的情况下，对施工过程进行现场检查	A	B	C	D
		检查施工记录和自查记录	A	B	C	D
7.3.10	幕墙安装验收项目	检查安装施工阶段的验收记录	A	B	C	D

“判定”填写说明：

1. A表示符合强制性标准；B表示可能违反强制性标准，经检测单位检测，设计单位核定后，再判定；C表示违反强制性标准；D表示严重违反强制性标准。
2. 由多项内容组成为一条的强制性条文，取最低级判定为该条的判定。

参考文献

1 吴之昕主编.建筑装饰工长手册.北京:中国建筑工业出版社,2001

2 陈建东主编.金属与石材幕墙工程技术规范应用手册.北京:中国建筑工业出版社 2001

3 中国建筑装饰材料协会建筑涂料专业委员会.建筑涂料发展研讨会论文集,2000

4 杨斌主编.建筑材料标准汇编建筑装饰应用材料.北京:中国标准出版社,1999

5 饶勃主编.装饰工手册(第二版).北京:中国建筑工业出版社,2001

6 陈建东主编.玻璃幕墙工程技术规范应用手册.北京:中国建筑工业出版社,1996

7 彭纪俊主编.装饰工程施工组织设计实例应用手册.北京:中国建筑工业出版社 2001

8 邓钫印主编.建筑工程装饰材料手册.河南:河南科学技术出版社 2000

9 雍本编著.装饰工程施工手册.北京:中国建筑工业出版社,1995

10 艾永祥,蔡高金,范光滑,钱家琦主编.装饰工程禁忌手册.北京:中国建筑工业出版社,2002

11 朱维益编著.装饰工程百问.北京:中国建筑工业出版社,2002

12 黄白主编.建筑装饰施工技术.北京:中国建筑工业出版社,2000

13 邓斌主编.建筑装饰工程质量监控及通病防治全书.北京:冶金工业出版社,1999

14 潘延平主编.装饰工程创无质量通病手册.北京:中国建筑工业出版社,2000

15 王兴垣,范兴国,张秀恩主编.建筑装饰材料手册.北京:机械工业出版社,2002

16 顾国华主编.实用建筑装饰施工手册.北京:中国建筑工业出版社,2002

17　北京建工集团总公司主编.建筑分项工程施工工艺标准.北京:中国建筑工业出版社,1997
18　卫明主编.建筑工程施工强制性条文实施指南.北京:中国建筑工业出版社,2002